高等教育“十二五”规划教材
新编安全科学与工程专业系列教材

化工安全工程

（第2版）

主　编　徐龙君　张巨伟
副主编　徐　锋　王景云　陈红冲
主　审　孙　峰

中国矿业大学出版社

内 容 提 要

本书2011年人选《高等教育“十二五”规划教材》，是《新编安全科学与工程专业系列教材》之一。全书共分10章，内容包括：绪论、危险化学品安全管理、化工泄漏及其控制、化工燃烧爆炸及其控制措施、化工职业危害分析与控制、化工单元操作安全技术、典型化工过程安全技术及实例分析、化工设备安全技术、化工厂安全设计和化工事故应急救援。

本书可作为安全科学与工程、化学工程及相关工程类专业本、专科生的教学用书，也可作为化工领域从事安全生产技术与管理专业人员的参考用书和注册安全工程师考试辅导用书。

图书在版编目(CIP)数据

化工安全工程 / 徐龙君，张巨伟主编. —2版. —徐州：中国矿业大学出版社，2015.12

ISBN 978-7-5646-2915-1

Ⅰ.①化… Ⅱ.①徐… ②张… Ⅲ.①化工安全—高等学校—教材 Ⅳ.①TQ086

中国版本图书馆CIP数据核字(2015)第270876号

书　　名　化工安全工程(第2版)
主　　编　徐龙君　张巨伟
责任编辑　陈红梅
出版发行　中国矿业大学出版社有限责任公司
　　　　　　(江苏省徐州市解放南路　邮编 221008)
营销热线　(0516)83885307　83884995
出版服务　(0516)83885767　83884920
网　　址　http://www.cumtp.com　**E-mail**:cumtpvip@cumtp.com
印　　刷　徐州中矿大印发科技有限公司
开　　本　787×1092　1/16　**印张** 20.25　**字数** 505千字
版次印次　2015年12月第2版　2015年12月第1次印刷
定　　价　38.00元
(图书出现印装质量问题，本社负责调换)

《新编安全科学与工程专业系列教材》编审委员会

前　言

化工生产具有生产工艺复杂多变，原材料及产品易燃易爆、有毒有害和腐蚀性，生产装置大型化、过程连续化、自动化等特点，因此在生产过程中存在潜在的危险因素。安全生产是化工行业的首要问题，必须高度重视，警钟长鸣。“化工安全工程”则是研究化工生产过程事故发生的原因以及关于防止事故所需的科学技术和知识的一门课程。

2011年，针对安全工程、化学工程及相关工程类专业教学的需要，我们组织编写并出版了《化工安全工程》一书，于同年入选中国煤炭教育协会《高等教育“十二五”规划教材》；同时，该书在全国相关院校的本、专科教学中使用多年，受到广大师生的好评。本次再版是在第1版教材基础之上进行的整体优化、补充和修正。

本书主要从介绍化学工业在国民经济中的地位、化工生产的特点及危险性分析、化工事故的预防及控制理论入手，对危险化学品安全管理、化工泄漏及其控制、化工燃烧爆炸及控制措施、化工职业危害分析与控制、化工单元操作安全技术、典型化工过程安全技术及实例分析、化工设备安全技术、化工厂安全设计、化工事故应急救援几方面进行了阐述，注重贴近专业和理论联系实际。本书内容全面、层次清晰、重点突出，兼具系统性和实用性。

本书可以作为安全科学与工程、化学工程及相关工程类专业本、专科生的教学用书，也可以作为化工领域从事安全生产技术与管理的专业人员的参考用书及注册安全工程师考试辅导用书。

本书由重庆大学徐龙君、辽宁石油化工大学张巨伟担任主编，由黑龙江科技学院徐锋、辽宁石油化工大学王景云、重庆工业职业技术学院陈红冲担任副主编。其中，第1,2,6章由重庆大学徐龙君、陈冬梅、谢超、冯一鸣、陈红冲共同编写；第3,9章由辽宁石油化工大学张巨伟、王景云、刘冬梅、王春蓉共同编写；第4,5章由黑龙江科技学院徐锋编写；第7章由上海海事大学焦宇编写；第8章由河南城建学院胡红伟编写；第10章由湖南工学院刘美英编写。辽宁石油化工大学孙峰教授对本书第2版进行了全面审阅。

本书的出版、再版凝聚着编写组人员和幕后工作人员的心血。在本书第2版出版之际，特别感谢高等学校安全科学与工程类专业指导委员会对本书的推荐；同时，中国矿业大学出版社对本书出版给予了大力支持，在此一并表示感谢！

由于编者水平有限，书中难免存在错误和不当之处，敬请专家和广大读者批评指正。

编　者

2015年12月

目　录

第 1 章

导论

1.1 化学工业在国民经济中的地位

化学工业是指生产过程中化学方法占主要地位的制造工业，是通过化学工艺（即化工生产技术）将原料转化为化学产品的工业。它是为满足人类生活和生产的需要发展起来的，并随其生产技术的进步不断地推动着社会的发展；也是一个历史悠久、行业和产品涉及广泛，在国民经济中占有重要地位的工业部门。

1.1.1 化学工业发展背景

现代化学工业始于 18 世纪的法国，随后传入英国。19 世纪以煤为基础原料的有机化学工业在德国迅速发展起来。但那时的化工规模不大，主要着眼于各种化学品的开发，而且当时的化工过程开发主要是以化学家率领、机械工程师参加进行的。19 世纪末至 20 世纪初，石油的开采和大规模炼油厂的兴建为石油化学工业的发展和化学工程技术的产生奠定了基础，以此产生了以“单元操作”为标志的现代化学工业。

20 世纪 60 年代初，新型高效催化剂的问世及新型高级装置材料和大型离心压缩机的投入使用，标志着化工装置大型化进程的开始，从而把化学工业推向了一个新的高度。此后，化学工业过程开发周期缩短四五年，放大倍数达 500～20 000 倍。在化学工业进程中，其过程开发就是把化学实验室的研究结果转变为工业化生产的全过程。它包括实验室研究、模试、中试、设计、技术经济评价和试生产等许多内容，其核心是放大。由于化学工程理论的迅猛发展，中间试验不再是盲目的、逐级的，而是有目的地进行。化学工业过程开发的一个重要进展是可以用电子计算机对化学过程进行模拟和放大。中间试验不再像过去那样只是收集产生的关联数据，而是可以对模型进行数学检验并设计试验结果。目前化学工业开发的趋势是：不一定进行全流程的中间试验，对一些非关键设备和很有把握的过程不必试验，有些则可以用计算机在线模拟和控制来代替。现代的技术一日千里，如 20 世纪最后几十年的发明和发现比过去 2 000 年的总和还要多。化学工业也是如此，在世界范围内取得了长足发展，化学工业渗透到了各个领域。化学工业的发展在很大程度上满足了农业对化肥和农药的需要；塑料和合成橡胶已在材料工业中占据主导地位；医药合成不仅在数量上而且在品种和质量上都有了较大发展。化学工业的发展速度已经超过国民经济的发展速度，而且化工产值在国民生产总值中所占的比例不断增加，化学工业已发展成为国民经济的支柱产业。

20 世纪 70 年代后，化学工业渗入了加工领域，生产技术面貌发生了显著变化。但是随着化学工业技术的发展，在带给国民经济巨大效益的同时，也给环境、资源带来了很多问题。因此，能源、原料和环保就成为新时期化学工业所面临的挑战，从而使化学工业进入了一个更为高级的发展阶段。

在原料和能源供应日趋紧张的条件下，化学工业正在通过技术进步尽量减少其对原料和能源的消耗；为了满足整个社会日益增长的能源需求，化学工业正在努力提供新的技术手段，用化学的方法为人类提供更新更多的能源；同时，为了自身的发展，化学工业也在开辟新的原料来源，为以后的发展奠定丰富的原料基础；再者，随着电子计算机的发展和应用，化学工业正在进入高度自动化的阶段；高新技术的应用也使其生产效率有了显著提高，并使其技术面貌发生了根本性的变化。化学工业因为有了新技术和新科技的应用，使其对环境的污染得到了进一步的控制，并为改善人类的生产条件作出了新的贡献。

目前，我国的化学工业已经发展成为一个有化学矿山、化学肥料、基本化学原料、无机盐、有机原料、合成材料、农药、感光材料、国防化工、橡胶制品、助剂、试剂、催化剂、化工机械和化工建筑等 15 个行业的工业生产部门。化工产品达 2 万多种。由于化学工业所包括种类繁多，而且其本身具有易燃易爆、易中毒、易腐蚀等性质，故化学工业在促进工农业生产、巩固国防和改善人民生活等方面发挥重要作用的同时，也面临着安全生产和环境保护方面的责任。化学工业也应采用新的理论方法和新的技术手段保障生产安全和环境保护，做到安全生产和保护环境与化学工业同步发展，从而保障化学工业有序、安全地发展。

1.1.2 化工生产在国民经济中的重要地位

化学工业是国民经济的一个重要工业部门，它与国民经济各部门和人民生活各方面都有不可分割的联系。化学工业在国民经济中的主要作用有以下几个方面：

1）化学工业促进了农业的发展

由于化学工业提供了大量的化肥、农药、塑料薄膜、排灌胶管和植物生长调节剂等，在农业增产中发挥了重要作用。最近 20 年，我国农业增产有 40% 是依靠化肥的作用。在农业生产中，选择好化肥的适宜用量和氮磷钾比例，就能取得农业增长的最佳效果。而且随着人民生活水平的提高，农业和畜牧业迅速发展，饲料工业及饲料添加剂的发展也越来越重要。

2）可以提供大量优于天然物质的产品

合成橡胶、合成纤维在世界范围内都得到了广泛的应用，甚至它们的产量都超过了天然产品；塑料产量已逾 6 000 万吨，它们均在生产和生活中起到了重要的作用。而且上述三大合成材料具有质轻、易加工、耐磨损、耐腐蚀等优良性能，在许多特殊的应用领域是其他物质所不能代替的。

3）化学工业促进了科学技术的进步

化学工业是技术密集型工业，对合成、分离、测定、控制等技术都要求很高，这就向机械工业、冶金工业、电子工业等部门提出了新的要求，从而促进了这些部门新技术的发展。当然，新技术的发展也相应推动了化学工业技术的进步。

4）发展化学工业，能为社会节约大量能源

化学工业生产的产品比相同用途的金属单位能耗低很多。如聚苯乙烯塑料的能耗为 100 kW·h，而钢为 145 kW·h，铜为 258 kW·h，铝为 793 kW·h；再如制化肥包装袋的聚氯乙烯能耗为 100 kW·h，而牛皮纸为 150 kW·h。故用化工产品代替有色金属、黑色金属和其他非金属材料都可以节约大量能源。

5）提高人民的生活水平

化学工业可以为人民提供各种各样的生活必需品，满足人们衣食住行等方面的需求，使人民的生活更加丰富多彩。同时，由于化学工业本身属于劳动密集型工业，也为人们提供更多的就业机会。

化学工业不仅具有以上重要作用，也对国民经济的发展作出了重要的贡献，为国家积累了大量资金。目前，世界上工业发达的国家竞相发展化学工业，以获得高额利润，我国在化学工业发展方面也作出了很大成绩，从而努力加快国民经济的发展。

1.2 化工生产的特点及危险性分析

1.2.1 化工生产的特点

化学工业是指以工业规模对原料进行加工处理，使其发生物理和化学变化而成为生产资料或生活资料的加工业。化工生产过程是指化学工业的一个个具体的生产过程，或者就是一个产品的加工过程。显然，化工生产过程最明显特征就是化学变化。

化学工业正逐步发展为一个多行业、多品种的生产部门，出现了一大批综合利用资源和规模大型化的化工企业。这些企业就其生产过程来说，同其他工业企业部门有许多共性，但化工生产在涉及产品、生产工艺要求和生产规模等方面又具有自己的特点。具体介绍如下：

（1）化工生产涉及的危险品多

化工生产使用的原料、半成品和成品种类繁多，且绝大多数是易燃易爆、有毒、有腐蚀的危险化学品。我国已经列出的常见易燃、易爆物品计 1 243 种，世界常见毒物达 63 000 多种。而且由于化工生产是化学反应，在大量生产一种产品的同时，往往会产生出许多关联产品和副产品，这些关联产品和副产品大部分又是化学工业的重要原料，而且大部分属于易燃易爆、有毒、有腐蚀的危险化学品。这给生产中对这些原材料、燃料、中间产品和成品的储存和运输都提出了特殊的要求。

（2）化工生产要求的工艺条件苛刻

化工产品种类繁多，每一种产品的生产不仅需要一种甚至几种特定的技术，而且根据原料和选择工艺的不同，化工生产的技术要求也不同，有些化学反应需要在高温、高压下进行，有的要在低温、高真空度下进行。例如：由轻柴油裂解乙烯、进而生产聚乙烯的生产过程中，轻柴油在裂解炉中的裂解温度为 800 ℃；裂解气要在深冷（−90 ℃）条件下进行分离；纯度为 99.99%的乙烯气体在 294 MPa 的压力下聚合，制成高压聚乙烯树脂。

此外，化工生产也要求有严格的比例性和连续性。一般的化工产品的生产，对物料都有一定的比例要求，在生产过程中，上下工序之间，各车间、各工段之间，往往都需要有严格的比例，否则就会影响生产甚至会造成生产中断。

（3）生产规模大型化

化工生产主要是装置生产，从原材料到产品加工的各个环节，都是通过管道输送，采取自动控制进行调节，形成一个首尾连贯、各环节紧密衔接的生产系统。对于这样的生产装置，化工生产可以长周期运转，生产效率高，便于调节控制；但其中任何一个环节发生故障，都有可能使生产过程中断。

近几十年来，国际上化工生产普遍采用大型生产装置。采用大型装置可以明显减低单位产品的建设投资和生产成本，有利于提高劳动生产率。因此，世界各国都在积极发展大型化工生产装置。当然，也不是说化工装置越大越好，这里涉及技术经济的综合效益问题。例如，目前新建的乙烯装置和合成氨装置大都稳定在 30 万～45 万 t/a 的规模。

（4）生产方式日趋先进

现代化工企业的生产方式已经从过去的手工操作、间断生产转变为高度自动化、连续化生产；生产设备由敞开式变为密闭式；生产装置由室内走向露天；生产操作由分散控制变为集中控制，同时也由人工手动操作发展到计算机控制，使在正常情况下的安全生产有所保障。

1.2.2 化工生产的危险因素分析

美国保险协会（AIA）对化学工业的 317 起火灾、爆炸事故进行调查，分析了主要和次要原因，把化学工业危险因素归纳为以下 9 种类型：

（1）工厂选址

① 易遭受地震、洪水、暴风雨等自然灾害。

② 水源不充足或缺少公共消防设施的支援。

③ 有高湿度、温度变化显著等气候问题。

④ 受邻近危险性大的工业装置影响或邻近公路、铁路、机场等运输设施。

⑤ 在紧急状态下难以把人和车辆疏散至安全地。

（2）工厂布局

① 工业设备和储存设备过于密集。

② 水源不充足或缺少公共消防设施的支援。

③ 在显著危险性和无危险性的工业装置间的安全距离不够。

④ 昂贵设备过于集中或对不能替换的装置没有有效的防护。

⑤ 锅炉、加热器等水源与可燃物工艺装置之间距离太小或有地形障碍。

（3）结构

① 支撑物、门、墙等不是防火结构。

② 电气设备防护措施及防爆通风换气能力不足。

③ 控制和管理的指示装置无防护措施或装置基础薄弱。

（4）对加工物质的危险性认识不足

① 在装置中原料混合，在催化剂作用下自然分解。

② 对处理的气体、粉尘等在其工艺条件下的爆炸范围不明确。

③ 没有充分掌握因误操作、控制不良而使工艺过程处于不正常状态时的物料和产品的详细情况。

（5）化工工艺

① 没有足够的有关化学反应的动力学数据或对有危险的副反应认识不足。

② 没有根据热力学研究确定爆炸能量。

③ 对工艺异常情况检测不够。

（6）物料输送

① 各种单元操作时对物料流动不能进行良好控制。

② 产品的标志不完全。

③ 风送装置内的粉尘爆炸或废气、废水和废渣的处理。

④ 装置内的装卸设施。

(7) 失误操作

① 忽略关于运转和维修的操作教育。

② 没有充分发挥管理人员的监督作用。

③ 开车、停车计划不适当。

④ 缺乏紧急停车的操作训练。

⑤ 没有建立操作人员和安全人员之间的协作体制。

(8) 设备缺陷

① 因选材不当而引起装置腐蚀、损坏及材料的疲劳。

② 设备不完善，如缺少可靠的控制仪表等。

③ 对金属材料没有进行充分的无损探伤检查或没有经过专家验收。

④ 设备在超过设计极限的工艺条件下进行。

⑤ 没有连续记录温度、压力、开停车情况及中间罐和受压罐内的压力变动。

(9) 防灾计划不充分

① 责任分工不明确。

② 装置运行异常或故障仅由安全部门负责，只是单线起作用。

③ 没有预防事故的计划及遇有紧急情况未采取得力措施。

④ 没有实行由管理部门和生产部门共同进行的定期安全检查。

⑤ 没有对生产负责人和技术人员进行安全生产的继续教育和必要的防灾培训。

1.3 化工事故的预防及控制理论

1.3.1 安全在化工生产中的重要地位

化工生产具有易燃易爆、易中毒、高温、高压、易腐蚀等特点，与其他行业相比，化工生产潜在的不安全因素更多，危险性和危害性更大，因而对安全生产的要求也更严格。

首先，安全是生产的前提条件。化工生产的特点决定其有很大危险性。一些发达国家的统计资料表明，在工业企业发生爆炸事故中，化工企业占1/3。随着生产技术的发展和生产规模的扩大，化工生产安全已成为一个社会问题。一旦发生火灾和爆炸事故，不但导致生产停顿、设备损坏、生产不能继续，而且会造成大量人身伤亡，甚至波及社会，产生无法估量的损失和难以挽回的影响。例如：2010 年 11 月 30 日，南京秦淮区一家稀土合金厂发生爆炸，造成 2 名工人受伤，100 多平方米的厂房被烧毁；再如，2010 年 10 月 11 日，匈牙利一家铝厂发生毒水泄漏，造成 8 人死亡，45 人受伤，并且造成污染面积达 40 km^2，3 个村庄被淹没，大约 1 000 人被迫离开自己的家园，基于“二次泄漏”的威胁，匈牙利当局已预先让附近 3 000 多名居民搬离家园。

其次，安全生产是化工生产发展的关键。装置规模的大型化，生产过程的连续化无疑是化工生产发展的方向，但要充分发挥现代化工生产优势，必须实现安全生产，确保长期、连续、安全运行，减少经济损失。2010 年 12 月 2 日，内蒙古区一家氯碱化工有限公司发生一起氯乙烯爆炸事故，造成 3 名工人当场死亡，1 名受伤人员送往医院抢救，化工厂责令停产改造，造成很大的人身伤害和经济损失。由于化工企业的重大伤害事故会造成人员伤亡，引起生产停顿、供需失调及社会不安，因此安全生产已成为化工生产发展的关键问题。

此外，在化工生产中，不可避免地要接触大量有毒化学物质，如苯类、氯气、亚硝基化合物、铬盐、联苯胺等物质，极易造成中毒事件；同时，在化工生产过程中也容易造成环境污染。

随着化学工业的发展，特别是中国加入 WTO 后，各项工作与国际惯例接轨，化学工业面临的安全生产、劳动保护与环境保护等问题越来越引起人们的关注，这对从事化工生产安全管理人员、技术管理人员及技术工人的安全素质提出了越来越高的要求。如何确保化工安全生产，使化学工业能够稳定持续的健康发展，是我国化学工业面临的一个亟待解决且必须解决的重大问题。

1.3.2 化工安全事故的预防和控制原则

1）化工生产事故分类

我们称那些能够引起人身伤害、导致生产中断或国家财产损失的事件为事故。为方便管理，一般把事故分为以下几类：

① 生产事故。在生产过程中，由于违反工艺规程、岗位操作法或操作不当等原因，造成原料、半成品或成品损失的事故，称为生产事故。

② 设备事故。化工生产装置、动力机械、电器及仪表装置、运输设备、管道、建筑物、构筑物等，由于各种原因造成损坏、损失或减产等事故，称为设备事故。

③ 火灾爆炸事故。凡发生着火、爆炸造成财产损失或人员伤亡的事故均属于此列。

④ 质量事故。凡产品或半成品不符合国家或企业规定的质量标准；基建工程不按设计施工或工程质量不符合设计要求；机、电设备检修质量不符合要求；原料或产品保管不善或包装不良而变质；采购的原料不符合规格要求而造成损失，影响生产和检修计划的完成等，均为质量事故。

⑤ 其他事故。凡因其他原因影响或客观上未认识到以及自然灾害而发生的各种不可抗拒的灾害性事故，称为其他事故。

2）化工事故特点

化工事故的特征基本上是由所用原料特征、加工工艺方法和生产规模所决定的。为了预防事故，就必须了解化工生产的一些特点：

① 火灾爆炸中毒事故多且后果严重。很多化工原料本身具有易燃易爆、有毒、有腐蚀性，这是导致火灾爆炸中毒事故频发的一个重要原因。根据我国近 30 年的统计资料表明，化工火灾爆炸事故的死亡人数占因工死亡人数的 13.8%，居第一位；中毒窒息事故占 12%，居第二位。化工生产中，反应器、压力容器的爆炸不但会造成巨大的损害，而且会产生巨大的冲击波，从而对附近建筑物产生巨大的冲击力，导致其崩裂、倒塌。而生产中管线和设备的损坏，会导致大量易燃气体或液体泄放，这样气体在空气中形成蒸气云团，并且与空气混合达到爆炸下限，还会随风漂移，在遇到明火的时候就会发生爆炸。

多数化学物品对人体有害，生产中由于设备密封不严，特别是在间歇操作中泄漏的情况很多，极易造成操作人员的急性和慢性中毒。而且现在化工装置趋于大型化，这样就使得大量化学物质处于工艺过程中或储存状态，一旦发生泄漏，人员很难逃离并导致中毒。

② 正常生产时易发生事故。据统计资料显示，正常生产时发生事故造成的死亡占因工死亡总数的 66.7%，而非正常生产活动仅占 12%。由于化工生产本身具有涉及危险品多、生产工艺条件要求苛刻及生产规模大型化等特点，极易发生生产事故。比如：化工生产中有许多副反应生成，有些机理尚不完全清楚，有些则是在危险边缘附近进行生产的，这样生产条件稍一波动就会发生严重事故；化学工艺中影响各种参数的干扰因素很多，设定的参数很

容易发生偏移，这样就会出现生产失调或失控现象，也极易发生事故。此外，由于人的素质或人机工程设计等方面的问题，在操作过程中也会发生误操作从而导致事故发生。

③ 化工设备自身问题多。化工设备的材质和加工缺陷以及易蚀的特点也会导致化工生产事故频发。化工厂的设备一般都是在严酷的生产条件下运行的，腐蚀介质的作用，振动、压力波动造成的疲劳，高低温对材料性质的影响，这些都是安全方面应引起重视的问题。化工设备在制造时除了选择正确的材料外，还要求有正确的加工方法。防止设备在制造过程中劣化，从而成为安全隐患。

④ 事故的集中和多发。化工装置中高负荷的塔槽、压力容器、反应釜、经常开闭的阀门等，运转一定时间后，常会出现多发故障或集中发生故障的情况，这是因为设备进入到寿命周期的故障频发阶段。对待这样的情况，就要加强设备检测和监护措施，及时更换到期设备。

3）化工安全事故的预防和控制原则

根据化学生产事故发生的原因和特点，采取相应的措施预防和控制化工安全事故的发生。主要预防和控制措施有：

① 科学规划及合理布局。要求对化工企业的选址进行严格规范，充分考虑企业周围环境条件、散发可燃蒸气和可燃粉尘厂房的设置位置、风向、安全距离、水源情况等因素，尽可能地设置在城市的郊区或城市的边缘，从而减轻事故发生后的危害。

② 严把建厂审核和设备选型关。化工企业的生产厂房应按国家有关规范要求和生产工艺进行设计，充分考虑防火分隔、通风、防泄漏、防爆等因素；同时，设备的设计、选型、选材、布置及安装均应符合国家规范和标准，根据不同工艺流程的特点，选用相应的防爆、耐高温或低温、耐腐蚀、满足压力要求的材质，采用先进技术进行制造和安装，从而消除先天性火灾隐患。

③ 加强生产设备的管理。设备材料经过一段时间的运行，受高温、高压、腐蚀影响后，就会出现性能下降、焊接老化等情况，可能引发压力容器及管道爆炸事故。此外，还要做好生产装置系统的安全评价。

④ 严格安全操作。化工生产过程中的安全操作包括很多方面：首先，必须严格执行工艺技术规程，遵守工艺纪律；然后，严格执行安全操作规程，保证生产安全进行，员工人身不受到伤害；此外，还要做到在发现紧急情况时，先尽最大努力妥善处理，防止事态扩大，然后及时报告。

⑤ 强化教育培训且做好事故预案。化工企业从业人员要确保相对稳定，企业要严格执行职工的全员消防安全知识培训、特殊岗位安全操作规程培训并持证上岗、处置事故培训等，要制定事故处置应急预案并进行演练，不断提高职工业务素质水平和生产操作技能，提高职工事故状态下的应变能力。

⑥ 落实安全生产责任制并杜绝责任事故。从领导到管理人员，明确并落实安全生产责任制，特别是强化各生产经营单位的安全生产主体责任，加大责任追究力度，对严重忽视安全生产的，不仅要追究事故直接责任人的责任，同时还要追究有关负责人的领导责任，防止因为管理松懈、“三违”等造成事故。随着化工安全生产职责的明确，责任的落实，管理环节严谨，基本可以杜绝责任事故的发生。

⑦ 强化安全生产检查。每年组织有关部门对化工企业进行各种形式的安全生产检查，及时发现企业存在的各种事故隐患，开出整改通知书，责令企业限期整改；在安监部门监督

整改的基础上进行及时复查，形成闭环管理，防止出现脱节。狠抓整改落实工作，对整改不及时企业加大监督，暂扣安全生产许可证，明确一旦发生事故，将从重从严追究有关责任。

另外，还要重视日常检查，提高安全生产事故预见性和应急处理能力。总之，化工生产要牢记“安全为天、安全出速度、安全出效益”这一宗旨，强化安全管理，严格控制重大化工危险源，采取一定的预防和控制措施，保证化工生产安全有序进行。

1.3.3 化工生产的操作安全技术措施

安全生产存在于各个企业的整个生命周期之中。也就是说，从项目的立项审批、规划建设、安装施工、生产运行、产品储存销售、日常管理、职工生活的各个环节都要注意安全。针对化工安全生产的技术措施主要是关于生产操作、防火防爆、产品储存等方面的措施。具体介绍如下：

1）生产操作安全

（1）运行

① 严格按工艺规程和安全管理制度进行操作。

② 操作者必须遵守工艺纪律，不得擅自改变工艺指标，不得擅自离开自己的岗位。

③ 安全附件和联锁装置不得随意拆弃和解除，声、光报警等信号不能随意切断。

④ 在现场检查时，不准踩踏管道、阀门、电线、电缆架及各种仪表管线等设施；去危险部位检查，必须有人监护。

⑤ 严格安全纪律，禁止无关人员进入操作岗位和动用生产设备、设施和工具。

⑥ 正确判断和处理异常情况，紧急情况下，可以先处理后报告；在工艺过程或机电设备处在异常状态时，不准随意进行交接班。

（2）开车

① 检查并确认水、电、汽（气）必须符合开车要求，各种原料、材料、辅助材料的供应必须齐备、合格。投料前必须进行分析验证。

② 检查阀门开闭状态及盲板抽加情况，保证装置流程畅通，各种机电设备及电气仪表等均应处在完好状态；保温、保压及洗净的设备要符合开车要求，必要时应重新置换、清洗和分析，使之合格。

③ 安全、消防设施完好，通信联络畅通，危险性较大的装置开车，应通知消防、医疗卫生部门到场。

④ 开车过程中要加强有关岗位之间的联络，严格按开车方案中的步骤进行，严格遵守升降温、升降压和加减负荷的幅度（速率）要求。

⑤ 开车过程中要严密注意工艺的变化和设备运行的情况，加强与有关岗位和部门的联系，发现异常现象应及时处理，情况紧急时应中止开车，严禁强行开车。

（3）停车

① 正常停车必须按停车方案中的步骤进行。用于紧急处理的自动停车联锁装置，不应用于正常停车。

② 系统降压、降温必须按要求的幅度（速率）并按先高压后低压的顺序进行。凡需保压、保温的设备（容器）等，停车后要按时记录压力、温度的变化。

③ 大型传动设备的停车，必须先停主机、后停辅机。

④ 设备（容器）卸压时，要注意易燃、易爆、易中毒等危险化学品的排放和散发，防止造成事故。

2）防火防爆

（1）化工生产装置

① 根据生产、使用化学物品的火灾和防爆危险性等级分类要求，其厂房布置、建筑结构、电气设备的选用、安装及有关的安全设施，必须符合《建筑设计防火规范》(GB 50016—2014)、《中华人民共和国爆炸危险场所电气安全规程》(试行)、《石油化工企业设计防火规范》(GB 50160—2008)等规范、规程的有关要求。

② 在工艺装置上有可能引起火灾、爆炸的部位，应充分设置超温、超压等检测仪表、报警(声、光)和安全联锁装置等设施。

③ 所有自动控制系统应同时并行设置手动控制系统；所有与易燃、易爆装置连通的惰性气体、助燃气体的输送管道均应设置防止易燃、易爆物质窜入的设施，但不宜单独采用单向阀。

④ 输送易燃物料时，应根据管径和介质的电阻率，控制适当的流速，尽可能避免产生静电。设备、管道等防静电措施，应按《化工企业静电接地设计技术规定》执行。

⑤ 各生产装置、建筑物、构筑物、罐区等工业下水出口处，除按规定做水封井外，尚应在上述区域与水封井间设置切断阀，防止大量易燃、易爆物料突发性进入下水系统。

（2）动火、用火

① 应根据火灾危险程度及生产、维修、建设等工作的需要，经使用单位提出申请，厂安全、防火部门登记审批，划定“固定动火区”。固定动火区以外一律为禁火区。

② 在禁火区内，除生产工艺用火外，其他可产生火焰、火花和表面炽热的长期作业(如化验室用的电炉、电热器、酒精炉、茶炉等)，均须办“用火证”，用火证的有效期限最多不许超过1 a。生产区内禁止用电炉、煤气炉取暖、热饭等。

③ 在禁火区内使用电、气焊(割)、喷灯及在易燃、易爆区域使用电钻火花及炽热表面的临时性作业，均为动火作业，必须申请办理动火证。

④ 动火证上应清楚标明动火等级、动火有效期、申请办证单位、动火详细位置、工作内容(含动火手段)、安全防火措施、动火分析的取样时间、取样点、分析结果、每次开始动火时间以及各项责任人和各级审批人的签名及意见。

3）危险化学品储存

① 危险化学品储存应根据化学品的性质、危害程度和储存量，设置专业仓库、罐区储存场(所)。并根据生产需要和储存物品火灾危险特征，确定储存方式、仓库结构和选址。

② 危险化学品仓库、罐区、储存场应根据危险品性质设计相应的防火、防爆、防腐、泄压、通风、调节温度、防潮、防雨等设施，并应配备通讯报警装置和工作人员防护物品。

③ 装运易燃、剧毒、易燃液体、可燃气体等危险化学品，应采用专用运输工具。

④ 危险化学品装卸应配备专用工具、专用装卸器具的电器设备，应符合防火、防爆要求。

⑤ 根据化学物品特性和运输方式正确选择容器和包装材料以及包装衬垫，使之适应储运过程中的腐蚀、碰撞、挤压以及运输环境的变化。

⑥ 易燃和可燃液体、压缩可燃和助燃气体、有毒、有害液体的灌装，应根据物料性质、危害程度，采用敞开或半敞开式建筑物。灌装设施设计应符合有关防火、防爆、防毒要求。

化工生产必须将安全放在第一位，贯彻执行“安全第一、预防为主、综合治理”的方针，加强安全教育，强化安全管理，保护人们生命财产安全，保证经济效益的提高。在化工生产过程中，做到严格遵守操作规程，防火防爆及化学品储运的安全，防止和减少事故的发生。

复习思考题

1.1 化工生产的特点是什么？

1.2 化学工业危险因素可归纳为哪几种类型？

1.3 化工生产中生产操作、防火防爆、产品储存等方面的安全技术措施有哪些？

1.4 化工安全事故的预防和控制原则有哪些？

第 2 章 危险化学品安全管理

从 20 世纪 40 年代开始，化学工业得到了长足的发展，进而极大地改善了人们的生活质量，加速了社会发展的进程。但是，化学品通常具有的易燃易爆、有毒、有害、腐蚀及放射性等性质，使得化学工业领域，特别是危险化学品领域的火灾、爆炸、泄漏、中毒事故频繁发生，因而造成了巨大的人员伤亡、财产损失或重大环境污染事件。因此，掌握危险化学品的相关知识，加强危险化学品安全管理，这是化工安全领域的工作重点之一。

2.1 危险化学品的分类和性质

2.1.1 危险化学品的分类

危险化学品是指具有毒害、腐蚀、爆炸、燃烧、助燃等性质，对人体、设施、环境具有危害的剧毒化学品和其他化学品。危险化学品在不同的场合，叫法或者说称呼是不一样的，如在生产、经营、使用场所统称为化工产品，一般不单独称为危险化学品。在运输过程中，包括铁路运输、公路运输、水上运输、航空运输都称为危险货物。在储存环节，一般又称为危险物品或危险品。

危险化学品的分类是危险化学品安全管理的基础。危险化学品的分类是根据化学品（化合物、混合物或单质）的理化性质、爆炸性、毒性、对环境的影响来确定其是否为危险化学品，并进行危险性分类。目前，我国的危险化学品分类的主要依据有《化学品分类和危险性公示通则》(GB 13690—2009)、《危险货物品名表》(GB 12268—2005)、《危险货物分类和品名编号》(GB 6944—2005)和国家安全生产监督管理总局公布的《危险化学品名录》(2015 版)等。危险化学品一般分为 8 大类：爆炸品；压缩气体和液化气体；易燃液体；易燃固体；自燃物品和遇湿易燃物品；氧化剂和有机过氧化物；毒害品和感染性物品；放射性物品；腐蚀品。

2.1.2 危险化学品的性质

1) 爆炸品的特性

爆炸品指在外界作用下（如受热、摩擦、撞击等）能发生剧烈的化学反应，瞬间产生大量的气体和热量，使周围的压力急剧上升，发生爆炸，对周围环境、设备、人员造成破坏和伤害的物品。爆炸品具有如下特性：

(1) 爆炸性

爆炸品都具有化学不稳定性，在一定的外力作用下，能以极快的速度发生猛烈的化学反应，由于产生的大量气体和热量在短时间内无法散去，从而使周围的温度迅速升高并产生巨大的压力而引起爆炸。爆炸品一旦发生爆炸，往往危害大、损失大、扑救困难。

(2) 敏感度高

爆炸品的化学组成和性质决定了它具有发生爆炸的可能性，但任何一种爆炸品的爆炸都需要外界提供给它一定的能量——起爆能。我们称其所需的最小起爆能即为该炸药的敏感度。起爆能和敏感度成反比，起爆能越大，敏感度越低。从事爆炸品管理的人员应该了解各种爆炸品的敏感度，以便在生产、储存、运输、使用中适当控制，确保安全。

(3) 殉爆性

当炸药爆炸时，能引起位于一定距离之外的炸药也发生爆炸，这种现象称为殉爆。殉爆发生的原因是冲击波的传播作用，距离越近冲击波强度越大。由于爆炸品具有殉爆性，因此对爆炸品的储存和运输必须高度重视，严格要求，加强管理。

(4) 其他性质

很多炸药都有一定的毒性，如TNT、硝酸甘油、雷酸汞等；有些爆炸品和某些化学药品(酸、碱、盐)发生化学反应的生成物是更容易爆炸的化学品，如苦味酸遇到某些碳酸盐能反应生成更容易爆炸的苦味酸盐；某些爆炸品与一些重金属(铅、银、铜等)及其化合物的生成物，其敏感度更高；某些爆炸品受光照易于分解，如叠氮银、雷酸银等；某些爆炸品具有较强的吸湿性，受潮或遇湿后会降低爆炸能力，甚至无法使用，如硝铵炸药等应注意防止受潮失效。

2) 压缩气体和液化气体的特性

压缩气体和液化气体指压缩、液化或加压溶解气体，即状态条件符合两种情况之一者：临界温度小于等于50 ℃、蒸汽压大于294 kPa的压缩气体或液化气体；温度在21.1 ℃时，气体的绝对压力大于275 kPa，或在54.4 ℃时，气体的绝对压力大于715 kPa的压缩气体；或在37.8 ℃，蒸汽压大于275 kPa的液化气体或加压溶解气体。

本类化学品当受热、撞击或强烈震动时，容器内压力急剧增大，致使容器破裂爆炸，或导致气瓶阀门松动漏气，酿成火灾或中毒事故。其特性如下：

(1) 易燃易爆性

在列入《危险货物品名表》(GB 12268—2005)的压缩气体或液化气体中，约有54.1%是可燃气体，有61%的气体具有火灾危险，可燃气体的主要危险性就是易燃易爆性。只要是在燃烧范围内的易燃气体，遇到火源都会发生着火或爆炸，有的甚至遇到极微小的能量就可引爆。此外，其易燃易爆性除了和火源能量大小有关外，还与气体的化学组成成分有关。一般情况下，组成成分简单的气体易燃，而且燃烧速度快、火焰温度高、着火爆炸危险性大，如氢气比甲烷、一氧化碳等易爆，且爆炸浓度范围大。此外，由于充装容器为压力容器，当受热或在火场上受热辐射时还易发生物理性爆炸。

(2) 扩散性

压缩气体和液化气体由于分子间距大，相互作用力小，非常容易发生扩散，能够自发地充满整个容器。根据压缩气体和液化气体的密度，扩散特点主要有：比空气轻的可燃气体如果逸散到空气中，可无限制扩散，且易与空气形成爆炸性混合物；比空气重的可燃气体泄漏时，往往聚集于地表、沟渠、厂房死角等，长时间聚集不散，容易与空气在局部形成爆炸性混合物，遇火源燃烧或爆炸，而且一般密度大的气体发热量大，相同火灾条件下，更易于火势扩大。

(3) 可缩性和膨胀性

相对于液体和固体来说，压缩气体和液化气体的热胀冷缩性要大得多，其体积随温度的升降而膨胀或收缩。其特点如下：

① 当压力不变时，气体的体积与温度成正比，即温度越高，体积越大。如压力不变时，液态丙烷 60 ℃时的体积比 10 ℃时的体积膨胀了 20%还要多。

② 当温度不变时，气体的体积和压力成反比，即压力越大，体积越小。由于气体自身分子间距大，有很强的压缩性，甚至可压缩成液态，所以气体通常都是压缩后储存于钢瓶中的。

③ 在体积不变时，气体的压力和温度成正比，即温度越高，压力越大。

(4) 带电性

当压缩气体或液化气体从管口破损处高速喷出时，由于气体本身剧烈运动造成分子间相互摩擦、或气体中的固体颗粒或液体杂质与喷嘴产生摩擦等会产生静电。根据试验，液化石油气喷出时，产生的静电电压可达 9 000 V，其放电火花足以引起燃烧。因此，压力容器内的可燃压缩气或液化气体，在容器、管道破损时喷出速度过快时，都会产生静电，一旦放电就会引起着火或爆炸事故。

(5) 腐蚀毒害性、窒息性

压缩气体和液化气体的腐蚀性主要是指一些含氢、硫元素的气体。目前危险性最大的是氢，氢在高压下能渗透到碳素中去，使金属容器发生氢脆、变疏。除氧气和压缩空气外，压缩气体与液化气体大都具有一定的毒害性和窒息性，如二氧化碳和氮气、氦气等惰性气体，一旦发生泄漏，能使人窒息死亡。

(6) 其他性质

压缩气体和液化气体除具有以上性质外，还具有氧化性、刺激性、致敏性等。

3）易燃液体的特性

易燃液体是指闭杯闪点等于或低于 61 ℃的液体、液体混合物和含有固体物质的液体，但不包括已列入其他类别的液体。

本类物质在常温下易挥发，其蒸气与空气混合能形成爆炸性混合物，它具有如下特性：

(1) 易挥发性

大多数易燃液体分子量小，沸点低，容易挥发，极易挥发出易燃气体，与空气混合后达到一定浓度时遇火源易燃烧爆炸。由于其燃点也低，当达到燃点时，燃烧不只局限于液体表面的闪燃，而是由于液体源源不断供应而持续燃烧。

(2) 受热膨胀性

易燃液体的膨胀系数一般都较大，储存在密闭容器中的易燃液体，受热后体积容易膨胀，同时蒸气压力增加，部分液体挥发成蒸气，若超过了容器所能承受的压力就会造成容器的鼓胀，甚至破裂。

(3) 流动扩散性

易燃液体具有流动性和扩散性，大部分黏度都很小，一旦泄漏，便很快向四周流散，加快液体的蒸发速度，使空气中蒸气浓度提高，进而加大燃烧爆炸的危险性。

(4) 易产生静电

大部分液体为非极性物质，在灌注、输送、搅拌和流动过程中，由于摩擦会产生静电，静电积蓄到一定程度就会放电，有燃烧和爆炸的危险。

(5) 毒害性、腐蚀性

绝大多数易燃液体及蒸气都具有一定的毒性，会通过与皮肤的接触或呼吸进入人体，致使人昏迷或窒息而死。有的还具有刺激性和腐蚀性，对人体的内脏和器官造成伤害。

4）易燃固体和自燃物品及遇湿易燃物品的特性

（1）易燃固体的特性

易燃固体是指燃点低，对热、撞击、摩擦敏感，易被外部火源点燃，燃烧迅速，并可能散发出烟雾和有毒气体的固体，但不包括已列入爆炸品的物品。其特性如下：

① 易燃性。易燃固体在常温下是固态，当受热后可熔融、蒸发、气化、再分解氧化直至出现火焰燃烧，因此易燃固体随温度的升高危险性增大。大部分易燃固体的燃点、熔点、自燃点都较低，因此易燃危险性较大。

② 可分解性与氧化性。大多数易燃固体遇热易分解（如二硝基苯），而且易燃固体与氧化剂接触能发生剧烈反应而引起燃烧或爆炸，如红磷与氯酸钾接触，硫黄粉与氯酸钾或过氧化钠接触。

③ 毒性。许多易燃固体本身具有毒性，或其燃烧产物具有毒性或腐蚀性。

（2）自燃物品的特性

自燃物品是指自燃点低，在空气中易发生氧化反应，并放出热量而自行燃烧的物品。按自燃的难易程度（即自燃点的高低）及危险性的大小，自燃物品可以分为一级自燃性物质和二级自燃性物质。一级自燃性物质的自燃点低于常温，在空气中能发生剧烈的氧化，而且燃烧猛烈，危害性大，如黄磷、硝化棉等；二级自燃性物质的自燃点高于常温，但在空气中能缓慢氧化，在积热不散的条件下能够自燃，如油纸、油布等含油脂的物品。这类物品具有如下特性：

① 遇空气易燃性。自燃物品大部分性质非常活泼，具有极强的还原性，接触空气后能迅速与空气中的氧化合并产生大量的热，达到自燃点而燃烧、爆炸。

② 遇湿易燃性。由于自燃物品化学性质非常活泼，除在空气中能自燃外，遇水或受潮还能分解而自燃或爆炸。

（3）遇湿易燃物品的特性

遇湿易燃物品是指遇水或受潮时，发生剧烈化学反应，并放出大量的易燃气体和热量的物品，有时不需要明火，即能燃烧或爆炸。按遇水或受潮后发生反应的剧烈程度和危险性大小的不同，可将遇湿易燃物品分为一级遇水燃烧物质和二级遇水燃烧物质。一级遇水燃烧物质遇水后发生剧烈反应，产生大量易燃易爆气体，放出大量的热量，容易引起自燃或爆炸，主要包括锂、钠、钾等金属及其氢化物等；二级遇水燃烧物质遇水反应缓慢，放出热量也较少，产生的气体一般需要火源才能燃烧或爆炸，主要包括电石、金属钙、锌粉、石灰石等。这类物品具有如下特性：

① 遇水易燃易爆。这是此类物质的通性，遇水后与水发生化学反应，可以放出可燃气体和热量，当热量达到引燃温度时就会发生着火或爆炸。

② 遇酸和氧化剂易着火爆炸。大多数遇酸和氧化剂能够引起化学反应，放出易燃气体和热量，极易引起着火或爆炸。因此，易燃物品绝对不允许和氧化剂、酸类混储、混运。

③ 腐蚀性和毒害性。遇湿易燃物品本身是具有毒性的，如钠汞齐、钾汞齐等都是毒害性很强的物质。此外，还有一部分物品与水反应的生成物具有毒性，如乙炔、磷化氢、金属的磷化物等，以及水反应都会放出有毒的可燃气体。

5）氧化剂和有机过氧化物的特性

氧化剂是指处于高氧状态，具有强氧化性，易分解并放出氧和热量的物质，包括含有过氧基的无机物。氧化剂本身并不一定可燃，但可以导致可燃物的燃烧，与松软的粉末状可燃物能形成爆炸性混合物，对热、振动或摩擦较为敏感。氧化剂按氧化性的强弱分为一级氧化剂和二级氧化剂；按其组成分为有机氧化剂和无机氧化剂。

有机过氧化物是指分子组成中含有过氧基的有机物。它是一种含有—O—O—结构的有机物，也可能是过氧化氢的衍生物，其本身易燃易爆，极易分解，对热、振动或摩擦极为敏感，如二氯过氧化苯甲酰、过氧化二乙酰、过氧化苯甲酚、过氧化环己酮。

这类物品具有强氧化性，易引起燃烧、爆炸，其特性如下：

① 氧化剂遇高温易分解放出氧和热量，极易引起爆炸，特别是过氧化物中的过氧基很不稳定，易分解放出原子氧。所以，这类物质遇到易燃物品、可燃物品、还原剂或受热分解都容易引起燃烧爆炸。

② 氧化剂中的过氧化物均含有过氧基(—O—O—)，很不稳定，易分解放出原子氧，其余氧化剂则分别含有高价态的氯、溴、氮、硫、锰等元素，这些高价态的元素都具有较强的获得电子能力。

③ 大多数氧化剂，特别是碱性氧化剂，遇酸反应剧烈，甚至发生爆炸，如过氧化钠、高锰酸钾等遇硫酸立即发生爆炸。这些氧化剂一般不得与酸类接触，也不可以用酸类灭火剂灭火。

④ 具有毒性和腐蚀性。有些氧化剂具有不同程度的毒性和腐蚀性，操作时应做好个人防护。

⑤ 敏感性。许多氧化剂如硝酸盐类、有机过氧化物等对摩擦、撞击、振动极为敏感。储运中要轻装轻卸，防止增加其爆炸性。

6）毒害品和感染性物品的特性

毒害品是指进入肌体并累积到一定量后能与体液或器官组织发生生物化学或生物物理学作用，扰乱或破坏肌体的正常生理功能，引起器官和系统暂时性或持久性病变，乃至危及生命的物品。例如：氰化钾、三氧化二砷、氯化汞、磷化锌、汞；氯乙醇、二氯甲烷、四乙基铅、丁酯、四氯化碳。毒害品的特性如下：

(1) 溶解性

很多毒害品是水溶性或脂溶性物质。毒害品在水中溶解度越大，危害性越大。因为人体内的血液、胃液、淋巴液中含有大量的水，还含有酸、脂肪等，毒害品在其中溶解度很大，所以很容易引起人身中毒。

(2) 易扩散性

毒害品的颗粒越细，越容易穿透包装随空气的流动而扩散，就会越容易使人中毒。

(3) 易挥发性

一些毒害品具有挥发性，而且随着温度的升高，挥发性毒物挥发越快，可使空气中的浓度增大，从而使人中毒。

毒害品的主要危险性是毒害性，主要表现为对人体及其他动物的伤害。主要伤害途径有呼吸中毒、消化中毒、皮肤中毒等。

感染性物品是指含有致病的微生物，能引起病态，甚至死亡的物质。

7）腐蚀品的特性

腐蚀品是指能灼伤人体组织，并对金属等物品造成损坏的固体或液体。其标准为：与皮肤接触在 4 日内的暴露期或者在 14 日的观察期内使皮肤组织出现坏死现象；或在 55 ℃时对 20 号钢的表面均匀年腐蚀量超过 6.25 mm/a 的固体或液体。腐蚀品的特性如下：

(1) 腐蚀性

腐蚀品具有很强的腐蚀性,对人体、有机物质和金属等都能造成伤害。人体接触腐蚀品后,会引起灼伤或发生破坏性创伤以至溃疡等;腐蚀品可以夺取皮革、纸张及其他一些有机物质中的水分,破坏其组织成分,甚至使之碳化。此外,不论是酸性或碱性腐蚀品都会对金属产生不同程度的腐蚀作用。

(2) 易燃性

大部分腐蚀品具有易燃性,有的还具有较强的氧化性,且有些腐蚀品遇水分解出具有腐蚀性的气体和热量,接触可燃物会引起着火,如遇高温还有爆炸危险。

(3) 毒性

许多腐蚀性物品都有毒性,有的还有剧毒,如氢氟酸、五溴化磷等。

2.2 危险化学品的安全管理

2.2.1 危险化学品的包装与运输

1) 危险化学品的包装

包装是指盛装和保护产品的器具,一般分为运输包装和销售包装,危险化学品包装主要用于盛装危险化学品并保证其安全运输的容器。具体作用有:防止被包装物因接触雨、雪、阳光、潮湿空气和杂质,使物品变质或发生剧烈的化学反应而导致事故;减少被包装物品在储存、运输过程中所受到的撞击、摩擦和挤压等外部作用,使其在包装的保护下处于完整和相对稳定的状态;防止撒漏、挥发及性质相抵触的物品直接接触而发生事故;便于装卸、搬运和储存保管,从而保证储存、运输的安全。

(1) 危险化学品包装要求

由于包装伴随危险品运输的全过程,情况复杂,直接关系危险化学品运输的安全,因此各国都针对危险化学品的包装制定了相关标准或进行了相应立法。我国相继颁布了《危险货物包装标志》(GB 190—2009)和《危险货物运输包装通用技术条件》(GB 12463—2009)等危险化学品包装的标准。此外,《危险化学品安全生产条例》和《中华人民共和国安全生产法》也对危险化学品包装的生产和使用做出了明确规定。主要规定如下:

① 危险化学品包装应具有一定的强度,结构合理,防护性能好。包装的材质、形式、规格、方法和单件质量应与所装危险物质的性质和用途相适应,并便于装卸、运输和储存。

② 包装与内装物直接接触部分,必要时应有内涂层或进行防护处理,包装材质不得与内装物发生化学反应而形成危险产物或导致削弱包装强度。

③ 盛装液体的容器应能经受在正常运输条件下产生的内部压力。罐装时还要留有足够的膨胀余量,除另有规定外,应保证在温度为 55 ℃时内装液体不致完全充满容器。

④ 包装封口应根据内装物性质采用严密封口、液密封口和气密封口。若盛装需浸湿或加有稳定剂的物质时,其容器封闭性能应能有效保证液体(水、溶剂和稳定剂)的百分比在储运期间保持在规定的范围内。

⑤ 有降压装置的包装,其排气孔设计和安装应能防止内装物泄漏和外界杂质进入,排出的气体量不得造成危险和污染环境。

⑥ 复合包装的内容器和外包装应能够紧密贴合,外包装不得有擦伤内容器的凸出物。

⑦ 无论是新型包装、重复使用的包装，还是修理过的包装，均应符合危险货物运输包装性能实验的要求。

⑧ 盛装爆炸品包装应具有防止渗漏的双重保护；内包装应充分防止爆炸品与金属物接触；双重卷边接合的钢桶、金属桶或以金属做衬里的包装箱，应能防止爆炸物进入缝隙；包装内的爆炸物质和物品，包括内容器，必须衬垫妥实，在运输中不得发生危险性移动。

质检部门应当对危险化学品的包装物、容器的产品质量进行定期的或者不定期的检查。

(2) 危险化学品包装分类和包装性能试验

根据《危险货物运输包装通用技术条件》(GB 12463—2009)规定，除爆炸品、气体、感染性物品和放射性物品外，其他危险货物按其危险程度、包装结构强度和防护性能，将危险品包装分成 3 类：Ⅰ类包装货物具有较大危险性，包装强度要求高；Ⅱ类包装货物具有中等危险性，包装强度要求较高；Ⅲ类包装货物具有危险性小，包装强度要求一般。

物质的包装类别决定包装物或接收容器的质量要求，Ⅰ类包装表示包装物的最高标准；Ⅱ类包装可以在材料坚固性稍差的装载系统中安全运输；而使用最为广泛的Ⅲ类包装可以在包装标准进一步降低的情况下安全运输。由于《危险货物品名表》对所列危险品都具体指明了应采用的包装等级，实质上表明了该危险品的危险等级。

危险品包装产品出厂前必须通过性能试验，各项指标符合相应标准后才能打上包装标记投入使用。如果包装设计、规格、材料、结构、工艺和盛装方式有变化，都应分别重复试验。《危险货物运输包装通用技术条件》规定了危险品包装的 4 种试验方法，即堆码试验、跌落试验、气密试验和液压试验。

① 堆码试验。将坚硬载荷平板置于试验包装件的顶面，在平板上放置重物，定堆码高度(陆运 3 m、海运 8 m)和一定时间(一般 24 h)内，观察堆码是否稳定，包装是否变形或破损。

② 跌落试验。按不同跌落方向及高度(Ⅰ类：1.8 m，Ⅱ类：1.2 m、Ⅲ类：0.8 m)跌落，观察包装是否破损或渗(撒)漏。

③ 气密试验。将包装浸入水中，对包装充气加压(Ⅰ类：≥30 kPa，Ⅱ类、Ⅲ类：≥20 kPa)，观察有无气泡产生，或者在接缝处或其他易渗漏处涂上皂液或其他合适的液体后向包装内加压，观察有无气泡产生。

④ 液压试验。在测试容器上安装指标压力表，拧紧桶盖，接通压力泵，向容器内注水加压。当压力表指针达到所需压力时，塑料容器和内容器为塑料材质的复合包装，应经受 30 min 的压力试验；其他材质的容器和复合包装应经受 5 min 的压力试验。试验压力应均匀连续施加，并保持稳定，试样如用支撑，不得影响其试验效果。

2) 危险化学品的运输

运输是危险化学品流通过程的重要环节。危险化学品运输相当于将危险源从相对密闭的工厂、车间、仓库带到敞开的、可能与公众密切接触的空间，再加上运输过程中状态和环境的多变，使事故的概率大大增加。

(1) 运输安全要求

《危险化学品安全管理条例》在危险化学品安全运输方面的规定如下：

① 国家对危险化学品的运输实行资质认定制度；未经资质认定的，不得运输危险化学品。危险化学品运输企业必须具备的条件由国家交通部门规定，应当配备专职安全管理人员。

② 用于危险化学品运输工具的槽罐以及其他容器，必须由专业生产企业定点生产，并经检测、检验合格，方可使用。质检部门应当对专业生产企业定点生产的槽罐以及其他容器的产品质量进行定期的或者不定期的检查。

③ 危险化学品运输企业，应当对其驾驶员、船员、装卸管理人员、押运人员进行有关安全知识培训；必须掌握危险化学品运输的安全知识，并经所在地区的市级人民政府交通部门考核合格（船员经海事管理机构考核合格），取得上岗资格证。危险化学品的装卸作业必须在装卸管理人员的现场指挥下进行。

④ 通过公路运输危险化学品的，托运人只能委托有危险化学品运输资质的运输企业承运；而且托运人应向目的地县级人民政府公安部门申请办理剧毒化学品公路运输通行证。办理通行证，托运人应向公安部门提交有关危险化学品的品名、数量、运输始发地和目的地、运输路线、运输单位、驾驶人员、押运人员、经营单位和购买单位资质情况的材料。

⑤ 禁止利用内河封闭水域运输剧毒化学品以及国家规定禁止通过内河运输的其他危险化学品，其他内河水域禁止运输国家规定禁止通过内河运输的剧毒化学品以及其他危险化学品。利用内河运输危险化学品的，只能委托有危险化学品运输资质的水运企业承运，并按照国务院交通部门的规定办理手续，接受有关部门（港口部门、海事管理部门）的监督管理。

⑥ 托运人托运危险化学品，应当向承运人说明运输的危险化学品的品名、数量、危害、应急措施等情况。

⑦ 运输、装卸危险化学品，应当按照有关法律、法规、规章的规定和国家标准的要求并按照危险化学品的危险特性，采取必要的安全防护措施。运输危险化学品的槽罐以及其他容器必须封口严密，能够承受正常运输条件下产生的内部压力和外部压力，保证危险化学品在运输中不发生任何渗（撒）漏。

⑧ 通过公路运输危险化学品，必须配备押运人员，不得超装、超载，不得进入危险化学品运输车辆禁止通行的区域；确实需要进入禁止通行区域的，应当事先向当地公安部门报告，由公安部门为其指定行车时间和路线。

⑨ 剧毒化学品在公路运输途中发生被盗、丢失、流散、泄漏等情况时，承运人及押运人员必须立即向当地公安部门报告，并采取一切可能的警示措施，公安部门接到报告后，应当向其他有关部门通报情况；有关部门应当采取必要的安全措施。

⑩ 通过铁路、航空运输危险化学品的，按照国务院铁路、民航部门的有关规定执行。

（2）运输中应注意的事项

① 防火与灭火。在危险化学品的运输环节中，防火与灭火是最重要的一环。其防火技术要求与措施主要有以下 3 个方面：其一，要采取完好的包装，以保证危险化学品运输的安全，成品出厂前就必须包装好；其二，无论何种运输方式，都必须严格遵守并装禁忌的原则，即两者相混能发生放热反应的物质，以及灭火方法不同的物质，都不允许混装；其三，要有适宜的气象条件，即气象条件对危险化学品的运输防火影响很大，不良的气象条件很容易导致危险化学品蒸发、泄漏、爆炸而引起火灾。

若不慎发生火灾，应先确认失火的危险物品种类，进而选取适当的措施进行灭火，最大限度地减少损失。根据物质燃烧的基本原理和实践经验，灭火的基本方法有 4 种：第一，窒息灭火法，即阻止空气流入燃烧区，或用惰性气体稀释空气，使燃烧物质因得不到足够的氧气而熄灭；第二，冷却灭火法，即将灭火剂直接喷洒到燃烧的物体上，将可燃物的温度降到燃点以下终止燃烧；第三，隔离灭火法，即将燃烧的物质与附近未燃的可燃物质隔离或疏散开，使燃烧因缺少可燃物质而停止，这种灭火方法可用于扑救各种固体、液体和气体火灾；第四，化学抑制灭火法，即将灭火剂加入到燃烧反应中去，起到抑制反应的作用。

② 爆炸的防护。爆炸是一种极为迅速的物理或化学的能量释放过程，体系的物质能以极快的速度把其内部所含有的能量释放出来，一旦失控，发生爆炸事故就会产生巨大的破坏作用。

如果某种物质（过氧化物或自反应物质）在运输过程中的温度超过其以包装形式运输时的特定值时，就可能会自行加速分解，进而发生猛烈爆炸。为了防止这种分解的发生，在运输中必须控制这种物质的温度。这是危险化学品运输过程中爆炸的基本防护措施。凡在货物上标明控制温度和危急温度的物质必须在温度控制条件下运输，以使货物周围的环境温度不会超过该控制温度；在运输过程中，应定期（至少每隔 4～6 h 进行一次）检测温度并记录温度读数；在有不同控制温度的包装件装入同一运输组件时，所有包装都应预先冷却以免超过最低控制温度。

除此之外，还应从以下 4 个方面加强危险化学品运输过程中的管理措施：第一，企业应严格执行国家危险化学品安全管理法规、条例的规定，健全危险化学品运输规章制度。运输单位一定要具备相关资质，从危险化学品装载、包装、车辆检查、中途临时停靠、人员培训及对路线、天气状况的考虑等方面，制定针对性的安全对策，配备专职安全管理人员，加强驾驶员、装卸和押运人员的安全教育，做好安全事故的预防工作。第二，企业和政府有关部门还应做好危险品事故的应急救援准备工作，以形成完善的、全方位的危险化学品运输事故预防体系。第三，如需托运危险化学品，只能委托有危险化学品运输资质的运输企业承运，并应向承运人说明运输危险品的品名、数量、危害、应急措施等情况。第四，运输危险化学品的槽罐及其他容器，必须有专业生产企业定点生产，并经检测、检验合格后，方准使用。

③ 防雷与防静电。雷电是一种自然放电现象。由于会产生雷电过电压，这样在雷电波及的范围内就会有损坏设施、设备并危及人身安全等事故发生。静电产生是一个比较复杂的过程，常会因为接触、附着、感应或极化产生静电，或者因为电子的转移使原来为中性的物质带上了电荷。静电一般会产生很高的电位，其电火花可引起易燃物着火、爆炸。

危险化学品运输的防雷措施主要有：若通过公路和铁路运输危险化学品，汽车槽车和铁路槽车在装运易燃、易爆品时应安装阻火器，且铁路装卸危险化学品的设备应进行电器连接并接地，冲击接地电阻应不大于 10 Ω；若通过船舶运输危险化学品，船舶的金属桅杆或其他凸出物可做接闪器，如船体的结构是木质的或其他绝缘材料的，则必须把桅杆或其他凸出的金属物与水下的铜板连接，无线电天线应安装避雷器，且雷暴时应停止运输；若通过管道输送危险化学品时，管路本身可做接闪器，其法兰、阀门的连接处应设金属跨接线。

危险化学品运输的防静电措施主要有以下 4 种：首先，在包装上采用防静电包装，简单易行而且非常有效；在运输过程中，尽量减少物质之间的摩擦和碰撞；运输危险化学品的车厢应铺有抗静电橡胶、抗静电地板等，尽量减少静电荷产生。其次，通过静电导体或静电压导体，将已经产生的静电荷向大地泄放，防止静电聚积，从而避免产生火花放电。可采用直接接地和间接接地 2 种方法。另外，增加环境湿度，使物体表面电阻率降低，利用静电泄放，也很实用。再次，利用各种静电消防设备，将聚积的静电荷中和掉。常用设备有感应式消静电器、离子风消静电器、高压消静电器等。最后，操作及工作人员必须穿戴防静电服。

2.2.2 危险化学品的储存与经营

1）危险化学品的储存

储存是指产品在离开生产领域而尚未进入消费领域之前，在流通过程中形成的一种停留。生产、经营、储存和使用危险化学品的企业都存在危险化学品的储存问题。

(1) 储存危险化学品的基本要求

① 危险化学品必须储存在经省、自治区、直辖市人民政府经济贸易管理部门或者设区的市级人民政府负责危险化学品安全监督管理综合工作的部门审查批准的危险化学品仓库中。未经批准不得随意设置危险化学品储存仓库，储存危险化学品必须遵照国家法律、法规和其他有关的规定。

② 危险化学品必须储存在专用仓库、专用场地或者专用储存室内，储存方式、方法与储存数量必须符合国家标准，并有专人管理。

③ 巨大化学品以及储存数量构成重大危险源的其他危险化学品必须在专用仓库内单独存放，实行双人收发、双人保管制度。储存单位应当将储存剧毒化学品以及构成重大危险源的其他危险化学品的数量、地点和管理人员的情况报当地公安部门和负责危险化学品安全监督管理综合工作的部门备案。

④ 危险化学品专用仓库应当符合国家标准对安全、消防的要求，设置明显标志。危险化学品专用仓库的储存设备和安全设施应当定期管理。同一区域储存 2 种或 2 种以上不同级别的危险化学品时，应按最高等级危险物品的性能标志。

⑤ 危险化学品露天堆放应符合防火、防爆的安全要求，爆炸物品、一级易燃物品、遇湿易燃物品、剧毒物品不得露天堆放。

⑥ 危险化学品储存方式有 3 种：隔离储存、隔开储存和分离储存。根据危险品性质性能分区、分类、分库储存，各类危险品不得与禁忌物料混合储存。

(2) 储存安排及储存量限制

危险化学品储存储存量及储存安排，见表 2.1。

表 2.1 储存量与储存安排

储存要求 \ 储存类别	露天储存	隔离储存	隔开储存	分离储存
平均单位面积储存量/($t \cdot m^{-2}$)	1.0～1.5	0.5	0.7	0.7
单一储存区最大储存量/t	2 000～2 400	200～300	200～300	400～600
垛距限制/m	2	0.3～0.5	0.3～0.5	0.3～0.5
通道宽度/m	4～6	1～2	1～2	5
墙距宽度/m	2	0.3～0.5	0.3～0.5	0.3～0.5
与禁忌品的距离/m	10	不得同库储存	不得同库储存	7～10

不同种类的危险化学品储存安排应满足下列要求：

① 遇火、遇热、遇潮能引起燃烧、爆炸或发生化学反应，产生有毒气体的危险化学品不得在露天或在潮湿的建筑物中储存；受日光照射能发生化学反应引起燃烧、爆炸、分解、化合或能产生有毒气体的危险化学品储存应采取避光措施。

② 压缩气体和液化气体必须与爆炸物品、氧化剂、易燃物品、自燃物品、腐蚀品隔离储存;易燃气体不得与助燃气体、剧毒气体同库储存;氧气不得与油脂混合储存。

③ 爆炸物品不准和其他类物品同库储存,必须单独隔离限量储存。仓库不准建在城镇,还应与周围建筑、交通干道、输电线路保持一定安全距离。

④ 有毒物品应储存在阴凉、通风、干燥的场所,不要露天存放,不要接近酸类物质。

⑤ 腐蚀性物品包装必须严密,不允许泄漏,严禁与液化气体和其他物品共存。

(3) 养护和入库管理

危险化学品入库时,应严格检验物品质量、数量、包装情况、有无泄漏;在装卸、搬运时,做到轻装轻卸,严禁摔、碰、撞、击、拖拉、倾倒和滚动;入库后应采取适当的养护措施,储存期间定期检查,发现其品质变化、包装破损、渗漏、稳定剂短缺等,应及时处理。

(4) 消防措施和人员培训

① 根据危险品特性,必须配置相应的消防设备、设施和灭火药剂;根据仓库条件安装自动监测和火灾报警系统。如有条件,应安装灭火喷淋系统。

② 仓库还需配备经过培训的兼职和专职的消防人员,而且仓库人员应进行培训,经考核合格后持证上岗。

③ 仓库的消防人员除具有一般的消防知识外,还应进行在危险品库工作的专门培训,熟悉各储区危险品的特性和应注意事项。

(5) 危险化学品储存安全管理规定

① 国家对危险化学品的生产和储存实行统一规划、合理布局和严格控制,并对危险化学品生产、储存实行审批制度;未经审批,任何单位和个人都不得生产和储存危险化学品。

② 危险化学品生产、储存企业必须有符合国家标准的生产工艺、设备或储存设施;有符合生产或储存需要的管理人员和技术人员;有符合法律法规和国家标准要求的其他条件。

③ 设立剧毒化学品生产、储存企业和其他危险化学品生产、储存企业,应向当地危险化学品安全监督管理部门提出申请,并提交可行性研究报告、危险化学品理化性能指标及安全评价报告等。

④ 危险化学品的生产装置和储存数量构成重大危险源的储存设施,与人口密集区、公共设施、保护区及生产基地等的距离必须符合国家标准或国家其他有关规定。

⑤ 生产、储存、使用危险化学品的,应根据危险化学品的种类、特性,在车间、库房等作业场所设置相应的安全设施、设备,并按照国家标准和国家有关规定进行维护、保养,对生产、储存装置进行定期的安全评价。

⑥ 剧毒化学品的生产、储存、使用单位,应当对剧毒化学品的产量、流向、储存量和用途如实记录,并采取必要的保安措施,防止剧毒化学品被盗、丢失或误用。

⑦ 危险化学品必须按照国家标准进行储存,库存化学品应定期检查,且将所储的危险化学品情况报当地危险化学品监督管理部门备案。

⑧ 危险化学品的生产、储存、使用单位转产、停产、停业或者解散的,应采取有效措施,处置危险化学品的生产或者储存设备、库存产品及生产原料,不得留有事故隐患。

2) 危险化学品的经营

危险化学品的经营是指企业、单位、个体工商户、百货商店、企业分支机构等设立的销售网点经过审批的批发零售危险化学品的商业行为。经营活动中商品的购进、销售、储存、运输和废弃物处置都要按照国家颁布的法律、法规和标准的要求认真执行。

(1) 危险化学品经营要求

① 对从业人员的要求。危险化学品经营企业的法定代表人或经理应经过国家授权部门的专业培训,并取得合格证书方能经营。企业经营人员应经国家授权部门的专业培训,取得合格证书方能上岗。经营剧毒化学品的人员,还要经过县级以上公安部门的专门培训,并取得合格证书方能上岗。

② 对企业经营条件的要求。危险化学品经营单位应满足如下要求:

第一,危险化学品经营企业的经营场所应坐落在交通便利、便于疏散处,且其建筑物应符合国家相关规定。

第二,从事危险化学品批发业务的企业,应具备县级及县级以上公安、消防部门批准的专用危险品仓库,所经营危险化学品不得放在业务经营场所。

第三,零售业务只许经营除爆炸品、放射性物品、剧毒物品以外的危险化学品,而且零售业务的店面位置、面积及危险品摆放都应符合国家相关标准;店面内应具有消防、急救设施。

第四,经营易燃易爆品的企业,应向县级及县级以上公安、消防申领易燃易爆消防安全经营许可证。

第五,经营危险化学品,不得有下列行为:从未取得危险化学品生产经营许可证采购危险化学品;经营国家明令禁止的危险化学品和用剧毒化学品生产的灭鼠药以及其他有可能进入人们日常生活的化学产品;销售没有化学品安全技术说明书和安全标签的危险化学品。

第六,危险化学品生产企业不得向未取得危险化学品经营许可证的单位或个人销售。

第七,按照国家规定,危险化学品经营单位在店面内只能存放民用小包装的危险化学品,总量不得超过国家规定的限量。

(2) 危险化学品经营方面的安全管理

① 经营许可证管理。国家对危险化学品经营销售实行许可制度:一切经营、销售危险化学品的企业、单位、个体工商户、百货商店以及企业在场外设置的销售网点都必须依法取得经营许可证,并凭经营许可证依法向工商行政管理部门申请办理登记注册手续;经营许可证分为甲、乙两种,取得甲种经营许可证的单位可经营销售剧毒化学品和其他危险化学品,取得乙种经营许可证的单位只能经营销售除剧毒化学品外的危险化学品;经营许可证的审批分为受理、审核、终止审批、复核、审定、告知6个程序。发证机关应当坚持公开、公正、公平的原则,严格按照法律规定审批、发放经营许可证,而且发放机关应当对已取得经营许可证的单位进行监督检查。

② 经营单位安全管理制度。危险化学品经营单位安全管理制度主要包括:第一,制定安全生产责任制,明确单位各位领导、各个部门、各类人员在各自职责范围内对安全生产应负责任的制度,形成全员、全面、全过程安全管理的完整制度体系;第二,制定具体且操作性强的安全生产规章制度,是各单位执行法律法规的具体体现,可以保障职工人身安全健康以及财产安全;第三,制定岗位安全操作规程,这是对经营单位各岗位如何遵守有关规定完成本岗位工作任务的具体做法的规定,以便于工作有序进行。

2.2.3 危险化学品的安全信息

1) 危险化学品标志

危险化学品标志是通过图案、文字说明、颜色等信息,鲜明与简洁地表征危险化学品特性和类别,向作业人员传递安全信息的警示性资料。

常用危险化学品标志是根据《化学品分类和危险性公示 通则》(GB 13690—2009)的

规定，对常用危险化学品按其主要危险特性进行了分类，并规定了危险品的包装标志。根据常用危险化学品的危险特性和类别，在理化危险中将危险化学品分为 16 种，故设标志 16 个，见表 2.2。

表 2.2 理化危险中化学品标志

标志 1:爆炸物标志	标志 2:易燃气体标志	标志 3:易燃气溶胶标志
底色:橙色 图形:正在爆炸的炸弹(黑色) 文字:黑色 	底色:红色 图形:火焰(黑色或白色) 文字:黑色或白色 	底色:红色 图形:火焰(黑色或白色) 文字:黑色或白色 
标志 4:氧化性气体标志	标志 5:压力下气体标志	标志 6:易燃液体标志
底色:黄色 图形:火焰(黑色) 文字:黑色 	底色:绿色 图形:气瓶(黑色或白色) 文字:黑色或白色 	底色:红色 图形:火焰(黑色或白色) 文字:黑色或白色 
标志 7:易燃固体标志	标志 8:自反应物质标志	标志 9:自热物质标志
底色:白色并带有 7 个垂直条纹 图形:火焰(黑色) 文字:黑色 	底色:白色并带有 7 个垂直条纹 图形:火焰(黑色) 文字:黑色 	底色:上半部白色,下半部红色 图形:火焰(黑色) 文字:黑色 
标志 10:自燃液体标志	标志 11:自燃固体标志	标志 12:遇水放出易燃气体的物质标志
底色:上半部白色,下半部红色 图形:火焰(黑色) 文字:黑色 	底色:上半部白色,下半部红色 图形:火焰(黑色) 文字:黑色 	底色:蓝色 图形:火焰(黑色或白色) 文字:黑色或白色 

续表 2.2

标志 13:金属腐蚀物标志	标志 14:氧化性液体标志	标志 15:氧化性固体标志
底色:上半部白色,下半部黑色 图形:上半部 2 个试管中液体分别向金属板和手上滴落(黑色) 文字:白色 腐蚀品 8	底色:黄色 图形:火焰(黑色) 文字:黑色 5.1	底色:黄色 图形:火焰(黑色) 文字:黑色 5.1
标志 16:有机过氧化物标志		
底色:黄色 图形:火焰(黑色) 文字:黑色 5.2		

在《化学品分类和危险性公示　通则》(GB 13690—2009)中规定:属于 GHS(《化学品分类及标识全球协调制度》)范围内的产品将在供应工作场所的地点贴上安全警示标志。具体要求如下:

(1) 作业场所化学品安全警示标志定义

作业场所化学品安全警示标志是针对作业场所化学品危害所做的标识。当同一作业场所化学品种类较少时,挂贴一般安全警示标志;化学品种类较多时,挂贴综合安全警示标志。

(2) 标志要素

作业场所化学品安全警示标志以文字和图形符号组合的形式,表示化学品在工作场所所具的危险性和安全注意事项。一般安全警示标志包括化学品标识、危险象形图、警示词、危险性说明、防范说明、个体防护用品、资料参阅提示语、报警电话以及应急咨询电话等;综合安全警示标志包括化学品标识、危险象形图、警示词、危险性说明、个体防护用品、资料参阅提示语、报警电话以及应急咨询电话等。

(3) 作业场所化学品安全警示标志样例

作业场所化学品安全警示标志样例,分别如图 2.1 和图 2.2 所示。

2) 危险化学品安全标签

(1) 危险化学品安全标签的定义

危险化学品安全标签是指危险化学品在市场上流通时由生产销售单位提供的附在化学品包装上的标签,是向作业人员传递安全信息的一种载体。它用简单、易于理解的文字和图形表述有关化学品的危险特性及其安全处置的注意事项,警示作业人员进行安全操作和处置。

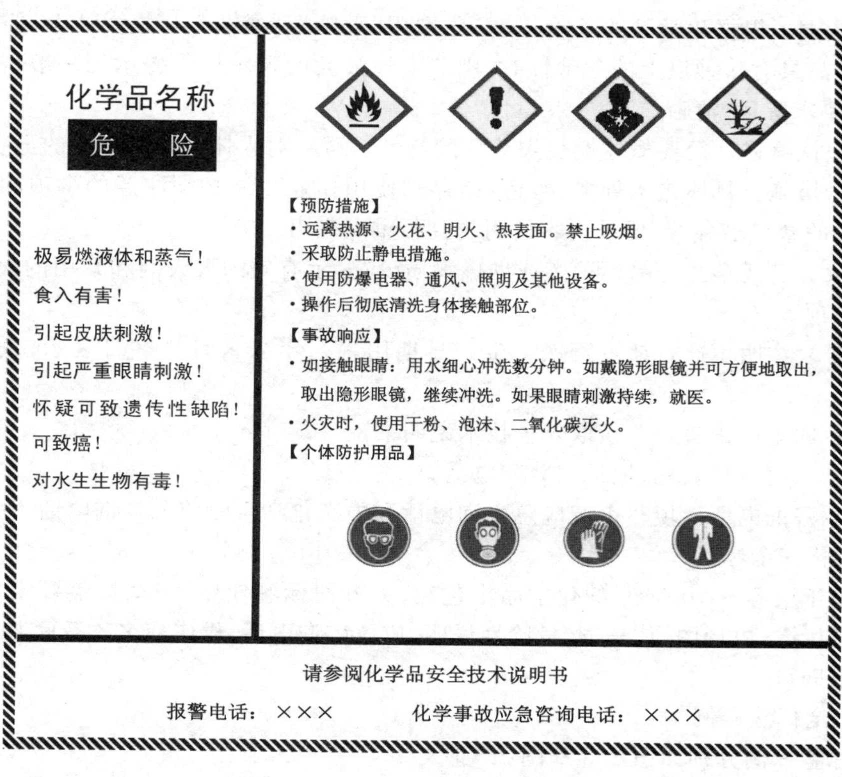

图 2.1 一般安全警示标志样例

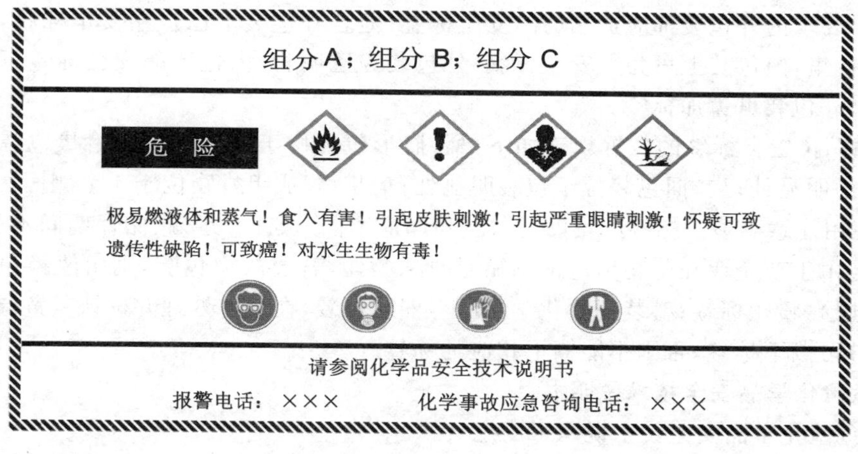

图 2.2 综合安全警示标志样例

(2) 危险化学品安全标签的内容

《化学品安全标签编写规定》(GB 15258—2009)规定化学品标签应包括物质名称、编号、危险性标志、警示词、危险性概述、安全措施、灭火方法、生产厂家、地址、电话、应急咨询电话、提示参阅安全技术说明书等内容。

① 物质名称、编号。用中文名和英文名分别标明，要求清晰醒目；标出其化学式和化学组成；标明联合国危险货物编号和中国危险货物编号。

② 警示词。根据化学品的危险程度,分别用“危险”、“警告”、“注意”3 个词进行警示。当某种化学品具有一种以上的危险性时,用危险性最大的警示词。警示词一般位于化学品名称下方,要求醒目、清晰。

③ 危险性概述。简要概述燃烧爆炸危险特性、毒性、对人体健康和环境的危害。

④ 安全措施。具体包括处置、搬运、储存和使用作业中所必须注意的事项和发生意外时简单有效的救护措施等,要求内容简明、扼要、重点突出。

⑤ 灭火。若化学品为易(可)燃或助燃物质,应提示有效的灭火剂和禁用的灭火剂以及灭火注意事项。

⑥ 批号。注明生产日期及班次。生产日期用××年××月××日表示,班次用××表示。

⑦ 提示向生产销售企业索取安全技术说明书。

⑧ 生产厂(公司)名称、地址、邮编、电话。

⑨ 应急咨询电话。填写生产应急咨询电话和国家化学事故应急咨询电话。

(3) 简化安全标签

对于小于或等于 100 mL 的化学品小包装,为方便标签使用,安全标签要素可以简化,包括化学品标志、象形图、信号词、危险性说明、应急咨询电话、供应商名称及联系电话、资料参阅提示语即可。

(4) 安全标签样例

安全标签样例分别如图 2.3 和图 2.4 所示。

(5) 危险化学品安全标签的使用

① 使用方法。标签应粘贴、挂拴、喷印在化学品包装或容器的明显位置。多层包装运输,原则上要求内外包装都应加贴(挂)安全标签,但若外包装上已加贴安全标签,内包装是外包装的衬里,内包装上可免贴安全标签;外包装为透明物,内包装的安全标签可清楚地透过外包装,外包装可免加标签。

② 粘贴位置。标签的位置规定如下:桶、瓶形包装位于桶、瓶侧身;箱状包装位于包装端面或侧面明显处;袋、捆包装位于包装明显处;集装箱、成组货物位于 4 个侧面。

③ 使用注意事项。标签的粘贴、挂栓、喷印应牢固,保证在运输、储存期间不脱落,不损坏;标签应由生产企业在货物出厂前粘贴、挂拴、喷印,若要改换包装,则由改换包装单位重新粘贴、挂拴、喷印标签;盛装危险化学品的容器或包装,在经过处理并确认其危险性完全消除之后,方可撕下标签,否则不能撕下相应的标签。

3) 危险化学品安全技术说明书

(1) 危险化学品安全技术说明书的定义

危险化学品安全技术说明书是一份关于危险化学品燃爆、毒性和环境危害以及安全使用、泄漏应急处理、主要理化参数、法律法规等方面信息的综合性文件。同时,危险化学品安全技术说明书是化学品安全生产、安全流通、安全使用的技术性文件,是应急作业人员进行应急作业的技术指南,可为危险化学品安全操作规程提供技术信息。

(2) 危险化学品安全技术说明书的内容

化学品安全技术说明书(CSDS)包括以下 16 部分内容:

① 化学品及企业标志。主要标明化学品名称、生产企业名称、地址、邮编、电话、应急电话、传真和电子邮件地址等信息。

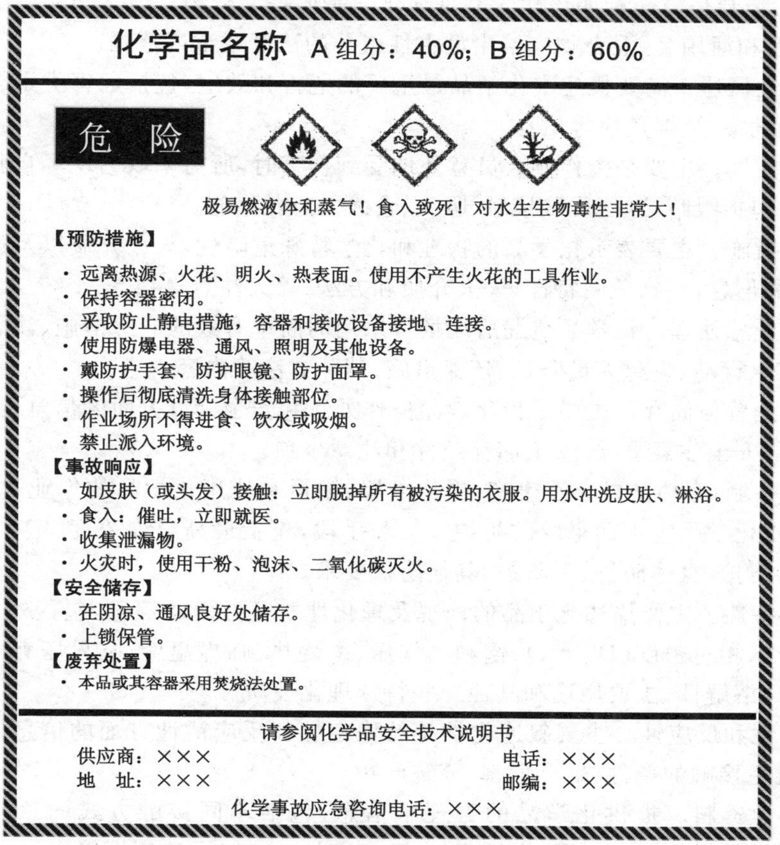

化学品名称　A 组分：40%；B 组分：60%

极易燃液体和蒸气！食入致死！对水生生物毒性非常大！

【预防措施】

· 远离热源、火花、明火、热表面。使用不产生火花的工具作业。
· 保持容器密闭。
· 采取防止静电措施，容器和接收设备接地、连接。
· 使用防爆电器、通风、照明及其他设备。
· 戴防护手套、防护眼镜、防护面罩。
· 操作后彻底清洗身体接触部位。
· 作业场所不得进食、饮水或吸烟。
· 禁止派入环境。

【事故响应】

· 如皮肤（或头发）接触：立即脱掉所有被污染的衣服。用水冲洗皮肤、淋浴。
· 食入：催吐，立即就医。
· 收集泄漏物。
· 火灾时，使用干粉、泡沫、二氧化碳灭火。

【安全储存】

· 在阴凉、通风良好处储存。
· 上锁保管。

【废弃处置】

· 本品或其容器采用焚烧法处置。

请参阅化学品安全技术说明书

供应商：×××　　电话：×××
地　址：×××　　邮编：×××

化学事故应急咨询电话：×××

图 2.3　安全标签样例

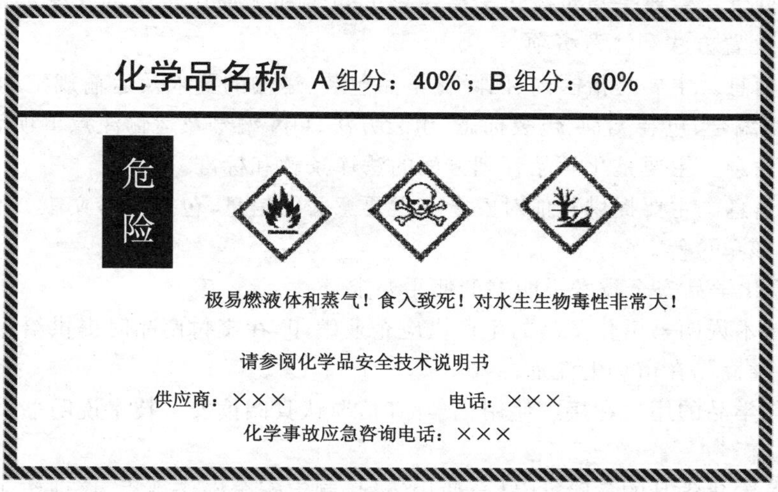

化学品名称　A 组分：40%；B 组分：60%

极易燃液体和蒸气！食入致死！对水生生物毒性非常大！

请参阅化学品安全技术说明书

供应商：×××　　电话：×××

化学事故应急咨询电话：×××

图 2.4　简化标签样例

② 成分/组成信息。标明该化学品是纯化学品还是混合物。纯化学品应给出其化学品名称或商品名和通用名;混合物应给出危害性组分的浓度或浓度范围。

③ 危险性概述。简要概述本化学品最重要的危害和效应,包括危害类别、侵入途径、健康危害、环境危害、燃爆危险等信息。

④ 急救措施。主要是指作业人员意外地受到伤害时,所需采取的现场自救或互救的简要处理方法,包括眼睛接触、皮肤接触、吸入、食入的急救措施。

⑤ 消防措施。主要表示化学品的物理和化学特殊危险性,灭火介质以及消防人员个体防护等方面的信息,包括危险特性、灭火介质和方法、灭火注意事项等。

⑥ 泄漏应急处理。化学品泄漏后现场可采用的简单有效的应急措施、注意事项和消除方法,包括应急行动、应急人员防护、环保措施、消除方法等内容。

⑦ 操作处置与储存。主要是指化学品操作处置和安全储存方面的信息资料,包括操作处置作业中的安全注意事项、安全储存条件和注意事项。

⑧ 接触控制/个体防护。在生产、操作处置、搬运和使用化学品的作业过程中,为保护作业人员免受化学品危害而采取的防护方法和手段,包括最高容许浓度、工程控制、呼吸系统防护、眼睛防护、身体防护、手防护、其他防护要求。

⑨ 理化特性。主要描述化学品的外观及理化性质等方面的信息,包括外观与性状、pH值、沸点、熔点、相对密度($D_{水}=1$)、饱和蒸气压、燃烧热、临界温度、临界压力、闪点、引燃温度、爆炸极限、溶解性、主要用途和其他一些特殊理化性质。

⑩ 稳定性和反应性。主要叙述化学品的稳定性和反应活性方面的信息,包括稳定性、禁配物、应避免接触的条件、聚合危害、分解产物等。

⑪ 毒理学资料。提供化学品的毒理学信息,包括不同接触方式的急性毒性(LC_{50},LC_{50})、刺激性、致敏性、亚急性和慢性毒性,致突变性、致畸性、致癌性等。

⑫ 生态学资料。主要陈述化学品的环境生态效应、行为和转归,包括:生物效应(如LD_{50},LD_{50})、生物降解性、生物富集、环境迁移及其他有害的环境影响等。

⑬ 废弃处置。主要是指对被化学品污染的包装和无使用价值的化学品的安全处理方法,包括废弃处置方法和注意事项。

⑭ 运输信息。主要是指国内、国际化学品包装、运输的要求及运输规定的分类和编号,包括危险货物编号、包装类别、包装标志、包装方法、UN 编号及运输注意事项等。

⑮ 法规信息。主要是化学品管理方面的法律条款和标准。

⑯ 其他信息。主要提供其他对安全有重要意义的信息,包括参考文献、填表时间、填表部门、数据审核单位等。

(3) 危险化学品安全技术说明书的使用要求

①安全技术说明书由化学品的生产供应企业编印,在交付商品时提供给用户,作为用户的一种服务,随商品在市场上流通。

②危险化学品的用户在接收使用化学品时,要认真阅读安全技术说明书,了解和掌握其危险性。

③根据危险化学品的危险性,结合使用情况,制定安全操作规程,培训作业人员。

④按照安全技术说明书制定急救措施。

⑤安全技术说明书的内容,每 5 年要更新一次。

复习思考题

2.1　危险化学品分为哪几类?

2.2　每类危险化学品的危险特性是什么?

2.3　危险化学品的安全标志有哪些?

2.4　危险化学品在储运过程中应注意哪些安全事项?

第3章 化工泄漏及其控制

化工企业生产过程中，许多物料都具有腐蚀性，特别是在高温高压、生产链长和系统的长周期运行环境下，装置在生产、储运等环节，常常会发生泄漏。泄漏既损失了物料，又污染了环境，严重的引起火灾、爆炸、中毒等事故，给企业生产带来了极大的危害，对企业的长周期安全平稳运行极为不利，还威胁到职工的生命安全。导致泄漏的因素很多，有人的因素以及物的因素等。知道一些常见的泄漏源，充分准确地掌握泄漏量的大小，掌握泄漏后有毒有害、易燃易爆物料的扩散范围，对泄漏事故的救援以及现场控制有着十分重要的作用。

本章利用传质学、流体力学、大气扩散学的基本原理描述泄漏发生的情况，泄漏量的计算，重点介绍了泄漏产生的原因以及相应的控制措施。

3.1 常见泄漏源及泄漏量计算

3.1.1 常见泄漏源介绍

一般情况下，可以根据泄漏面积的大小和泄漏持续时间的长短，将泄漏源分为2类：一是小孔泄漏，此种情况通常为物料经较小的孔洞长时间持续泄漏，如反应器、储罐、管道上出现小孔，或者是阀门、法兰、机泵、转动设备等处密封失效；二是大面积泄漏，是指经较大孔洞在很短时间内泄漏出大量物料，如大管径管线断裂、爆破片爆裂、反应器因超压爆炸等瞬间泄漏出大量物料。

图3.1所示为化工厂中常见的小孔泄漏情况。对于这些泄漏，物质从储罐和管道上的孔洞和裂纹以及法兰、阀门和泵体的裂缝、严重破坏或断裂的管道中泄漏出来。

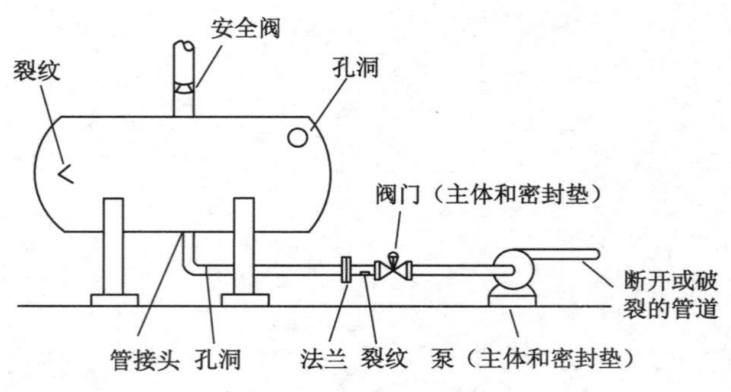

图3.1 化工厂常见的小孔泄漏

图 3.2 显示了物料的物理状态是怎样影响泄漏过程的。对于存储于罐内的气体或蒸气，裂缝会导致气体或蒸气泄漏出来；对于液体，储罐内液面以下的裂缝会导致液体泄漏出来。如果液体存储压力大于其大气环境下沸点所对应的压力，那么液面以下的裂缝将导致泄漏的液体一部分闪蒸为蒸气。由于液体的闪蒸，可能会形成小液滴或雾滴，并可能随风而扩散开来。液面以上的蒸气空间的裂缝能够导致蒸气流或气液两相流的泄漏，这主要依赖于物质的物理特性。

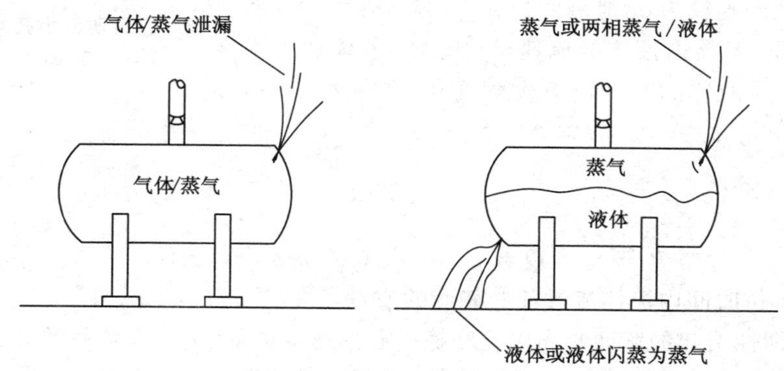

图 3.2　蒸气和液体以单相或两相状态从容器中泄漏

3.1.2　泄漏量计算

计算泄漏量是泄漏分析与控制的重要内容，根据泄漏量可以进一步研究泄漏物质情况。当发生泄漏的设备的裂口规则、裂口尺寸已知，泄漏物的热力学、物理化学性质及参数可查到时，可以根据流体力学中有关方程计算泄漏量。当裂口不规则时，采用等效尺寸代替，考虑泄漏过程中压力变化等情况时，往往采用经验公式计算泄漏量。下面分别介绍液体通过孔洞泄漏、液体通过储罐上的孔洞泄漏、液体通过管道泄漏、蒸气通过孔洞泄漏、气体通过管道泄漏、闪蒸液体的泄漏、易挥发液体的泄漏的泄漏量计算。

1）液体经过孔洞泄漏的泄漏量计算

流体与外界无热交换，根据机械能守恒，流体流动的不同，能量形式遵守如下方程：

$$\int \frac{\mathrm{d}p}{\rho} + \frac{\Delta \alpha u^2}{2} + \Delta g z + F = \frac{W_s}{m} \tag{3.1}$$

式中　p——压力，Pa，习惯上将压强也称为压力；

ρ——流体的密度，kg/m^3；

α——动能校正因子，无因次；

u——流体的平均速度，m/s，简称流速；

g——重力加速度，m/s^2；

z——高度（以基准面为起始），m；

F——阻力损失，J/kg；

W_s——轴功，J；

m——质量，kg。

动能校正因子与速度分布有关，应用速度分布曲线进行计算。对于层流，α 取 0.5；对于塞流，α 取 1.0；对于湍流，$\alpha \rightarrow 1.0$；对于不可压缩液体，ρ 为常数。

暂不考虑轴功，即 $W_s=0$，则式(3.1)简化为：

$$\frac{\Delta p}{\rho}+\frac{\Delta u^2}{2}+\Delta gz+F=0 \tag{3.2}$$

如图 3.3 所示，对于某一单元，当液体在稳定的压力作用下经薄壁小孔泄漏时，单元过程中的压力转化为动能。流动着的液体与裂缝所在的壁面之间的摩擦力将液体的一部分动能转化为热能，从而使液体的流速降低。容器内的压力为 p_1，小孔的直径为 d，泄漏面积为 A，容器外为大气压力。此种情况下，容器内液体的流速可以忽略，液体通过小孔泄漏期间，认为液体的高度没有发生变化，利用式(3.2)得到：

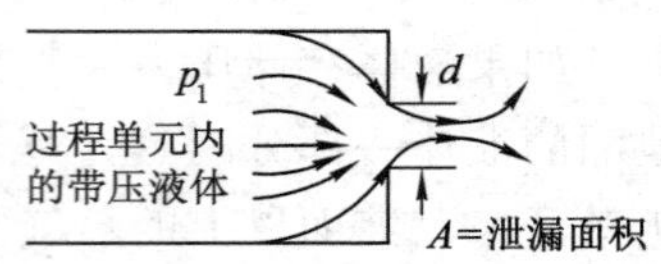

图 3.3　液体在稳定压力作用下经薄壁小孔泄漏

$$u=\sqrt{\frac{2p_1}{\rho}} \tag{3.3}$$

$$Q=\rho uA=A\sqrt{2p_1\rho} \tag{3.4}$$

式中　Q——单位时间内流体流过任一截面的质量，称为质量流量，kg/s。

考虑到因惯性引起的截面收缩以及摩擦引起的速度减低，引入孔流系数 C_0。其定义为实际流量与理想流量的比值，则经小孔泄漏的实际质量流量为：

$$Q=\rho uAC_0=AC_0\sqrt{2p_1\rho} \tag{3.5}$$

如图 3.4 所示，对于修圆小孔，孔流系数 C_0 值约为 1；对于薄壁小孔(壁厚$\leqslant d/2$)，当雷诺数 $Re>10^5$ 时，C_0 值约为 0.61；若为厚壁小孔($d/2<$壁厚$\leqslant 4d$)或者在容器孔口处外伸一段短管见图 3.5，C_0 值约为 0.81。

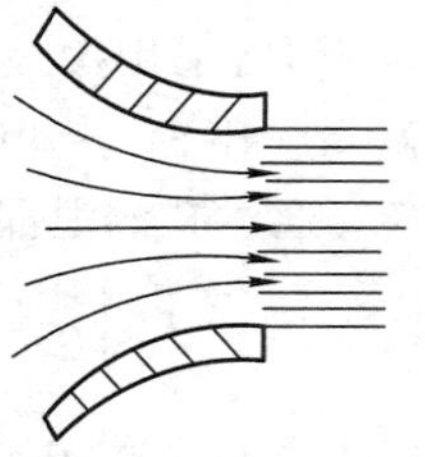

图 3.4　修圆小孔

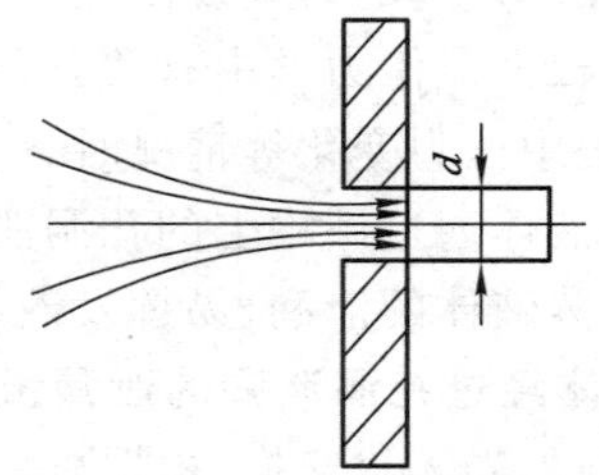

图 3.5　厚壁小孔或器壁连有短管

可见，厚壁小孔和短管泄漏的孔流系数比薄壁小孔的孔流系数要大，在相同的截面积和压力差作用条件下，前者的实际泄漏量高于后者 1.33 倍。

在很多情况下，难以确定泄漏孔口的孔流系数，为保持足够的安全裕度，确保估算出最大的泄漏量和泄漏速度，C_0 值可取为 1。

【例 3.1】　下午 1:00，工厂的操作人员注意到输送苯的管道中的压力降低了，于是立即将压力恢复为 690 Pa。下午 2:30，操作人员发现了一个管道上直径为 6.35 mm 的小孔并立即进行了修补。请估算流出苯的总量。苯的密度按照 879.4 kg/m^3 计算。

【解】　下午 1:00 观察到的压力降低是管道上出现小孔的象征。假设小孔在下午 1:00 到下午 2:30 之间，即 90 min 内一直存在，则小孔的面积为：

$$A=\frac{\pi d^2}{4}=\frac{3.14\times(6.35\times10^{-3})^2}{4}\ \mathrm{m^2}=3.17\times10^{-5}\ \mathrm{m^2}$$

假设为圆滑的小孔，取孔流系数为 0.61，有：

$$Q = AC_0\sqrt{2p_1\rho} = 3.17 \times 10^{-5} \times 0.61 \times \sqrt{2 \times 690 \times 879.4}\ \text{kg/s} = 0.021\ 3\ \text{kg/s}$$

流出苯的总质量为：

$$m = 0.021\ 3 \times 90 \times 60\ \text{kg} = 115.0\ \text{kg}$$

2）液体经过储罐上的孔洞泄漏的泄漏量计算

如图 3.6 所示，距液位高度 z_0 处有一小孔，在静压能和势能的作用下，储罐中的液体流经小孔向下泄漏。泄漏过程由式(3.2)机械能守恒来描述，储罐内的液体流速忽略，假设液体为不可压缩流体，储罐内的液体压力为 p_g，外部大气压力(表压力 $p=0$)，孔流系数为 C_0，则泄漏速度为：

$$u = C_0\sqrt{\frac{2p_g}{\rho} + 2gz} \tag{3.6}$$

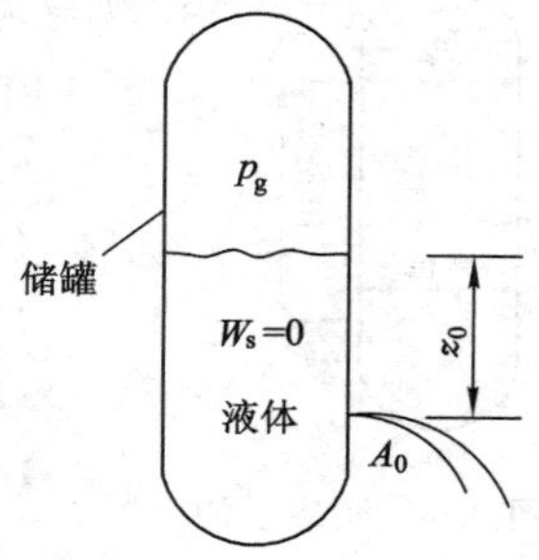

图 3.6 储罐上的小孔泄漏

若小孔截面积为 A，则质量流量 Q 为：

$$Q = \rho u A = \rho A C_0\sqrt{\frac{2p_g}{\rho} + 2gz} \tag{3.7}$$

由式(3.6)和式(3.7)可见，随着泄漏过程的延续，储罐内液位高度不断下降，泄漏速度和质量流量也均随之降低。如果储罐通过呼吸阀或弯管与大气连通，则内外压力差 Δp 为 0，式(3.7)可以简化为：

$$Q = \rho A C_0\sqrt{2gz} \tag{3.8}$$

若储罐的横截面为 A_0，则液位高度随时间的变化率为：

$$\frac{dz}{dt} = -\frac{AC_0}{A_0}\sqrt{2gz} \tag{3.9}$$

边界条件：$t=0, z=z_0; t=t_0, z=z$。

对于式(3.9)进行分离变量积分有：

$$\sqrt{2gz} - \sqrt{2gz_0} = \frac{-gC_0A}{A_0}t \tag{3.10}$$

当液体泄漏至泄漏点液位后，泄漏停止，$z=0$，可得到总的泄漏时间：

$$t = \frac{A_0}{C_0gA}\sqrt{2gz_0} \tag{3.11}$$

将式(3.10)代入式(3.8)，可以得到随时间变化的质量流量：

$$Q = \rho A C_0\sqrt{2gz_0} - \frac{\rho g C_0^2 A^2}{A_0}t \tag{3.12}$$

如果储罐内盛装的是易燃液体，为防止可燃蒸气大量泄漏于空气中，或空气大量进入储罐内的气相空间形成爆炸性混合物，通常情况下会采取通氮气保护的措施。液体的表压力为 p_g，内外压差即为 p_g，同理有：

$$\frac{dz}{dt} = -\frac{AC_0}{A_0}\sqrt{2gz + \frac{2p_g}{\rho}} \tag{3.13}$$

$$z = z_0 - \frac{AC_0}{A_0}\sqrt{2gz_0 + \frac{2p_g}{\rho}} + \frac{g}{2}\left(\frac{AC_0}{A_0}\right)^2 t^2 \tag{3.14}$$

将式(3.14)代入式(3.7)中得到任意时刻的质量流量 Q：

$$Q = \rho A C_0 \sqrt{2gz_0 + \frac{2p_g}{\rho}} - \frac{\rho g C_0^2 A^2}{A_0} t \tag{3.15}$$

根据式(3.15)可以求出不同时间的泄漏质量流量。

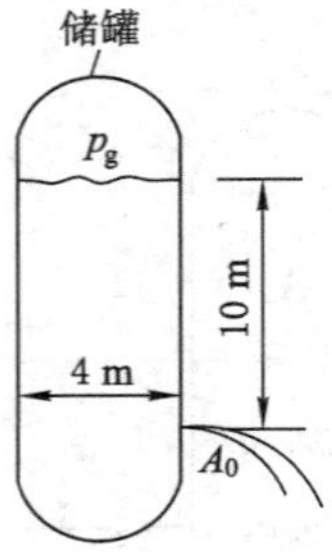

图 3.7 储罐上的小孔泄漏

【例 3.2】 图 3.7 所示为某一盛装丙酮液体的储罐，上部装有呼吸阀与大气连通。在其下部有一泄漏孔，直径 4 cm，已知丙酮的密度为 800 kg/m^3，求：

(1) 最大泄漏量；

(2) 泄漏质量流量随时间变化的表达式；

(3) 最大泄漏时间；

(4) 泄漏量随时间变化的表达式。

【解】 (1) 最大泄漏量即为泄漏点液位以上的所有液体量：

$$m = \rho A_0 Z_0 = 800 \times \frac{\pi}{4} \times 4^2 \times 10 \text{ kg} = 100\ 531 \text{ kg}$$

(2) 泄漏质量流量随时间变化的表达式，C_0 取值为 1，则：

$$Q = \rho A C_0 \sqrt{2gz_0} - \frac{\rho g C_0^2 A^2}{A_0} t$$

$$= 800 \times \frac{\pi}{4} \times 0.04^2 \times 1 \times \sqrt{2 \times 9.8 \times 10} - \frac{800 \times 9.8 \times 1^2 \times \left(\frac{\pi}{4} \times 0.04^2\right)^2}{\frac{\pi}{4} \times 4^2} t$$

$$= 14.07 - 0.000\ 985t$$

(3) 令 $14.07 - 0.000\ 985t = 0$，则得到最大的泄漏时间：

$$t = 14\ 285 \text{ s} = 3.97 \text{ h}$$

(4) 任一时间内总的泄漏量为泄漏质量流量对时间的积分：

$$W = \int_0^t Q \mathrm{d}t = 14.07t - 0.000\ 492\ 5t^2$$

给定任意泄漏时间，即可得到已经泄漏的液体总量。

3）液体经过管道泄漏的泄漏量计算

如图 3.8 所示，在化工生产中，通常采用圆形管道输送液体，沿管道的压力梯度是液体流动的驱动力。液体与管壁之间的摩擦力把动能转化为热能，这导致液体流速减小和压力的下降。

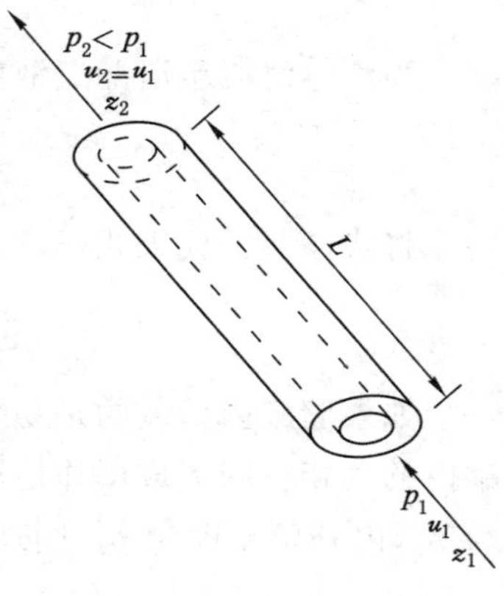

图 3.8 液体流经管道

如果管线发生爆裂、折断等造成液体经管口时泄漏，泄漏过程可用式(3.2)描述，其中阻力损失 F 的计算是估算泄漏速度和泄漏量的关键。

对于每一种有摩擦的设备，可以使用下面的公式计算 F：

$$F = K_f\left(\frac{u^2}{2}\right) \tag{3.16}$$

式中 K_f——管道或管道配件导致的压差损失；

u——液体流速。

对于流经管道的液体，压差损失项 K_f 为：

$$K_f = \frac{4fL}{d} \tag{3.17}$$

式中　f——Fanning 摩擦因数；

L——管道长度，m；

d——管道直径，m。

Fanning 摩擦因数 f 是雷诺数 Re 和管道粗糙度 ε 的函数。表 3.1 给出了各种类型干净管道的 ε 值。

表 3.1　干净管道的粗糙系数 ε

管道材料	ε/mm	管道材料	ε/mm
水泥覆护钢	1～10	型钢	0.046
混凝土	0.3～3	熟铁	0.046
铸铁	0.26	玻璃	0
镀锌铁	0.15	塑料	0

对于层流，摩擦因数由下式给出：

$$f = \frac{16}{Re} \tag{3.18}$$

对于湍流，可以用 Colebrook 方程表示：

$$\frac{1}{\sqrt{f}} = -4\lg\left(\frac{1}{3.7}\frac{\varepsilon}{d} + \frac{1.255}{Re\sqrt{f}}\right) \tag{3.19}$$

对于式(3.19)的另外一种形式，对于由摩擦因数 f 来确定雷诺数是很有用的，即：

$$\frac{1}{Re} = \frac{\sqrt{f}}{1.255}\left(10^{-0.25/\sqrt{f}} - \frac{1}{3.7}\frac{\varepsilon}{d}\right) \tag{3.20}$$

对于粗糙管道中完全发展的湍流，f 独立于雷诺数。在雷诺数数值很高处，f 接近于常数。对于这种情况，式(3.20)可以简化为：

$$\frac{1}{\sqrt{f}} = 4\lg\left(3.7\frac{d}{\varepsilon}\right) \tag{3.21}$$

对于光滑管道，$\varepsilon=0$，式(3.19)可简化为：

$$\frac{1}{\sqrt{f}} = 4\lg\left(\frac{Re\sqrt{f}}{1.255}\right) \tag{3.22}$$

对于光滑管道，当 $Re<100\ 000$ 时，近似于式(3.22)的 Blasius 方程是很有用的，即：

$$f = 0.079Re^{-1/4} \tag{3.23}$$

Chen 提出了一个简单的方程：

$$\frac{1}{\sqrt{f}} = -4\lg\left(\frac{\varepsilon/d}{3.706\ 5} - \frac{5.045\ 2\lg A}{Re}\right) \tag{3.24}$$

$$A = \left[\frac{(\varepsilon/d)^{1.109\ 8}}{2.825\ 7} + \frac{5.850\ 6}{Re^{0.898\ 1}}\right]$$

以下介绍 2-K 方法：对于管道附件、阀门和其他流动阻碍物，传统的方法是在式(3.17)中使用当量管长。该方法解决的问题是确定的当量长度与摩擦因数是有联系的，一种改进方法是使用 2-K 方法，就是在式(3.17)中使用实际的流程长度，而不是当量长度，并且提供了针对管道附件、进入和出口的更详细的方法。2-K 方法根据 2 个常数来定义压差损失(即雷诺数和管道内径)，用下式表达：

$$K_f = \frac{K_1}{Re} + K_\infty \left(1 + \frac{1}{\mathrm{ID_{inches}}}\right) \tag{3.25}$$

式中 K_f——超压位差损失(无量纲量 1)；

K_1——常数；

K_∞——常数；

$\mathrm{ID_{inches}}$——管道内径。

表 3.2 包括了式(3.25)中使用的各种类型的附件和阀门的 K 值。

表 3.2　附件和阀门中损失系数的 2-K 常数

<table>
<tr><th colspan="2">附件</th><th>附件描述</th><th>K_1</th><th>K_∞</th></tr>
<tr><td rowspan="15">弯头</td><td rowspan="8">90°</td><td>标准(r/D=1)的，带螺纹的</td><td>800</td><td>0.40</td></tr>
<tr><td>标准(r/D=1)的，用法兰连接/焊接</td><td>800</td><td>0.25</td></tr>
<tr><td>长半径(r/D=1.5)，所有类型</td><td>800</td><td>0.2</td></tr>
<tr><td>斜接的(r/D=1.5)：1. 焊缝(90°)</td><td>1 000</td><td>1.15</td></tr>
<tr><td>2. 焊缝(45°)</td><td>800</td><td>0.35</td></tr>
<tr><td>3. 焊缝(30°)</td><td>800</td><td>0.30</td></tr>
<tr><td>4. 焊缝(22.5°)</td><td>800</td><td>0.27</td></tr>
<tr><td>5. 焊缝(18°)</td><td>800</td><td>0.25</td></tr>
<tr><td rowspan="4">45°</td><td>标准(r/D=1)的，所有类型</td><td>500</td><td>0.20</td></tr>
<tr><td>长半径(r/D=1.5)</td><td>500</td><td>0.15</td></tr>
<tr><td>斜接的：1. 焊缝(45°)</td><td>500</td><td>0.25</td></tr>
<tr><td>2. 焊缝(22.5°)</td><td>500</td><td>0.15</td></tr>
<tr><td rowspan="3">180°</td><td>标准(r/D=1)的，带螺纹的</td><td>1 000</td><td>0.60</td></tr>
<tr><td>标准(r/D=1)的，用法兰连接/焊接</td><td>1 000</td><td>0.35</td></tr>
<tr><td>长半径(r/D=1.5)，所有类型</td><td>1 000</td><td>0.30</td></tr>
<tr><td rowspan="7">三通管</td><td rowspan="7">作弯头用
贯通</td><td>标准的，带螺纹的</td><td>500</td><td>0.70</td></tr>
<tr><td>长半径，带螺纹的</td><td>800</td><td>0.40</td></tr>
<tr><td>标准的，用法兰连接/焊接</td><td>800</td><td>0.80</td></tr>
<tr><td>短分支</td><td>1 000</td><td>1.00</td></tr>
<tr><td>带螺纹的</td><td>200</td><td>0.10</td></tr>
<tr><td>用法兰连接/焊接</td><td>150</td><td>0.50</td></tr>
<tr><td>短分支</td><td>100</td><td>0.00</td></tr>
</table>

续表 3.2

附件		附件描述	K_1	K_∞
阀门	闸阀、球阀、旋塞阀	全尺寸，$\beta=1.0$	300	0.10
		缩减尺寸，$\beta=0.9$	500	0.15
		缩减尺寸，$\beta=0.8$	1 000	0.25
	球心阀	标准的	1 500	4.00
		斜角或 Y 形	1 000	2.00
	隔膜阀、蝶阀	Dam(闸坝)类型	1 000	2.00
			800	0.25
	止回阀	提升阀	2 000	10.0
		回转阀	1 500	1.50
		倾斜片状阀	1 000	0.50

在管道进口和出口，为了说明动能的变化，需要对式(3.25)进行修改，即：

$$K_f = \frac{K_1}{Re} + K_\infty \tag{3.26}$$

对于管道进口和出口，$K_1=160$；对于一般进口，$K_\infty=0.50$；对于边界类型的进口，$K_\infty=1.0$；对于管道出口，$K_1=0$，$K_\infty=1.0$。进口和出口效应的 K 系数，通过管道的变化说明了动能的变化，所以在机械能中不必考虑额外的动能项。对于高雷诺数($Re>10\ 000$)，式(3.26)中的第一项是可以忽略的，并且 $K_f=K_\infty$；对于低雷诺数($Re<50$)，方程的第一项是占支配地位的，且 $K_f=K_1/Re$。方程对于孔和管道尺寸的变化也是适用的。

2-K 方法也可以用来描述液体通过孔洞的流出。液体经孔洞流出的流出系数的表达式可由 2-K 方法确定，其结果是：

$$C_0 = \frac{1}{\sqrt{1+\sum K_f}} \tag{3.27}$$

式中，$\sum K_f$ 是所有压差项损失之和，包括进口、出口、管长和附件，这些由式(3.17)、式(3.25)、式(3.26)计算。对于没有管道连接或附件的储罐上的孔，摩擦仅仅由孔的进口和出口效应引起。对于雷诺数大于 10 000，进口的 $K_f=0.5$，出口的 $K_f=1.0$。因而，$\sum K_f=1.5$，由式(3.27)知，$C_0=0.63$，这与推荐值 0.61 非常接近 。

物质从管道系统中流出，质量流量的求解过程如下：

① 假设已知管道长度、直径和类型；沿管道系统的压力和高度变化情况；来自泵、涡轮等对液体输入或输出的功；管道上附件的数量和类型；液体的特性(包括密度和黏度)。

② 指定初始点(假设为 1 点)和终止点(假设为 2 点)，指定时必须要仔细，因为式(3.2)中的个别项高度依赖于此。

③ 确定点 1 和点 2 处的压力和高度；确定点 1 处的初始流速。

④ 推荐点 2 处的液体流速。如果认为是完全发展的湍流，则这一步不需要。

⑤ 用式(3.18)～式(3.24)确定管道的摩擦因数。

⑥ 确定管道的超压位损失、附件的超压位差损失和进、出口效应的超压位差损失，将这些压差损失相加，使用式(3.16)计算净摩擦损失项。

⑦ 计算式(3.2)中的所有各项的值,并将其代入方程中;如果式(3.2)中所有项之和为零,计算结束。如果不等于0,返回到第四步重新计算。

⑧ 使用式 $m=\rho\bar{u}A$ 确定质量流量。

如果认为是完全发展的湍流,求解是非常简单的。将已知项代入式(3.2)中,将点2的速度设为变量,直接求解该速度。

【例3.3】 含有少量有害废物的水经内径为100 mm的型钢直管道,通过重力排出某一大型储罐。管道长100 m,在储罐附近有一个闸阀。整个管道系统大都是水平的。如果储罐内的液面高于管道出口5.8 m,管道在距离储罐33 m处发生事故性断裂,请计算液体自管道泄漏的速率。

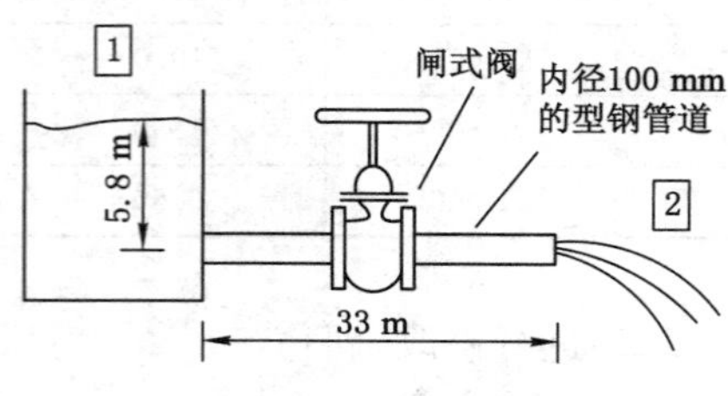

图3.9 排水几何尺寸

【解】 排泄操作如图3.9所示。假设可以忽略动能的变化,没有压力变化,没有轴功,应用于点1和点2的机械能守恒可简化为:

$$g\Delta z+F=0$$

对于水:$\mu=1.0\times10^{-3}$ Pa·s,$\rho=1\,000$ kg/m^3。

使用式(3.26)确定进、出口效应的 K 系数,闸式阀的 K 系数可以在表3.2中查出,管长的 K 系数由式(3.17)给出。对于管道进口:

$$K_f=\frac{160}{Re}+0.5$$

对于闸阀:

$$K_f=\frac{300}{Re}+0.10$$

对于管道出口:

$$K_f=1.0$$

对于管长:

$$K_f=\frac{4fL}{d}=\frac{4f\times33}{0.10}=1\,320f$$

将 K 系数相加得:

$$\sum K_f=\frac{460}{Re}+1\,320f+1.6$$

对于高雷诺数($Re>10\,000$),方程中的第一项很小,所以:

$$\sum K_f=1\,320f+1.6$$

然后得:

$$F=\sum K_f\frac{\bar{u}^2}{2}=(660f+0.80)\,\bar{u}^2$$

机械能守恒中的重力项为:

$$g\Delta z=9.8\times(0-5.8)\text{ J/kg}=-56.8\text{ J/kg}$$

因为没有压力变化,没有轴功,机械能守恒方程简化为:

$$\frac{\bar{u}_2^2}{2}+g\Delta z+F=0$$

求解出口速率并代入高度变化得:

$$\bar{u}_2^2 = -2(g\Delta z + F) = -2(56.8 + F)$$

雷诺数为：

$$Re = \frac{d\bar{u}\rho}{\mu} = \frac{0.1 \times \bar{u} \times 1\ 000}{1.0 \times 10^{-3}} = 1.0 \times 10^5 \bar{u}$$

对于型钢管道，由表3.1知，$\varepsilon=0.046$ mm，则：

$$\frac{\varepsilon}{d} = \frac{0.046}{100} = 0.000\ 46$$

因为摩擦因数 f 和摩擦损失项 F 是雷诺数和速率的函数，所以采用试差法求解。试差法求解结果见表3.3。

表3.3　试差法求解结果

$\bar{v}$/(m·s^{-1})	Re	f	F	$\bar{u}$/(m·s^{-1})
3.00	300 000	0.004 51	34.09	6.75
3.50	350 000	0.004 46	46.00	4.66
3.66	366 000	0.004 44	50.18	3.66

因此，从管道中流出的液体速率是3.66 m/s。表格也显示了摩擦因数随雷诺数变化很小，因此对于粗糙管道中完全发展的湍流可以用式(3.21)来近似估算。式(3.21)计算的摩擦因数等于0.004 1，则：

$$F = (660f + 0.80)\bar{u}_2^2 = 3.51\ \bar{u}_2^2$$

代入并求解得：

$$\bar{u}_2^2 = -2g_c(-56.8 + 3.51\ \bar{u}_2^2) = 113.6 - 7.02\ \bar{u}_2^2$$

$$\bar{u}_2 = 3.76 \text{ m/s}$$

该结果与较精确的试差计算结果相近。管道的横截面为：

$$A = \frac{\pi d^2}{4} = \frac{3.14 \times 0.1^2}{4}\text{m}^2 = 0.007\ 85\ \text{m}^2$$

质量流量为：

$$Q_m = \rho\bar{v}A = 1\ 000 \times 3.66 \times 0.007\ 85\ \text{kg/s} = 28.8\ \text{kg/s}$$

这里描述了一个有意义的流速。假设有15 min的应急反应时间来阻止泄漏，总共有26 t的有害物质泄漏出来。除了因流动泄漏出来的物质，储存在阀门和断裂处之间的管道内的液体也将释放出来。因此，必须设计另外一套系统来限制泄漏，这包括减少应急反应时间、使用直径较小的管道，或者对管道系统进行改造，增加一个液体流动的控制阀。

4）气体蒸气经过孔洞泄漏的泄漏量计算

前面讨论了用能量守恒方程描述液体的泄漏过程，其中一条很重要的假设是液体为不可压缩流体，密度恒定不变。而对于气体或蒸气，这条假设只有在初态和终态压力变化较小[$(p_0-p)/p_0<20\%$]和较低的气体流速(<0.3倍的音速)的情况下，才可应用。当气体或蒸气的泄漏速度大到与该气体的音速相近，或超音速时，会引起很大的压力、温度、密度变化，则根据不可压缩流体假设的结论不再适用。本节讨论可压缩气体或蒸气以自由膨胀的形式经小孔泄漏的情况。

在工程上，通常将气体或蒸气近似为理想气体，其压力、温度、密度等参数遵循理性气体状态方程。

气体或蒸气在小孔内绝热流动，其压力、密度关系可用绝热方程描述：

$$\frac{p}{\rho^{\gamma}} = \text{const} \tag{3.28}$$

式中　γ——绝热指数，它是比定压热容与比定容热容的比值，$\gamma = c_p / c_V$。

几种类型气体的绝热指数见表 3.4。

表 3.4　几种气体的绝热指数

气体	空气、氢气、氮气、氧气	水蒸气、油燃气	甲烷、过热蒸汽
γ	1.40	1.33	1.30

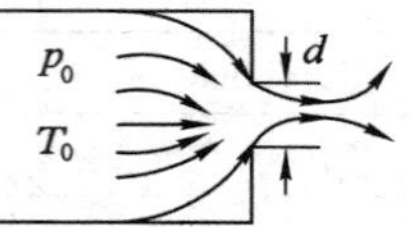

图 3.10　气体或蒸气经小孔泄漏

图 3.10 为气体或蒸气经小孔泄漏的过程。轴功为 0，忽略势能变化，则能量守恒方程简化为：

$$\int \frac{\mathrm{d}p}{\rho} + \frac{\Delta u^2}{2} + F = 0 \tag{3.29}$$

若孔流系数为 C_0，忽略气体或蒸气的初始动能，得：

$$C_0^2 \int_{p_0}^{p} \frac{\mathrm{d}p}{\rho} + \frac{u^2}{2} = 0 \tag{3.30}$$

由式(3.28)得到：

$$\rho = \rho_0 \left(\frac{p}{p_0}\right)^{1/\gamma} \tag{3.31}$$

由式(3.30)和式(3.31)得：

$$u = C_0 \sqrt{\frac{2\gamma}{\gamma - 1} \frac{RT_0}{M} \left[1 - \left(\frac{p}{p_0}\right)^{(\gamma-1)/\gamma}\right]} \tag{3.32}$$

由式(3.31)和式(3.32)得到泄漏质量流量：

$$Q = \rho u A = C_0 \rho_0 A \sqrt{\frac{2\gamma}{\gamma - 1} \frac{RT_0}{M} \left[\left(\frac{p}{p_0}\right)^{2/\gamma} - \left(\frac{p}{p_0}\right)^{(\gamma+1)/\gamma}\right]} \tag{3.33}$$

结合理想气体状态方程得：

$$Q = C_0 p_0 A \sqrt{\frac{2\gamma}{\gamma - 1} \frac{M}{RT_0} \left[\left(\frac{p}{p_0}\right)^{2/\gamma} - \left(\frac{p}{p_0}\right)^{(\gamma+1)/\gamma}\right]} \tag{3.34}$$

从安全工作的角度考虑，关心的是经小孔泄漏的气体或蒸气的最大流量。式(3.34)表明，泄漏质量流量由前后压力的比值决定。若以压力比 p/p_0 为横坐标，以质量流量 Q 为纵坐标，根据式(3.34)可得到图 3.11 的流量曲线。

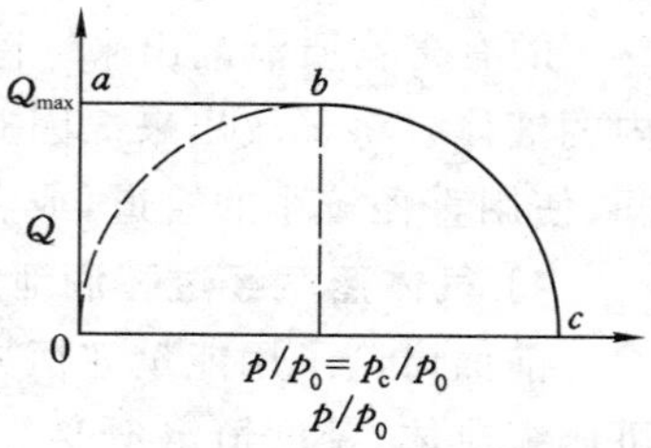

图 3.11　流量曲线

当 $p/p_0 = 1$ 时，小孔前后的压力相等，$Q = 0$；当 $p/p_0 = 0$ 时，气体或蒸气流向绝对真空，$\rho = 0$，所以 $Q = 0$，流量曲线存在最大值，另令 $\mathrm{d}Q/\mathrm{d}(p/p_0) = 0$ 即可求得极值条件。

$$\frac{p_c}{p_0} = \left(\frac{2}{\gamma + 1}\right)^{\gamma/(\gamma-1)} \tag{3.35}$$

式中　p_c——临界压力。

将式(3.35)分别代入式(3.32)和式(3.33)，可得到最大流速和最大流量。

$$u = C_0\sqrt{\frac{2\gamma}{\gamma+1}\frac{RT_0}{M}} \tag{3.36}$$

$$Q = C_0 p_0 A\sqrt{\frac{\gamma M}{RT_0}\left(\frac{2}{\gamma+1}\right)^{(\gamma+1)/(\gamma-1)}} \tag{3.37}$$

从图 3.11 可以看出，当 $p>p_c$ 时，气体或蒸气的流速低于音速，如图 3.11 中 bc 段曲线所示；当 $p=p_c$ 时，气体或蒸气的泄漏速度刚好可能达到最大的流速，如式(3.36)所示，实际上就是气体或蒸气中的音速；当 $p<p_c$ 时，气体或者蒸气似乎可以充分降压、膨胀、加速，但是根据气体流动力学的原理，泄漏速度不可能超过音速，这时其泄漏速度和质量流量与 $p=p_c$ 时相同，因此在图 3.11 中以 ab 线表示。在化工生产中，发生的气体或蒸气泄漏很多属于最后一种情况。

【例 3.4】 在某生产厂有一空气柜，因外力撞击，在空气柜一侧出现小孔。小孔面积为 19.6 cm^2，空气柜中的空气经此小孔泄入大气。已知空气柜中的压力为 2.5×10^5 Pa，绝热指数 $\gamma=1.4$，求空气泄漏的最大质量流量。

【解】 先根据式(3.35)判断空气泄漏的临界压力：

$$p_c = p_0\left(\frac{2}{\gamma+1}\right)^{\gamma/(\gamma-1)} = 2.5\times10^5\left(\frac{2}{1.4+1}\right)^{1.4/(1.4-1)}\ \text{Pa} = 1.32\times10^5\ \text{Pa}$$

大气压力为 10^5 Pa，小于临界压力，则空气泄漏的最大质量流量可按照式(3.37)计算：

$$Q = C_0 p_0 A\sqrt{\frac{\gamma M}{RT_0}\left(\frac{2}{\gamma+1}\right)^{(\gamma+1)/(\gamma-1)}}$$

C_0 取 1，则：

$$Q = 1\times2.5\times10^5\times19.6\times10^{-4}\sqrt{\frac{1.4\times29\times10^{-3}}{8.314\times330}\times\left(\frac{2}{1.4+1}\right)^{(1.4+1)/(1.4-1)}}\ \text{kg/s}$$
$$= 1.09\ \text{kg/s}$$

5）气体经过管道泄漏的泄漏量的计算

对两种特殊的情形可建立气体经管道流动的模型：绝热法或者等温法。绝热情形适应于气体快速流经绝热管道。等温法适用于气体以恒定不变的温度流经非绝热管道；地下水管线就是一个很好的例子。真实气体流动介于绝热和等温之间。遗憾的是，真实情形很难模型化，不能得到具有普遍且适用的方程。对于绝热和等温情形，定义马赫数很方便，其值等于气体流速与大多数情况下声音在气体中的传播速度之比：

$$Ma = \frac{\bar{u}}{a} \tag{3.38}$$

式中　$\bar{u}$——气体流速；

　　a——声音在气体中的传播速度。

声速可以用以下热力学关系确定：

$$a = \sqrt{\left(\frac{\partial p}{\partial \rho}\right)_{s'}} \tag{3.39}$$

对于理想气体：

$$a = \sqrt{\gamma R_g T/M} \tag{3.40}$$

这说明，对于理想气体声速仅仅是温度的函数。在 20 ℃的空气中，声速为 344 m/s。

(1) 绝热流动

内部有蒸气流动的绝热管道如图 3.12 所示。对这一情况，出口处流速低于声速，流动时它是由沿管道的压力梯度驱动的。当气体流经管道时，因压力下降而膨胀，膨胀导致速度增加以及气体动能增加。动能是从气体的热能中得到的，导致温度降低，然而在气体与管壁之间还存在着摩擦力，它使气体温度升高。气体温度的增加或减少都是有可能的，这主要依赖于动能和摩擦能的大小。

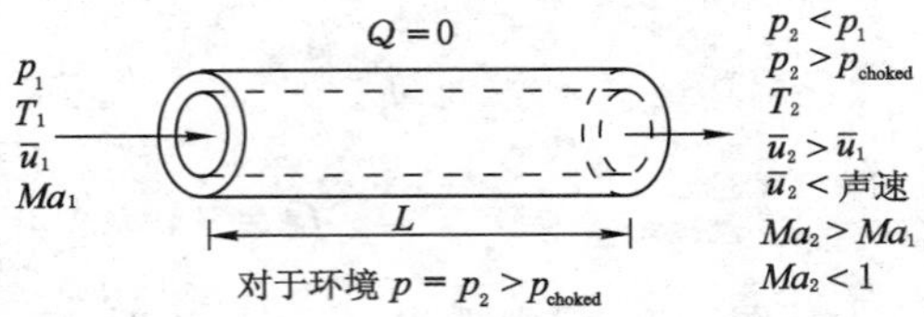

图 3.12　内部有蒸气流动的绝热管道

能量守恒方程也可用于绝热运动。对于该情形，可用下式表示：

$$\frac{dp}{\rho}+\frac{\alpha u\,du}{2}+g\,dz+dF=\frac{\delta W_s}{m} \tag{3.41}$$

对于这种情况，就气体而言，以下假设是有效的：

$$g\,dz\approx 0$$

假设一个没有任何阀门或附件的直管道，联立式(3.16)和式(3.17)并微分得到：

$$dF=\frac{2fu^2dL}{d}$$

因为没有机械连接，所以：

$$\delta W_s=0$$

摩擦损失项中，一个重要的部分是假设沿管长方向的 Fanning 摩擦因数 f 为常数。需要说明的是，该假设仅在高雷诺数下有效。

对于描述流动气体内温度的变化，能量守恒方程是有用的。对于敞口稳定流动过程，能量守恒方程为：

$$dh+\frac{\alpha u\,du}{2}+g\,dz=\delta q+\frac{\delta W_s}{m} \tag{3.42}$$

式中　h——气体的比焓，J/kg；

　　q——热能，J。

引用以下假设：对于理想气体，$dh=c_p dT$；对于一般气体，$g\,dz\approx 0$ 是有效的；因为管道是绝热的，所以 $\delta q=0$；因为不存在机械连接，所以 $\delta W_s=0$，这些假设用于式(3.46)与式(3.47)联立、积分(在标有下标“0”的初始点和任意终止点之间)，经推导可得到：

$$\frac{T_2}{T_1}=\frac{Y_1}{Y_2} \tag{3.43}$$

式中，$Y_i=1+\frac{\gamma-1}{2}Ma_i^2$。

$$\frac{p_2}{p_1}=\frac{Ma_1}{Ma_2}\sqrt{\frac{Y_1}{Y_2}} \tag{3.44}$$

$$\frac{\rho_2}{\rho_1}=\frac{Ma_1}{Ma_2}\sqrt{\frac{Y_2}{Y_1}} \tag{3.45}$$

$$G=\rho u=Ma_1p_1\sqrt{\frac{\gamma M}{R_gT_1}}=Ma_2p_2\sqrt{\frac{\gamma M}{R_gT_2}} \tag{3.46}$$

式中　G——质量通量，kg/(m^2·s)。

$$\frac{\gamma+1}{2}\ln\left(\frac{Ma_2^2Y_1}{Ma_1^2Y_2}\right)-\left(\frac{1}{Ma_1^2}-\frac{1}{Ma_2^2}\right)+\gamma\left(\frac{4fL}{d}\right)=0 \tag{3.47}$$

式(3.47)中第一项表示动能，第二项表示可压缩性，第三项表示管道摩擦因数，此式将马赫数与管道中的摩擦损失联系在一起，确定了各种能量分布。可压缩性这一项说明了由于气体膨胀而引起的速度变化。

式(3.44)和式(3.45)中，通过用温度和压力代替马赫数，使式(3.46)和式(3.47)转为更为方便更为有用的形式：

$$\frac{\gamma+1}{\gamma}\ln\frac{p_1T_2}{p_2T_1}-\frac{\gamma-1}{2\gamma}\left(\frac{p_1^2T_2^2-p_2^2T_1^2}{T_2-T_1}\right)\left(\frac{1}{p_1^2T_2}-\frac{1}{p_2^2T_1}\right)+\frac{4fL}{d}=0 \tag{3.48}$$

$$G=\sqrt{\frac{2M}{R_g}\frac{\gamma}{\gamma-1}\frac{T_2-T_1}{(T_1/p_1)^2-(T_2/p_2)^2}} \tag{3.49}$$

对大多数问题，管长 L、内径 d、上游温度 T_1 和压力 p_1 以及下游压力 p_2 都是已知的。要计算质量通量 G，步骤如下：由表 3.1 确定管道的粗糙度 ε，计算 ε/d；由式(3.21)确定 Fanning 摩擦因数 f；假设是高雷诺数完全发展的湍流；随后将验证这一假设，但通常情况下该假设是正确的；由式(3.48)确定 T_2；由式(3.49)计算总的质量通量 G。

对于长管或沿管程有较大的压差，气体流速可能接近声速，如图 3.13 所示。

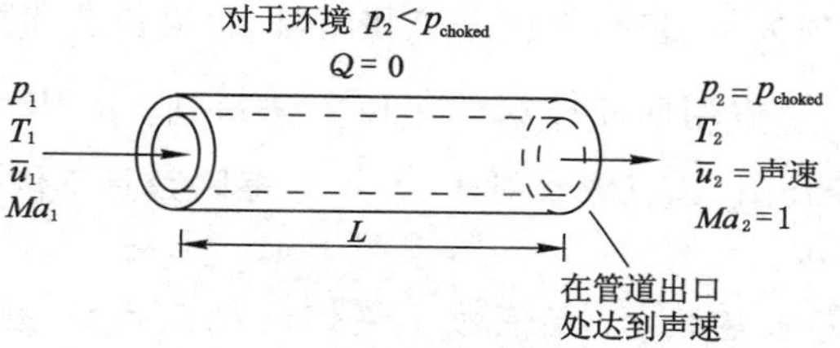

图 3.13　气体通过管道的绝热塞流

达到声速时，气体流动就叫做塞流。气体在管道的末端达到声速。如果上游压力增加，或者下游压力降低，管道末端的气流速率维持声速不变。如果下游压力下降到低于塞压 p_{choked}，那么通过管道的流动将保持塞流，流速不变且不依赖于下游压力。即使该压力高于周围的环境压力，管道末端的压力将保持在 p_{choked}，流出管道的压力会有一个突然的变化，即压力从 p_{choked} 变为周围环境的压力。对于塞流，式(3.43)～式(3.47)可以通过设置 $Ma_2=1.0$得到简化，结果为：

$$\frac{T_{choked}}{T_1}=\frac{2T_1}{\gamma+1} \tag{3.50}$$

$$\frac{p_{choked}}{p_1}=Ma_1\sqrt{\frac{2Y_1}{\gamma+1}} \tag{3.51}$$

$$\frac{\rho_{choked}}{\rho_1}=Ma_1\sqrt{\frac{\gamma+1}{2Y_1}} \tag{3.52}$$

$$G_{choked}=\rho u=Ma_1p_1\sqrt{\frac{\gamma M}{R_gT_1}}=p_{choked}\sqrt{\frac{\gamma M}{R_gT_{choked}}} \tag{3.53}$$

$$\frac{\gamma+1}{2}\ln\left[\frac{2Y_1}{(\gamma+1)Ma_1^2}\right]-\left(\frac{1}{Ma_1^2}-1\right)+\gamma\left(\frac{4fL}{d}\right)=0 \tag{3.54}$$

如果下游压力小于 p_{choked}，塞流就会发生，可以用式(3.51)来验证。

对于涉及塞流绝热流动的许多问题。已知管长 L、内径 d、上游压力 p_1 和温度 T_1，要计算质量流量 G，具体步骤如下：由式(3.21)确定 Fanning 摩擦因数 f；假设是高雷诺数完全发展的湍流;随后将验证这一假设,但通常情况下该假设是正确的;由式(3.54)确定 Ma_1;由式(3.53)确定质量流量 G_{choked};由式(3.51)确定 p_{choked},以确认处于塞流情况。对于绝热管道流,式(3.50)~式(3.54)可以用前面讨论的 2-K 方法,通过将 $4fL/d$ 替代为 $\sum K_f$ 而得到简化。

通过定义气体膨胀系数 Y_g 可简化该过程。对于理想气体流动,声速和非声速情况下的质量流量都可以用 Darcy 公式表示:

$$G = \frac{m}{A} = Y_g \sqrt{\frac{2g\rho_1(p_1 - p_2)}{\sum K_f}} \tag{3.55}$$

式中 m——气体的质量流量,kg/s;

A——孔面积,m^2;

Y_g——气体膨胀系数;

ρ_1——上游的气体密度,kg/m^3;

p_1, p_2——上游、下游气体的压力,Pa;

$\sum K_f$——压差损失项,包括管道进口和出口、管道长度和附件。

压差损失项 $\sum K_f$,可以用前面介绍的 2-K 方法得到。对于大多数气体事故泄漏,气体流动都是完全发展的湍流。这意味着对于管道,摩擦因数是不依赖于雷诺数的,对于附件 $K_f = K_\infty$,其求解也很直接。

式(3.55)中,气体膨胀系数 Y_g 仅依赖于气体的绝热指数 γ 和流道中的摩擦损失项 $\sum K_f$。通过使式(3.55)和式(3.53)相等,并求解 Y_g,就可以得到塞流中气体膨胀系数的计算公式,其结果是:

$$Y_g = Ma_1 \sqrt{\frac{\gamma \sum K_f}{2}\left(\frac{p_1}{p_1 - p_2}\right)} \tag{3.56}$$

式中 Ma_1——上游马赫数。

确定气体膨胀系数的过程如下:

首先,使用式(3.54)计算马赫数。必须用 $\sum K_f$ 代替 $4fL/d$,以便考虑管道和附件的影响。使用试差法求解,假设上游的马赫数,并确定所假设的值是否与方程的结果一致。这通过使用计算表格很容易实现。

然后,计算塞压。可以通过式(3.51)得到。如果实际值比由式(3.51)计算得到的大,那么流动就是声速流或者塞流,并且由式(3.51)预测的压力值可继续用于计算。如果实际值比式(3.51)计算得到的小,那么流动就不是声速流,并且使用实际的压力值。

最后,由式(3.56)计算膨胀系数 Y_g。

一旦确定了 γ 和摩擦损失项 $\sum K_f$,确定膨胀系数的过程就可以结束了。该计算可以用图 3.14和图 3.15 中的结果马上得到答案。如

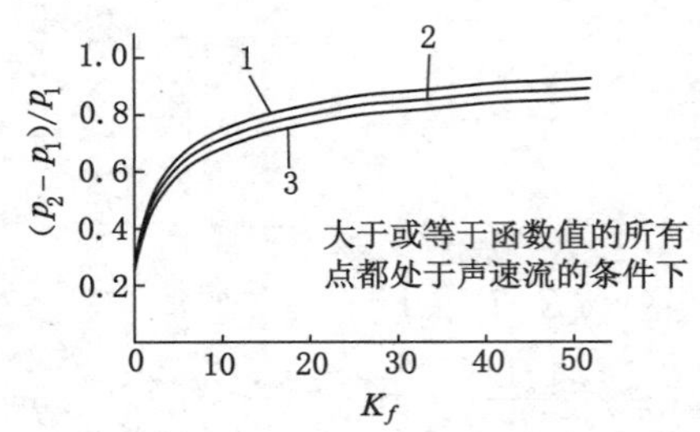

图 3.14 各种绝热指数比下管道绝热流动的压力降比率

图 3.14所示，压力比 $p_1/(p_2-p_1)$ 随绝热指数 γ 略有变化，膨胀系数 Y_g 少许依赖于绝热指数比，当绝热指数比由 $\gamma=1.2$（曲线 1）变化为 $\gamma=1.67$（曲线 3）时，Y_g 的变化相对于其在 $\gamma=1.4$（曲线 2）时的值变化的不到 1%，图 3.15 显示了 $\gamma=1.4$ 时的膨胀系数。

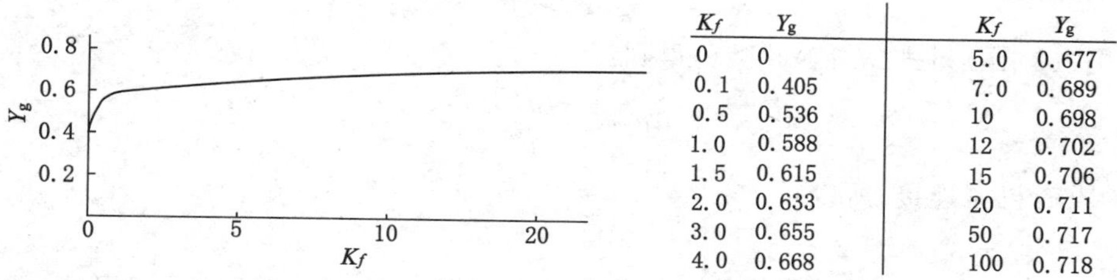

K_f	Y_g	K_f	Y_g
0	0	5.0	0.677
0.1	0.405	7.0	0.689
0.5	0.536	10	0.698
1.0	0.588	12	0.702
1.5	0.615	15	0.706
2.0	0.633	20	0.711
3.0	0.655	50	0.717
4.0	0.668	100	0.718

图 3.15　$\gamma=1.4$ 绝热管道流动的膨胀系数 Y_g

图 3.14 和图 3.15 中的函数值，可以使用形式为 $\ln Y_g=A(\ln K_f)^3+B(\ln K_f)^2+C(\ln K_f)+D$ 的公式拟合，式中 A,B,C,D 都是常数，结果见表 3.5。结果对于在给定的 K_f 变化范围内是精确的，误差在 1%以内。

表 3.5　膨胀系数 Y_g 和声速压力降比率与压差损失 K_f 之间的函数关系

函数值 γ		A	B	C	D	K_f 的范围
膨胀系数 Y_g		0.000 6	−0.018 5	0.114 1	0.530 4	0.1～100
声速压力降比率	$\gamma=1.2$	0.000 9	−0.030 8	0.261	−0.724 8	0.1～100
	$\gamma=1.4$	0.001 1	−0.030 2	0.238	−0.645 5	0.1～300
	$\gamma=1.67$	0.001 3	−0.028 7	0.213	−0.563 3	0.1～300

注：① 在指定区间内，函数关系值与真实值的误差在 1%之内。

② 膨胀系数 Y_g 和声速压力降比率的方程式相同：$\ln Y_g=A(\ln K_f)^3+B(\ln K_f)^2+C(\ln K_f)+D$。

计算通过管道或孔洞流出的绝热质量流量的过程如下：

① 已知：基于气体类型的 γ；管道长度、直径和类型；管道进口和出口；附件的数量和类型；整体压降；上游气体密度。

② 假设是完全发展的湍流，确定管道摩擦系数和附件及管道进、出口的压差损失项。计算完后，可计算雷诺数来验证假设。将各压差损失项相加得到 $\sum K_f$。

③ 由指定的压力降计算 $(p_1-p_2)/p_1$。在图 3.14 中，核对该值来确定流动是否为塞流，通过图 3.14 直接确定声速塞压 p_2。

④ 由图 3.15 确定膨胀系数，用表 3.5 提供的公式。

⑤ 用式(3.55)计算质量流量。在该式中，使用步骤③中确定的声速塞压。

这种方法可以应用于计算通过管道系统和孔洞的气体泄漏。

(2) 等温流动

气体在有摩擦的管道中等温流动，如图 3.16所示。这种情况下，假设气体流速远远低于声音在该气体中的速度；沿管程的压力梯度驱动气体流动；随着气体通过压力梯度的扩

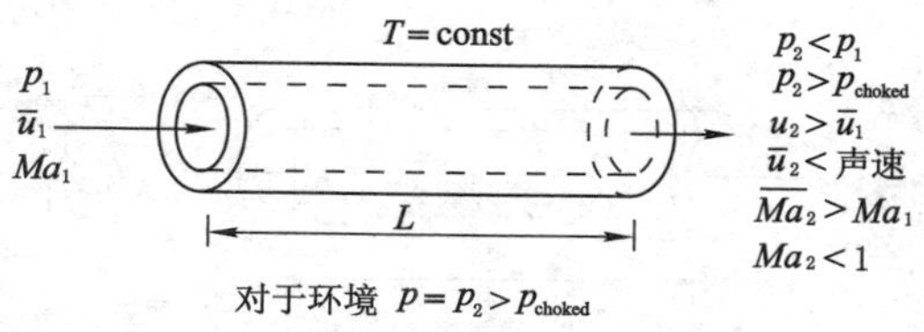

图 3.16　气体通过管道的等温非塞流

散,其流速必须增加到保持相同质量的大小;管子末端的压力与周围环境的压力相等;整个管道内的温度不变;等温流动可以用式(3.41)中的机械能守恒来表示。

在这种情况下,对气体以下假设是正确的:

$$g\mathrm{d}z \approx 0$$

联立式(3.16)和式(3.17)并微分得到:

$$\mathrm{d}F = \frac{2fu^2\mathrm{d}L}{d}$$

因为没有机械连接,所以:

$$\delta W_s = 0$$

由于温度不变,所以总的机械能守恒不必要。把以上假设代入式(3.41)中,经过大量的推导,可得到:

$$T_2 = T_1 \tag{3.57}$$

$$\frac{p_2}{p_1} = \frac{Ma_1}{Ma_2} \tag{3.58}$$

$$\frac{\rho_2}{\rho_1} = \frac{Ma_1}{Ma_2} \tag{3.59}$$

$$G = \rho u = Ma_1 p_1\sqrt{\frac{\gamma M}{R_g T}} \tag{3.60}$$

$$2\ln\frac{Ma_2}{Ma_1} - \frac{1}{\gamma}\left(\frac{1}{Ma_1^2} - \frac{1}{Ma_2^2}\right) + \frac{4fL}{d} = 0 \tag{3.61}$$

式(3.61)中,第一项表示动能,第二项表示可压缩性,第三项表示管道摩擦因数。

式(3.61)更方便的形式是用压力代替马赫数。通过使用式(3.57)~式(3.59),可以得到这种简化形式,结果为:

$$2\ln\frac{p_1}{p_2} - \frac{M}{G^2R_gT}(p_1^2 - p_2^2) + \frac{4fL}{d} = 0 \tag{3.62}$$

对于典型的问题,已知管长 L、内径 d、上游压力 p_1 以及下游压力 p_2,要计算质量通量 G,步骤如下:由表 3.1 确定管道的粗糙度 ε,计算 ε/d;由式(3.21)确定 Fanning 摩擦因数 f;假设是高雷诺数完全发展的湍流;随后将验证这一假设,但通常情况下该假设是正确的;由式(3.62)计算总的质量通量 G。

Levenspiel 指出,如同绝热情形一样,气体在管道中等温流动时,其最大流速可能不是声速。根据马赫数,最大流速为:

$$Ma_{\text{choked}} = 1/\sqrt{\gamma} \tag{3.63}$$

通过使用能量守恒方程,并将其重新变化为以下形式:

$$-\frac{\mathrm{d}p}{\mathrm{d}L} = \frac{2fG^2}{\rho d}\frac{1}{1-(u^2\rho/p)} = \frac{2fG^2}{\rho d}\left(\frac{1}{1-\gamma Ma^2}\right) \tag{3.64}$$

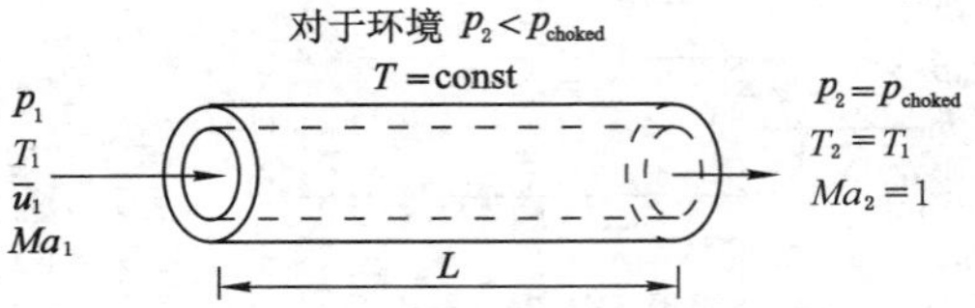

当 $Ma \to 1/\sqrt{\gamma}$ 时,$-\mathrm{d}p/\mathrm{d}L \to \infty$。因此,对于等温管道中的塞流,如图 3.17 所示,可用以下方程:

图 3.17　气体通过管道的等温塞流

$$T_{\text{choked}} = T_1 \tag{3.65}$$

$$\frac{p_{\text{choked}}}{p_1} = Ma_1\sqrt{\gamma} \tag{3.66}$$

$$\frac{\rho_{\text{choked}}}{\rho_1} = Ma_1\sqrt{\gamma} \tag{3.67}$$

$$\frac{u_{\text{choked}}}{u_1} = \frac{1}{Ma_1\sqrt{\gamma}} \tag{3.68}$$

$$G_{\text{choked}} = \rho u = Ma_1 p_1\sqrt{\frac{\gamma M}{R_g T}} = p_{\text{choked}}\sqrt{\frac{M}{R_g T}} \tag{3.69}$$

另外：

$$\ln\frac{1}{\gamma Ma_1^2} - \left(\frac{1}{\gamma Ma_1^2} - 1\right) + \frac{4fL}{d} = 0 \tag{3.70}$$

对于大多数典型问题，已知管长 L、内径 d、上游压力 p_1 和温度 T。质量通量 G 确定步骤如下：由式(3.21)确定 Fanning 摩擦因数 f；假设是高雷诺数完全发展的湍流；随后将验证这一假设，但通常情况下该假设是正确的；由式(3.70)确定 Ma_1；由式(3.69)确定质量通量。

对于通过管道的气体流动，流动时绝热还是等温很重要。对于这两种情形，压力下降导致气体膨胀，进而促使气体流速增加。对于绝热流动，气体的温度可能升高，也可能降低，这主要取决于摩擦项和动能项的相对大小。对于塞流，绝热塞压比等温塞压小。对于源处的温度和压力为常数的实际管道流动，实际的流量比绝热流量小，比等温流量大。

【例 3.5】 液态环氧乙烷储罐的上部蒸汽空间必须将氧气排除掉并充入表压为 558 kPa的氮气以防止爆炸。容器中的氮气由表压为 1 378 kPa 的供给源供给。氮气被调节为 558 kPa 后，通过长 10 m、内径为 26.6 mm 的型钢管道供应给储罐。

由于氮气调节器失效，储罐暴露于供给源的压力之下。为了防止储罐破裂，必须配备卸压设备将氮气排泄出去。在这种情况下，确定阻止储罐内压力上升所需要的经卸压设备排出的氮气的最小质量流量。

【假设】 孔的内径与管道直径相等；绝热管道与等温管道，请分别确定质量流量。哪个结果更接近于真实情况？应该使用哪个质量流量？

【解】 ① 通过孔的最大流量在塞流情况下发生。管道的横截面积是：

$$A = \frac{\pi d^2}{4} = \frac{3.14 \times (26.6 \times 10^{-3})^2}{4}\text{m}^2 = 5.55 \times 10^{-4}\ \text{m}^2$$

氮气的绝对压力：

$$p_0 = (1\,378 + 101.3)\text{kPa} = 1\,479.3\ \text{kPa}$$

已知对于双原子气体，有：

$$p_{\text{choked}} = 0.528 p_0$$

所以：

$$p_{\text{choked}} = 0.528 \times 1\,479.3\ \text{kPa} = 781\ \text{kPa}$$

由于系统与大气环境相通，该流动被认为是塞流。对于氮气，$\gamma=1.4$，则：

$$\left(\frac{2}{\gamma+1}\right)^{(\gamma+1)/(\gamma-1)} = \left(\frac{2}{1.4+1}\right)^{(1.4+1)/(1.4-1)} = 0.335$$

氮气的摩尔质量是 28 g/mol。由于没有任何信息，假设单元流出系数 $C_0=1.0$，有：

$$Q_m = 1.0 \times 5.55 \times 10^{-4} \times 1\,479.3 \times 10^3 \times \sqrt{\frac{1.4 \times 28 \times 10^{-3}}{8.314 \times 299.85} \times 0.335}\ \text{kg/s}$$
$$= 1.88\ \text{kg/s}$$

② 假设是绝热塞流。对于型钢管道，由表 3.1 知，$\varepsilon=0.046$，因此：

$$\frac{\varepsilon}{d}=\frac{0.046}{26.6}=0.001\ 73$$

由式(3.21)得：

$$\frac{1}{\sqrt{f}}=4\lg\left(3.7\frac{d}{\varepsilon}\right)=4\lg(3.7/0.001\ 73)=13.32$$

$$\sqrt{f}=0.075\ 1 \qquad f=0.005\ 64$$

对于氮气，$\gamma=1.4$。上游马赫数由式(3.54)给出，则：

$$\frac{\gamma+1}{2}\ln\frac{2Y_1}{(\gamma+1)Ma_1^2}-\left(\frac{1}{Ma_1^2}-1\right)+\gamma\frac{4fL}{d}=0$$

Y_1 由式(3.43)给出，得：

$$\frac{1.4+1}{2}\ln\frac{2+(1.4-1)Ma^2}{(1.4+1)Ma^2}-\left(\frac{1}{Ma_1^2}-1\right)+1.4\times\frac{4\times0.005\ 64\times10}{26.6\times10^{-3}}=0$$

$$1.2\ln\frac{2+0.4Ma^2}{2.4Ma^2}-\left(\frac{1}{Ma_1^2}-1\right)+11.87=0$$

通过试差法求解该公式中的 Ma，其结果见表 3.6。

表 3.6　用试差法求解 *Ma* 值

预测的 Ma 值	方程左边的值	预测的 Ma 值	方程左边的值
0.20	−8.48	0.25	−0.007

根据最近一次预测的 Ma 值计算，结果接近于 0。因此，由式(3.43)可得：

$$Y_1=1+\frac{\gamma-1}{2}Ma^2=1+\frac{1.4-1}{2}0.25^2=1.012$$

由式(3.50)和式(3.51)得到：

$$\frac{T_{\text{choked}}}{T_1}=\frac{2Y_1}{\gamma+1}=\frac{2\times1.012}{1.4+1}=0.843$$

$$T_{\text{choked}}=0.843\times299.85\ \text{K}=252\ \text{K}$$

$$\frac{p_{\text{choked}}}{p_1}=Ma\sqrt{\frac{2Y_1}{\gamma+1}}=0.25\times\sqrt{0.843}=0.230$$

$$p_{\text{choked}}=0.230\times1\ 479.3\ \text{kPa}=340\ \text{kPa}$$

为确保流动是塞流，管道出口处的压力必须小于 340 kPa。由式(3.53)计算质量通量为：

$$G_{\text{choked}}=p_{\text{choked}}\sqrt{\frac{\gamma M}{R_g T_{\text{choked}}}}=340\times10^3\times\sqrt{\frac{1.4\times28\times10^{-3}}{8.314\times252}}\text{kg/(m}^2\cdot\text{s)}$$
$$=1\ 470\ \text{kg/(m}^2\cdot\text{s)}$$

$$Q_m=GA=1\ 470\times5.55\times10^{-4}\ \text{kg/s}=0.82\ \text{kg/s}$$

也可使用直接求解的简化过程，式(3.17)给出了管长的超压位差损失。摩擦因数 f 可以确定如下：

$$K_f=\frac{4fL}{d}=\frac{4\times0.005\ 64\times10}{26.6\times10^{-3}}=8.48$$

求解过程中仅考虑管道摩擦，忽略出口的影响。首先需要考虑的是流动是否为塞流，图

3.14 或者表 3.5 给出了声速压力比。对于 $\gamma=1.4$ 和 $K_f=8.48$，则：

$$\frac{p_1-p_2}{p_1}=0.770 \Rightarrow p_2=340 \text{ kPa}$$

由于下游压力小于 340 kPa，因此流动是塞流。由图 3.15 或者表 3.5 可知，$Y_g=0.69$，处于上游压力下的气体密度是：

$$\rho_1=\frac{p_1 M}{R_g T}=\frac{1\,479.3\times 10^3\times 28\times 10^{-3}}{8.314\times 299.85}\text{kg/m}^3=16.6 \text{ kg/m}^3$$

将该值代入式(3.55)，使用塞压确定 p_2，得：

$$m=Y_g A\sqrt{\frac{2\rho(p_1-p_2)}{\sum K_f}}$$

$$=0.69\times 5.55\times 10^{-4}\times\sqrt{\frac{2\times 16.6\times(1\,479.3-340)\times 10^3}{8.48}}\text{kg/s}$$

$$=0.81 \text{ kg/s}$$

此法耗时较少，其结果与前面的结果基本一致。

③ 对于等温流动，由式(3.70)给出上游的马赫数，将提供的数据代入，得：

$$\ln\frac{1}{1.4Ma^2}-\left(\frac{1}{1.4Ma^2}-1\right)+8.48=0$$

通过试差法求解该公式中的 Ma 值，其结果见表 3.7。

表 3.7　用试差法求解 *Ma* 值

预测的 Ma 值	方程左边的值	预测的 Ma 值	方程左边的值
0.25	0.486	0.245	0.057
0.24	−0.402	0.244	−0.035(最终结果)

由式(3.56)确定塞压：

$$p_{\text{choked}}=p_1 Ma_1\sqrt{\gamma}=1\,479.3\times 0.244\times\sqrt{1.4}\text{ kPa}=427 \text{ kPa}$$

由式(3.59)计算质量流量为：

$$G_{\text{choked}}=p_{\text{choked}}\sqrt{\frac{M}{R_g T}}=427\times 10^3\times\sqrt{\frac{28\times 10^{-3}}{8.314\times 299.85}}\text{ kg/(m}^2\cdot\text{s)}$$

$$=1\,431 \text{ kg/(m}^2\cdot\text{s)}$$

$$Q_m=G_{\text{choked}}A=1\,431\times 5.55\times 10^{-4}\text{ kg/s}=0.79 \text{ kg/s}$$

计算结果见表 3.8。

表 3.8　计算结果

流动情况	p_{choked}/kPa	Q_m/(kg·s^{-1})
孔	781	1.88
绝热管道	340	0.81
等温管道	427	0.79

这些类型问题的标准过程是将通过管道的流动描绘成通过小孔的流动。结果表明，这种方法导致计算结果较大。小孔方法通常比绝热管道方法的计算结果大，能够确保保守的

安全设计。然而,小孔计算应用起来容易,仅仅需要管道直径和上游供给的压力与温度,不需要管道的详细外形,而这一点在绝热和等温方法中却是需要的。

需要说明的是,对于每一种情况计算得到的塞压是不同的,孔的情况和绝热、等温情况的差别很大。基于孔的计算的塞流设计在实际情况下可能因为较高的下游压力并不产生塞流。

绝热和等温管道方法得到的结果很相近,对于大多数实际情况并不能很容易地确定热传递特性。因此,应选择绝热管道方法,它通常能够得到较大的计算结果,适合于保守的安全设计。

例 3.5 表明,对于管道流动问题,绝热流动和等温流动的差别很小。Levenspiel 指出倘若源处的压力和温度相同,绝热模型通常会高估实际流动。Crane Co. 报道:"当可压缩流体从某管道的末端流入较大横截面积的管道时,这种流动通常被认为是绝热流动。" Crane Co. 是根据他的实验数据做出上述陈述的。他的试验是将空气排放到大气环境中,试验涉及 130 种不同的管长和 220 种不同的管径。在塞流的情况下,由于气体流速很快,等温流动在实际情况下很难达到,绝热流动模型是可压缩气体经管道排放的可选模型。

6) 闪蒸液体泄漏量的计算

存储温度高于其沸点温度的受压液体,由于闪蒸会存在很多问题。如果储罐、管道或其他盛装设备出现孔洞,部分液体会闪蒸为蒸气,有时会发生爆炸。

闪蒸发生的速度很快,其过程可以假设为绝热过程。过热液体中的额外能量使液体蒸发,并使其温度降到新的沸点。如果 m 是初始液体的质量,c_p 是液体的比定压热容,T_0 是降压前液体的温度,T_b 是降压后液体的沸点,则体蒸发的比例是:

$$f_V = \frac{m_V}{m} = \frac{c_p(T_0 - T_b)}{\Delta H_V} \tag{3.71}$$

式(3.71)基于假设在 T_0 到 T_b 的温度范围内液体的物理特性不变。没有此假设时的表达形式为:

$$f_V = 1 - \exp\left[-\bar{c}_p(T_0 - T_b)\Big/\overline{\Delta H_V}\right] \tag{3.72}$$

【例 3.6】 0.453 6 kg 的饱和水存储在温度为 350 ℉[①] 的容器里,压力下降至 1 atm[②]。使用:①水蒸气表;②式(3.71);③式(3.72),计算水的蒸发比例。

【解】 ① 初始状态是 $T_0 = 350$ ℉的饱和液态水。由水蒸气表可知:$p = 927.8$ kPa,$H = 748$ kJ/kg。

最终温度是 1 atm 下的沸点或 212 ℉。此温度在饱和状态下有:

$$H_{vapor} = 2\ 675.6\ \text{kJ/kg}$$
$$H_{liquid} = 418.8\ \text{kJ/kg}$$

因为是绝热过程,$H_{final} = H_{initial}$,蒸气比:

$$H_{final} = H_{initial} + f_V(H_{vapor} - H_{liquid})$$
$$748 = 418.8 + f_V(2\ 675.6 - 418.8)$$
$$f_V = 0.145\ 9$$

---

① 1 ℉ $= \frac{5}{9}$ ℃,下同;② 1 atm $= 1.01 \times 10^5$ Pa,下同。

14.59%的初始液体蒸发了。

② 对于 212 ℉下的液体水：

$$c_p = 2\ 349.1\ \mathrm{J/(kg \cdot K)}$$
$$\Delta H_V = 2\ 256.8\ \mathrm{kJ/kg}$$

由式(3.71)得：

$$f_V = \frac{m_V}{m} = \frac{c_p(T_0 - T_b)}{\Delta H_V}$$
$$= \frac{2\ 349.1 \times (350 - 212)}{2\ 256.8 \times 10^3} = 0.143\ 6$$

③ 液体水在 T_0 和 T_b 之间的平均特性是：

$$\bar{c}_p = 2\ 418.9\ \mathrm{J/(kg \cdot ℉)}$$
$$\overline{\Delta H_V} = 2\ 141.4\ \mathrm{kJ/kg}$$

将它们代入式(3.72)中：

$$f_V = 1 - \exp[-\bar{c}_p(T_0 - T_b)/\overline{\Delta H_V}]$$
$$= 1 - \exp[-2\ 418.9 \times (350 - 212)/(2\ 141.4 \times 10^3)]$$
$$= 1 - 0.855\ 7 = 0.144\ 3$$

与来自水蒸气的实际值相比，这两个表达式的计算结果均较好。对于包含多种易混合物质的液体，闪蒸计算非常复杂，这是由于更易挥发组分首先闪蒸。求解这类问题的方法很多。

由于存在两相流情况，通过孔洞和管道泄漏出的闪蒸液体需要优先考虑，即有几个特殊的情况需要考虑。如果泄漏的流程长度很短(通过薄壁容器上的孔洞)，则存在不平衡条件，以及液体没有时间在孔洞内闪蒸；液体在孔洞外闪蒸。应使用描述不可压缩流体通过孔洞流出的方程。

如果泄漏的流程长度大于 10 cm(通过管道或厚壁容器)，那么就能达到平衡闪蒸条件，且流动是塞流。可假设塞压与闪蒸液体的饱和蒸汽压相等，结果仅适用于存储在高于其饱和蒸汽压环境下的液体。在此假设下，质量流量由下式给出：

$$Q_m = AC_0\sqrt{2\rho_f(p - p^{\mathrm{sat}})} \tag{3.73}$$

7) 易挥发液体的泄漏量的计算

在化工生产中使用了大量的易挥发液体，如大多数的有机溶剂、油品等。如果装置或存储容器中的易挥发液体泄漏至地坪或围堰中，会逐渐向大气蒸发。根据传质过程的基本原理，该蒸发过程的传质推动力为蒸发物质的气液界面与大气之间的浓度梯度，液体蒸发为气体的摩尔扩散通量可用式(3.74)表示：

$$N = k_c \Delta c \tag{3.74}$$

式中　N——摩尔扩散通量，$\mathrm{mol/(m^2 \cdot s)}$；

k_c——传质系数，$\mathrm{m^2/s}$；

Δc——浓度梯度，$\mathrm{mol/m^4}$。

若液体在某一饱和温度 T 下的饱和蒸汽压为 p^{sat}，蒸发物质在大气中分压为 p，则

$$\Delta c = \frac{p^{\mathrm{sat}} - p}{RT} \tag{3.75}$$

一般情况下，$p^{\mathrm{sat}} \ll p$，则式(3.75)可简化为：

$$\Delta c = \frac{p^{\text{sat}}}{RT} \tag{3.76}$$

流体蒸发的质量流量为其摩尔扩散通量 N 与蒸发面积 A 及蒸发物质摩尔质量 M 的乘积为：

$$Q = NAM = \frac{k_c AM p^{\text{sat}}}{RT} \tag{3.77}$$

当液体向静止大气蒸发时，其传质过程为分子扩散；当液体向流动大气蒸发时，其传质过程为对流传质过程，对流传质系数比分子扩散系数要高1～2个数量级。

【例3.7】 有一露天桶装乙醇翻到后，致使2 m^2 内均为乙醇液体，当时大气温度为16 ℃，乙醇的饱和蒸汽压为4 kPa，乙醇的传质系数 k_c 为 1.2×10^{-3} m^2/s。求乙醇蒸发的质量流量。

【解】

$$Q = \frac{k_c AM p^{\text{sat}}}{RT} = \frac{1.2\times10^{-3}\times46.07\times2\times4\,000}{8.314\times289}$$
$$= 0.184\ \text{g/s} = 1.84\times10^{-4}\ \text{kg/s}$$

3.2 泄漏后物质扩散方式及扩散模型

3.2.1 泄漏物质扩散方式及影响因素

化工生产中的有毒有害物质一旦由于某种原因发生泄漏，泄漏出来的物质会在浓度梯度和风力的作用下在大气中扩散。下面介绍泄漏物质扩散方式及影响因素，为泄漏危险程度的判别和事故发生控制及人员疏散区域的判定提供参考。

1）泄漏物质扩散方式

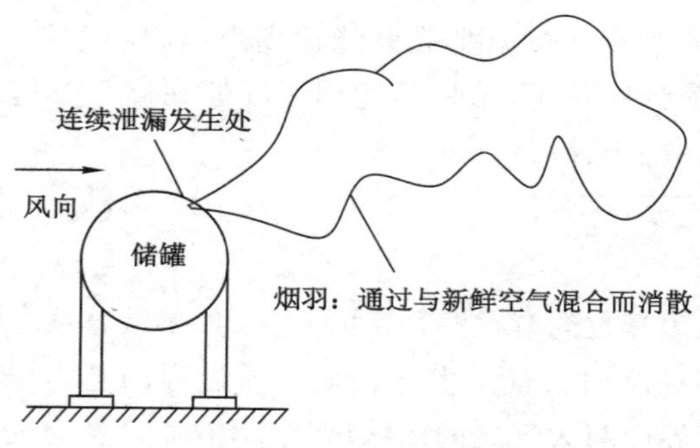

图3.18 物质连续泄漏形成的典型烟羽

物质泄漏后，会以烟羽、烟团2种方式在空气中传播、扩散，利用扩散模式可描述泄漏物质在事故发生地的扩散过程。一般情况下，对于泄漏物质密度与空气接近的情况或经很短的时间的空气稀释后即与空气接近的情况，可用图3.18所示的烟羽扩散模式描述连续泄漏源泄漏物质的扩散过程，通常泄漏时间较长。图3.19所示的烟团扩散模式描述的是瞬间泄漏源泄漏物质的扩散过程。瞬间泄漏源的特点是泄漏在瞬间完成。连续泄漏源，即连接在大型储罐上的管道穿孔，以及挠性连接器处出现的小孔或缝隙、连续的烟囱排放等。瞬时泄漏源，即液化气体钢瓶破裂，瞬时冲料形成的事故排放、压力容器安全阀异常启动、放空阀门的瞬间错误开启等。

泄漏物质的最大浓度是在释放发生处(可能不在地面上)。由于有毒物质与空气的湍流混合和扩散，因此在下风向的浓度较低。

2）泄漏物质影响因素

众多因素影响着有毒物质在大气中的扩散：风速；大气稳定度；地面条件(建筑物、水、

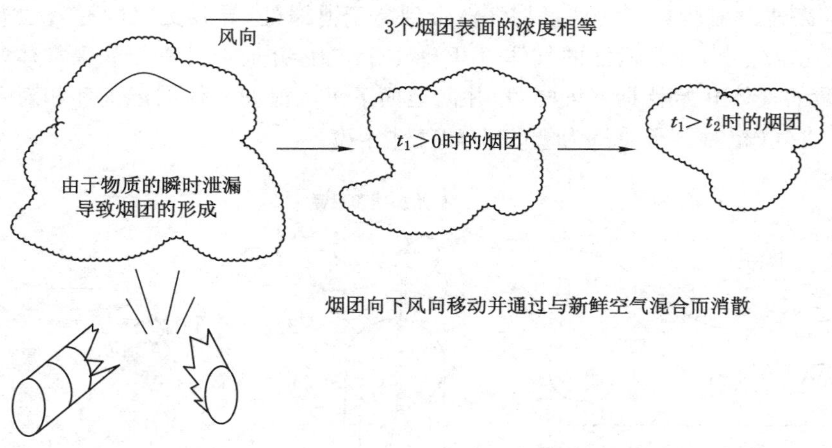

图 3.19　物质瞬时泄漏形成的烟团

树)；泄漏处离地面的高度；物质释放的初始动量和浮力。

随着风速的增加，图 3.18 中的烟羽变得又长又窄，物质向下风向输送的速度变快了，但是被大量空气稀释的速度也加快了。

大气稳定度与空气的垂直混合有关。白天，空气温度随着高度的增加迅速下降，促使了空气的垂直运动；夜晚，空气温度随高度的增加下降不多，导致较少的垂直运动。白天和夜晚的温度变化情况如图 3.20 所示。有时，相反的现象也会发生，这样温度随着高度的增加而增加，导致最低限度的垂直运动。这种情况经常发生在晚间，因为热辐射导致地面迅速冷却。

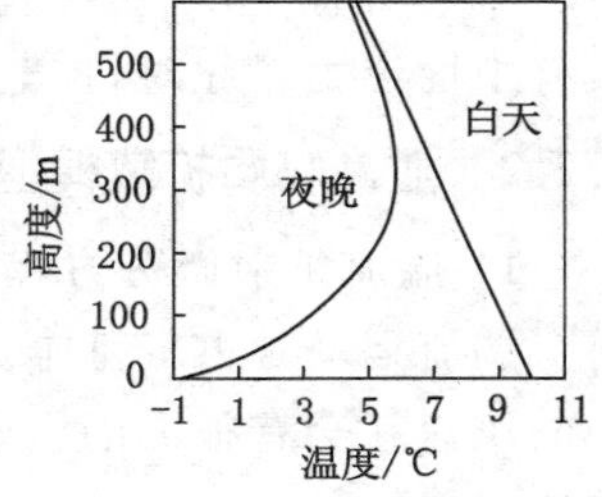

图 3.20　白天和夜晚空气温度随高度的变化情况

大气稳定度划分 3 种类型：不稳定、中性和稳定。

① 对于不稳定的大气情况：太阳对地面的加热要比热量散失的快，地面附近的空气温度比高处的空气温度高，这在上午的早些时候可能会被观测到。这导致了大气不稳定，因为较低密度的空气位于较高密度的空气的下面，这种浮力的影响增强了大气的机械湍流。

② 对于中性稳定度：地面上方的空气暖和，风速增加，减少了太阳的输入能或日光照射的影响，空气的温度差不影响大气的机械湍流。

③ 对于稳定的大气情况：太阳加热地面的速度没有地面的冷却速度快，地面附近的温度比高处空气的温度低。这种情况是稳定的，因为较高密度的空气位于较低密度的空气的下面，浮力的影响抑制了机械湍流。

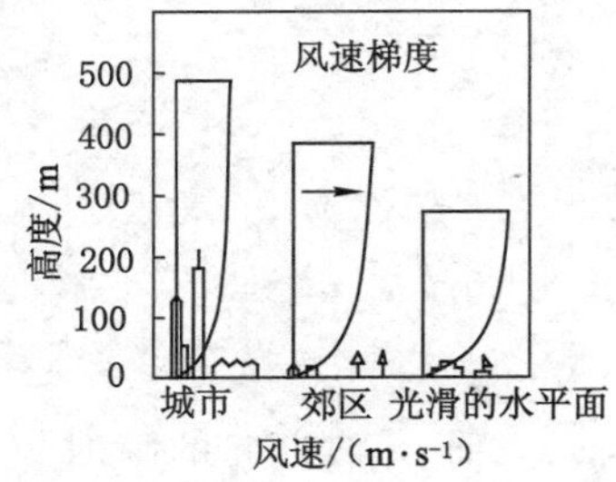

图 3.21　地面情况对垂直风速梯度的影响

地面条件影响地表的机械混合和随高度而变化的风速。树木和建筑物的存在加强了这种混合，而湖泊和敞开的区域则减弱了这种混合。图 3.21 所示为不同地表情况下风速随高度的变化。

泄漏高度对地面浓度的影响很大。随着释放高度的增加，地面浓度降低，这是因为烟羽需要垂直扩散更长的距离，如图 3.22 所示。

泄漏物质的浮力和动量改变了泄漏的有效高度，如图

3.23 所示。高速喷射所具有的动量将气体带到高于泄漏处，导致更高的有效泄漏高度。如果气体密度比空气小，那么泄漏的气体一开始具有浮力，并向上升高。如果气体密度比空气大，那么泄漏的气体开始就具有沉降力，并向地面下沉。泄漏气体的温度和相对分子质量决定了相对于空气（相对分子质量为 28.97）的气体密度。

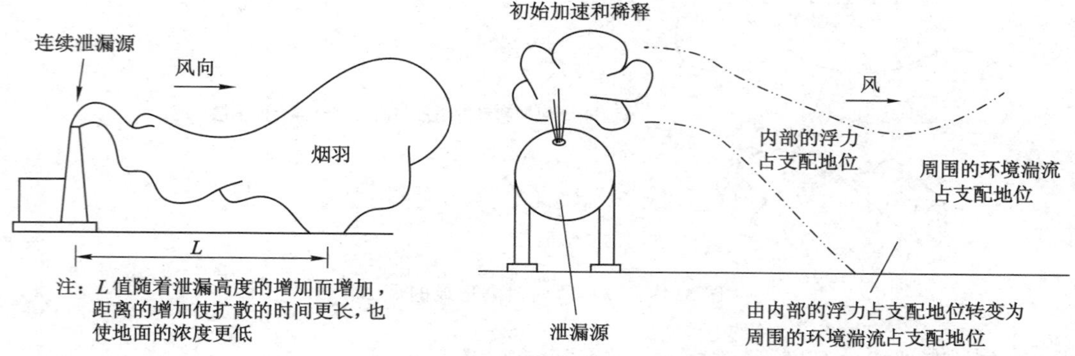

图 3.22 增加泄漏高度将降低地面浓度　图 3.23 泄漏物质的初始加速度和浮力影响烟羽的特性

对于所有气体，随着气体向下风向传播和同新鲜空气混合，最终将被充分稀释，并认为具有中性浮力。此时，扩散由周围环境的湍流所支配。

3.2.2 泄漏物质扩散模型

1）湍流扩散微分方程

湍流运动是大气基本运动的形式之一。由于大气是半无限介质，特征尺度很大，只要极小的风速就会有很大的雷诺数，从而达到湍流状态，因而通常认为底层的大气的流动都处于湍流状态。

对于流动的大气，根据质量守恒定律可导出泄漏物质浓度变化的湍流扩散微分方程：

$$\frac{\partial c}{\partial t}=-\frac{\partial}{\partial x_j}(u_j c) \tag{3.78}$$

式中 c——泄漏物质的瞬时浓度；

t——时间；

x_j——直角坐标系中各坐标轴方向；

u_j——各坐标轴方向的瞬时速度。

由于湍流是不规则运动，风速和泄漏物质的浓度都是时间和空间的随机变量。在任一点上，风速和浓度的瞬时值均可用平均值和脉动值之和来表示。

$$\begin{cases}u=\bar{u}+u' \\ v=\bar{v}+v' \\ w=\bar{w}+w' \\ c=\bar{c}+c'\end{cases} \tag{3.79}$$

式(3.79)中，$(u,\bar{u},u')$，$(v,\bar{v},v')$，$(w,\bar{w},w')$分别表示 x 轴、y 轴、z 轴方向的瞬时风速、平均风速和脉动风速，$c,\bar{c},c'$分别表示瞬时浓度、平均浓度和脉动浓度。

将式(3.79)代入式(3.78)中，并取平均值，整理得：

$$\frac{\partial \bar{c}}{\partial t}+\bar{u}\frac{\partial \bar{c}}{\partial x}+\bar{v}\frac{\partial \bar{c}}{\partial y}+\bar{w}\frac{\partial \bar{c}}{\partial z}=\frac{\partial}{\partial x}(-\overline{c'u'})+\frac{\partial}{\partial y}(-\overline{c'v'})+\frac{\partial}{\partial z}(-\overline{c'w'}) \tag{3.80}$$

定义 K_x, K_y, K_z 分别为 x 轴，y 轴，z 轴方向的扩散系数，并有：

$$-\overline{c'u'}=K_x\frac{\partial \bar{c}}{\partial x}\quad -\overline{c'v'}=K_y\frac{\partial \bar{c}}{\partial y}\quad -\overline{c'w'}=K_z\frac{\partial \bar{c}}{\partial z} \tag{3.81}$$

将上述关系代入式(3.80)，得到湍流扩散微分方程：

$$\frac{\partial \bar{c}}{\partial t}+\bar{u}\frac{\partial \bar{c}}{\partial x}+\bar{v}\frac{\partial \bar{c}}{\partial y}+\bar{w}\frac{\partial \bar{c}}{\partial z}=\frac{\partial}{\partial x}\left(K_x\frac{\partial \bar{c}}{\partial x}\right)+\frac{\partial}{\partial y}\left(K_y\frac{\partial \bar{c}}{\partial y}\right)+\frac{\partial}{\partial z}\left(K_z\frac{\partial \bar{c}}{\partial z}\right) \tag{3.82}$$

式(3.82)等号左边为局部扩散和对流扩散项，右边为湍流扩散相。利用该方程与不同的初始状态、边界条件即可建立各种扩散模型。选取直角坐标系的 x 轴方向与平均风速方向一致，z 轴为垂直方向，则：

$$\bar{v}=0,\quad \bar{w}=0$$

假定各方向湍流扩散系数为常数，以 c 代表平均浓度，以 u 代表平均风速，则式(3.82)可简化为：

$$\frac{\partial c}{\partial t}+u\frac{\partial c}{\partial x}=K_x\frac{\partial^2 c}{\partial x^2}+K_y\frac{\partial^2 c}{\partial y^2}+K_z\frac{\partial^2 c}{\partial z^2} \tag{3.83}$$

2）无边界点源扩散模型

（1）瞬时泄漏点源的扩散模型

① 无风时瞬时泄漏点源的烟团扩散模型。在无风条件下($u=0$)，瞬时泄漏点源产生的烟团仅在泄漏点处膨胀扩散，则式(3.83)可简化为：

$$\frac{\partial c}{\partial t}=K_x\frac{\partial^2 c}{\partial x^2}+K_y\frac{\partial^2 c}{\partial y^2}+K_z\frac{\partial^2 c}{\partial z^2} \tag{3.84}$$

初始条件：$t=0$ 时 $x=y=z=0$ 处，$c\rightarrow\infty$；$x\neq0$ 处，$c\rightarrow0$。

边界条件：$t\rightarrow\infty$时，$c\rightarrow0$。

源强为 Q 的无风瞬时泄漏点源的浓度分布 $c(x,y,z,t)$为：

$$c(x,y,z,t)=\frac{Q}{8\,(\pi^3t^3K_xK_yK_z)^{\frac{1}{2}}}\exp\left[-\frac{1}{4t}\left(\frac{x^2}{K_x}+\frac{y^2}{K_y}+\frac{z^2}{K_z}\right)\right] \tag{3.85}$$

② 有风时瞬时泄漏点源的烟团扩散模型。在有风条件下，烟团随风移动，并因空气的稀释作用不断膨胀，t 时刻烟团中心点坐标为(ut,0,0)，则式(3.85)经坐标变换即得到源强为 Q 的有风瞬时泄漏点源的浓度分布：

$$c(x,y,z,t)=\frac{Q}{8\,(\pi^3t^3K_xK_yK_z)^{\frac{1}{2}}}\exp\left[-\frac{1}{4t}\left(\frac{(x-ut)^2}{K_x}+\frac{y^2}{K_y}+\frac{z^2}{K_z}\right)\right] \tag{3.86}$$

（2）连续泄漏点源的扩散模型

① 无风时连续泄漏点源的扩散模型。若连续泄漏点源的源强 Q 为常量，则任意一点的浓度仅是位置的函数，而与时间无关，则有$\partial c/\partial t=0$，无风条件，$u=0$，则式(3.83)可简化为：

$$K_x\frac{\partial^2 c}{\partial x^2}+K_y\frac{\partial^2 c}{\partial y^2}+K_z\frac{\partial^2 c}{\partial z^2}=0 \tag{3.87}$$

初始条件：$x=y=z=0$ 时，$c\rightarrow\infty$；

边界条件：$x,y,z\rightarrow\infty$时，$c\rightarrow0$。

源强为 Q 的无风连续泄漏点源的浓度分布 $c(x,y,z,t)$为：

$$c(x,y,z,t)=\frac{Q}{4\pi\,(K_xK_yK_z)^{\frac{1}{3}}\,(x^2+y^2+z^2)^{\frac{1}{2}}} \tag{3.88}$$

② 有风时连续泄漏点源的扩散模型。有风时，连续泄漏点源的扩散为烟羽形状，沿风向方向，任意 x—z 平面的泄漏物质总量等于源强 Q：

$$Q=\int_{-\infty}^{\infty}\int_{0}^{\infty}cu\,\mathrm{d}y\mathrm{d}z \tag{3.89}$$

若流场稳定，则空间某一泄漏物质浓度恒定，不随时间改变，$\partial c/\partial t=0$，有风条件下（$u>1$ m/s），风力产生的平流输送作用要远大于水平方向上的分子扩散作用，有：

$$u\frac{\partial c}{\partial x}\gg K_x\frac{\partial^2 c}{\partial x^2}$$

则式(3.83)可简化为：

$$u\frac{\partial c}{\partial x}=K_y\frac{\partial^2 c}{\partial y^2}+K_z\frac{\partial^2 c}{\partial z^2} \tag{3.90}$$

初始条件：$x=y=z=0$ 时，$c\to\infty$；边界条件：$x,y,z\to\infty$ 时，$c\to 0$。

源强为 Q 的有风连续泄漏点源的浓度分布 $c(x,y,z,t)$ 为：

$$c(x,y,z)=\frac{Q}{4\pi x\,(K_yK_z)^{\frac{1}{2}}}\exp\left[-\frac{u}{4x}\left(\frac{y^2}{K_y}+\frac{z^2}{K_z}\right)\right] \tag{3.91}$$

上述模型均考虑泄漏物质的扩散在无边界的大气中扩散。实际上，物质泄漏往往发生在地面或近地表处，所以对泄漏物质的扩散过程进行模拟时，必须考虑地面的影响。

3）有边界点源扩散模型

在考虑地面对扩散的影响时，通常按照全反射的原理，采用“像源法”处理，即地面如同一面“镜子”，对泄漏物质既不吸收也不吸附，起着全反射的作用。因此，认为地面上任意一点的浓度是两部分作用之和：一部分是不存在地面时此点应具有的浓度；另一部分是由于地面全反射增加的浓度。对于地面源，任意一点的浓度应是高为 H 的实源和高为 $-H$ 的虚源在此点造成的浓度之和。

（1）无风时瞬时泄漏点源的烟团扩散模型

$$c(x,y,z,t)=\frac{Q}{4\,(\pi^3t^3K_xK_yK_z)^{\frac{1}{2}}}\exp\left[-\frac{1}{4t}\left(\frac{x^2}{K_x}+\frac{y^2}{K_y}+\frac{z^2}{K_z}\right)\right] \tag{3.92}$$

（2）有风连续地面点源的烟羽扩散模型

$$c(x,y,z)=\frac{Q}{2\pi x\,(K_yK_z)^{\frac{1}{2}}}\exp\left[-\frac{u}{4x}\left(\frac{y^2}{K_y}+\frac{z^2}{K_z}\right)\right] \tag{3.93}$$

（3）有风源高为 H 连续点源的烟羽扩散模型

$$c(x,y,z)=\frac{Q}{4\pi x\,(K_yK_z)^{\frac{1}{2}}}\exp\left(-\frac{uy^2}{4K_yx}\right)\left\{\exp\left[-\frac{u\,(z-H)^2}{4K_zx}\right]+\exp\left[-\frac{u\,(z+H)^2}{4K_zx}\right]\right\} \tag{3.94}$$

式(3.94)即为高斯扩散模型。若 $H=0$，即为地面源扩散模型。

3.3 化工泄漏原因分析及其控制

根据工业化国家数据资料统计，发生在化工企业的着火和人员中毒事故，有 56% 是由物料泄漏发现不及时或处理不当引起的。如何防范泄漏，这是化工企业有效控制事故发生的重点之一。下面就泄漏带来的危害，泄漏发生的原因和应采取的控制措施及泄漏事故救援等进行介绍。

3.3.1 化工泄漏的危害

常压下液态的物料泄漏后四处流淌，同时蒸发为气体扩散；常压下加压压缩、液化存储的物料一旦泄漏至空气中会迅速膨胀、汽化为常压下的大量气体，迅速扩散至大范围空间，如液态烃、液氯、液氨。如果泄漏的物质有毒性，将造成扩散范围的人员中毒；如果有燃烧爆炸性，将可能形成火球、池火灾、蒸汽云爆炸、沸腾液体扩展蒸汽爆炸等严重的火灾爆炸事故，给生产和生活带来很大的危害。泄漏造成的危害是巨大的，主要有下面几个方面：

1）物料和能量损失

泄漏首先流失了有用物料和能量。泄漏增加了物料消耗，使企业成本上升，效益下降。价格昂贵的物质泄漏所造成经济损失巨大，而像水、蒸气这些便宜的物质则容易被人忽视，但是积累起来损失也会很严重。据原建设部 1996 年统计，我国城市供水损失的 60%以上为管网漏失，而漏失率占总供水量的 13%～15%，损失惊人。

泄漏还会降低生产装置和机器设备的运转率，严重的泄漏还会导致生产无法正常运行，装置被迫停车抢修，造成更为严重的经济损失。

2）引发事故灾害

泄漏是导致化工企业发生火灾、爆炸事故的主要原因有：一是因为生产物料几乎都是易燃易爆物质；二是空气无处不在；三是由于生产工艺、安装、检修等过程，离不开火源。因此，在生产过程中，一旦物料泄漏到周围大气中，或由于负压操作、系统串气，空气窜入生产装置内，都极有可能发生着火、爆炸、中毒等事故，造成厂毁人亡。例如：炼油厂减压塔渣油温度高达 370 ℃，一旦泄漏就极易自燃；减压塔内为负压操作，若空气漏入塔内，与高温油气混合极易发生爆炸，后果不堪设想。

据日本对石化联合企业灾害事故统计的 768 起事故中，由泄漏引起的多达 332 起，占事故总数的 42%；产生泄漏的部位最多的是配管，包括阀门和法兰，约 137 起，占泄漏总数的 41%。

3）环境污染

泄漏是生产环境恶化、造成环境污染的重要根源。泄漏到环境中的物质一般难以回收，严重污染了空气、水及土壤。如很多化工厂区气味难闻，烟雾弥漫，对环境造成严重污染，严重地危害着职工的身体健康。

3.3.2 化工泄漏产生的原因

泄漏事故主要有突发性强、危害性大、应急处理难度大的特点。常见的泄漏物质主要有：常压液体、加压液化气体、低温液化气体、加压气体。从人机系统来考虑，造成各种泄漏事故的原因主要有人的因素、物的因素和技术因素。

1)人为因素

(1) 麻痹疏忽

主要包括：擅自脱岗；思想不集中；发现异常情况不知道如何处理。

(2)管理不善

主要包括：没有制定完善的安全操作规程；对安全漠不关心，已发现的问题不及时解决；没有严格执行监督检查制度；指挥错误，甚至违章指挥；让未经培训的工人上岗，知识不足，不能判断错误；检修制度不严，没有及时检修已出现故障的设备，使设备带病运转。

(3)违章操作

主要包括:操作不平稳,压力和温度调节忽高忽低;气孔、油孔堵塞,未及时清扫;不按时添加润滑剂,导致设备磨损;不按时巡回检查、发现和处理问题,如溢流冒罐等;误关阀门和忘记操作等。

2) 材料失效

构成设施材料的失效是产生泄漏的最主要的直接原因。因此,研究材料失效机理是防止泄漏的有效手段。据统计,腐蚀、裂纹、磨损等是导致材料失效、造成泄漏的主要原因;此外,地震等自然灾害以及人为破坏也会引起破坏性泄漏。

(1) 材料本身质量问题

例如:钢管焊缝有气孔、夹渣或没焊透,铸铁管有裂纹、砂眼,水泥管破裂等。

(2) 材料破坏而发生的泄漏

例如:输送腐蚀性强的流体,一般钢管在较短时间内就会被腐蚀穿孔;输送高速的粉料,钢管会被磨蚀损坏;材料因疲劳、老化、应力集中等造成强度下降等。

(3) 因外力破坏导致泄漏

例如:野蛮施工的大型机动设备的碾压、铲挖等人为破坏;地震、滑坡、洪水、泥石流等造成管道断裂,车辆碰撞造成管道破裂,施工造成破坏。

(4) 因内压上升造成败坏引起泄漏

例如:水管因严寒冻裂、误操作(管道系统中多台泵同时投入运行,或关闭阀门过急)引发水击造成管道破裂。

3) 密封失效

密封是预防泄漏的元件,也是容易出现泄漏的薄弱环节。密封失效的原因主要包括:密封的设计不合理、制造质量差、安装不正确等,如设计人员不熟悉材料和密封装置的性能,产品不能满足工况条件造成超压破裂;密封结构形式不能满足要求,密封件老化、被腐蚀、磨损等。

3.3.3 化工泄漏控制

1) 化工泄漏控制的原则

(1) 无论气体泄漏还是液体泄漏,泄漏量的多少都是决定泄漏后果严重程度的主要因素,而泄漏量又与泄漏时间有关。因此,控制泄漏应该尽早地发现泄漏并且尽快地阻止泄漏。

(2) 通过人员巡回检查可以发现较严重的泄漏,利用泄漏检测仪器、气体泄漏检测系统可以早期发现各种泄漏。

(3) 利用停车或关闭遮断阀停止向泄漏处供应料可以控制泄漏。一般来说,与监控系统联锁的自动停车速度快,仪器报警后由人工停车速度较慢,需要 3~15 min。

2) 化工泄漏的检测技术

在生产过程中要对泄漏进行有效的治理,就要及时发现泄漏,准确地判断和确定产生泄漏的位置,找到泄漏点。特别是对于容易发生泄漏的部位和场所,通过检测及早发现泄漏的蛛丝马迹,这样就可以采取控制措施,把泄漏消灭在萌芽状态。

实际中,可以凭经验和借助仪器、设备进行化工泄漏检测。经验法主要针对一些较明显的泄漏,可以通过看、听、闻、摸直接感知发现,这种方法主要是依赖人的敏感性、经验和责任心。而在比较危险的场合,使用泄漏检测仪器能够做到在不中断生产运行的情况下,诊断设备的运行状况，判断故障发生部位、损伤程度、有无泄漏，并能准确地分析产生泄漏的原因。如热像仪在夜间也能很清楚地发现泄漏异常；超声波、声脉冲、声发射技术，采用高灵敏的传感器能够捕捉到人耳听不到的泄漏声，经处理后，转换成人耳能够听到的声音，判定是否泄漏并进行定位；在介质中加入易于检测的物质作为示踪剂（如氨气、氢气、臭味剂、燃料等），发生泄漏时可以快速地检测到；光纤传感器检测法根据泄漏物质引起的环境温度变化，对管道进行连续测量，可以判断是否发生了泄漏。

（1）视觉检漏方法

通过视觉来检测泄漏，常用的光学仪器主要有内窥镜、井中电视和红外线检测仪器。对于能见度较低的环境，可用激光发射器——激光笔在照射物上形成光点，易于确定泄漏点的位置。

① 内窥镜。内窥镜跟医院检查胃病用的胃镜是一样的。1980 年，我国第一次向南太平洋发射的运载火箭的发动机的弯曲导管，就是直接由医院的大夫使用胃镜检查的。在检查深孔、锅炉炉膛、换热器管束、塔器设备内部和焊缝根部的内表面等人进不去、看不见的狭窄位置用内窥镜检测，无需拆卸、破坏和组装，非常方便。

内窥镜由光学纤维制成，是一种精密的光学仪器，在物镜一端有光源，另一端是目镜。使用时，把物镜端伸入要观察的地方，启动光源，调节目镜的焦距，就能清晰地看到内部图像，可发现有无泄漏和准确地判断产生泄漏的原因。

② 摄像观察。利用伸入管道、设备内部的摄像头及配套电视，人就能直观地探测到内部缺陷。例如：

a. 自动摄像系统：合成原油（Syncrude）集团在其加拿大公司的油砂炼油厂和帝国石油炼厂的两个焦炭塔上，于 1994 年和 1995 年分别安装了自动摄像系统。焦炭塔的直径很大，最小的一个是 9.1 m。塔在高温高压下工作，摄像头在塔内的位置和方向可以控制调节。应用中发现，在焦炭输送波纹管和裙座上有两个漏洞和裂缝。

b. 井中电视：它能够很好地检查下水管道的泄漏及破损。我国香港特别行政区政府从 1996 年起有计划地对全港 2 万多个斜坡中的自来水及污水管道进行电视探测，效果比较理想。但缺点是成本较高，要求管道停产并开口，每段探测管道还不能太长。以雷迪公司生产的 Teleapac Mainland 井中电视仪器为例，其主电缆长度 200 m，从两头往中间探测，最大探测管道长度为 400 m，限制了在长距离管道上的应用。

③ 红外线检漏技术。红外线是波长在 0.76～1 000 μm 的电磁波，在电磁波连续频谱中位于无线电波和可见光之间的区域。

自然界的一切物体都辐射红外线，但温度不同的材料辐射强弱也不同。这一自然现象为利用红外线探测技术探测和判别被测目标的温度高低与热场分布提供了技术基础。

红外线检测技术最早用于军事侦察。20 世纪以来，在电力系统和石油化工厂开始得到推广应用，对运行中的设备进行测温、泄漏检测、探伤等，特别是热成像技术，即使在夜间无光的情况下，也能得到设备的热分布图像。根据被测物体各部位的温度差异以及同一部位在不同时期所检测的温度差异，结合设备结构等状况，可以诊断设备的运行状况、有无故障、故障发生部位、损伤程度及引起故障的原因。在化工等连续性生产作业中，对那些始终处于高电压、大电流、高速运转的生产设备，能够进行在线检测，不用中断生产。在发达国家，它早已成为诊断设备内部缺陷和异常、保证工业生产安全的重要手段，被誉为现代工业检测技术领域的“火眼金睛”。

红外检测技术常用的设备有:红外测温仪、红外热像仪和红外热电视。红外测温仪的外形像支手枪,适用于遥测现场物体的温度,现场使用非常方便。例如,西北光学仪器厂生产的红外测温仪,质量仅有 1 kg,测量范围为 0~1 200 ℃。

红外热像仪和热电视能把肉眼看不见的红外线图像转变为可见光图像,但在图像的分辨率和温度的定量分析方面,热像仪比热电视要高一些,价格也贵得多。

由于管道、容器内的介质大都跟周围环境有显著的温差,所以可以通过热像仪检测管道周围温度的变化来判断泄漏,特别是用于肉眼看不见的介质如天然气、高压蒸汽的泄漏检测。壳牌石油公司认为,使用热像仪诊断泄漏部位比超声波法快且有效。美国等发达国家多使用直升机巡线载红外热成像仪器低空飞行,每天能检测几百公里的管道。

热像仪在夜间也能很清楚地发现泄漏异常。原油在输送过程中必须保持较高的温度,所以夜间通过热像仪能够很清楚地找到管道,那里是一条亮线。

根据红外热像检测本身的特点,该技术广泛用于检测加热炉、蒸馏塔、保温管线表面温度、储罐液位、热介质安全阀和蒸汽疏水器性能状态,旋转机器轴承过热等。比如,可定期检查重整反应器热点,出现热点表示内部套筒件存在焊缝,在套筒和耐火材料衬里后面有热气体存在。如不能及时查明热点,这种高氢含量使用场合就可能引起氢气爆炸事故。

④ 应用举例:

a. 输气管检漏。1987 年,某天然气化工厂管道发生漏电故障,压力为 31 MPa、温度为 866 ℃,由于管体外有水夹套,泄漏位置不易判断。使用热像仪找出了 3 个可疑过热点,经检修证明真正泄漏点就是其中之一。

b. 设备内漏检测。某化工厂合成车间的氨制冷系统的间断换热器,从 1986 年起操作温度逐渐不正常,几次出现高温报警。采用热像仪发现南端封头热场跟正常状态不同,上部温度过高,判断为壳程氨已漏入管程的水中,气液混合造成过热。停车拆检发现,封头有 7 根管子泄漏,位置与热保仪检测结果相符。

c. 电厂疏水系统某个阀门泄漏的查找。某电厂怀疑其疏水系统总管的一个阀门泄漏,由于共有 12 个阀门接到总管,难以确定哪个内漏,使用红外设备很快查出了泄漏阀门。

d. 红外扫描电厂凝汽器管板查出泄漏管束。它可以作为泡沫或薄膜等传统检漏方法的替代技术。当打开水室时,泄漏的管束吸进泄漏的冷空气将其冷却,温度要比其他管束低,管板的热像图上将出现一个冷点,从而查出泄漏管束。

e. 定期检查催化裂化反应器、再生器和催化剂输送管线的热点。热点表示内部耐火材料衬里损坏。可在壳体外部附上管嘴,接上短管,用泵把耐火材料打入壳体和金属衬里间的环形空间,使温度降到 260 ℃,避免了一次停产。

(2)声音检漏方法

泄漏发生时,流体喷出管道与管壁摩擦、流体穿过漏点时形成湍流以及和空气、土壤等的撞击等都会产生泄漏声波。特别是窄缝泄漏过程中,由于流体在横截面上流速的差异产生压力脉动,因而形成声源。对泄漏声波进行的分析表明,泄漏产生声波的频谱很宽,为数千赫兹至 500 kHz,它跟孔的大小、介质压力等因素都有密切的关系,高压气体的泄漏往往产生刺耳的叫声。

采用高灵敏的声波换能器能够捕捉到泄漏声,并将接收到的信号转交成电信号,经放大、滤波处理后,转换成人耳能够听到的声音,同时在仪表上显示,就可发现泄漏点。

遇到人不能靠近的狭窄空间内的情况,如锅炉炉膛内的管道、管束的检漏,可用声导管,它有隔热的作用。声导管有直管和弯管2种形式。

① 超声波检漏。检漏仪器若是采用宽频带接收，必然受到环境噪声的干扰。比如，风吹动树叶产生的“沙沙”声就和电缆漏气声十分相似，宽带超声检漏仪很难区分这两种信号。环境噪声大部分在可听声频范围内，即20 Hz～20 kHz。而超声波部分干扰少，容易同低频部分分开，易于被超声波仪器测出。另外，超声波是高频信号，其强度随着离开声源的距离而迅速衰减，很容易被阻隔或遮蔽。因此，超声波方向性很强，从而使泄漏位置的判断相对简单。超声波检漏灵敏度高，定位准确，操作和携带方便。

常见的检漏仪器大都是根据超声波原理，接收频率为20～100 kHz，能在15 m以外发现压力为35 kPa的容器上0.25 mm的漏孔。探头部分外接类似卫星接收天线的抛物面聚声盘，可以提高接收的灵敏件和方向性；外接塑料软管，可用于弯曲管道的检漏。

同济大学声学所研制出了一种窄带超声检漏仪，其传感器检测的中心频率以40 kHz为主。这是因为40 kHz的超声传感器制作方便、有较高的灵敏度，而且在一般的环境噪声里40 kHz左右的声波干扰很少，这样就提高了抗环境干扰的能力。

超声检漏仪也可用于检测高压电缆、绝缘体、变压器及其他电器是否有放电现象，因为伴随着局部放电，会产生频率在70～150 kHz的超声波。

② 无压力系统的泄漏检测。在停产系统内外没有压差的情况下，可在系统内部放置一个超声波源，使之充满强烈的超声。超声波可从缝隙处泄漏出来，用超声检漏仪探头对设备扫描，寻找漏孔处逸出的超声波，从而找到穿孔点。这一装置还能用在检测冷库、冰箱和集装箱门的密封性能，秦山核电站就用它成功地检测了密封门。

③ 声脉冲快速检漏。在管内介质中传播的声波，遇到管壁畸变(如漏洞、裂缝或异物、堵塞等)会产生反射回波，回波的存在是声脉冲检测的依据。因此，在管道的一端置一个声脉冲发送、接收装置，根据发送相接收到回波的时间差，就可计算出管道缺陷的位置。

实践表明，根据回波信号的极性可判断出缺陷的类别：先下后上者为穿透性缺陷，先上后下者为堵塞。也就是说，缺陷(孔洞)越大，回波信号越大。

声脉冲检漏方法虽然不如涡流、漏磁等方法精细，但操作简便、检测速度快，可达500根/h。一次可检测100 m左右长的管道，适用于快速检漏，且不受管子弯曲的影响。大亚湾核电站在1998年检修中，仅用2台仪器就完成了2万根冷凝器铣管检漏工作。

④ 声发射。所谓“声发射”检测技术，就是利用容器在高压作用下缺陷扩展时所产生的声音信号来评价材料的性能。

固体材料在外力的作用下发生变形或断裂时，其内部晶格的错位、晶界滑移或者内部裂纹产生和发展，都会释放出声波，这种现象称为声发射现象。其发射的频带从声频直到数兆频。多数金属，特别是钢铁材料，其发射的频带均在超声波范围内。现在主要测取超声波范围，可排除噪声的干扰。对于关键性生产设备，若发现难以修复的内部缺陷，经安全评定认可后在其规定的寿命内仍继续按正常操作参数运行的情况，可在该缺陷附近设置声发射仪监控；当缺陷发展成裂纹及裂纹扩展时，仪器都会记录下特有的波形。

声发射还是一种很有希望的检漏技术，已用于压力容器、油罐罐底、阀门、埋地管道等领域。

(3)嗅觉检漏方法

由于不同的介质气味各异，嗅觉能够感知、判断泄漏的存在。很多动物的嗅觉比人灵敏得多，比如狗的灵敏度是人的近百万倍，是气相色谱仪的10亿倍，常被用来检漏。近年来，以电子技术为基础的气体传感器得到了迅猛的发展和普及。

① 狗鼻子。加拿大帝国石油资源公司研究了 30 多种检测油气泄漏的技术，认为现有技术不但费用高，只适用于小口径管道，也难以检测出微小的泄漏。他们想到另一种方法：在管道内注入一种有气味的化学物质，它随泄漏的油气一起退出。靠什么来探测这种气味呢？——狗。经试验，训练一只拉布拉多狗大约需要 14 周，成功率高达 97%，既便宜，又可靠。特别是在泥浆深 1.5 m 外加 1.5 m 深水的沼泽地带更有优越性，人无法靠近管道，但是狗在小船上就能闻到泄漏。

② 可燃性气体检测报警器。对于石油企业中的天然气、液化石油气、煤气、烯类、乙醇、丙酮等常见气体，多用可燃性气体（或有毒气体）检测报警仪监测泄漏。可燃件气体检测报警器俗称“电子鼻”，可以测量空气中各种可燃性气体的含量。当含量达到或超过规定浓度时，报警器发出声光报警信号，提醒人们尽快采取补救措施，是安全生产的重要保证。

美国、日本等发达国家都在法律上规定，存在可燃气体或有毒气体的场所必须安装报警器。1984 年，日本工业用可燃性气体检测报警器的普及率就已达到 100%，家庭的使用率也已超过 40%。为保险起见，还应设立火焰监测仪，作为其失效的补充。在泵房、压缩机房、罐区等易积存泄漏气体的地方应设置这两种仪器，并安装在容易发生泄漏的部位，如阀门、接头等地方。监测比空气轻的气体时，仪器应安装在屋顶下 30 cm 以内，比空气重的气体应装在比地面高 30 cm 以内。

可燃气体报警器有固定式和移动式 2 种。移动式便于现场测漏，又有便携式和手推式，手推式用于埋地管道捡漏。

根据传感器的检测原理，可燃性气体检测报警器可以分为火焰电离式、催化燃烧式、半导体气敏式、红外线吸收型、热线型和电化学式等几种类型。国外最常用的是火焰电离式，我国常用的是催化燃烧式。

a. 火焰电离式。在电场作用下，烃类在纯氢火焰灼烧下产生带电碳原子，碳原子被收集到一个电极板上并计数。当数值超过预设值时，则表明存在超过警戒浓度的可燃气体。

这种传感器的优点是灵敏度很高，即使空气中只含有 1.8 ppm（1 ppm$=10^{-6}$）浓度的天然气也能检测出来，响应快（2 s），抗干扰能力强。

b. 催化燃烧式。它是利用可燃气体的燃烧热工作的，通常以铂丝线圈作为加热元件并兼作检测元件，铂丝线圈放置在氧化铝陶瓷载体内，陶瓷载体至多孔形，表面涂有催化剂铂或铑。当它接触到被测气体时，由于催化作用引起气体燃烧，使铂丝电阻值发生变化，通过电桥电路就可以检测气体的浓度。

为了减小环境温度和电源电压变化的影响，一般把与检测元件相同的元件密封起来，使其不接触可燃气体，作为补偿元件。因此，也有人把这种传感器叫做“黑白球”气体传感器。

催化燃烧式的特点是重复性好，耗电少，可用于可燃性气体爆炸下限全量程线性浓度测量。其缺点是随着使用时间的延长，催化剂易老化，敏感度逐渐降低，需要经常维护，使用寿命一般不超过 5 a。

c. 半导体气敏式。半导体气敏元件同气体接触，其半导体性质会发生变化。所采用的检测元件有氧化锡半导体（SnO_2）、氧化锌半导体（ZnO）和三氧化二铁导体（Fe_2O_3）等。对一氧化碳最敏感的是氧化锡，氧化锌和氧化铁等对天然气和石油液化气都很敏感。

d. 红外线吸收式。20 世纪初，人们发现某一频率的红外线能够被碳氢化合物的 C—H 键吸收，使测量端和参考端信号出现差值，从而检测到甲烷的泄漏。这种检测仪器最大的优点是寿命长，可达 15～20 a，维护工作量小，费用低，比催化燃烧式更为安全可靠，对烷烃有选择性。它可以装在汽车的前保险杠上，光源从一侧照向另一侧，泄漏气体进入光束就能测出。

e. 电化学式。这类传感器不是依赖电子传导，而是靠阴、阳离子传导。它一般由电极及电解液等构成，能够精确地确定低浓度下气体的成分；缺点是价格高、寿命短。

在仪器的使用上，应注意两点：一是要正确读数，目前世界上所有可燃气体报警器给出的 EX 气体浓度都是以爆炸下限浓度的百分数直接给出数字显示，但是人们往往将仪器上的读数如 9%、40%误认为可燃性气体在空气中的浓度，必然严重影响抢险指挥；二是可燃性气体检测报警器应定期进行标定，按照国家标准，检定周期不得超过 1 a。

③ 有毒气体检测报警器。在工业生产中，有毒有害的化学物质很多，如硫化氢、二氧化硫、一氧化碳、氨、苯等。这些物质的泄漏，很容易导致中毒事故，对人体造成伤害。有毒气体检测报警器能够自动地连续检测空气中有毒气体的浓度，当有毒气体浓度达到一定值时，发出声光报警信号，告诉人们采取措施避免中毒事故发生。

有毒气体的检测通常采取极谱电化学分析原理。极谱分析法实际上是一种在特殊条件下进行的电解过程，由一支极化电极做工作电极，以另一支去极化电极做参比电极，在试液保持静止的条件下进行的电解过程。由于可还原(或可氧化)物质在电极上迅速发生化学反应，造成了浓度极化，从而产生了扩散电流，扩散电流的大小与参加电极反应的物质浓度成正比，以此进行定量分析。

④ 应用举例：

a. 乙炔气体的快速检漏方法。乙炔气体可以利用乙炔与某种化学试剂发生化学反应而显色的原理来检漏。如乙炔与氯化亚铜的氨性溶液相互作用时，能生成紫红色乙炔亚铜胶体溶液。显色剂的配制方法是：往 100 mL 容量瓶中加入 0.5 g 硝酸铜、20 mL 蒸馏水，然后加入 10%氨水适量(含氨量 0.53 g)，再称取 2.5 g 盐酸羟胺，溶于 38 mL 蒸馏水中。配好后，将其加入上述溶液中，待上述溶液褪色后，加入 2%白明胶 4～5 mL 和 96%酒精 3.3 mL，用蒸馏水稀释至刻度，摇匀呈无色溶液为止。

将配好的溶液滴洒在滤纸上，然后将滤纸贴在可疑处，如显紫红色则表示有泄漏。这种方法灵敏度很高，对查找微小泄漏点极为有效。

b. 石油泄漏的检测。石油产品易挥发成气体，因此用可燃气体报警器监测是最简单的方法，还可以在预计泄漏处用采集坑进行监测。坑内先放水，当石油流入坑内，会引起光反射率的变化，即可判断有无石油泄漏。其他方法还有利用水中石油吸收紫外线或荧光法测定，或利用石油与水介电常数的显著差异进行监测。

日本东洋自动化公司研制的一种石油泄漏传感器，用以硅橡胶为主要成分的导电聚合物制成，装在细长管里。当它与石油液体接触时，体积膨胀，电阻值增大，电阻的变化由运算电路测定出来，发出警报。这种传感器能准确地检测到很小的泄漏，无需维护，在严寒地区也可正常使用。

(4) 示踪剂检漏方法

为了更加方便、快捷地发现泄漏，人们在介质中加入一种易于检测的化学物质，称为示踪剂。由于使用场合的不同，人们创造了很多种方法，其中使用最早的就是在天然气中加臭。

① 氦气。氦气(He)以其在空气中含量低、轻、扩散速度快、无毒、惰性等优点，日益得到普及。氦气用氦质谱仪检漏，这是目前灵敏度最高的检漏仪器，对于密封容器的微量泄漏

进行快速定位和定量测量最为有效,在航天、高压容器制造、汽轮机、高压开关等领域发挥着重要作用。

② 氢气。氢气(H_2)也是一种理想的示踪剂。在所有气体中,它密度最轻,黏滞性最小,渗透性最强,也极易被氢气探测仪发现。

充气电缆常用氢气检漏,即以氢气(5%)和氯气(95%)的混合气体作为示踪剂,用氢气检漏仪对漏气点进行精确定位。这种气体非常安全,遇明火不燃烧爆炸,查到漏点后能立即进行修复工作,无需等待气体排放完。

③ 放射性示踪剂。中国科学研究院上海原子核研制所研究成功了一种放射性管内示踪检漏仪,曾于1992年在斯里兰卡的两条输油管道上成功进行了现场示范。

仪器由探测器、传动机械、磁带记录装置和电池组成,全部装在一个铝球内。操作方法是:首先配制 20 m^3 示踪液(碘 131),泵入管道,如有泄漏,示踪剂即漏出附着在泥土中,然后送入检漏仪。检漏仪记录沿线放射性变化,从而推断泄漏的存在并定位。

这种检漏方法简单、灵敏度高,并免去了人力巡检。

④ 全氟碳示踪剂。全氟碳示踪剂(PFT)是一种人造惰性气体,是美国能源部布鲁克哈文国家实验室的成果。

美国80%以上的地下电力网是铺设在充满高压绝缘流体的管道中的。绝缘流体可对电缆提供冷却和绝缘保护,但有时也带来腐蚀,造成穿孔、泄漏。一旦发生泄漏,使用特殊探测仪器可以方便地检测发现 PFT 示踪剂,从而对泄漏点进行精确定位。PFT 已经成为重要的检漏手段,而以前需要在电缆中冷冻绝缘流体,再检查哪一侧有压力损失、费时、费力。

⑤ 油罐泄漏示踪剂。美国研制出了一种挥发性化学示踪剂,把它注入油罐内,与油品混合,在罐底土壤中插入空心探头采取罐底气体样品进行分析,如果含有示踪剂物质,则油罐存在泄漏。

(5)试压过程中的泄漏检测

打压试验是管道检漏的有效方法。将水管压力逐步提高到承压极限的60%～90%,最好选择阴天或无月光的晚上,然后开着汽车、亮着大灯,沿管道行走。一般来说,有暗漏的地方会变成明漏,漏点上方水雾、尘土飞扬,非常容易发现。这种方法不需要仪器和专业人员,定位准确,简单有效。

压力试验必须建立的标准是“可接受的泄漏速度”。实际上,由于外界温度变化等多种因素均可带来压力变化。英国石油学会推荐,把管道正常工作压力下管段容量为1 m^3 时泄漏量为0.05 L/h 作为可接受的泄漏速度的上限。

德国汉莎咨询公司的管道气密性检测,一次需要45 min。该系统采用了压力梯度原理,即流体力学上关于某一封闭管段内流体受压时其压力梯度在不同压力下必须平行的原理。由于压力测量所需要的时间很短,所以不考虑试验过程中温度的变化。

① 水泡法。水泡法又分外涂肥皂水和沉水检漏2种,这是古老而又常用的方法,比较简单、直观,目前我国在装置开车前气密性试验中仍沿用这种方法。其缺点是灵敏度低、劳动强度大。

a. 肥皂水法:用压风机向系统打入空气后,在焊缝、结合部位等可能泄漏处涂以肥皂水(质量分数为10%),观察是否冒泡。

b. 沉水检测:将气瓶等容积不大的容器在规定的试验压力下放入水中,观察有无气泡出现,判断严密性。

② 化学指示剂检测。常用的化学指示剂是氨和二氧化硫。氨和二氧化硫通常都是不可见的气体，但是当两者化合时，就产生白色蒸气，易于辨别和检查。在打压的空气中加入1%的氨气，在容器外壁焊缝等可疑部位贴上经处理过的纸条或绷带，观察是否变色。一般使用5%的硝酸汞水溶液或酚酞试剂浸渍纸条（或绷带）。如有泄漏，前者会在纸条上呈现黑色，后者则为红色斑点。

化学指示剂对压力部件的铸件检查很有用。当水压试验仅能产生一点儿渗漏、但探测不到缺陷时，效果很好，特别是对于复杂的压缩机部件中心部分的开孔和通道的检查，用其他所有类型的检测方法均难以进行且不可靠，唯独用化学指示剂方法既可行又可靠。

③ 着色渗透检漏。着色渗透检测经常用来检测非磁性材料表面缺陷，也可以用来探测容器中的泄漏。这是一种简单方便而又十分有效的检查手段。

操作方法是：先将染料渗透剂涂刷到容器的内侧，然后在外侧涂上白里滑石显色剂。待几分钟后，如果没有渗透剂渗出使显色剂显色，则可加水压迫使染料通过微小的裂缝渗出。然后再检测显色剂，如果着色成线条，缺陷就是裂纹；如果是斑点，则很可能是气孔缺陷。在设备可疑泄漏处内侧涂以荧光染料，然后用紫外线照射，观测外部，能够提高水压试验检漏的能力。

④ 水压试验中的异常情况处理。在耐压试验中，压力表指针来回不停地跳动，大多是因容器内部有气体所致，应卸压将气体排尽，再做试验；加压时压力表指针不上升（甚至下跌），则可能材料已屈服；突然听到异常声响，压力表指针又迅速下落，大多是发生泄漏（若焊缝破裂，容器应报废或返修）；容器表面油漆脱落，可能局部明显变形。当遇到上述情况时，应停止升压，查明原因后分别处理。

3）化工泄漏的预防

泄漏治理的关键是要坚持预防为主，采取积极的预防措施，有计划地对装置进行防护、检修、改造和更新，变事后堵漏为事前预防，可以有效地减少泄漏的发生，减轻其危害。

（1）提高认识，加强管理

① 从思想上要树立“预防泄漏就等于提高经济效益”的认识。

② 完善管理、按章行事，这是防止泄漏的重要措施。

事实上，各种物质的泄漏根本原因都是管理上出问题。制定一套完善的管理措施是非常必要的，如：“巡回检查制”；强化劳动纪律；经常对职工进行业务培训和职业教育，提高技术素质和责任感。职工要熟悉生产工艺流程和设备，了解、掌握泄漏产生的原因和条件，才能做到心中有数，及早采取措施，减少泄漏发生。

③ 要加强立法，以提高管理者的责任。美国联邦法律规定，化工产品储罐必须设置二次封闭。

除此之外，还必须依靠多种技术措施，进行综合治理。

（2）可靠性设计

① 紧缩工艺过程。可靠性理论告诉我们，环节越多，可靠性越差。当前，化工行业将紧缩工艺过程作为提高生产装置安全性的一项关键技术，即尽量缩小工艺设备，用危害性小的原材料和工艺步骤，简化工艺和装置，减小危险物存储量。

② 生产系统密闭化。生产工艺中的各种物料流动和加工处理过程应该全部密闭在管道、容器内部。

③ 正确选择材料和材料保护措施。材料选用的正确与否，直接关系到设计的成败。材

质要与使用的温度、压力、腐蚀性等条件相适应,能够满足耐高温、强腐蚀等苛刻条件。不能适应的要采取防腐蚀、防磨损等保护措施。设计时要依据适当的设计标准,根据工艺条件和储存介质的特性,正确选择材料材质、结构、连接方式、密封装置等,落实可靠的措施;把好采购物资的质量关,按设计标准选用符合要求的材料,进厂前要做好质量抽样检查,对代用材料,一定要由设计单位重新核算,严禁使用低等级代替高等级材料;控制好设备的现场制作、安装过程质量关,选择有资质的施工单位按规范施工,加强施工过程的管理,出现缺陷立即整改,确保设备、管线的质量符合要求。例如,在含硫化氢及硫蒸气腐蚀环境中,各种金属材料的耐腐蚀性中铝的耐腐蚀性最好,且其机械性能和价格都使之成为高硫油加氢精制反应装置上密封垫的首选材料。

④ 冗余设计。为了提高可靠性,应提高设防标准,要提倡合理的多用钢材。比如在强腐蚀环境中,壁厚一般都设计有一定的腐蚀裕量,重要的场合可使用双层壁。我国现行的结构设计标准安全度较低,应大幅度提高。

⑤ 降额使用。对生产设施最大额定值的降额使用是提高可靠性的重要措施。设施的各项技术指标(特别是工作压力)是指最大额定值,在任何情况下都不能超过,即使是瞬时的超过也不允许。要综合考虑异常情况、异常反应、操作失误、杂质混入以及静电、雷击等引起的后果,比如要重视防震设计。如我国台湾地区的石化公司为了防震,投资 500 亿新台币改善防震设施,在 1999 年 9 月台湾大地震中,没有发生油罐移位、破裂泄漏事故;而电力系统防震等级普通较低,没经得起地震的考验,台中、协和两电厂的发电机组主汽机漏油引起火灾,造成大面积停电。

⑥ 合理的结构形式。结构形式是设计的核心,是由多种因素决定的。为了避免零件的磨损,要有一个润滑系统,进而为了防止润滑油泄漏,尽量使用固体润滑剂。为避免设备和管道冻裂,须采取保温、伴热等措施。

中国石油化工集团(以下简称中石化)从本质安全管理和可靠度出发,提出球罐底部接管应最小化。在重要的泵、塔、容器等存在危险因素较多的地方增加遥控切断阀,采用双密封机械以及设置中压蒸汽灭火设施等。欧洲 LPG(或 C2、G3)球罐设计标准中要求,底部物料进出管线宜设一根,底部进出口阀门加设遥控电动切断阀,并放于保护堤之外,发生泄漏时,不必到罐底切断第一只阀门。

由中国石化上海石油化工股份有限公司与美国大陆谷物公司合资建设的金地液化气工厂,按 API 标准,配置了先进和周全的安全保障设施。$2\times50\ 000\ m^3$ 大型低温常压液化气储罐采用安全系数很高的双壳体结构,外壳为 500 mm 厚的钢筋混凝土整体水泥浇铸,是一座坚固的圆柱形防爆墙;低温罐底部和侧面设有一根管道,全部管道均由罐顶部出入;设置高液位报警及进出罐遥控切断阀联锁控制。

正确地选择连接方法,并尽量减少连接部位。由于焊接在强度和密封性能上效果较好,应尽量采用焊接。

压力管道尽量采用无缝钢管,且宜采用焊接,但由于直径<25 mm 的管道焊接强度不佳,且易使焊渣落入管内引起管道堵塞,应采取承插管件连接,或采用锥管螺纹连接。对于强腐蚀性尤其是含 HF 等介质的易产生缝隙腐蚀的管道,不得在螺纹处施以密封焊,否则一旦泄漏,后果不堪设想。要考虑振动和热应力的影响,对于容易产生应力载荷的部位,应采取减震、热胀补偿等消除应力的措施,防止焊缝破裂或连接处破坏而造成泄漏。

阀门内漏可能造成反应失控,可设两个阀门串联以提高可靠性。为防止误操作,各种物料管线应按规定涂色，以便区分。阀门的开关应有明显标志，采用带有开关标志的阀门，对重要阀门采取挂牌、加锁等措施。

如果泵输送的介质温度达到自燃点以上，应能遥控切断泵。

⑦ 正确地选择密封装置。密封结构设计应合理。采用先进的密封技术，如机械密封、柔性石墨、液体密封胶，改进落后的、不完善的密封结构。正确选择密封垫圈，在高温、高压和强腐蚀性介质中，宜采用聚四氟乙烯材料或金属垫圈。如果填料密封达不到要求，可加水封和油封。许多泵改成端面机械密封后，效果较好，应优先选用。

⑧ 变动密封。变动密封为静密封，也是密封技术的突破。如泵和原动机之间，使用磁力传动，取消密封结构，这种密封传动称为封闭型传动。还有封闭型谐波齿轮传动、曲轴波纹管传动等，但是主要的还是磁力传动。

磁力传动由内磁转子、密封隔套、外磁转子等零件组成，如同电动机的定子与转子之间被一层隔套隔开。当外磁转子受到外力作用而旋转时，内磁转子就在磁场的带动下随着外磁转子一起转动。

磁力传动结构简单，易于制造和装配，使用寿命长。如磁力泵，在 20 世纪 80 年代中期已成为屏蔽泵的调整产品，有稳定增长的趋势。此外，磁力传动还用于磁力釜、截止阀等地方。

⑨ 设计应方便使用维修。设计时应考虑装配、操作、维修、检查的方便，同时也有利于处理应急事故和及时堵漏。开关应设在便于操作处。阀门尽量设在一起，空中阀门应设置平台，以便操作。有密封装置的部位，特别是动密封部位，要留有足够的空间，以便更换和堵漏。法兰和压盖螺栓应便于安装和拆卸，空间位置不能太小；对于容易出现泄漏以及重要的部位和设备，应设副线、备用容器和设备。

⑩ 新管线、新设备投用前要严格按照规程做好耐压试验、气压试验和探伤，严防有隐患的设施投入生产。

(3) 日常维护措施

生产装置状况不良常常是引发泄漏事故的直接原因，因此及时检修是非常重要的。生产装置在新建和检修投产前，必须进行气密性检测，确保系统无泄漏。

设备交付投用后，必须正确使用与维护。生产装置要经常进行检查、保养、维修、更换，及时发现并整改隐患，以保证系统处于良好的工作状态。如发现配件、填料破损要及时维修、更换，及时紧固松弛的法兰螺丝。要严格按规程操作，不得超温、超压、超振动、超位移、超负荷生产，控制正常生产的操作条件，减少人为操作所导致的泄漏事故；必须定期对装置进行全面检修，更换改进零部件、密封件，消除泄漏隐患。如金陵石化在对炼油厂两套常减压常压塔进料段进行联合检查时，发现衬里开裂，气孔有缺陷，每周期都出现切向进料处焊缝泄漏，造成塔壁迅速腐蚀。改为径向进料后，消除了多年的隐患。严格执行设备维护保养制度，认真做好润滑、盘车、巡检等工作，做到运转设备振动不超标，密封点无漏气、漏液。出现故障时，要及时发现，及时按维护检修规程维修，及时消除缺陷，防止问题、故障及后果扩大。如果设备老化、技术落后，泄漏此起彼伏，就应该对其更新换代，从根本上解决泄漏问题，加强管理。强化全员参与意识，树立预防泄漏就等于提高经济效益的思想，完善各项管理制度和操作规程；加强职工业务培训，提高员工操作技能。

(4) 把好设备监测关，实现泄漏的超前预防

泄漏事故的发生往往跟生产设备状况不良有直接的关系。利用有关仪器对生产装置进

行定期检测和在线检测，分析并预测发展趋势，提前预测和发现问题，在泄漏发生之前对设备、管线进行维修，及时消除事故隐患，使检修有的放矢，避免失修或过剩维修，减少突发性泄漏事故的发生，提高经济效益。还可以通过常规的无损检测技术与超声波、涡流、渗透、磁粉、射线和红外热成像、声发射、全息照相等监测技术，使状态监测与故障诊断更加准确、快速。

(5) 规范操作

控制正常生产的操作条件，如压力、温度、流量、液位等。防止出现操作失误和违章操作，减少人为操作所致的泄漏事故。为此，有"操作前思考 30 秒"的提法。

(6) 控制泄漏发生后损失的措施

① 装设泄漏报警仪表。如可燃气体报警器、火灾报警器等。

② 将泄漏事故与安全装置联锁。应采用自动停车、自动排放、自动切除电源等安全联锁自控技术。一般来说，与监控系统联锁的自动停车系统速度快，仪表报警后由人工停车较慢，需要 3～15 min。

③ 采用工艺控制装置。当设备和管道断裂、填料脱落、操作失误以致发生泄漏等特殊情况时，为防止介质大量外泄引起着火、爆炸而应设置停车、紧急切断物料的安全装置。

a. 紧急截止阀(断流阀)，在管道中间增加断流阀来系统分段，能够中止向泄漏处供应物料，减少泄漏量，危险性较大的储槽等重要装置应设置远距离遥控切断阀。

b. 过流阀也称快速阀，一般装在液化石油气储罐或汽车、铁路槽车的液相管和气相管出口上。

c. 单向阀，又叫做止回阀，只允许介质沿一个方向流动，用以防止倒流。

d. 反向密封装置(专利号：95230974.2)，能够在压力仪表泄漏时迅速堵塞泄漏。

④ 设立泄漏物收集装置：

a. 安全防护罩。法兰接头和阀门是薄弱环节，安全防护罩可以把法兰和阀门全部包容在保护罩内，一旦发生泄漏，泄漏的物质被限制在其内部。保护罩上有观察窗，能清晰地察看和检查阀门的实况；同时，它还有可更换的 pH 值指示器，泄漏发生后会改变颜色。如果泄漏出的物质需要回收的话，可选用有丝扣塑料嘴的防护罩，通过软管将泄漏物质回收。

b. 防火堤。防火堤是油罐区内围绕油罐而构筑的堤堰，它可以把油罐损坏泄漏的油品围在堤内，起到防止泄漏油品外流、控制油罐火灾蔓延的作用。但是，有些单位忽视了防火堤的作用，平时缺少维护和管理，使其存在漏洞。一旦发生泄漏，就可能导致油品外漏，加大事故损失。例如，1993 年 9 月 27 日，南京炼油厂一座 10 000 m^3 浮顶油罐送油着火后，大量油火从防火堤的雨水排水口流出，险些烧毁排水沟下游的炼油装置。

c. 事故氯气处理装置。在氯碱生产过程中，工艺和设备故障造成前后工序失衡就可能造成氮气泄漏。上海天原化工厂研制了事故氯气处理装置，能在氯气外泄时，紧急启动位系统由正压变成负压，成为防止泄漏的有效手段。通常整个氮气处理工序设 2 套处理装置，一套在电解槽出口，与湿式氯气水封相连；另一套设置在氯气压缩机出口，与机组排气管相连。设置在电解槽出口的事故氯气处理装置的启动与电解槽出口压力联锁。当电解槽总管刚出现正压时，该处理装置的碱液循环泵及抽吸鼓风机便自动开启，16%～20%的碱液送入吸收塔内，自上而下喷淋，与正压冲破水封进入喷淋吸收塔的逆向吸收，未能吸收的不含氯气的尾气被鼓风机抽吸放空。设在压缩机出口的处理装置的启动与机组的停机信号及与电解槽直流供电系统联锁。当机组因故停机时，该处理装置的碱液循环泵及抽吸鼓风机便自动开启，将氯气管网（输出）中倒回的氯气经排气管抽吸入事故氯气喷淋吸收塔进行吸收，惰性气体放空。

⑤ 采用泄漏防火、防爆装置。自动喷淋水的洒水装置，可形成水幕，将系统隔离，控制气体扩散方向；用蒸汽、惰性气体（氯气）吹扫流程，可置换、吹散、稀释油气；还有消防泡沫灭火设施等。

3.3.4　化工泄漏应急处理

泄漏发生后，如果能及时发现，采取迅速、有效的应急处理方法，可以把事故消灭在萌芽状态。应对泄漏的处理方法，关键是 3 个环节：

一是及时找出泄漏点，控制危险源。危险源控制可从两方面进行，即工艺应急控制和工程应急控制。工艺应急主要措施有切断相关设备（设施）或装置进料，公用工程系统的调度，撤压、物料转移，喷淋降温，紧急停工，惰性气体保护，泄漏危险物的中和、稀释等。工程应急主要措施有设备设施的抢修，带压堵漏，泄漏危险物的引流、堵截等。

二是抢救中毒、受伤和解救受困人员。这一环节是应急救援过程的重要任务。主要任务是将中毒、受伤和受困人员从危险区域转移至安全地带，进行现场急救或转送到医院进行救治。

三是泄漏物的处置。现场物料泄漏时，要及时进行覆盖、收容、稀释处理，防止二次事故的发生。从许多起事故处理经验来看，这一环节如不能有效地进行，将会使事故影响大大增加。对泄漏控制或处理不当，可能会失去处理事故的最佳时机，使泄漏转化为火灾、爆炸、中毒等更大的恶性事故。

化工企业要制定有效的应急预案，泄漏发生后，根据具体情况，进行有效地救援，控制泄漏，努力避免处理过程中发生伤亡、中毒事故，把损失降到最低程度。

所谓应急情况，就是泄漏发生 1 h 内可危及生命的情况。应急是指当事故发生时，无论其原因如何，都要采用的一种措施。

几乎所有事故都是在很短的时间内酿成的，时间成为最大限度减少损失的标志之一，所以，应急是关键。在泄漏发生期间，做到早发现、早动作，把事故扼制于萌芽状态，不仅损失小，处理难度也小。

1）泄漏应急管理与措施

目前，我国对各种突发泄漏灾害事故的处理，与发达国家相比，还存在相当大的差距。多年以来，各种泄漏灾害事故很多，而我们总是当灾害来临以后再去应付、抢险，往往不得要领，失去处理事故的最佳时机，眼看着事故蔓延恶化。

洛阳石化总厂和青岛安全工程研究院发明了“智能化炼油化工危险源事故预案和应急理方法”（ZL9517237.4），并开发了“液化气罐区安全评价和紧急防灾系统”，内容包括安全评价、数学模型、流程控制、事故处理专家系统等。针对有毒化学品（气、液）突发性泄漏运用现场实验数据以及物理模型和数学模拟方法建立了 HLY 泄漏扩散模型。该模型可用于预测泄漏后物质浓度的时空分布和人员伤害程度，具有较高的准确度，可以完整地移植、建立重大危险源的事故预案和管理系统，也是建立监控系统的依据。

对于泄漏灾害应该以人的生命和能力为中心，人们首要的是保护自己的生命，在采取严格的保护措施以后，再去抢险。

出了化学泄漏事故给人类的生命、健康及环境带来了极大的灾难，各国普遍采取了一系列措施，制定法规，投入资金，加强防范。下面举例说明国外的应急管理与技术。

(1) 美国的应急救援组织

① 美国化学事故应急反应组织结构。分4级:联邦化学事故应急反应委员会(FERA)和国家应急反应队,州化学事故应急反应委员会(LERA)和州、市应急反应队,地区化学事故应急反应小组,工厂化学事故应急反应小组。NERA和LERA的日常办事机构设在EPA,主要负责重大化学事故的应急管理、热线咨询和重大事故的处理。

② 应急机构和人员。联邦和州都设立应急反应委员会,他们主要负责重大化学事故的应急管理、热线咨询和日常重大危险源的评估和检查。

③ 应急管理与技术:

一是预防管理。LERA对重大化学事故的管理实行登记。对确定为重大危险源的装置、工艺和极度危险的化学品生产、储存设施,要向当地应急反应委员会申报注册备案。内容包括:对新的或在役的极度危险化学品(FSH)的设计要进行安全检查,首先要确定FSH的名单评估;建立标准化的操作作业程序;建立严格的维修作业程序;对每个生产和储存FSH的设施进行危险性评估,编制应急救援预案。

对重大危险源的评估,要进行4个方面的工作:泄漏量的估算;泄漏概率分析(事故树、灾害预分布);蒸发扩散分析;后果影响分析。

二是应急救援的工具和医疗救护。美国氯协为了控制运输过程中的氯气泄漏事故,针对100～150磅[①]的钢瓶,火车槽车设置了3种不同规格的容器,以备在钢瓶泄漏时应急备用,效果很好。

各大公司都备有应急救援的工具车,上面有计算机、电传、通信设备及防护器材、应急堵漏工具及现场监测设备。

重大化学事故的医疗救援十分重要,一般由公共的医疗机构来承担。一旦发生化学事故,就会根据现场情况和有关信息资料,迅速调动就近医疗力量,赶赴现场进行救援。

三是应急通信和信息系统。化学事故的应急救援从行业上和区域上形成热线网络,电话24 h开通。

(2) 加拿大能源管道协会(CEPA)的管道应急

1988年,印度博帕尔灾难发生以后,联合国环境署与各国政府和化工界联手,推出了“地方级应急意识与准备”(APELL)计划,已经成为一种实用计划。CEPA的管道应急是APELL的一个案例。

(3) 辉瑞公司的泄漏应急处理

美国辉瑞制药公司建立了一套科学、完善的应急管理体系。鉴于辉瑞生产使用多种复杂的化学原料,公司要求对事故发生要有完备、迅捷的通报手段和处理方法。工厂都建立有相应的应急处理规程,厂内所有建筑都有明确的紧急疏散方案,包括一旦泄漏事故发生后人员组织、疏散路线、集合地点、报告程序等,做到人人皆知,并定期进行演练(每年至少一次)。

公司将所有易燃易爆、有毒有害物质的安全资料单送给消防部门和公共化学废物处理公司,使他们对公司所用化学物质情况有充分了解,一旦发生泄漏事故,能及时采取相应的处理方法和补救措施。

公司将可能发生泄漏的重点区域均布置了应急处理站,以便使轻微的泄漏得到及时地控制和处理,而不至于蔓延。对于较严重的泄漏,除内部有一整套手动、自动火灾报警系统

---

① 1磅(lb)=0.453 6千克(kg)。

外，还要求在发生泄漏事故时，能以最快的速度通报有关部门及周围邻居单位。公司在显著位置安装风向标，以便根据风向采取正确、恰当的疏散方案。重点区还设置警报，如高音笛等，尽快通知应急处理小组和近邻。

工厂警卫室、医务室、车间操作室的显著位置都设有应急联系和急救医院电话号码；工厂应急车辆 24 h 备用；各车间均备有急救箱、安全淋浴站、安全洗眼站，以便受伤人员得到及时处理。

(4) 杜邦公司先进的应急措施

杜邦公司一个生产光气的化工厂的事故控制中心，有 27 台工业闭路电视机，把工厂生产全过程都置于监视之下，生产中的主要参数(如温度、压力、液面、风力、风向、气压等)都随时可以得到。一旦发生泄漏，计算机可根据风向计算出周围空气中有毒气体的含量，图像显示出 3 种不同浓度区：一是对皮肤有影响的；二是对呼吸有影响的；三是对生命有影响的。据此，可以组织厂内及周围人员撤离或疏散，该控制中心还能对 200 m 以外的码头火灾实施远距离灭火。

(5) 化学品制造商协会化学品运输应急中心(CHEMTREC)

CHEMTREC 是化学品运输应急中心，1971 年成立，负责 24 h 向公众提供化学品信息服务。该中心拥有的网络资源有：2 万多个制造商的联络地址，还包括化学家、安全专家、内科医生、工业卫生专家、工程师、配方师、应急专家；17 个产品专有网络和工业网络；250 多个化学应急队；毒物控制中心提供应急医疗救援；现场指挥员向 CHEMTREC 提供事故细节或货运单上的信息；3 300 多个政府机构及其他世界性联络地址等。

2) 泄漏事故抢险指挥

指挥是抢险获得成功的关键，而抢险指挥是一项相当复杂、危险的工作。

(1) 对指挥员的要求

作为指挥员，一定要做到“知己知彼”。既要熟悉工艺流程、工艺特点、物料物理化学性质、火灾特点、具体处置的对策，又要掌握自己的抢险水平和装备技术。只有对安全、事故处理设施情况了然于心，才能在事故处理中充分发挥它们的作用，达到控制泄漏、扑灭火灾、防止爆炸、减少损失与伤亡的目的。

其次，指挥员要善于在极短的时间内对事故变化做出反应，随着火情的变化发展，快速做出判断和决策，适时指挥，掌握主动。

由于火场情况错综复杂、千变万化，不容许指挥有迟疑或指挥连续性上有间断，否则就可能带来灾难性后果。特别是大型石化生产装置发生火灾，高温浓烟，给人以惊慌、恐惧、紧张、忙乱和威胁之感。例如，大型液化气罐发生大面积撕裂，强烈燃烧，火焰对其他罐威胁极大，自身也随时都有可能爆炸。此时是进是退，往往意见不一。在关键时刻，指挥员应该果断、大胆地捕捉和创造战机，有序协调行动。

(2) 充分利用生产工艺处理手段制止泄漏，运用消防手段处理火灾

由于工业生产工艺流程复杂，物料多种多样，只有配合岗位处置才能减少失误。过去很多教训就是由于对工业生产工艺设施不甚了解、不会指挥岗位技术人员而导致的。

要调动岗位技术人员与消防队员一道，分工合作，一边实施工艺手段措施(如降温、降压、关阀、断料、导流、倒灌、放空、停车、终止反应、输入惰性气体等)，一边运用消防手段协同作战。

(3) 战术上一般采取先控制、后消灭的策略

首先控制泄漏、火势的蔓延，然后制止泄漏、消灭火灾。

(4) 指挥员灵活控制泄漏事故现场

工业企业的厂房、设备、物料、产品有其特点，如：厂房建筑的管道多；相互贯通；生产设备排列紧密；极易连锁反应。

处理管道煤气泄漏火灾时，可按照以下5个步骤处置：逐步关阀，降低气压；通入蒸汽，改变气质；由远及近，逐步降温；水封切割，灭火关阀；掩护更换，防止意外。

油罐、液化气罐泄漏的风险极大，如西安液化气罐大爆炸、青岛黄岛油库的火灾，都是泄漏导致爆炸，爆炸又导致大泄漏，引起更大面积的火灾相连续的燃爆。如南京炼油厂油罐火灾，上下都烧，周围油罐林立，管线相通，随时都有燃烧导致相邻油罐的爆炸和燃烧。这类泄漏和燃爆相互转化、不定型的事故处理，风险最大，处理难度大，决策应慎之又慎，稳中求胜。

(5) 当出现以下情况时，应立即下令撤退

① 在易燃易爆原料储罐火灾扑救中，风向突变，直接威胁到邻近设备，必须调整部署时；出现火焰突然变白增亮，罐体发生颤动，并发出“嘶嘶”声等爆炸前兆时。

② 供水突然中断，不能立即恢复供水，即将发生重大险情时。

③ 抢险队员个人防护装备发生故障，又不能马上排除时。

撤退时应有开花或喷雾水流掩护，应从上风向或侧风方向撤离。

3) 主要危险泄漏物质的性质与应急处理

(1) 硫化氢

硫化氢(H_2S)是常见的刺激性和窒息性无色有毒气体，相对密度为1.189，比空气重，在空间易积聚，不易飘散，易溶于水，也易溶于醇类。它呈酸性，能与许多金属发生化学反应，严重腐蚀金属。硫化氢在空气中易燃，也会发生爆炸。

硫化氢引起中毒的途径是呼吸吸入、皮肤接触可致使组织缺氧，主要损害中枢神经系统，对黏膜有刺激作用。它进入人体后，能使血红蛋白转化为硫化血红蛋白，造成人体组织缺氧，使人窒息，导致休克、死亡。当人体吸入高浓度硫化氢时，会对中枢神经产生麻醉作用，抑制中枢导致闪电死亡。高浓度硫化氢还会引起呼吸系统反应，如急性肺水肿、昏迷、角膜炎、心肌或肾脏损害，轻度中毒也会使呼吸道发生反应性炎症以及引起眼、咽部刺激症状。

当发生硫化氢泄漏后，一定要逆风疏散，迅速撤离泄漏污染区人员到上风处，并隔离至气体散尽，切断火源。应急处理人员佩戴正压自给式呼吸器(临时没有时，可短时间用湿毛巾捂口鼻)，穿着一般消防防护服。合理通风，切断气源，喷雾状水稀释、溶解，注意收集并处理废水。

如有可能，将残余气或漏出气用排风机送至水洗塔，或与塔相连的通风橱内，或使其通过$FeCl_3$水溶液，管路装止回装置以防止溶液倒吸。

发现有人硫化氢中毒后，抢救人员不能盲目地直接上前，一定要做好个人防护(戴防毒面具、防护眼镜等)。当处理污水罐、污水道及下水道时，一定要穿戴防毒面具和救护带，最好用通风机吹风，使气体散逸。

硫化氢中毒引起的死亡大部分发生在现场，因此，对于中毒者要抢“黄金4分钟”。将中毒者迅速撤至空气新鲜处，并送医院抢救，在转送途中要坚持继续抢救。对呼吸困难者输氧，眼膜损伤者及时用生理盐水冲洗。

(2) 天然气

人们平常所说的天然气就是甲烷(CH_4)，这是一种无色无臭的气体，不溶于水，比空气

轻，其密度约是空气的 1/2。

烷烃类化合物没有毒性，但是会造成人窒息。轻者使人有疲乏的感觉，中毒时会产生“醉酒”现象；严重的会导致窒息死亡。

(3) 一氧化碳

一氧化碳(CO)俗称“煤气”。凡含碳的物质燃烧不完全，均可产生 CO。很多炼油装置，如常减压、热裂化、催化裂化等都会产生 CO。

CO 无色、无味、无刺激性，容易在不知不觉中被毒害，是一种危险性很大的毒气。CO 相对密度为 0.967，几乎不溶于水，易溶于氨水。它在空气中燃烧呈蓝色火焰，与空气混合极易发生爆炸。

CO 中毒的机理就是使人缺氧。CO 进入血液后与血红蛋白结合的速度比氧气还快，血液失去带氧和供氧能力，使组织和细胞缺氧，引起急性中毒，表现为头晕、头重、头疼、心跳、眼花、恶心、呕吐、全身无力等。此时，如不能及时脱离中毒环境，症状就会继续加重，以致昏迷、抽搐而危及生命。

CO 比空气轻，故救护者应俯身进入有毒环境，立即通风，并迅速将患者移至空气新鲜处，揭开领口，保持呼吸道通畅，吸氧，并注意保暖。对呼吸停止者立即进行人工呼吸，及时转送医院，尽早用高压氧舱治疗，防治脑水肿、肺水肿和呼吸衰竭。

进入高浓度 CO 环境时，必须戴供氧式防毒面具或带氧气罐的专用防毒面具(注意：普通活性炭防毒面具、捂湿毛巾都是无效的)，并应有他人监护。

(4) 氯气

氯气(Cl_2)是一种黄绿色气体或液体，氯气相对密度为 2.49，液氯为 1.47。它溶于水形成液氯次氯酸和氯离子，易溶于二硫化碳和四氯化碳等有机溶剂。氯气是窒息性的烈性毒物，强烈刺激眼睛、呼吸道和肺部。当空气中的氯气含量超过 0.1 mg/L 时，人就会发生抽筋、失明，染上肺炎、肺气肿等疾病；人吸入高浓度氯气时，几分钟即可死亡。

氯在空气中不能燃烧，但一般可燃物大多能在氯气中燃烧。氯能跟许多化学物质(如乙炔、氨、烃类、氢气、金属粉末等)猛烈反应发生爆炸。在高温状态下，与一氧化碳反应生成毒性更大的光气。

由于氯气既具有火灾危险性、又有毒害性，其危险程度比单一具有火灾危险的天然气等易燃物质更高。为了减轻泄漏危害，使用氯气的单位应做好准备。如工业冷却循环水车间，加氯间内应设水池，装满石灰水或碱液，一旦氯气瓶发生泄漏，能立即吊进水池。

泄漏污染区人员应迅速撤离到上风处，同时用湿毛巾捂住口鼻，不能大呼大叫(因为大呼大叫会吸进更多的有害气体，受害更大)，杜绝火源。

抢险处理人员戴正压自给式呼吸器，穿一般消防防护服；合理通风，切断气源，喷雾状水稀释、溶解，用碱液、氨水或石灰水进行中和处理。

(5) 氨气

氨气(NH_3)无色，相对密度为 0.76，易溶于水，水溶液称为氨水，呈碱性。氨气有很强的刺激性气味，且有较强的腐蚀性，可引起皮肤、眼睛、呼吸道和肺等化学性灼伤，可致眼睛失明；大量吸入，可致窒息性死亡。

发生泄漏时，尽快逃离现场到上风向，用湿毛巾捂住口鼻，不要大声呼叫。警戒区内应切断电源、消除明火。

抢救时严禁使用压迫式人工呼吸法。如沾染皮肤，应立即寻找水源(如跳进河水中，尽可能潜水游向安全地带），用大量水冲洗，然后用2%～3%醋酸或硼酸清洗。如溅入眼睛，应立即拉开眼险，用清水冲洗，用可的松、氯霉素眼药水滴眼。

1987年6月，安徽太和县发生"氨爆"事故。这天，烈日炎炎，某化肥厂运输液氨的槽车在公路上行驶时，由于超载，槽车顶、底盖爆裂，大量液氨涌出，顿时路上伸手不见五指，赶集的人慌作一团、大呼大叫。有的把旅行袋套在头上，有的跳入附近的小河里，多人因吸入大量氨气而发生呼吸道灼伤，共有87人中毒住院，10人死亡。这次事故的教训是：违规超载，自救失当。自我救助步骤可总结为：寻找水源，尽快就医。

(6) 氮气

氮气(N_2)是无色、无臭、无味的气体，相对密度为0.967，微溶于水。氮气本身无毒，但是当环境中氮气含量达到84%时，会出现窒息症状，表现为头晕、头疼、呼吸困难、肢体麻木、甚至失去知觉；严重者可迅速昏迷，出现阵发性痉挛、青紫等缺氧症状，进而窒息死亡。当氮气分气压高时，对中枢神经有麻醉作用。

氮气的用途十分广泛，在安全上经常用作保护气体和置换气体。因此，在生产中接触高浓度氮气的机会很多。由于氮气窒息造成人身伤亡的事故也屡见不鲜，所以不能掉以轻心。

(7) 乙炔

乙炔(C_2H_2)是无色气体，有刺鼻的大蒜味，相对密度为0.868，难溶于水，易溶于丙酮。乙炔与空气混合物有强烈的爆炸性。

(8)芳烃

芳烃是指苯、甲苯、二甲苯类物质以气体状态存在，主要经呼吸道吸入。芳烃中毒分为急性中毒和慢性中毒。当空气中苯浓度为2%时，5～10 min即可致人死亡；浓度为0.75%时，30 min就有生命危险。轻症起初有黏膜刺激症状，随后出现兴奋或醉酒状态，并伴随有头痛、头晕、恶心、呕吐等现象，严重时因呼吸和循环衰竭而死亡。慢性中毒主要作用于神经系统和造血组织，常见精神衰弱、白细胞持续下降等症状。

3.3.5 化工泄漏治理技术存在的问题及发展趋势

1) 泄漏治理技术存在的问题

(1) 带压堵漏技术并不令人满意

当今带压堵漏还处于"夹具"时代，"卡子、木楔子"依然是维修工堵漏的主要工具。即使目前最盛行的"夹具注胶法"，也不是很完善。其缺点主要有以下3个方面：

① 过分依赖夹具，而夹具的通用性差，制作要求严格、时间长、费用高，给带压堵漏带来极大的限制。

泄漏介质有成千上万种，泄漏部位形状、温度、压力也是各不相同，在日常生产中不可能准备好所有可能泄漏部位的夹具。往往每次堵漏都要做一套夹具，要临时现场测绘、然后设计，交金工车间制作夹具，最后固定夹具、注胶堵漏，整个过程费工费时，而且对夹具的要求较高，有一点不合适，就会导致堵漏失败，如管道上有不规则的凸起、焊缝或表面不够圆滑，常常导致注胶失败；复杂形状处的夹具制作就更加困难。临时制作夹具一段都要2 h以上. 所以这种办法对于突发性泄漏的处理十分不便。另外，在泄漏严重、作业空间狭小、高温、高压场合下，夹具安装也是很困难的；有些地方空间狭窄，如罐体接出管道根部等处，夹具根本没处安装。专利"带压堵漏通用夹具"(CN2087274)采取多个链节组装，像古代士兵穿的甲胄一样，但离"通用"还有相当距离，面且结构复杂，成本高。

② 根据中石化《带压堵漏技术暂行规定》，有一些情况不能进行动态密封作业。如裂纹

泄漏部位、透镜式垫片的泄漏、器壁减湾、泄漏孔当量直径大于 10 mm 等，对于透镜式垫片来说，注胶对螺栓上产生的应力较大，且尚难确定，需要探索。

③ 对付含颗粒的介质泄漏成功率低。滑阀的作用是催化裂化装置再生器上控制催化剂流量，其滑料函泄漏是经常发生的，而且发展异常神速，瞬间便造成大量高温催化剂喷射而出，严重危及安全生产。

滑阀的压力一般较低(小于 0.3 MPa)，但温度很高，最高达 700 ℃。某石化总厂的技术人员实施了滑阀填料函泄漏的封堵：首先在填料函压盖处的阀杆上缠绕铁丝，构筑起阻止密封剂外喷的骨架；然后注入密封剂，充填在填料函内，加大泄漏阻力，逐渐降低泄漏量，直至泄漏停止。但是，整个操作过程的作业时间长达 8 h，作业人员体力和密封剂消耗大。

(2) 裂纹仍然难以防治

裂纹是指设备、管道的壳体及附件出现开裂的现象。裂纹能使设备整体的强度严重下降、甚至断裂，是造成泄漏的最大隐患。国内外调查发现，压力容器泄漏事故绝大多数是由于裂纹引起的。裂纹产生的途径很多，主要有：局部变形、应力集中、应力腐蚀、疲劳、氢腐蚀、水击、材料缺陷等。小的裂纹会逐渐扩展、长大，直至引起断裂，就像“癌细胞”一样，当它开始滋生时，对人体没有明显影响，但发展到一定程度，便会急剧加速，短期内即可导致死亡。

对于裂纹的防治，目前主要依赖于“手术切除”。如在某部位检查出表面裂纹，可将裂纹磨去然后将表面打光，即可大大延长使用寿命。对于较深的裂纹，则先在裂纹两端钻止裂孔，然后研磨约 1.6 mm 深，涂刷胶黏剂。对于多裂纹的，可先对表面进行粗糙处理后，大面积涂刷胶黏剂，最后进行机械加工。

但是，由于裂纹的普遍存在，几乎没有一台压力容器不存在裂纹，使得探伤、治理工作量难以应付。如何有效、经济地监测和评价裂纹，防止裂纹的危害，还有待于进一步探索。

(3) 长输管道的泄漏监测的灵敏度有待于提高

作为长输管道自动化监测的核心内容，泄漏的检测与监测仍然是难题，现有的几十种测漏技术各有其特点，但尚无一种较为简便、可靠、实用。目前，泄漏量的检测精度在输量的 2%左右。当然，缩小传感器的间距能够提高精度，但是受到信号传输方式的限制。2%的泄漏量对于用户来说，造成的损失也是不能接受的。另外，对于微量渗漏和缓慢增大的泄漏难以监测到。因此，人们还需要探索新的技术思路，寻求更有效的方法。

2) 泄漏治理技术发展趋势

(1) 泄漏的预测预防技术将得到发展

国外发达国家特别重视研究泄漏的预测和预防，如适用性评价技术和风险管理技术，不仅提高了结构材料失效预测预报水平，而且带来了可观的经济效益。

适用性评价是对含有缺陷的结构或装备是否适合继续使用以及如何继续使用的定量评价，是以现代断裂力学、弹塑性力学和可靠性理论为基础的严密而科学的评价方法。

风险管理技术是当前泄漏预测预防研究最活跃的领域之一。通过风险管理，可以达到系统风险最小、效益最大的目标。

总之，适用性评价技术和风险管理技术是正在崛起的新兴学科和工程技术，积极开展这方面的研究必然会对减少生产系统的泄漏起到巨大的作用。

(2) 仿生学原理将改进泄漏治理技术

我们知道，人出血能自动止血，这是因为人体的血液中有上万亿个堵漏“工程兵”血小板。血小板的作用就是帮助凝血和止血。人体一旦受伤流血，血小板就像维修堵漏工一样，一拥而上扑在血管破损处，奋勇“堵口修堤”止血。血小板的止血过程是：首先血小板黏附在出血创口表面并聚集成团、像塞子一样堵住创口，从而起到了止血的作用。

人们在科学研究中往往能从生物身上找到灵感，也不自觉地运用仿生学原理。我们相信，仿生学对结构材料、泄漏检测以及堵漏技术都有积极的指导意义。

(3) 智能材料将实用化

智能材料就像人的皮肤一样，能够进行自诊断、自监控、自校正、自修复和自适应，它甚至能够在出现缺陷还未泄漏的时候就发出报警信号，并能自动释放出修补材料进行修补，从而大大减少乃至避免发生泄漏。

目前，已经出现并极具构建智能材料前景的基础材料有 2 类：一类是可用作智能材料系统小的纤维(泄漏监测)材料，如光学纤维、碳纤维等；另一类对环境有自适应(泄漏后“愈合”)功能，如形状记忆合金、功能凝胶材料等。

据预计，智能材料的诞生将为材料科学开辟新的局面。

(4) 泄漏检测技术将进一步提高

气体泄漏成像技术不是使用单一传感器，而是使用微传感器矩阵列。每个微传感器的输出转换成像素，由此形成可视图像，借助实时成像显示，就能确定泄漏位置。该技术尚在研究之中。

美国密执安大学正在研究用激光探测六氟化硫气体的泄漏，其基础原理是 CO_2 激光器的激光发射谱与 SF_6 吸收光谱相重合。激光束(10.6 m，10 W 二氧化碳激光)对泄漏的 SF_6 气体扫描，共振吸收将气体加热，膨胀而产生声压脉冲，用微音器就可探测到。通过对几个微音器记录信号的分析，就可以确定漏气的位置。此项研究的目标是开发一种经济的检漏系统，以取代氦质谱检漏系统。

(5) 开发应用简单、高效的带压堵漏等抢险配套工具

带压堵漏技术的发展趋势应该淘汰夹具，而缠绕法、气囊法以其简单方便、适应性强的特点，将成为带压堵漏技术的发展方向。

(6)密封技术的发展趋势

密封技术的发展趋势，近期以组合密封件占主流，将向智能化发展，并将不断出现新的密封结构和材料。中国石油大学(华东)发明的可控机械密封，这意味着智能化的趋势。可控机械密封是一种主动装置，能够对工作条件(或环境)变化作出反应，自动调节密封端面间膜厚。如对酒油、蜡油等高温泵用机械密封，常用夹套冷却和外冲洗来延长密封寿命，可在轴封静环和密封箱内埋没热电偶，在外冲洗管道上安装电动阀，由计算机自动控制温度。预计这种带有反馈信号的“智能”密封前景光明。

密封结构和材料不断翻新。各种新型结构和新型材料的密封将会不断出现，如磁流体密封以其独特的“零摩擦”等性能应用会越来越广泛。现在，磁流体密封单级密封压力较低，仅为 0.02 MPa 左右，虽然多级叠加能提高密封压力，但厚度也随之加大，限制了应用范围。

化工行业的高温、低温和易汽化介质泵密封仍然是机泵密封的难点，也将是密封技术攻关的重点。

(7) 机器人技术将实际应用于泄漏检测及堵漏工作

机器人是具有感知、思维能力，由计算机程序控制、能够完成特定动作和操作的机器。机器人将会普及应用，代替人完成堵漏等危险作业，如在易燃易爆、高温高压、毒气弥漫以及

人难以进入的场所(如细管内、水下),进行探伤、检漏和堵漏等维修任务。

目前,日本 Nippondenso 公司研究的微型管内探伤机器人,直径 5.5 mm、长 20 mm;东京工学院已研制出仿蚯蚓运动的管内机器人;西门子公司研制成功了仿蜘蛛垂直爬行机器人;美国能源部已经研制出微米级大小的微型发动机。我国微型机器人的研究也已起步,广东工业大学研制的管道内微机器人,直径 15 mm,长 30 mm,能够在各种形状的弯管内爬行。微机器人、微型机械及纳米技术的迅速崛起向人们展示了光明的应用前景,必将大大减少泄漏的发生。

复习思考题

3.1　化工企业中常见的泄漏源有哪些?

3.2　泄漏物质在大气中扩散的过程中,风主要起什么作用?

3.3　在有风和无风的条件下,泄漏物质的扩散有什么不同?

3.4　气体或蒸汽扩散的模式有哪些?

3.5　本章泄漏源有哪几类?分别适用何种泄漏源?

3.6　简述泄漏检测技术存在的问题及发展趋势。

3.7　请设计一个存储易燃易爆、有毒有害物料的储罐,并在此基础上,结合前面几章所学的内容,明确泄漏事故的影响范围和条件,并制定一个简单的事故预案。

3.8　某工厂的聚合反应以氯乙烯为原料,由于工艺参数瞬间突然变化后恢复正常,致使聚合反应釜上的安全阀动作,造成 0.5 kg 氯乙烯瞬间泄漏。安全阀排放高度 16 m。当气象条件为强太阳辐射的白天,风速 3.2 m/s。请估算下风向 500 m 处地面氯乙烯的浓度。这些是否会造成危险?

3.9　某一常压甲苯储罐,内径 3 m,在其下部因腐蚀产生面积为 12.6 cm^2 的小孔,小孔上方甲苯液位高度为 4 m,巡检人员上午 8:00 发现泄漏,立即进行堵漏处理,堵漏完成后,小孔上方液位高度为 2 m,请计算甲苯的泄漏量和泄漏始于何时。

3.10　垃圾焚化炉有一个有效高度为 100 m 的烟囱。在一个阳光充足的白天,风速为 2 m/s,在下风向直径为 200 m 处测得二氧化碳浓度为 5.0×10^{-5} g/m^3。请估算从该烟囱排放出的二氧化碳的质量流量,并估算地面上二氧化碳的最大浓度及其位于下风向的位置。

3.11　硅片的制造需使用乙硼烷。某工厂使用了 1 瓶 250 kg 的乙硼烷。假设现在瓶破裂了,乙硼烷瞬间释放出来,请确定发生在 15 min 后蒸气云的位置和气云中心的浓度,以及气云需要运移多远和多长时间才能将最大浓度减小到 5 mg/m^3。

第 4 章

化工燃烧爆炸及控制措施

由于化工生产工艺复杂、反应条件苛刻(大多数反应是在高温、高压,甚至超高压条件下完成的),加之原料、中间产物及产品多为易燃、易爆物质,所以反应过程中操作稍有不慎就会引发火灾和爆炸事故。一旦发生火灾、爆炸事故,会造成严重的后果。因此,研究燃烧和爆炸的基本原理,掌握化工火灾、爆炸事故发生的一般规律,对预防此类事故的发生具有十分重要的意义。

4.1 化工生产的火灾爆炸危险性评价

4.1.1 典型火灾爆炸的类型、特点与预防原则

1) 典型火灾爆炸的类型

化工生产过程发生的火灾、爆炸事故类型主要有泄漏型火灾及爆炸事故、燃烧型火灾及爆炸事故、自燃型火灾及爆炸事故、反应失控型爆炸事故、传热型蒸气爆炸事故和破坏平衡型蒸气爆炸事故 6 种。

(1) 泄漏型火灾及爆炸事故

泄漏型火灾及爆炸事故是指处理、储存或输送可燃物质的容器、机械或其他设备,因某种原因发生破裂而使可燃气体、蒸气、粉尘泄漏到大气中(或外界空气吸入负压设备内),达到爆炸浓度极限时遇点火源所发生的火灾和化学性爆炸。在泄漏口处及地面上泄漏的液体或粉尘往往只发生火灾。醋酸生产过程中常见的一氧化碳气体泄漏爆炸事故就属此类事故。

(2) 燃烧型火灾及爆炸事故

燃烧型火灾及爆炸事故是指可燃物质在某种火源作用下发生燃烧、分解等化学反应而导致的火灾和化学性爆炸。在敞开式或半敞开式空间中,一般的可燃物质燃烧后产生的气体和压力能够向大气中释放,所以不会发生爆炸,而只发生火灾。在密闭容器中,可燃物质被点火源点燃后发生燃烧或分解等反应,产生的大量气体,在反应热的作用下体积急剧膨胀,从而使容器内的压力迅速升高,当超过容器的耐压极限强度时,则会使容器破裂发生爆炸。在较为密闭的建筑物内,如充满可燃气体、蒸气或悬浮着可燃粉尘,若达到爆炸浓度极限范围,遇点火源也会发生这种燃烧类化学性爆炸。某些易分解气体和火、炸药等爆炸性物质,在开放空间中或密闭容器内,被点火源点燃后都会发生这种燃烧类化学性爆炸。另外,输送高压氧气的铁制管路和阀门在一定条件下与氧化合,会发生剧烈燃烧,导致此类火灾和爆炸。

(3) 自燃型火灾及爆炸事故

自燃型火灾及爆炸事故是指某些物质由于发生放热反应、积蓄反应热量引起自行燃烧

而导致的火灾和化学性爆炸。通常情况下，在敞开式或半敞开式的容器或空间发生的自燃，大多会导致火灾；在密闭容器或空间发生的自燃，因反应压力急剧上升则容易使容器破裂，造成爆炸。

(4) 反应失控型爆炸事故

反应失控型爆炸事故指某些物质在化学反应容器内进行放热反应，当反应热量没有按工艺要求及时移出反应体系外时，使容器内温度和压力急剧上升，当超过容器的耐压极限时，则会使容器破裂，导致物料从破裂处喷出或容器发生爆炸。这类爆炸可认为是物理性爆炸，但是当物料的温度超过其自燃点时，则会在容器破裂或爆炸后，发生燃烧反应，瞬间变成化学性爆炸。发生这类爆炸的化学反应大致有聚合反应、氧化反应、酯化反应、硝化反应、氯化反应、分解反应等。

(5) 传热型蒸气爆炸事故

传热型蒸气爆炸事故是指低温液体与高温物体接触时，高温物体的热量使低温液体瞬间由液相转变为气相而发生的爆炸。这类爆炸主要有水接触高温物体(如铁水、炽热铁块、高温炉等)发生的蒸汽爆炸。常温的水全部变成水蒸气体积会膨胀 1 700 倍以上，这种急剧的膨胀会造成人员伤亡或设备破坏。另外，当液态甲烷倒入液态丁烷、液态丙烷倒入液氮、液态丙烷倒入约 70 ℃的水中时，也会发生这种传热型蒸气爆炸。传热型蒸气爆炸属于物理性爆炸，一般不会造成火灾。但是，液态甲烷、丙烷等可燃气体发生的蒸气爆炸，与空气形成爆炸性混合气体，则有发生化学性爆炸及发生火灾的危险；水蒸气爆炸可能损坏机械设备、电气设备等，间接引起火灾。

(6) 破坏平衡型蒸气爆炸事故

破坏平衡型蒸气爆炸事故是指较高压力的密闭容器中盛有高于常压蒸气压的液体，当容器气相部分的容器壳体因材质劣化、碰撞等原因出现裂缝时，容器内液体急剧从裂缝中喷出，容器内的压力急剧下降，从而破坏了气液平衡状态，变成不稳定的过热状态，液体立即沸腾，体积急剧膨胀，压力剧增，使容器裂缝扩大或破裂成碎片，容器内液体大量喷出，液体由液相瞬间变成气相、呈现的蒸气爆炸现象。这种破坏平衡型蒸气爆炸属于物理性爆炸。但是，若容器内的液体是可燃性液体时，喷出的液体变成蒸气后，与空气形成爆炸性混合气体，遇点火源便会发生化学性爆炸或大面积火灾。常温的液化石油气火车槽车、汽车槽车因撞车、脱轨等原因会发生这类蒸气爆炸。在火场上受到烘烤加热的易燃、可燃液体储罐以及有较高压力的液体储罐或反应器等，若容器上因某种原因有裂缝存在，也会发生这种破坏平衡型蒸气爆炸。

2）典型火灾爆炸的特点

从上面的叙述可以看出，火灾有时会引起爆炸，爆炸有时也会引起火灾，且火灾和爆炸可大致分成点火源直接点燃而引起的火源型和不需要点火源直接点燃而引起的潜热型 2 种。火源型、蓄热型火灾和爆炸的特点是发生了燃烧、分解等反应的化学变化过程，而潜热型蒸气爆炸特点是发生了液相向气相急剧相变而急剧升高压力的物理变化过程，亦即发生了物理性爆炸。发生潜热型蒸气爆炸的物质若为不燃气体，爆炸后则可能造成设备损坏或人员伤亡，一般不会进一步造成火灾；若为可燃气体，爆炸后则可能被点火源点燃，从而发生化学性爆炸或造成大范围的火灾。

3）典型火灾爆炸的预防原则

(1) 规范化工设计

化工生产装置、设备在设计时要充分考虑到本行业火灾爆炸的危险性。首先要符合防火防爆的安全技术要求，采用先进的工艺技术和可靠的防火防爆措施，采用先进的自动控制和排除故障的先进装置，不用或少用可燃、易燃物质，以减少促成燃烧爆炸的因素，增加安全系数。

(2) 规范职工的工艺操作

加强安全教育和安全管理，提高职工的技术素质和安全意识，使职工的操作完全按照规程进行，严格控制好反应的温度和压力。此外，还要控制好加料速度、加料比例、加料顺序，严禁超量储存，控制原料纯度等。

(3) 加强设备的维护保养

加强对化工设备的维护和保养，确保设备完好，加强对安全装置和安全联锁的监察和检测，这些都是避免和减少事故发生的有力保证。

(4) 加强作业环境管理

对有爆炸危险的生产岗位，要充分利用自然通风，采用局部或全面的机构强制通风，及时将泄漏出来的可燃气体排走，防止积聚引起爆炸。此外，还要加强火源的控制和管理。火源是引起易燃易爆物着火爆炸的根源，控制火源和严格用火管理对于防火防爆十分重要。

(5) 加强易燃易爆物质的管理

对于化工生产的原料、中间体、成品，必须了解掌握其物理、化学性质，这样才能认清其存在的危险程度，才能更好地预防火灾爆炸事故的发生。

4.1.2 化工生产的火灾爆炸危险性评价

化工与矿山、建筑、交通等同属事故多发行业，但系统危险的程度如何，会产生怎样严重后果，采取安全措施以后危险性降到什么程度，是否需要再增加安全措施，要解决这些问题必须对系统进行安全评价。

1) 安全评价的概念

所谓安全评价，就是以实现系统安全为目的，对系统内存在的危险性及其严重程度以既定指数、等级或概率值进行分析和评估，并针对危险有害因素制定相应的控制措施，使系统危险性降到社会公众可以接受的水平的一种方法体系。

2) 安全评价的分类

通常根据工程、系统生命周期和评价的目的，将系统安全评价分为设立安全评价、安全验收评价和安全现状评价 3 类。

(1) 设立安全评价(安全预评价)

设立安全评价是根据建设项目可行性研究报告的内容，分析和预测该建设项目可能存在的危险、有害因素的种类和程度，提出合理可行的安全对策措施及建议。设立安全评价是在项目建设前应用安全评价的原理和方法对系统(工程、项目)的危险性进行的预测性评价。经过设立安全评价形成的设立安全评价报告，将作为项目报批的文件之一，同时也是项目最终设计的重要依据文件之一。

(2) 安全验收评价

安全验收评价是在建设项目竣工验收之前、试生产运行正常之后，通过对建设项目的设施、设备、装置实际运行状况及管理状况的安全评价，查找该建设项目投产后存在的危险、有害因素，确定其程度，提出合理可行的安全对策措施及建议。安全验收评价是为安全验收进行的技术准备，最终形成的安全验收评价报告将作为建设单位向政府安全生产监督管理机构申请建设项目安全验收审批的依据。另外，通过安全验收，还可检查生产经营单位的安全生产保障，确认《安全生产法》是否落实。

(3) 安全现状评价

安全现状评价是针对某一个生产经营单位总体或局部的生产经营活动的安全现状进行的系统安全评价。通过评价查找其存在的危险、有害因素，确定其程度，提出合理可行的安全对策措施及建议。这种对在用生产装置、设备、设施、储存、运输及安全管理状况进行的全面综合安全评价，是根据政府有关法规的规定或是根据生产经营单位职业安全、健康、环境保护的管理要求进行的。

3) 安全评价的程序

安全评价程序主要包括：准备阶段，危险、有害因素识别与分析，定性定量评价，提出安全对策措施，形成安全评价结论及建议，编制安全评价报告。

(1) 准备阶段

明确被评价对象和范围，收集国内外相关法律法规、技术标准、规章制度及系统的技术资料；了解评价对象的地理、气象条件及社会环境状况；详细了解工艺流程、物料的危险性、操作条件、设备结构、平面立面布置以及同类或相似系统的事故案例等。

(2) 危险、有害因素识别与分析

根据被评价对象的情况，识别和分析危险、有害因素，确定危险、有害因素存在的部位、存在的方式、事故发生的途径及其变化的规律。

(3) 定性、定量评价

在危险、有害因素识别和分析的基础上，划分评价单元，选择合理的评价方法，对工程、系统发生事故的可能性和严重程度进行定性、定量评价，在此基础上进行危险性分级，必要时对可能发生的重大事故的后果进行估算，以确定安全管理的重点。

(4) 安全对策措施

根据定性、定量评价结果，提出根除、减弱、隔离、防护危险、有害因素的技术和管理措施及建议，对可能发生的重大事故应提出应急救援预案。

(5) 评价结论及建议

简要地列出主要危险、有害因素的评价结果，指出工程、系统应重点防范的重大危险因素，明确生产经营者应重视的重要安全措施。评价结论应说明经采取安全措施以后系统危险度或风险率降低的程度，是否达到了"允许的安全限度"，必须与安全指标相比较。只有系统满足了安全指标的要求，才能对系统给出肯定的评价结论。

(6) 编制安全评价报告书

依据安全评价导则的要求，编制相应的安全评价报告，呈交安全生产监督管理部门备案。

4) 定性安全评价方法

定性安全评价方法主要是借助于对事物的经验知识及其发展变化规律的了解，根据直观判断能力对生产系统的工艺、设备、设施、环境、人员和管理等方面的状况科学地进行定性分析、判断的一类方法。评价的结果是一些定性的指标，如是否达到了某项安全指标、事故类别和导致事故发生的因素等。然后进一步根据这些因素从技术上、管理上、教育上提出对策措施加以控制，达到系统安全的目的。目前应用较多的定性安全评价方法有：安全检查表分析法、预先危险性分析法、作业条件危险性评价法、故障类型和影响分析法、危险性与可操作性研究法等。

(1) 安全检查表分析法

安全检查表分析是依据相关的标准、规范，对工程、系统中已知的危险类别、设计缺陷以及与一般工艺设备、操作、管理有关的潜在危险性和有害性进行判别检查。为了避免检查项目遗漏，事先把检查对象分割成若干子系统，以提问或打分的形式，将检查项目列表，这种表称为安全检查表。

安全检查表分析法包括3个步骤。第一步，选择或拟定合适的安全检查表。为了编制一张标准的检查表，评价人员应确定检查表的标准设计或操作规范，然后依据存在的缺陷和不同差别编制一系列带问题的检查表。编制检查表所需资料(包括有关标准、规范及规定)；国内外事故案例；系统安全分析事例；研究成果等资料。安全检查表必须由熟悉装置的操作、标准、政策和规程的有经验的专业人员协同编制。安全检查表的格式一般根据检查目的而设计，不可能完全一致。例如，用于定性危险性分析的检查表一般包括类别、项目内容、检查结果、检查日期和检查者等，为记录查出的问题应设备注栏。用于安全评价的检查表应考虑检查评分的需要设置相应栏目。检查的内容要求一般采用提问式，结果用“是”或“否”表示，如表4.1是某单位编制的安全检查表；当然，检查的内容要求也可采用肯定式。第二步，完成分析。对已运行的系统，分析组应当视察所分析的工艺区域。在视察的过程中，分析人员将工艺设备和操作与安全检查表进行比较，依据对现场的视察、阅读系统的文件、与操作人员座谈以及个人的理解回答安全检查表项目。当所观察的系统特性或操作特性与安全检查表上希望的特性不同时，分析人员应当记下差异。新工艺过程的安全检查表分析，常常在施工前由分析组在分析会议上完成，主要是对工艺图进行审查，完成安全检查表，讨论差异。第三步，编制分析结果文件。危险分析组完成分析后应当总结视察或会议过程中所记录的差异。分析报告包含用于分析的安全检查表复印件。任何有关提高过程安全性的建议与恰当的解释都应当写入分析报告中。

安全检查表分析法简单、经济、有效，因而被经常使用。但是，因为它是以经验为主的方法，用于安全评价时，成功与否很大程度上取决于检查表编制人员的专业知识和经验水平。如果检查表不完整，评价人员就很难对危险性状况进行有效的分析。

(2) 预先危险性分析法

预先危险性分析是一项为实现系统安全进行危害分析的初始工作。常用于对潜在危险了解较少和无法凭经验觉察的工艺项目的初步设计或工艺装置的研究和开发中；或用于对危险物质和项目装置的主要工艺区域等。在开发初期阶段(包括设计、施工和生产前)，对物料、装置、工艺过程以及能量失控时可能出现的危险性类别、出现条件及可能导致事故的后果做宏观的概略分析。其目的是识别系统中存在的潜在危险，确定其危险等级，防止危险发展成事故。

进行预先危险性分析时，分析组需要收集装置或系统的有用资料，以及其他可靠的资料(如任何相同或相似的装置，或者即使工艺过程不同但使用相同的设备和物料)。危险性分析组应尽可能从不同渠道汲取相关经验，包括相似设备的危险性分析、相似设备的操作经验等。因为预先危险性分析是在项目发展的初期识别危险，所以装置的资料是有限的。然而，为了让其达到预期的目的，分析人员必须至少写出工艺过程的概念设计说明书。因此，必须知道过程所包含的主要化学物品、反应、工艺参数，以及主要设备的类型(如容器、反应器、换热器等)。此外，装置需要完成的基本操作和操作目标的说明，有助于确定设备的危险类型和操作环境。预先危险性分析识别可能发现会产生不希望后果的主要危险和事故情况，因此预先危险性分析还应对设计标准进行分析，或找到能消除或减少这些危险的其他途径。显然，要做出这样的评价需要一定的经验。

表 4.1　氨球罐检测作业安全检查表

类　别	检查内容	检查结果	
		是	否
用　电	1. 防触电保护装置是否良好？ 2. 导线有无破损、脱皮？保护接零是否良好？ 3. 电话通讯是否畅通？ 4. 每日完工后是否关闭总电源？		
搭架子	1. 登高作业是否拴好安全带？ 2. 进现场戴好安全帽了吗？ 3. 搭的架子、铺的跳板是否牢固？		
打　磨	1. 进罐是否按规定穿戴好防护用品？ 2. 打磨前有否检查、更换砂轮片、手动砂轮防护罩？风镜是否齐全？		
起　重	1. 起重机械是否有专人负责？在操作中是否遵守“十不吊”的规定？ 2. 每日班前是否检查机具、挂钩、钢丝绳？ 3. 每日开机前是否检查过起升机构、制动闸？		
探　伤	1. 工作前有否检查仪器以及线路？是否绝缘良好？如有漏电等情况应更换再使用。 2. 检修仪器是否切断电源，并将电容放电后才进行维修？ 3. 在潮湿的地方作业，有否戴绝缘手套？穿绝缘鞋？		
备　注			

检查时间＿＿＿＿＿　检查人＿＿＿＿＿

对工艺过程的每个区域，首先，分析组要识别危险并分析这些危险的可能原因及导致事故的可能后果，通常分析组并不一定非要找出所有的原因。其次，要列出足够数量的原因以判断出现事故的可能性，分析每种事故所造成的后果，这些后果表示可能出现的事故的最坏的结果。最后，分析组为了衡量危险性的大小及其对系统破坏性的影响程度，根据事故的原因和后果，可以将各类危险性划分为 4 个等级(表 4.2)，最后分析组将列出消除或减少危险的建议。

表 4.2　危险性等级划分

级别	危险程度	可能导致的后果
Ⅰ级	安全的	不会造成人员伤亡及系统损坏
Ⅱ级	临界的	处于事故的边缘状态，暂时还不至于造成人员伤亡、系统损坏或降低系统功能，但应予以排除或采取控制措施
Ⅲ级	危险的	会造成人员伤亡和系统损坏，要立即采取防范对策措施
Ⅳ级	灾难性的	会造成人员重大伤亡及系统严重破坏的灾难性事故，必须予以果断排除并进行重点防范

【例 4.1】 预先危险性分析法应用举例。

电镀是现代工业中常用的一种重要工艺技术，这种工艺要使用具有强腐蚀性的酸、碱及剧毒性氰化物(如 NaCN)等化学药品。因此，电镀作业容易发生灼伤、中毒等伤亡事故，危害严重。电镀生产系统可分成排风、配制槽液、加热、除油、除锈、电镀、供电、槽液管理等 8 个主要子系统，现对它们分别进行预先危险分析，见表 4.3。

表 4.3 电镀生产系统预先危险分析表

部件或子系统名称	故障状态(触发事件)	危险描述	危险影响性等级	后果严重	安全措施
排放子系统	排风量小于要求的最小排风量或系统停止运转	有害气体浓度(如氰化物蒸气、酸易超过卫生标准)	1. 人员中毒或引起职业病；2. 设备腐蚀加快	Ⅰ或Ⅱ级	1. 合理选用风机，合理设计排风系统和排风罩；2. 对运行中的通风设备定期检查、维护，确保足够排风量；3. 佩戴个人防护用品(如防毒口罩或防毒面具)
配制槽液子系统	酸罐出现裂纹或操作不当	酸罐破裂酸液飞溅	灼伤附近的人或损坏附近设备	Ⅱ或Ⅲ级	1. 选用合格的储酸罐；2. 严格执行设备检查制度和操作规程；3. 使用防酸防护用品
加热子系统	加热蒸气管腐蚀穿孔喷气	槽液飞溅	1. 加热蒸气被污染；2. 灼伤附近的人或腐蚀设备	Ⅱ级	1. 伸入槽内的蒸气管应选用耐腐蚀合金材料制造；2. 使用中应定期检查及时更换加热管
除油子系统	工件掉入槽内	碱液飞溅	灼伤附近的人	Ⅱ或Ⅲ级	1. 吊钩应有防脱装置，工件应捆绑牢靠，挂钩可靠；2. 吊放工件应缓慢；3. 使用个人防酸碱护品
	槽老化出现裂纹	碱液流出	灼伤附近的人，污染地面	Ⅱ或Ⅲ级	1. 合理设计制作除油槽；2. 使用中定期检查及时更换除油槽
除锈子系统	工件掉入槽内，碱液带入槽	酸飞溅	灼伤附近的人	Ⅱ或Ⅲ级	1. 吊钩应有防脱装置，工件应捆绑牢靠，挂钩可靠；2. 吊放工件应缓慢；3. 严格执行设备检查制度和操作规程
电镀子系统	工件掉入槽中，碱带入槽内，正负极接触	槽液飞溅	灼伤附近的人或使人中毒	Ⅱ或Ⅲ级	1. 吊钩应有防脱装置，工件应捆绑牢靠，挂钩可靠；2. 吊放工件应缓慢；3. 严格执行设备检查制度和操作规程；4. 合理设计、安装通风系统，保证通风量
	槽老化，出现裂纹	槽液流出	灼伤附近的人或使人中毒	Ⅱ或Ⅲ级	1. 电镀槽按规范设计施工；2. 使用中定期检查及时更换电镀槽；3. 严格执行设备检查制度和操作规程；4. 使用个人防酸、碱、毒防护用品

续表 4.3

部件或子系统名称	故障状态（触发事件）	危险描述	危险影响性等级	后果严重	安全措施
供电子系统	停电	排风系统停止运行、车间内有害气体浓度超标	人员中毒	Ⅱ或Ⅲ级	1. 增设置用电源或采用双回路供电； 2. 定期检查供电设备； 3. 使用防毒口罩或防毒面具
槽液管理	槽液挥发	人吸入有毒的氰化物蒸气	人员中毒	Ⅱ级	1. 电镀槽应设置盖子，并加盖； 2. 作业时应先开风机，后开盖； 3. 使用防毒口罩或防毒面具

(3) 故障类型和影响分析法

故障类型和影响分析是对系统的各组成部分、元素进行的分析。系统的组成部分或元素在运行过程中往往可能发生不同类型的故障。对系统产生不同的影响。这种分析方法首先找出系统中各组成部分及元素可能发生的故障及其类型，查明各种类型故障对邻近部分或元素的影响以及最终对系统的影响，然后提出避免或减少这些影响的措施。最初的故障类型和影响分析只能做定性分析，后来在分析中包括了故障发生难易程度的评价或发生的概率。更进一步地，把它与危险度分析结合起来，构成故障类型和影响、危险度分析。这样，如果确定了每个元素故障发生概率，就可以确定设备、系统或装置的故障发生概率。

故障类型和影响分析可按以下 5 个步骤进行：

第一步，确定对象系统。这一步骤需要明确作为分析对象的系统、装置或设备；确定进行分析的物理的系统边界；确定系统分析的边界；收集设备、元件的最新资料，包括其功能、与其他设备、元件间的功能关系等。

第二步，分析系统元素的故障类型和产生原因。如果分析对象是已有元素，则可以根据以往运行经验或试验情况确定元素的故障类型；如果分析对象是设计中的新元素，则可以参考其他类似元素的故障类型，或者对元素进行可靠性分析来确定元素的故障类型。一般来说，一个元素可能至少有 4 种可能的故障类型：意外运行、不能按时运行、不能按时停止和运行期间故障。

第三步，研究故障类型的影响。通常从 3 个方面来研究元素故障类型的影响：其一，该元素故障类型对相邻元素的影响；其二，该元素故障类型对整个系统的影响；其三，该元素故障类型对邻近系统的影响及对周围环境的影响。

第四步，确定故障等级。故障等级是衡量其对系统、任务和人员安全造成影响的尺度。安全措施就是根据故障造成的影响大小而有针对性的采取的措施。因此，有必要对故障等级进行评定。评价故障等级的方法有简单划分法和评点法。简单划分法将故障类型对子系统或系统影响的严重程度分为 4 个等级（表 4.4），根据实际情况进行分级。在难以取得可靠性数据的情况下，可以采用评点法，它比简单划分法精确。它从不同方面来考虑故障对系统的影响程度，用一定的点数表示程度的大小，然后相加，计算出总点数（表 4.5）

表 4.4　故障类型分级表

故障等级	影响程度	可能造成的危害或损失
Ⅰ级	致命性	可能造成死亡或系统损失
Ⅱ级	严重性	可能造成严重伤害，严重职业病或主系统损坏
Ⅲ级	临界性	可造成轻伤、轻职业病或次要系统损坏
Ⅳ级	可忽略性	不会造成伤害和职业病，系统也不会受损

表 4.5　评点参考表

评点因素	内　容	点　数
故障影响大小	造成生命损失	5.0
	造成相当程度的损失	3.0
	元件功能有损失	1.0
	无功能损失	0.5
对系统影响程度	对系统造成两处以上的重大影响	2.0
	对系统造成一处以上的重大影响	1.0
	对系统无过大影响	0.5
发生频率	容易发生	1.5
	能够发生	1.0
	不太发生	0.7
防止故障的难易程度	不能防止	1.3
	能够防止	1.0
	易于防止	0.7
是否新设计	内容相当新的设计	1.2
	内容和过去相类似的设计	1.0
	内容和过去同样的设计	0.8

第五步，故障类型的影响分析表格。分析者可以根据分析的目的、要求设立必要的栏目，简捷明了地显示全部分析内容。常用的分析表格见表 4.6。

表 4.6　故障类型的影响分析表格

项　目	构成因素	故障模式	故障影响	危险严重	故障发生概率	检查方法	校正措施

一般地，采用概率-严重度来评价故障类型的危险度。故障概率是指在一特定时间内故障类型所出现的次数。可以使用定性和定量方法确定单个故障类型的概率。对于定性分类法，Ⅰ级故障概率很低，元件操作期间出现的机会可以忽略；Ⅱ级故障概率低，元件操作期间不易出现；Ⅲ级故障概率中等，元件操作期间出现的机会为 50%；Ⅳ级故障概率高，元件操作期间易于出现。对于定量分类法，Ⅰ级在元件工作期间，任何单个故障类型出现的概率，

小于全部故障概率的 0.01；Ⅱ级在元件工作期间，任何单个故障类型出现的概率，大于全部故障概率的 0.01 而小于 0.10；Ⅲ级在元件工作期间，任何单个故障类型出现的概率，大于全部故障概率的 0.10 而小于 0.20；Ⅳ级在元件工作期间，任何单个故障类型出现的概率，大于全部故障概率的 0.20。严重度指的是故障类型对系统功能的影响程度，分为 4 个等级（表 4.7）。故障的发生可能性和故障发生后引起的后果，经综合考虑后能得出一个比较准确的衡量标准，称这个标准为风险率（或称为危险度），它代表故障概率和严重度的综合评价。有了严重度和故障概率的数据后，就可运用风险矩阵评价法，因为用这两个特性就可表示出故障类型的实际影响。以故障类型发生概率为纵坐标，以严重度为横坐标，综合这两个特性，画出风险率矩阵，如图 4.1 所示。沿矩阵原点到右上角画一对角线，并将所有故障类型按其严重度和发生概率填入矩阵图中，就可看出系统风险的密集情况。处于右上角方块中的故障类型风险率最高，依次左移逐渐降低。但值得提醒注意的是，有的故障类型虽然有高的发生概率，但造成危害的严重度甚低，因而风险率也低；另一种情况，即使危害的严重度很大，但发生概率很低，所以风险率也不会高。

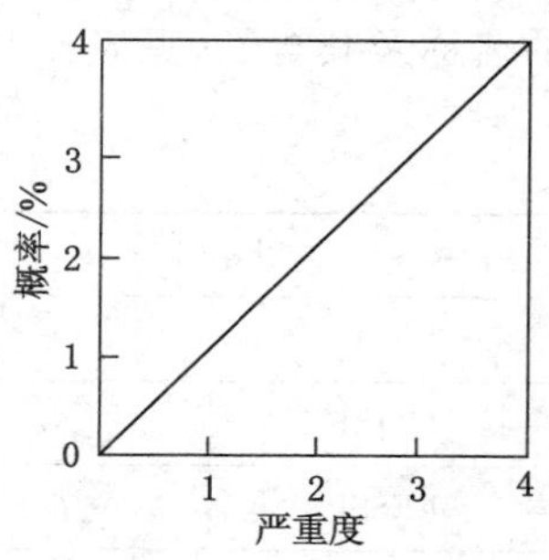

图 4.1　风险率矩阵图

表 4.7　严重度等级划分

严重度等级	内　容	严重度等级	内　容
Ⅰ低的	1. 对系统任务无影响； 2. 对子系统造成的影响可忽略不计； 3. 通过调整故障易于消除	Ⅲ关键的	1. 系统的功能有所下降； 2. 子系统功能严重下降； 3. 出现的故障不能立即通过检修予以修复
Ⅱ主要的	1. 对系统的任务虽有影响但可忽略； 2. 导致子系统的功能下降； 3. 出现的故障能够立即修复	Ⅳ灾难性的	1. 系统功能严重下降； 2. 子系统功能全部丧失； 3. 出现的故障需经彻底修理才能消除

(4) 危险性与可操作性研究法

危险性与操作性研究是查明生产装置和工艺过程中工艺参数及操作控制中可能出现的偏差，针对这些偏差找出原因、分析后果，提出对策的一种分析方法。该法是 1974 年由英国帝国化学公司开发出来的，主要用于工程项目设计审查阶段查明潜在危险性和操作难点，以便制定对策加以控制。化工生产中，工艺参数的控制是非常重要的，因此这种方法特别适用于化工装置设计审查和运行过程中的危险性分析。

危险性与可操作性研究法可按以下 5 个步骤进行：

第一步，建立研究小组。首先应成立一个由设备、工艺、仪表控制等工程技术人员、安全工作者、操作工人等各方面专家组成的研究小组，并确定一名具有丰富经验且掌握分析方法的人员作为组长，以便确定分析点，引导大家深入讨论。

第二步，资料准备。危险性和操作性研究的内容比较深入细致，因此在分析之前必须准备详细的资料。具体包括：设计说明书、工艺流程图、平面布置图、设备结构图，以及各种参数的控制和管路系统图，搜集有关规程和事故案例。同时，还要熟悉工艺条件、设备性能和操作要点。

第三步，将系统划分成若干个部分。根据工艺流程和操作条件，将分析对象划分成若干个适当的部分，明确各部分功能及正常的参数和状态。

第四步，分析偏差。从某一个部分开始，以正常的工艺参数和操作条件为标准，逐项分析可能发生的各种偏差，找出原因及可能产生的后果，并确定防范措施。为了使分析有一定的范围，防止遗漏和过多提问，方法中规定了7个引导词，按引导词逐个找出偏差。引导词的名称及其含义，见表4.8。

表4.8 引导词的名称及其含义

引导词		含义	说明
NO	否	完全违背原来意图	如输入物料时，流量为0
MORE	多	与标准值比，数量增加	如流量、温度、压力高于规定值
LESSP	少	与标准值比，数量减少	如流量、温度、压力低于规定值
AS WELL AS	以及	除正常事件外，有多余事件发生	如有另外组分在流动，或液体发生沸腾等相变
PART OF	部分	只完成规定要求的一部分	如应输送两种组分，只输送一种
REVERSE	相反	出现与规定要求相反的事件	如反向输送或发生逆反应
OTHER THAN	其他	出现了与规定要求不同的事件	发生了异常事件和状态

第五步，结果整理。整个系统分析完毕后，对提出的安全措施进行归纳和整理，以供设计人员修改设计或有关部门参考。

【例4.2】 危险性与可操作性研究法应用举例。

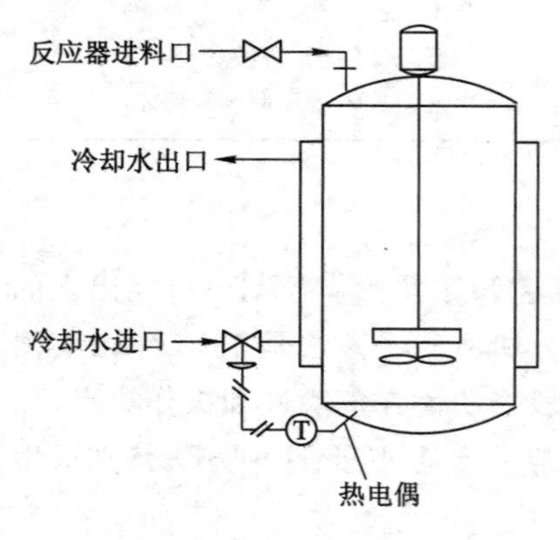

图4.2 放热反应器的温度控制

某反应器系统如图4.2所示。由于反应是放热的，在反应器外面安装了夹套冷却水系统。当冷却能力下降时，反应器温度会增加，从而导致反应速度加快，压力增加。若压力超过反应器的承受能力，就会发生爆炸。为控制反应温度，在反应器上安装了温度测量仪并与冷却水进口阀门连接，根据温度控制冷却水流量。该系统在反应中的安全性主要取决于温度的控制，而温度又与冷却水流量有关，因此冷却水流量的控制是至关重要的。下面用引导词对冷却水流量进行危险性和操作性研究，结果见表4.9。

通过研究，对该反应器系统应增加以下几项安全措施：第一，安装高温报警系统，以便温度超过规定值时能提醒操作者；第二，安装高温紧急关闭系统，当反应温度过高时，自动关闭整个过程；第三，在冷却水进水管和出水管上分别安装止回阀，防止物料漏入夹套时污染水源；第四，确保冷却水水源，防止污染和供应中断；第五，安装冷却水流量计和低流量报警器，当冷却水流量小于规定值时能及时报警。

表 4.9　反应器系统危险和可操作性研究

引导词	偏差	原因	后果	措施
NO	没有冷却水	1. 控制阀失效，阀门关闭； 2. 冷却管堵塞； 3. 冷却水源无水； 4. 控制器失效，阀门关闭； 5. 气压使阀门关闭	1. 反应器内温度升高； 2. 热量失控，反应器爆炸	1. 安装备用控制阀或手动旁路阀； 2. 安装过滤器，防止垃圾进入管线； 3. 设置备用冷却水源； 4. 安装备用控制器； 5. 安装高温报警器； 6. 安装高温紧急关闭系统； 7. 安装冷却水流量计和低流量报警器
MORE	冷却水流量偏高	1. 控制阀失效，开度过大； 2. 控制器失效，阀门开度过大	反应器冷却，反应物增加，保温失控	1. 安装备用控制阀； 2. 安装备用控制器
LESS	冷却水流量偏低	1. 控制阀失效而关小； 2. 冷却管部分堵塞； 3. 水源供水不足； 4. 控制器失效阀门关小	1. 反应器内温度升高； 2. 热量失控，反应器爆炸	1. 安装备用控制阀或手动旁路阀； 2. 安装过滤器，防止垃圾进入管线； 3. 设置备用冷却水源； 4. 安装备用控制器； 5. 安装高温报警器，警告操作者； 6. 安装高温紧急关闭系统； 7. 安装冷却水流量计和低流量报警器
AS, WELL AS	冷却水进入反应器	反应器壁破损，冷却水压力高于反应器压力	1. 反应器内物质被稀释； 2. 产品报废； 3. 反应器过慢	1. 安装高位和(或)压力表； 2. 安装溢流装置； 3. 定期检查维修设备
	产品进入夹套	反应器壁破损，反应器压力高于冷却水压力	1. 产品进入夹套而损失； 2. 生产能力降低； 3. 冷却能力下降； 4. 水源可能被污染	1. 定期检查维修设备； 2. 在冷却水管上安装止回阀，防止逆流
PART OF	只有一部分冷却水	同“冷却水流量偏低”	同“冷却水流量偏低”	同“冷却水流量偏低”
REVERE	冷却水反向流动	1. 水源失效导致反向流动； 2. 由于背压而倒流	冷却不正常，有可能引起反应失控	1. 在冷却水管上安装止回阀； 2. 安装高温报警器，以警告操作者
OTHER THAN	除冷却水外的其他物质	1. 水源被污染； 2. 污水倒流	冷却能力下降，可能反应失控	1. 隔离冷却水源； 2. 安装止回阀，防止污水倒流； 3. 安装高温报警器

另外，在管理方面也要加强，如定期检查设备，保持完好，无渗漏，对工人加强教育，严格执行操作规程等。

5）定量安全评价方法

定量安全评价方法是运用基于大量的试验结果和广泛的事故资料统计分析获得的指标或规律（数学模型），对生产系统的工艺、设备、设施、环境、人员和管理等方面的状况按有关标准应用科学的方法构造数学模型进行定量化评价的一类方法。评价的结果是一些定量的指标，如事故发生的概率、事故的伤害（或破坏）范围、定量的危险性、事故致因因素的事故关联度或重要度等。

（1）故障树分析法

故障树分析（FTA）又称为事故树分析，它是采用逻辑方法将事故的因果关系形象地描述为一种有方向的“树”，即把系统可能发生或已经发生的事故（称为顶事件）作为分析起点，将导致事故的原因事件按因果逻辑关系逐层列出，用树形图表示出来，构成一种逻辑模型，然后定性或定量地分析事故发生的各种可能途径及发生概率，找出避免事故发生的各种方案并优选出最佳安全对策。FTA 法形象、清晰、逻辑性强，它能对各种系统的危险性进行识别评价，既适用于定性分析，又能进行定量分析。

顶事件通常是由危险性与可操作性研究法等危险分析方法识别出来的。故障树模型是原因事件（即故障）的组合（称为故障模式或失效模式），这种组合导致顶事件。这些故障模式称为割集，最小割集是原因事件的最小组合。要使顶事件发生，最小割集中的所有事件必须全部发生。例如，如果割集中“无燃料”和“风窗玻璃损坏”全部发生，顶事件“汽车不能启动”也将发生，但最小割集是“无燃料”，因此它单独发生也将导致顶事件的发生；“风窗玻璃损坏”与汽车能否启动无关。

故障树分析法中涉及一些名词术语和符号，下面进行简单介绍。在故障树分析中，各种故障状态或不正常情况皆称为故障事件；各种完好状态或正常情况皆称为成功事件；故障树分析中仅导致其他事件的原因事件称为底事件，它位于所讨论的故障树底端，总是某个逻辑门的输入事件而不是输出事件，底事件分为基本事件与未探明事件；在特定的故障树分析中，无须探明其发生原因的底事件称为基本事件；原则上应进一步探明但暂时不必或者暂时不能探明其原因的底事件称为未探明事件；故障树分析中由其他事件或事件组合所导致的事件称为结果事件，它总位于某个逻辑门的输出端，结果事件分为顶事件和中间事件；故障树分析中所关心的结果事件，称为顶事件，它位于故障树的顶端，总是所讨论故障树中逻辑门的输出事件而不是输入事件；位于底事件和顶事件之间的结果事件称为中间事件，它既是某个逻辑门的输出事件，同时又是别的逻辑门的输入事件；故障树分析中需用特殊符号表明其特殊性或引起注意的事件称为特殊事件；在正常工作条件下必然发生或者必然不发生的特殊事件称为开关事件；描述逻辑门起作用的具体限制的特殊事件是条件事件；表示仅当所有输入事件发生时，输出事件才能发生时用与门表示；表示至少一个输出事件发生时，输出事件就发生时用或门表示；非门表示输出事件是输入事件的对立事件；顺序与门表示仅当输入事件按规定的顺序发生时，输出事件才会发生；表决门表示仅当 n 个输入事件中 r 个或 r 个以上的事件发生时，输出事件才发生；异或门表示仅当单个输入事件发生时，输出事件才发生；禁门表示仅当条件事件发生时，输入事件的发生方导致输出事件的发生。顺序与门、表决门、异或门、禁门属于特殊门。故障树中某些基本事件的集合，当集合中这些基本事件全都发生时，顶事件必然发生，这样的集合称为割集；若在某个割集中任意除去一基本事件就不再是割集了，这样的割集称为最小割集，即导致顶事件发生的最低限度的基本事件的集合称为最小割集；故障树中某些基本事件的集合，当集合中这些基本事件全都不发生时，顶事件必然不发生，这样的集合称为径集；若在某个径集中任意除去一基本事件就不再是径集了，这样的径集称为最小径集，也就是不能导致顶事件发生的最低限度的基本事件的集合称为最小径集。

转移符号有相同转移符号和相似转移符号之分，表示转移到或来自于另一个子(故障)树，用三角形表示。相同转移符号包括转向符号和转此符号。转向符号表示在三角形内标出向何处转移；转此符号表示在三角形内标出从何处转入。相似转移符号包括相似转向和相似转此。相似转向表示下面转到结构相似而事件标号不同的子树；相似转此表示从子树与此处子树相似但事件标号不同处转入。故障树分析所用的逻辑和事件符号见表4.10。

表4.10　故障树分析所用的逻辑和事件符号

符　号	名　称	符　号	名　称
	基本事件	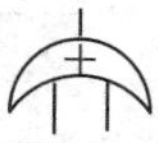	或门
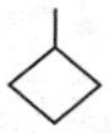	未探明事件		与门
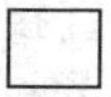	结果事件		非门
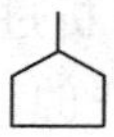	开关事件	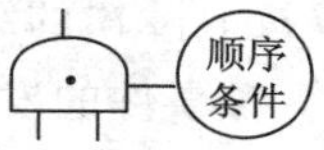 顺序条件	顺序与门
	条件事件	 不同时发生	异或门
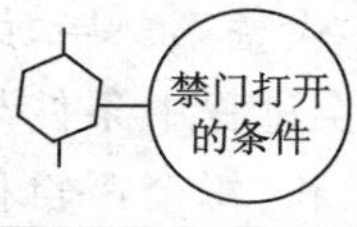 禁门打开的条件	禁门	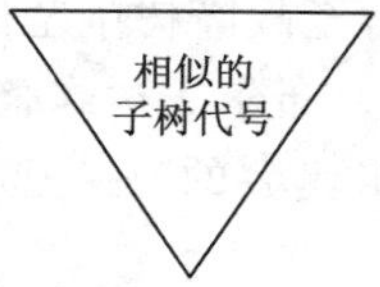 相似的子树代号	相似转向（相似转向符号）
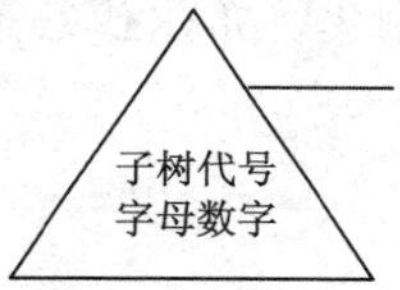 子树代号字母数字	相似转向（相似转向符号）		
 子树代号字母数字	转此符号	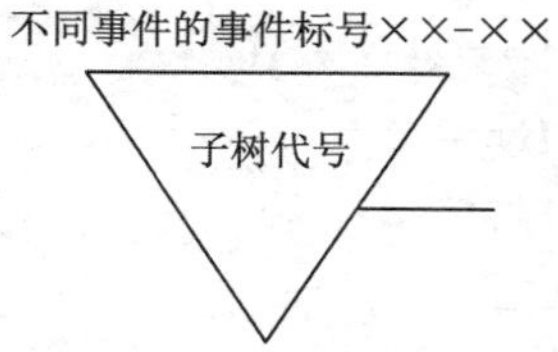 不同事件的事件标号××-×× 子树代号	相似转此

故障树分析法基本程序如图4.3所示。这些步骤不一定每步都做，可根据需要和可能确定。故障树的建造是故障树分析中最基础也是最关键的一环。只有故障树编得切合实际，才能得到正确的定性定量结果，从而为制定安全防范措施提供可靠的依据。故障树定性分析是从故障树结构上求出最小割集和最小径集，进而确定每个基本事件对顶事件的影响程度，为制定安全措施的先后次序、轻重缓急提供依据。下面对故障树的建造和定性分析两步做简要介绍。

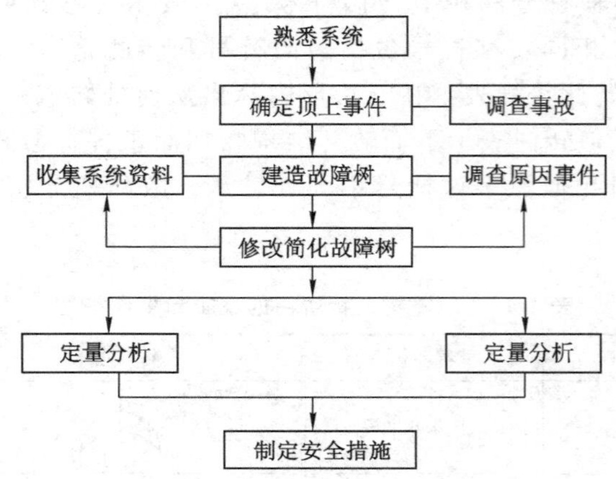

图 4.3 FTA 方法的基本程序

故障树的构建从顶事件开始，用演绎和推理的方法确定导致顶事件的直接的、间接的、必然的、充分的原因。通常这些原因不是基本事件，而是需进一步发展的中间事件。

故障树的定性分析仅按故障树的结构和事故的因果关系进行分析。分析过程中不考虑各事件的发生概率，或认为各事件的发生概率相等。内容包括：求基本事件的最小割集、最小径集及其结构重要度，在此基础上确定安全防灾对策。最小割集的求法有许多种，其中还开发了一些用计算机求解的程序，这里只介绍一种手工求法——布尔代数法简法。这种方法要首先列出故障树的布尔表达式，即从故障树的第一层输入事件开始，“或门”的输入事件用逻辑加表示，“与门”的输入事件用逻辑积表示；再用第二层输入事件代替第一层，第三层输入事件代替第二层，直至故障树中全体基本事件都代完为止。在代换过程中条件与事件之间总是用逻辑积表示。布尔表达式整理后得到若干个逻辑积的逻辑和，每个逻辑积就是一个割集，然后利用布尔代数的有关运算定律化简，就可求出最小割集。布尔代数运算法则有：

交换律：$A+B=B+A$　　$AB=BA$

结合律：$A+(B+C)=(A+B)+C$　　$A(BC)=(AB)C$

分配律：$A(B+C)=AB+AC$　　$A+(BC)=(A+B)(A+C)$

吸收律：$A(A+B)=A$　　$A+AB=A$

互补律：$A+A'=1$　　$AA'=0$

幂等律：$AA=A$　　$A+A=A$

狄摩根定律：$(A+B)'=A'B'$　　$(AB)'=A'+B'$

对偶律：$(A')'=A$

重叠律：$A+A'B=A+B=B+B'A$

其中，1 表示全集，即一个集合中所有子集合的全体元素构成的集合；0 表示空集，即没有任何元素的集合；A'表示补集，全集 1 中不属于集合 A 的元素的全体构成的集合称为 A 的补集。在故障树中，事件不发生就是事件发生的补事件。

下面以图 4.4 故障树为例，求最小割集。

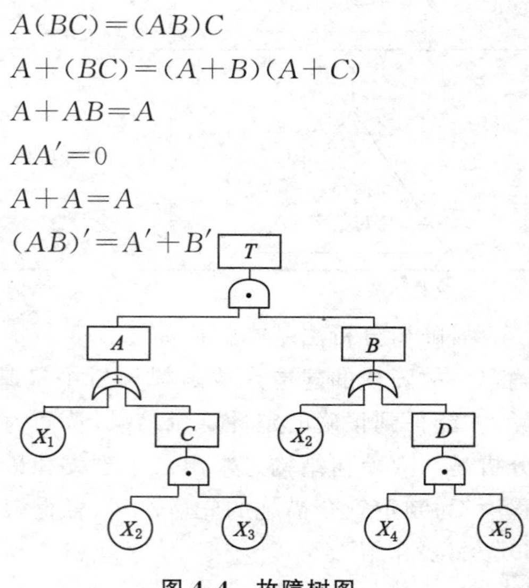

图 4.4 故障树图

$$
\begin{aligned}
T &= A \cdot B \\
&= (X_1 + C)(X_2 + D) \\
&= (X_1 + X_2X_3)(X_2 + X_4X_5) \\
&= X_1X_2 + X_2X_3X_2 + X_1X_4X_5 + X_2X_3X_4X_5 \\
&= X_1X_2 + X_2X_3 + X_1X_4X_5 + X_2X_3X_4X_5 \\
&= X_1X_2 + X_2X_3 + X_1X_4X_5
\end{aligned}
$$

该故障树有 3 个最小割集：

$$K_1 = \{X_1, X_2\},\quad K_2 = \{X_2, X_3\}, K_3 = \{X_1, X_4, X_5\}$$

最小径集求法是先将故障树化为对偶的成功树(只需将或门换成与门,与门换成或门,事件化为其对偶事件即可);求成功树的最小割集就是原故障树的最小径集。例如,图 4.5(a)所示的故障树,其布尔表达式为:

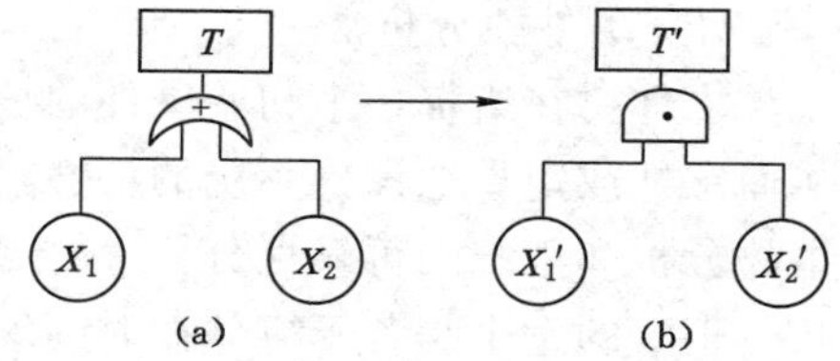

图 4.5　故障树变成功树示例

$$T = X_1 + X_2$$

上式表示事件 X_1,X_2 任意一个发生,顶事件 T 就会发生。要使顶事件不发生,X_1,X_2 两个事件必须都不发生。对上式两端取补,便得到下式:

$$T' = (X_1 + X_2)' = X_1' \cdot X_2'$$

该式用图形表示见图 4.5(b)。图(b)是图(a)的成功树。

下面以图 4.4 所示的故障树为例,求其最小径集。首先画出故障树的对偶树——成功树,如图 4.6 所示,求成功树的最小割集。

$$
\begin{aligned}
T' &= A' + B' = X_1'C' + X_2'D' = X_1'(X_2' + X_3') + X_2'(X_4' + X_5') \\
&= X_1'X_2' + X_1'X_3' + X_2'X_4' + X_2'X_5'
\end{aligned}
$$

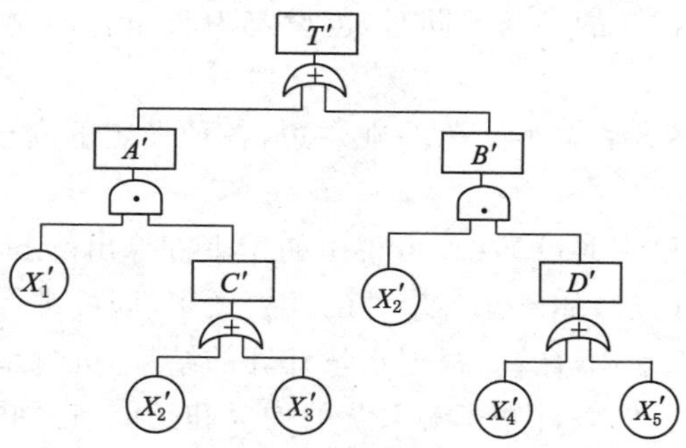

图 4.6　图 4.4 的成功树

成功树有 4 个最小割集,就是故障树的 4 个最小径集:

$$P_1 = \{X_1, X_2\},\quad P_2 = \{X_1X_3\},\quad P_3 = \{X_2X_4\},\quad P_4 = \{X_2X_5\}$$

用最小径集表示的故障树的结构式为

$$T = P_1 \cdot P_2 \cdot P_3 \cdot P_4 = (X_1 + X_2)(X_1 + X_3)(X_2 + X_4)(X_2 + X_5)$$

故障树中各个基本事件对顶事件的影响程度不同。从故障树结构上分析各基本事件的重要度(不考虑各基本事件的发生概率或假定各基本事件发生概率相等),分析各基本事件的发生对顶事件发生的影响程度,叫做结构重要度分析。利用最小割集分析判断结构重要度有以下几个原则:第一,单事件最小割集中的基本事件的结构重要性系数,$I(i)$大于所有高阶最小割集中基本事件的结构重要性系数;第二,在同一最小割集中出现的所有基本事件,结构重要性系数相等(在其他割集中不再出现);第三,几个最小割集均不含共同元素,则低阶最小割集中基本事件重要性系数大于高阶割集中基本事件重要性系数,阶数相同,重要性系数相同;第四,比较两基本事件,若与之相关的割集阶数相同,则两事件结构重要性系数大小由它们出现的次数决定,出现次数多的系数大;第五,相比较的两事件仅出现在基本事件个数不等的若干最小割集中,若它们重复在各最小割集中出现次数相等,则在小事件最小割集中出现的基本事件结构重要性系数大。

(2) 事件树分析法

事件树在给定一个初始事件的情况下,分析此初始事件可能导致各种事件序列的结果,从而定性或定量地评价系统的特性,并帮助分析人员获得正确的决策,它常用于安全系统的事故分析和系统的可靠性分析,由于事件序列是以图形表示,并且呈扇状,故称为事件树。

事故的发生是若干事件按时间顺序相继出现的结果,每一个初始事件都可能导致灾难性的后果,但并不一定是必然的后果,因为事件向前发展的每一步都会受到安全防护措施、操作人员的工作方式、安全管理及其他条件的制约。因此,每一阶段都有两种可能,即达到既定目标的"成功"和达不到既定目标的"失败"。事件树分析法(ETA)从事故的初始事件开始,途经原因事件到结果事件为止,每一事件都按成功和失败两种状态进行分析。成功和失败的分叉称为歧点,用树枝的上分支作为成功事件,下分支作为失败事件,按事件发展顺序不断延续分析,直至最后结果,最终形成一个在水平方向横向展开的树形图。显然,有 n 个阶段,就有($n-1$)个歧点,也就是有 2^{n-1} 个结果。根据事件发展的不同情况,如已知每个歧点处成功或失败的概率,就可以计算出各种不同结果的概率。

事件树分析法可按以下 4 个步骤进行:

第一步,确定初始事件。初始事件一般是指系统故障、设备失效、工艺异常、人的失误等,它们都是事先设想或估计的。与此同时,也设定为防止它们继续发展的安全措施、操作人员处理措施和程序等。

第二步,编制 ETA 图。将初始事件写在左边,各种设定的安全措施按先后顺序写在顶端横栏内。

第三步,阐明事故结果。通过 ETA 可得由初始事件导出的各种事故结果。

第四步,定量计算、分级。如已知各事件的发生概率,即可进行定量计算(设各歧点的失败概率为 P_i,则成功概率为 $1-P_i$)。根据定量计算的结果,进行事故严重程度的分级。

在进行事件树分析时,应该首先了解系统的构成和功能,特别要注意以下几点:第一,在确定和寻找可能导致系统严重事故的初始事件和系统事件时,要有效利用平时的安全检查表、检修结果、未遂事故的故障信息,以及相关领域或系统的类似系统或相似系统的数据资料。第二,选择初始事件时,要把重点放在对系统安全影响重大、发生频率高的事件上。与初始事件有关的系统事件,要注意到设备、环境、人员多个因素,要充分涉及各个方面。第三,开始选择的初始事件要进行分类整理,对于可能导致相同事件树的初始事件要划分成一类,然后分析各类初始事件对系统影响的严重性,应优先做出严重性最大的初始事件的事件树。第四,在根据事件树分析结果制定对策时,要优先考虑事故发生概率高、事故影响大的项目。第五,当系统的事件发生概率是由组成系统的作业过程中各阶段安全措施的程序错误或失败概率的逻辑积表示时,其对应的措施是使发生事故的各个阶段中任何一项安全措施成功即可，并且做出对策的时间越早越好。第六，系统中事故的发生概率是由构成系统的作业过程中各事故发生的逻辑和表示时，须采取的对策是使可能发生事故的所有阶段中的安全措施都成功。第七，事故防止对策的种类，包括体制方面、物的对策和人的对策。

【例 4.3】 事件树分析法应用举例。

1979 年 10 月，日本川崎市某化工厂高压聚乙烯装置的回火防止储罐在 20.26 MPa 下运行时突然爆炸，幸未造成人员伤亡，其 ETA 如图 4.7 所示。

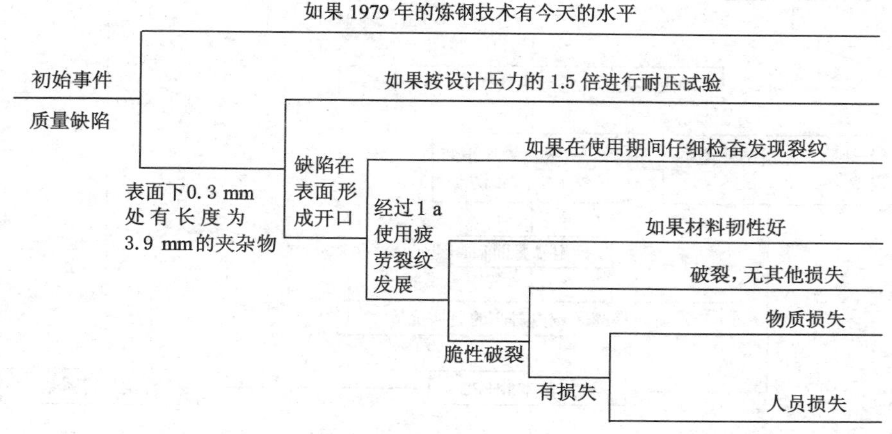

图 4.7 回火防止储罐爆炸的事件树

(3) 道化学火灾爆炸指数评价法

道化学公司火灾爆炸指数评价法，又称为道化学公司方法，是美国道化学公司所首创的化工生产危险度定量评价方法。1964 年发布第一版，1993 年提出了第七版(简称《道七版》)。它以物质系数为基础，再考虑工艺过程中其他因素如操作方式、工艺条件、设备状况、物料处理、安全装置情况等的影响，来计算每个单元的危险度数值，然后按数值大小划分危险度级别。由于分析时对管理因素考虑较少，因此它主要是对化工生产过程中固有危险的度量。

《道七版》"火灾、爆炸危险指数评价法"计算程序见图 4.8。

道化学火灾爆炸指数评价法的评价过程可按以下步骤进行：

第一步，确定评价单元。包括评价单元的确定和评价设备的选择。

第二步，求取单元内重要物质的物质系数 MF。重要物质是指单元中以较多数量(5%以上)存在的危险性潜能较大的物质。物质系数 MF 是最基础的数值，是表达物质由燃烧或其他化学反应引起的火灾、爆炸过程中释放能量大小的内在特性，它由物质可燃性 N_f 和化学活性(或不稳定性)N 求得。

第三步，根据单元的工艺条件，采用适当的危险系数，求得单元一般工艺危险系数 F_1 和特殊工艺危险系数 F_2。一般工艺危险系数 F_1 是确定事故损害大小的主要因素。特殊工艺危险系数 F_2 是影响事故发生概率的主要因素。

第四步，求工艺单元危险系数 F_3。

第五步，求火灾、爆炸指数 $F\&EI$，它可被用来估计生产过程中事故可能造成的破坏。

第六步，用火灾、爆炸指数值查出单元的暴露区域半径 R(m)，并计算暴露面积 A。

第七步，确定暴露区域财产价值。

暴露区域内财产价值可由区域内含有的财产(包括储存物料)的更换价值来确定：

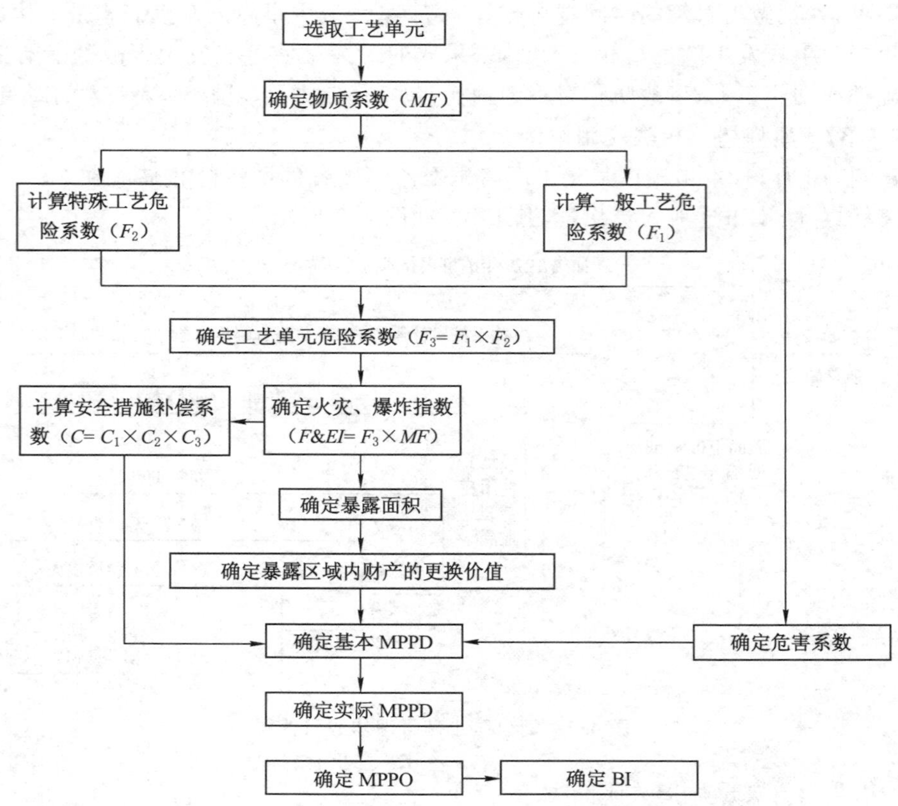

图 4.8　道化学火灾、爆炸危险指数评价法计算程序图

$$更换价值 = 原来成本 \times 0.82 \times 增长系数 \tag{4.1}$$

式中，0.82 是考虑了场地平整、道路、地下管线、地基等在事故发生时不会遭到损失或无需更换的系数；增长系数由工程预算专家确定。

第八步，确定破坏系数。

破坏系数由单元危险系数（F_3）和物质系数按图 4.9 来确定。它表示单元中的物料或反应能量释放所引起的火灾、爆炸事故综合效应。若 F_3 值超过 8.0，以 8.0 来确定破坏系数。

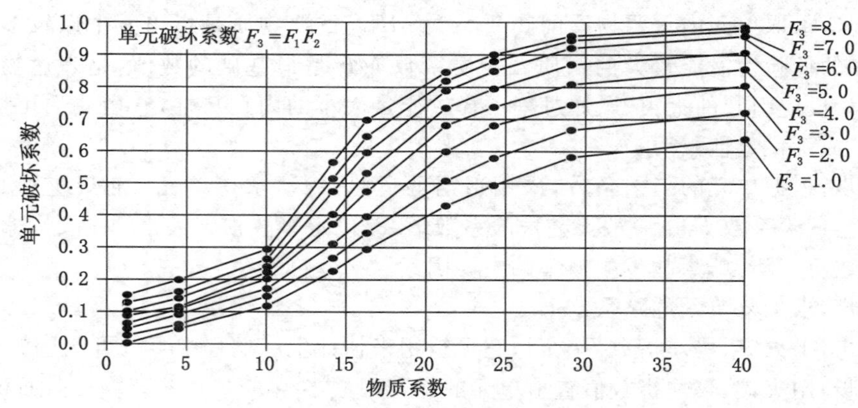

图 4.9　单元破坏系数计算图

第九步，计算基本最大可能财产损失(基本 MPPD)。

$$\text{基本 MPPD} = \text{暴露区域的更换价值} \times \text{破坏系数} \tag{4.2}$$

第十步，计算安全措施补偿系数

《道七版》考虑的安全措施分成 3 类：工艺控制(C_1)、物质隔离(C_2)、防火措施(C_3)，其总的补偿系数是该类中所有选取系数的乘积。

$$\text{单元安全措施补偿系数 } C = C_1 \times C_2 \times C_3 \tag{4.3}$$

第十一步，确定实际最大可能财产损失(实际 MPPD)

基本最大可能财产损失与安全措施补偿系数的乘积就是实际最大可能财产损失。它表示采取适当的防护措施后事故造成的财产损失。

第十二步，确定最大可能工作日损失(基本 MPDO)和停产损失(BI)

图 4.10 表明了 MPDO 与实际 MPPD 之间的关系。其中，x 是指实际 MPPD，y 是指 MPDO。图中有 3 条斜线，最下面的斜线为 MPDO 在 70%可能范围的下限，其值为：$\lg y = 1.045\,515 + 0.610\,426 \lg x$；最上面的斜线为 MPDO 在 70%可能范围的上限，其值为：$\lg y = 1.550\,233 + 0.598\,416 \lg x$；中间的斜线为 MPDO 在 70%可能范围的正常值，其值为：$\lg y = 1.325\,132 + 0.592\,471 \lg x$。

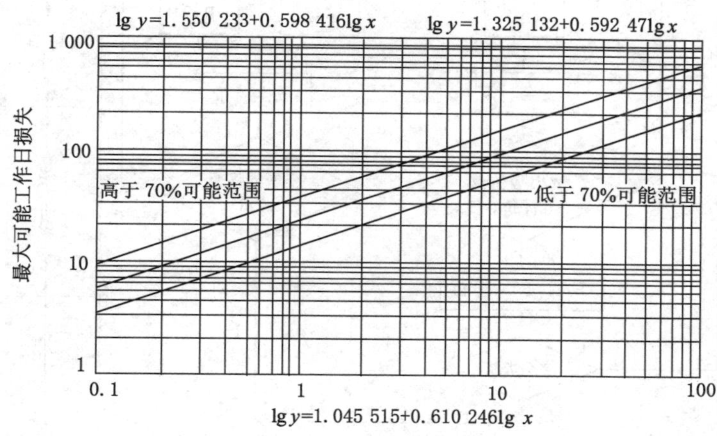

图 4.10　最大可能工作日损失计算图

停产损失(BI)按下式计算：

$$\text{BI} = \text{MPDO} \times \text{VPM} \times 0.70/30 \tag{4.4}$$

式中，VPM 是每月产值；0.70 是固定成本和利润值。

第十三步，给出评价。

第十四步，制定安全措施建议。

以上只是简略地介绍了道化学火灾爆炸指数评价法的评价过程，其中涉及的具体参数的取值可参考相关工具书，这里不再赘述。

(4) 日本劳动省化工企业“六阶段安全评价法”

日本劳动省颁布的化工企业“六阶段安全评价法”，综合应用安全检查表、定量危险性评价、事故信息评价、故障树分析以及事件树分析等方法，分成 6 个阶段采取逐步深入，定性与定量结合，层层筛选的方式识别、分析、评价危险，并采取措施修改设计消除危险。它是一种周到的评价方法，除化工厂外，还可用于其他有关行业安全评价。该方法准确性高，但工作量大。

六阶段安全评价法具体的评价程序如图 4.11 所示。

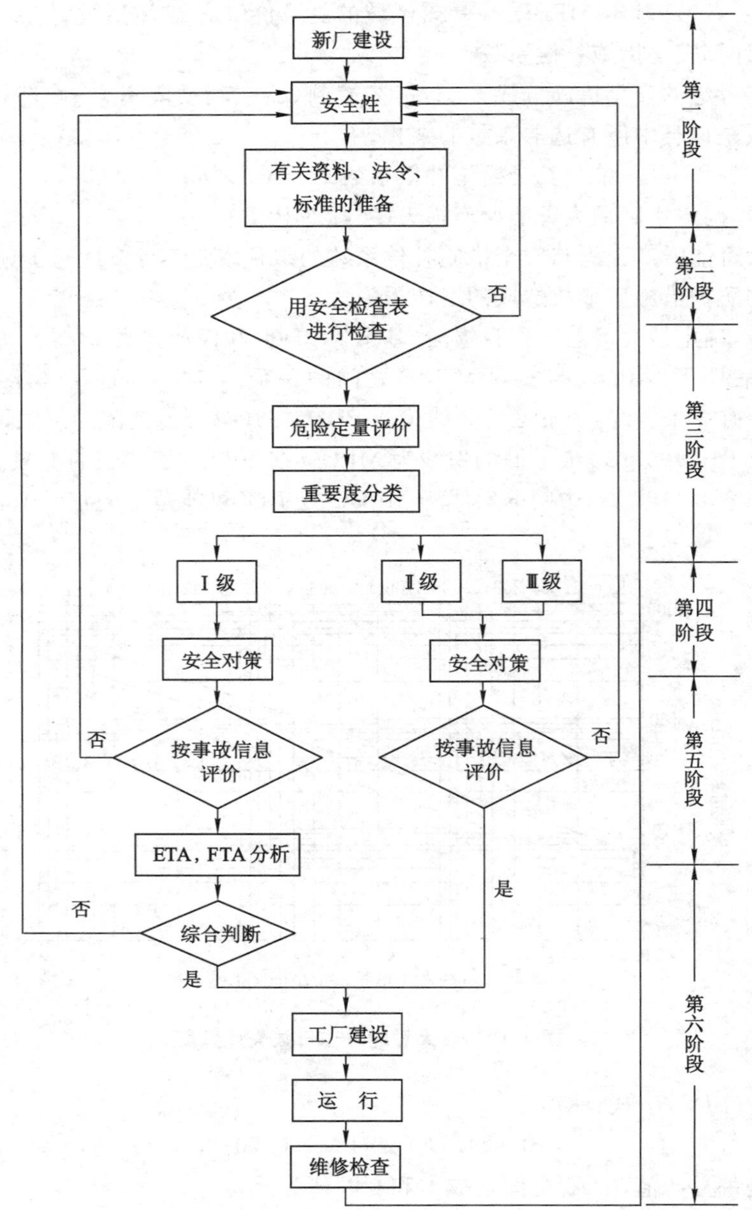

图 4.11　化工企业"六阶段安全评价法"程序图

第一阶段，资料准备。建厂条件、原料和产品的物化性质、有关法规标准；反应过程；制造工程概要；流程图；流程机械表；配管、仪表系统图；安全设备种类及设置地点；运转要点；人员配置图；安全教育训练计划等其他有关资料。

第二阶段，定性评价。应用安全检查表主要针对厂址选择、工厂内部布置、建筑流程和设备布置、原材料、中间体、产品、输送储存系统、消防设施等方面进行检查，发现问题及时改进设计。

第三阶段，定量评价。将装置划分为若干单元，对各单元的物质、容量、温度、压力和操作等 5 项进行评价，每项又分成 A、B、C、D 四个分段，分别对应分值 10 分、5 分、2 分和 0 分。我国借鉴该方法，编制了“危险度评价取值表”，见表 4.11。最后由 5 项分值之和求得单元的危险度分数，进而评定该单元的危险度等级。等级划分方法见表 4.12。

表 4.11　危险度评价取值表

项目＼分值	10 分(A)	5 分(B)	2 分(C)	0 分(D)
物质(系指原材料中间体或产品中危险程度最大的物质)	1. 甲类可燃气体； 2. 甲$_A$ 及液态烃类； 3. 甲类固体； 4. 极度危害介质	1. 乙类可燃气体； 2. 甲$_B$、乙$_A$ 及液态烃类； 3. 乙类固体； 4. 高度危害介质	1. 乙$_B$、丙$_A$、丙$_B$ 类可燃液体； 2. 丙类固体； 3. 中、轻度危害介质	不属 A～C 项的物质
容量	气体：>1 000 m^3； 液体：>100 m^3 1. 有触媒的反应，应去掉触媒层所占空间； 2. 气液混合反应应按照其反应的形态选择上述规定	气体：500～1 000 m^3 液体：50～100 m^3	气体：100～500 m^3 液体：10～50 m^3	气体：<100 m^3 液体：<10 m^3
温度	1 000 ℃以上使用，其操作温度在燃点以上	1. 1 000 ℃以上使用，但操作温度在燃点以下； 2. 在 250～1 000 ℃使用，其操作温度在燃点以上	1. 在 250～1 000 ℃使用，但操作温度在燃点以下； 2. 在低于 250 ℃使用，操作温度在燃点以上	在低于 250 ℃使用，操作温度在燃点以下
压力	>100 MPa	20～100 MPa	1～20 MPa	<1 MPa
操作	1. 临界放热和特别剧烈的放热反应操作； 2. 在爆炸极限范围内或其附近的操作	1. 中等放热反应(如烷基化、酯化、加成、氧化、聚合、缩合等反应)操作； 2. 系统进入空气中的不纯物质，可能发生危险的操作； 3. 使用粉状或雾状物质，有发生粉尘爆炸可能的操作； 4. 单批式操作	1. 轻微放热反应(如加氢、水解、异构化、磺化、中和等反应)操作； 2. 精制操作中伴有的化学反应； 3. 单批式，但开始用机械等手段进行程序操作； 4. 有一定危险的操作	无危险的操作

表 4.12　危险度分级

总分值	≥16 分	11～15 分	≤10 分
等　级	Ⅰ	Ⅱ	Ⅲ
危险程度	高度危险	中度危险	低度危险

第四阶段，制订安全对策。根据单元的危险度等级，按方法推荐的各评价等级应采取的措施和要求，采取相应技术、设备和组织管理等方面的安全对策措施。

第五阶段，用过去类似设备和装置的事故资料进行复查评价。根据设计内容参照过去同样设备和装置的事故情报进行再评价，如果有应改进的地方，再按第四阶段要求进一步采取措施。

对于危险度Ⅱ,Ⅲ级的装置,在以上评价终了之后,即可在完善设计的基础上进行中间工厂或装置的建设。

第六阶段,再评价。

对于危险度为Ⅰ级的装置,最好用FTA,ETA进行再评价。如果通过评价后发现需要改进的地方,要对涉及内容进行休整,然后才能建厂。

(5)蒙德火灾爆炸毒性指数评价法

道化学公司方法推出以后,各国竞相研究,推动了这项技术的发展,在它的基础上提出了一些不同的评价方法。第六版的道化学公司方法的评价结果是以火灾、爆炸指数来表示的。英国ICI公司蒙德分部则根据化学工业的特点,扩充了毒性指标(又称为蒙德火灾、爆炸、毒性危险指数评价法,简称蒙德法),并对所采取的安全措施引进了补偿系数的概念,把这种方法向前推进了一大步。

该法首先将评价系统划分成单元,选择有代表性的单元进行评价。评价过程分2个阶段进行:一是初期危险度评价,二是最终危险度评价。蒙德法评价程序见图4.12。

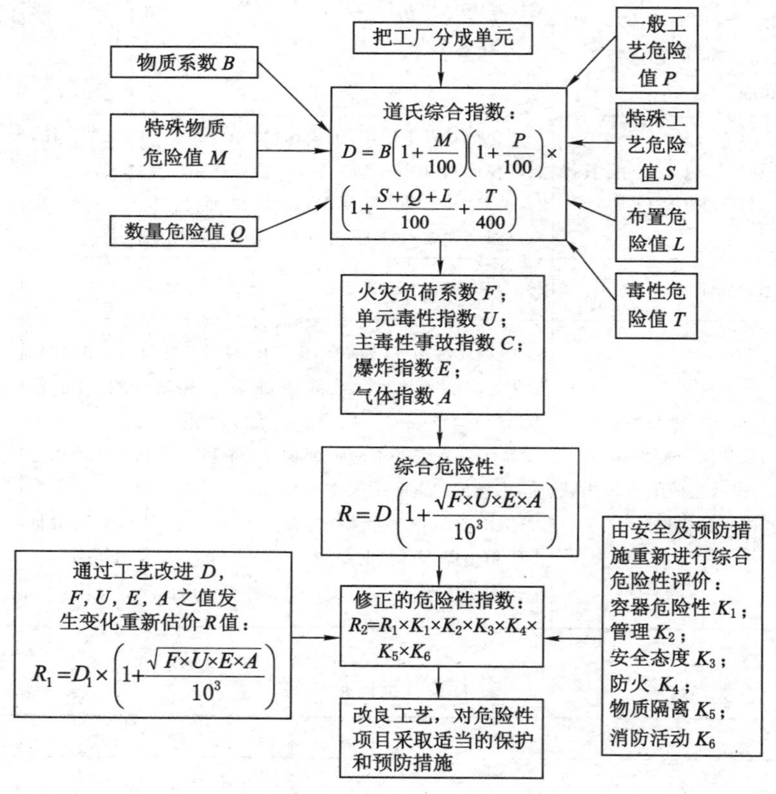

图4.12 蒙德法评价程序

初期危险度评价是不考虑任何安全措施,评价单元潜在危险性的大小。评价的项目包括:确定物质系数(B)、特殊物质的危险性(M)、一般工艺危险性(P)、特殊工艺危险性(S)、数量的危险性(Q)、布置上的危险性(L)、毒性危险性(T)。各项包含的因素及取值见表4.13。

表 4.13　火灾、爆炸、毒性指标

场所		
装置		
单元		
物质		
反应		
① 物质系数		
燃烧焓值 $\Delta H_c/(\text{kJ}\cdot\text{kg}^{-1})$		
物质系数 $B\left(B=\dfrac{\Delta H_c\times 1.8}{1\ 000}\right)$		
② 特殊物质危险性	建议系数	采用系数
a. 氧化性物质	0～20	
b. 与水反应生成可燃气体	0～30	
c. 混合及扩散特性	－60～60	
d. 自然发热性	30～250	
e. 自然聚合性	25～75	
f. 着火敏感性	－75～150	
g. 爆炸的分解性	125	
h. 气体的爆炸性	150	
i. 凝缩层爆炸性	200～1 500	
j. 其他性质	0～150	
特殊物质危险性合计 M		
③ 一般工艺危险性	建议系数	采用系数
a. 使用与仅物理变化	10～50	
b. 单一连续反应	0～50	
c. 单一间断反应	10～60	
d. 同一装置内的重复反应	0～75	
e. 物质移动	0～75	
f. 可能输送的容器	10～100	
一般工艺危险性合计 P		
④ 特殊工艺危险性	建议系数	采用系数
a. 低压（$<10^3$ kPa，绝对压力）	0～100	
b. 高压	0～150	
c. 低温　1. 碳钢：－10 ℃～10 ℃	15	
c. 低温　2. 碳钢：－10 ℃以下	30～100	
c. 低温　3. 其他物质	0～100	
d. 高温　1. 引火性	0～40	
d. 高温　2. 构造物质	0～25	
工程温度/K		
e. 腐蚀与侵蚀	0～150	
f. 接头与垫圈泄漏	0～60	
g. 振动负荷、循环等	0～50	
h. 难控制的工程或反应	20～300	
i. 在燃烧范围或附近条件下操作	0～150	
j. 平均爆炸危险性	40～100	
k. 粉尘或烟雾的危险性	30～70	
l. 强氧化剂	0～300	
m. 工程着火敏感度	0～75	
n. 静电危险性	0～200	
特殊工艺危险性合计 S		
⑤量的危险性	建议系数	采用系数
物质体积合计/m^3		
密度/$(\text{kg}\cdot\text{m}^{-3})$		
流量系数 k_Q	1～1 000	
⑥配置危险性	建议系数	采用系数
单元详细配置		
高度 H/m		
通常作业区域/m^2		
a. 构造设计	0～200	
b. 多米诺效应	0～250	
c. 地下	0～150	
d. 地面排水沟	0～100	
e. 其他	0～250	
⑦ 毒性危险性	建议系数	采用系数
a. TLV 值	0～300	
b. 物质类型	25～200	
c. 短期暴露危险性	－100～150	
d. 皮肤吸收	0～300	
e. 物理性因素	0～50	
毒性危险性合计 T		

各因素取值确定后，根据图 4.12 中公式可计算 DOW/ICI 全体指标 D。DOW/ICI 总指标 D 划分为 9 个危险等级，见表 4.14。考虑总指标受火灾负荷(F)、毒性指标(U)、装置内部爆炸指标(E)和环境气体爆炸指标(A)等因素影响较大，故开发了总危险性评分 R，R 的数值可由图 4.12 中相应公式计算得到，对应于 R 的危险程度分级见表 4.15。

表 4.14　D 与危险程度

D 的范围	危险性程度	D 的范围	危险性程度	D 的范围	危险性程度
0～20	缓和的	60～75	稍重的	115～150	非常极端的
20～40	轻度的	75～90	重的	150～200	潜在灾难性的
40～60	中等的	90～115	极端的	＞200	高度灾难性的

表 4.15　R 与危险程度

总危险性 R	总危险性程度	总危险性 R	总危险性程度	总危险性 R	总危险性程度
0～20	缓和	500～1 100	高(1 类)	12 500～65 000	极端
20～100	低	1 100～2 500	高(2 类)	＞65 000	非常极端
100～500	中等	2 500～12 500	非常高		

初期危险度评价主要是了解单元潜在危险的程度。评价单元潜在危险性一般都比较高，需要采取安全措施，降低危险性，使之达到人们可以接受的水平。蒙德法从降低事故的频率和减少事故规模 2 个方面考虑采取措施。减少事故频率的安全预防手段有容器系统(K_1)、工艺管理(K_2)、安全态度(K_3)3 类，减少事故规模的措施有防火(K_4)、物质隔离(K_5)、消防活动(K_6)3 类。每类都包括数项安全措施，每项根据其降低危险所起的作用给予小于 1 的补偿系数。各类安全措施补偿系数等于该类各项取值之积。具体的内容见表 4.16。安全措施补偿系数取值之后，分别求出 K_1～K_6，即可计算经安全措施补偿以后总危险性指标下降到什么程度(R_2)。经补偿后的危险性降到了可以接受的水平，则可以建设或运转装置，否则必须更改设计或增加安全措施，然后重新进行评价，直至达到安全为止。

表 4.16　安全措施补偿系数

① 容器危险性		用的系数	d. 惰性气体系统	
a. 压力容器			e. 危险性研究活动	
b. 非压力立式储罐			f. 安全停止系统	
c. 输送配管	设计应变		g. 计算机管理	
	接头与垫圈		h. 爆炸及不正常反应的预防	
d. 附加的容器及防护堤			i. 操作指南	
e. 泄漏检测与响应			j. 装置监督	
f. 排放物质的废弃			工艺管理积的合计 K_2	
容器系数相乘积的合计 K_1			③安全态度	用的系数
② 工艺管理		用的系数	a. 管理者参加	
a. 警报系统			b. 安全训练	
b. 紧急用电力供给			c. 维修及安全程序	
c. 工程冷却系统			安全态度积的合计 K_3	

续表 4.16

④防火	用的系数	⑥灭火活动	用的系数
a. 检测结构的防火		a. 火灾警报	
b. 防火墙、障壁等		b. 手动灭火器	
c. 装置火灾的预防		c. 防火用水	
防火系数积的合计 K_4 =		d. 洒水器及水枪系统	
⑤ 物质隔离	用的系数	e. 泡沫及惰性化设备	
a. 阀门系统		f. 消防队	
b. 通风		g. 灭火活动的地域合作	
物质隔离系数积的合计 K_5		h. 排烟换气装置	
		灭火活动系数积的合计 K_6	

4.2　燃烧和爆炸的类型及特征

4.2.1　燃烧及其特征

1）燃烧的相关概念

（1）燃烧或火灾

燃烧是可燃物质与氧化剂发生的一种发光发热的氧化反应。按电子学说，在化学反应中，失去电子的物质被氧化，称为还原剂；得到电子的物质被还原，称为氧化剂。所以，氧化反应并不限于同氧的反应。例如：氢在氯气中的燃烧生成氯化氢，并伴有光和热的发生；金属和酸反应生成盐也是氧化反应，但没有同时发光发热，所以不能称为燃烧；灯泡中的灯丝通电后同时发光发热，但因其不是氧化反应，所以也不能称为燃烧。只有同时发光发热的氧化反应才被界定为燃烧。火灾是失去控制的燃烧。

（2）闪燃及闪燃点

任何液体的表面都有蒸气存在，其浓度取决于液体的温度。可燃液体表面的蒸气与空气形成的混合可燃气体，遇到明火以后，只出现瞬间闪火而不能持续燃烧的现象叫做闪燃。引起闪燃时液体的最低温度叫做闪点。

由定义可知，闪点是对可燃液体而言的，它是评价可燃液体危险程度的重要参数之一。但某些固体由于在室温或略高于室温的条件下即能挥发或升华，以致在周围的空气中的浓度达到闪燃的浓度，所以也有闪点，如硫、萘和樟脑等。可燃液体的闪点随其浓度的变化而变化。水溶性的可燃液体，如乙醇，随浓度的降低，其闪点升高。互溶的二元可燃混合液体的闪点，一般介于原来两液体闪点之间，但闪点与组分并不一定呈线性关系；按某一比例混合后具有最高或最低沸点二两元混合液体，则可能具有最高或最低闪点，即混合液的闪点可能比两纯组分的闪点都高或都低。对出现最低闪点的互溶液体，在使用时应引起特别的注意。

（3）引燃

引燃是可燃物持续燃烧反应的开始，如果燃烧仅仅是瞬间的，则属于闪燃。不过，实际应用时，对持续燃烧的时间并没有一致的规定。引燃一般发生于气相，液体和固体可燃物通常要先产生可燃性气体才会被引燃。当可燃性混合气体达到一定温度时可能引发自燃，或者在具有一定能量的外界火源作用下被点燃，从而引发燃烧。因此，引燃分为自燃和点燃 2 种类型。

(4) 自燃及自燃点

可燃物质在助燃性气体(如空气)中，在无外界明火的直接作用下，由于受热或自行发热能引燃并持续燃烧的现象叫做自燃。在一定条件下，可燃物质产生自燃的最低温度叫做自燃点，也称为引燃温度。

(5) 点燃及燃点

点燃是指在外部火源作用下可燃物开始持续的燃烧。能够使液体可燃物发生持续燃烧的最低温度称为燃点，燃点高于闪点。固体可燃物发生持续燃烧的最低温度习惯上称为点燃温度。液体的闪点与燃点相差不大，对于易燃液体来说，一般在 1～5 ℃，而可燃液体可能相差几十摄氏度。

(6) 燃烧极限

在可燃性气体混合物中，可燃气体与空气(或氧气)的比例只在一定的范围内才可以发生燃烧，高于或低于这个范围都不会燃烧。通常把 1 atm 下可燃气体在其与空气的混合物中能发生燃烧的最低体积浓度称为燃烧下限(LFL)，而将最高体积浓度称为燃烧上限(UFL)。在上限与下限之间的浓度，则称为可燃物的燃烧范围。

(7) 氧指数

氧指数又叫做临界氧浓度(COC)或极限氧浓度(LOC)，它是用来对固体材料可燃性进行评价和分类的一个特性指标。模拟材料在大气中的着火条件，如大气温度、湿度、气流速度等，将材料在不同氧浓度的 O_2-N_2 混合气中点火燃烧，测出能维持该材料有焰燃烧的以体积分数表示的最低氧气浓度，此最低氧浓度称为氧指数。由此可见，氧指数高的材料不易着火，阻燃性能好；氧指数低的材料容易着火，阻燃性能差。

(8) 最小点火能

在处于爆炸范围内的可燃气体混合物中产生电火花，从而引起着火所必需的最小能量称为最小点火能。它是使一定浓度可燃气(蒸气)-空气混合气燃烧或爆炸所需要的能量临界值。如引燃源的能量低于这个临界值，一般情况下不能引燃。

可燃混合气点火能量的大小取决于该物质的燃烧速度、热传导系数、可燃气在可燃气-空气(或氧)混合气体中的浓度(体积分数，φ)、混合气的温度和压力等。混合气燃烧速度越快，热传导系数越小，所需点火能量越小。可燃气浓度对点火能量的影响较大，一般在稍高于化学计算量时，其点火能量最小。

2) 燃烧的特征参数

(1) 燃烧温度

可燃物质燃烧所产生的热量在火焰燃烧区域释放出来，火焰温度即是燃烧温度。表 4.17列出了一些常见物质的燃烧温度。

(2) 燃烧速率

燃烧速率是指燃烧表面的火焰沿垂直于表面的方向向未燃烧部分传播的速率。

表 4.17　常见可燃物质的燃烧温度

物质	温度/℃	物质	温度/℃	物质	温度/℃	物质	温度/℃
甲烷	1 800	原油	1 100	木材	1 000～1 170	液化气	2 100
乙烷	1 895	汽油	1 200	镁	3 000	天然气	2 020
乙炔	2 127	煤油	700～1 030	钠	1 400	石油气	2 120
甲醇	1 100	重油	1 000	石蜡	1 427	火柴火焰	750～850
乙醇	1 180	烟煤	1 647	一氧化碳	1 680	燃着香烟	700～800
乙醚	2 861	氢气	2 130	硫	1 820	橡胶	1 600
丙酮	1 000	煤气	1 600～1 850	二硫化碳	2 195		

气体的燃烧速率随物质的成分不同而异。单质气体如氢气的燃烧只需受热、氧化等过程，而化合物气体的燃烧则需要经过受热、分解、氧化等过程。所以，单质气体的燃烧速率要比化合物气体的快。气体的燃烧性能常以火焰传播速率来表征，火焰传播速率有时也称为燃烧速率。在多数火灾或爆炸情况下，已燃和未燃气体都在运动，燃烧速率和火焰传播速率并不相同，火焰传播速率等于燃烧速率和整体运动速率之和。

液体燃烧速率取决于液体的蒸发，其燃烧速率有质量速率和直线速率 2 种表示方法。质量速率是指每平方米可燃液体表面，每小时烧掉的液体的质量，单位为 kg/(m·h)，而直线速率是指每小时烧掉可燃液层的高度，单位为 m/h。液体的燃烧过程是先蒸发而后燃烧。易燃液体在常温下蒸气压就很高，因此有火星、灼热物体等靠近时便能着火，火焰会很快沿液体表面蔓延。另一类液体只有在火焰或灼热物体长久作用下，使其表层受强热大量蒸发才会燃烧，故在常温下生产、使用这类液体没有火灾或爆炸危险。这类液体着火后，火焰在液体表面上蔓延的也很慢。为了维持液体燃烧，必须向液体传入大量热，使表层液体被加热并蒸发。火焰向液体传热的方式是辐射，故火焰沿液面蔓延的速率决定于液体的初温、热容、蒸发潜热以及火焰的辐射能力。

固体燃烧速率一般要小于可燃液体和可燃气体，不同固体物质的燃烧速率有很大差异。萘及其衍生物、三硫化磷、松香等可燃固体，其燃烧过程是受热熔化、蒸发汽化、分解氧化、起火燃烧，一般速率较慢。而另外一些可燃固体如硝基化合物、含硝化纤维素的制品等，燃烧是分解式的，燃烧剧烈，速度很快。可燃固体的燃烧速率还取决于燃烧比表面积，即燃烧表面积与体积的比值越大，燃烧速率越大；反之，则燃烧速率越小。

(3) 燃烧热

易燃物质的燃烧热是指单位质量的物质在 25 ℃的氧中燃烧放出的热量，燃烧产物(包括水)都假定为气态。可燃物质燃烧、爆炸时所达到的最高温度、最高压力和爆炸力与物质的燃烧热有关。物质的燃烧热数据可用量热仪在常压下测得。因为生成的水蒸气全部冷凝成水和不冷凝时，燃烧热效应的差值为水的蒸发潜热，所以燃烧热有高热值和低热值之分。高热值是指单位质量的燃料完全燃烧，生成的水蒸气全部冷凝成水时所放出的热量，而低热值是指生成的水蒸气不冷凝时所放出的热量。

4.2.2 爆炸及其特征

1) 爆炸的相关概念

(1) 爆炸

爆炸是物质发生急剧的物理、化学变化，由一种状态迅速转变为另一种状态，并在瞬间释放出巨大能量的现象。一般来说，爆炸现象具有以下特征：爆炸过程进行得很快；爆炸点附近压力急剧升高，产生冲击波；发出或大或小的响声；周围介质发生震动或邻近物质遭受破坏。

对于化工生产来说，爆炸主要可分为物理爆炸和化学爆炸。物理爆炸是由物理变化（温度、体积和压力等因素）引起的。在物理爆炸的前后，爆炸物质的化学性质及化学成分均不改变。化学爆炸则存在化学反应，可以是燃烧反应、分解反应或其他快速放热反应。

爆炸和火灾的主要区别是能量释放的速度不同，火灾中燃烧时能量的释放较慢，而爆炸时能量释放得极快。

(2) 爆炸极限

可燃物（可燃性气体、蒸气和粉尘）与空气（或氧气）必须在一定的含量范围内均匀混合，形成预混体系，遇火源才会爆炸，这个含量范围称为爆炸极限。可燃气体或蒸气与空气的混合物能使火焰蔓延的最低浓度，称为该气体或蒸气的爆炸下限；反之，能使火焰蔓延的最高浓度则称为爆炸上限。可燃气体或蒸气与空气的混合物，若其浓度在爆炸下限以下或爆炸上限以上，便不会爆炸。爆炸极限一般用可燃气体或蒸气在混合气体中的体积分数表示，有时也用单位体积可燃气体的质量（kg/m^3）表示。混合气体浓度在爆炸下限以下时含有过量空气，由于空气的冷却作用，活化中心的消失数大于产出数，阻止了火焰的蔓延。若浓度在爆炸上限以上，含有过量的可燃气体，助燃气体不足，火焰也不能蔓延。但此时若补充空气，仍有火灾和爆炸危险。所以，浓度在爆炸上限以上的混合气体不能认为是安全的。

(3) 受限爆炸

受限爆炸发生在容器或建筑物中等受限空间内。这种情况很普遍，并且通常导致建筑物中的人员受到伤害和巨大的财产损失。

(4) 无约束爆炸

无约束爆炸发生在空旷地区。该类型的爆炸通常是由可燃性气体泄漏引起的。气体扩散并与空气混合，直到遇到引燃源。无约束爆炸比受限爆炸少，因为爆炸性物质常被风稀释至低于 LFL。这些爆炸都具有破坏性，因为通常会涉及大量的气体和较大的区域。

(5) 蒸气云爆炸

化学工业中，大多数危险的和破坏性的爆炸是蒸气云爆炸（VCE）。其发生的步骤是：大量的可燃蒸气突然泄漏出来（当装有过热液体和受压液体的容器破裂时就会发生）；蒸气扩散遍及整个工厂，同时与空气混合；产生的蒸气云被点燃。

VCE 很难描述，主要是因为需要大量的参数来描述事件。事故发生在未受控制的环境中，从真实事故中收集来的数据大多数都是不可靠的，且很难进行比较。

(6) 沸腾液体扩展蒸气爆炸

如果装有温度高于其在大气压下的沸点温度的液体的储罐破裂，就会发生沸腾液体扩展蒸气爆炸（BLEVE）。紧接着是容器内大部分物质的爆炸性汽化，如果汽化后形成的气云是可燃的，还会发生燃烧或爆炸。当外部火焰烘烤装有易挥发性物质的储罐时，就会发生该类型的爆炸。随着储罐内物质温度的升高，储罐内液体的蒸气压增加，由于受到烘烤，储罐的结构完整性降低。如果储罐破裂，过热液体就会爆炸性地蒸发。

(7) 冲击波

冲击波是沿气体移动的不连贯的压力波。敞开空间中的冲击波后面是强烈的风，冲击波与风结合后称为爆炸波。冲击波中的压力增加得很快，其过程几乎是绝热的。

(8) 超压

由冲击波引起的作用在物体上的压力称为超压。

2) 爆炸能量的相关计算

(1) TNT当量法

TNT当量法是将已知能量的燃料等同于TNT的一种简单方法。该方法建立在假设燃料爆炸的行为如同具有相等能量的TNT爆炸的基础之上。可使用下式估算：

$$m_{\mathrm{TNT}} = \frac{\eta m \Delta H_c}{E_{\mathrm{TNT}}} \tag{4.5}$$

式中　m_{TNT}——TNT当量质量,kg；

η——经验爆炸效率；

m——碳氢化合物的质量,kg；

ΔH_c——可燃气体的爆炸能,kJ/kg；

E_{TNT}——TNT的爆炸能,kJ/kg。

TNT爆炸能的典型值为4 686 kJ/kg。对于可燃气体,可用燃烧热替代爆炸能。爆炸效率是经验值,对于大多数可燃气云,在1%～10%变化。对于丙烷、二乙醚和乙炔的可燃气云,其爆炸效率分别为5%,10%,15%。

基于超压的破坏估算见表4.18。由表4.18可知,即使是较小的超压,也能导致较大的破坏。爆炸实验证明,超压可由TNT当量(记为m_{TNT}),以及距离地面上爆炸源点的距离r来估算：

$$z_e = \frac{r}{m_{\mathrm{TNT}}^{1/3}} \tag{4.6}$$

式中　z_e——比拟距离,$\mathrm{m/kg^{1/3}}$；

r——距离地面上爆炸源点的距离,m。

表4.18　基于超压的普通建筑物破坏评估

压力/kPa	破坏情况
0.14	令人讨厌的噪声(137 dB,或低频10～15 Hz)
0.21	已经处于疲劳状态下的大玻璃窗突然破碎
0.28	非常吵闹的噪声(143 dB)、音爆、玻璃破裂
0.69	处于疲劳状态的小玻璃破裂
1.03	玻璃破裂的典型压力
2.07	“安全距离”(低于该值,不造成严重损坏的概率为0.95)；抛射物极限；屋顶出现某些破坏；10%的窗户玻璃被打碎
2.76	受限较小的建筑物破坏
3.4～6.9	大窗户和小窗户通常破碎；窗户框架偶尔遭到破坏
4.8	房屋建筑物受到较小的破坏
6.9	房屋部分破坏,不能居住
6.9～13.8	石棉板粉碎,钢板或铝板起皱,紧固失效,扣件失效,木板固定失效、吹落
9.0	钢结构的建筑物轻微变形

续表 4.18

压力/kPa	破坏情况
13.8	房屋的墙和屋顶局部坍塌
13.8～20.7	没有加固的水泥或煤渣石块墙粉碎
15.8	低限度的严重结构破坏
17.2	房屋的砌砖有 50%被破坏
20.7	工厂建筑物内的重型机械(3 000 lb)[①] 遭到少许破坏；钢结构建筑变形，并离开基础
20.7～27.6	无框架、自身构架钢面板建筑破坏；原油储罐破裂
27.6	轻工业建筑物的覆层破裂
34.5	木制的柱折断；建筑物被巨大的水压(4 000 lb)轻微破坏
34.5～48.2	房屋几乎完全破坏
48.2	满装的火车翻倒
48.2～55.1	未加固的 8～12 in[①] 厚的砖板被剪切，或弯曲而失效
62.0	满装的火车货车车厢被完全破坏
68.9	建筑物可能全部遭到破坏；重型机械工具(7 000 lb)被移走并遭到严重破坏，非常重的机械工具(12 000 lb)幸免
2 068	有限的爆坑痕迹

图 4.13 给出了比拟超压 p_s 与比拟距离 z_e 之间的关系曲线。比拟超压 p_s 由下式给出：

$$p_s = \frac{p_0}{p_a} \tag{4.7}$$

式中 p_s——比拟超压，无量纲量；

p_0——侧向超压峰值超压，Pa；

p_a——周围环境压力，Pa。

图 4.13 中的数据仅对发生在平整地面上的 TNT 爆炸有效，发生在化工厂中的大多数爆炸都被认为是发生在地面上的。图 4.13 中的数据，也可由下述经验方程来描述：

$$p_s = \frac{1\,616 \times \left[1 + \left(\frac{z_e}{4.5}\right)^2\right]}{\sqrt{1 + \left(\frac{z_e}{0.048}\right)^2}\sqrt{1 + \left(\frac{z_e}{0.032}\right)^2}\sqrt{1 + \left(\frac{z_e}{1.35}\right)^2}} \tag{4.8}$$

采用 TNT 当量法估算爆炸造成的破坏的步骤如下：

① 确定参与爆炸的可燃物质的总量。

② 估计爆炸效率，使用式(4.5)计算 TNT 当量质量。

③ 使用式(4.6)和图 4.13 或式(4.8)给出的比拟定律，估算侧向超压峰值。

④ 使用表 4.18 估算普通建筑受到的破坏。

根据估算的破坏程度，该步骤也可倒过来用于估算参与爆炸的物质的量。

【例 4.4】 1 000 kg 甲烷从储罐中泄漏出来，并同空气混合发生爆炸。计算：① TNT 当量质量；② 距离爆炸 50 m 处的侧向超压峰值。假设爆炸效率为 2%，甲烷的爆炸能为

① 1 in＝2.54 cm，下同。

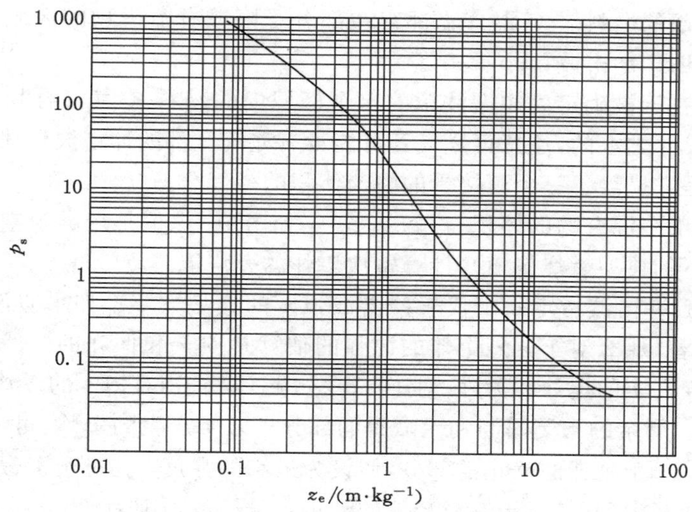

图 4.13　发生在平坦地面上 TNT 爆炸最大比拟超压与比拟距离的关系

818.7 kJ/mol。

【解】 ① 将已知数据代入式(4.5)，得：

$$m_{TNT} = \frac{\eta m \Delta H_c}{E_{TNT}} = \frac{0.02 \times 1\,000 \times (1/0.016) \times 818.7}{4\,686} \text{kg} = 218 \text{ kg}$$

② 使用式(4.6)计算比拟距离：

$$z_e = \frac{r}{m_{TNT}^{1/3}} = \frac{50}{218^{1/3}} \text{m/kg}^{1/3} = 8.3 \text{ m/kg}^{1/3}$$

由图 4.13 或式(4.8)知，比拟超压为 0.25，因此，超压为：

$$p_0 = p_s p_a = 0.25 \times 101.3 \text{ kPa} = 25 \text{ kPa}$$

查表 4.18 可知，该超压将破坏钢表面建筑。

(2) TNO 多能法

TNO 方法确定爆炸过程中的受限体积，给出相对的受限程度，然后确定该受限体积对于超压的贡献(TNO 为荷兰应用科学研究院)。使用半经验曲线确定超压。该模型的基础是爆炸能量高度依赖于聚集程度，而很少依赖于蒸气云中的燃料。

对于蒸气云爆炸，使用多能模型的步骤如下：

① 使用扩散模型确定气云的范围。一般情况下，由于扩散模型在拥挤空间使用受限，因此，假设不存在设备和建筑物来完成该计算步骤。

② 进行区域检查以确定拥挤的空间。通常情况下，重气趋向于向下移动。

③ 在被可燃气云覆盖的区域内，确定引起强烈冲击波的潜在源。强烈冲击波的潜在源包括：拥挤的空间和建筑物(如化工厂或炼油厂中的过程设备、箱子、平台和管架等)；延伸的平行平面之间的距离(如停车场内底部停靠得很近的汽车；开放的建筑，如多层的停车车库)；管状结构内的空间(如隧道、桥梁、走廊、下水道、管路等)；由于高压泄放导致的喷射中的燃料-空气混合物的剧烈动荡。可燃气云中剩余的燃料-空气混合物，被认为产生的冲击波强度不大。

④ 通过下述步骤估算当量燃料-空气混合物所释放的能量：

第一，认为每一个冲击波源是相互分离的；

第二，假设全部的燃料-空气混合物都存在部分受限或有障碍物的区域，被确定为气云中的冲击波源，有助于冲击波；

第三，估算存在于被确定为冲击波源的单个区域内的燃料-空气混合物的体积（估算是基于区域的全部尺寸之上的，注意可燃气云可能没有充满全部的冲击波源体积，以及设备的体积应该被认为是它描绘了一个可接受的整个体积的一部分）；

第四，通过将单个混合物的体积与 3.5×10^6 J/m 相乘（该值是烃类与空气混合物，在平均化学组成计量下的典型燃烧热值），计算每次爆炸的燃烧能量 E(J)。

⑤ 为每个单独冲击波指定一个代表冲击波强度的典型数字。如果假设爆轰的最大强度用数字 10 来代替，那么对于强烈爆炸的源强的估算是安全和保守的。然而，源强为 7 似乎能更准确地代表真实的爆炸。另外，对于 side-on 超压低于 50 kPa 的爆炸，源强等级为 7～10 的差别不大。剩余的未受限制和无障碍的部分气云所产生的爆炸，可通过假设低的初始强度进行模拟。对于延伸的静止的部分，假设为最小的强度 1。对于多数不静止的部分，但处于低强度的动荡运动（如由于燃料释放的动量），可假设强度为 3。

⑥ 一旦估算出单个的当量燃料-空气混合物所导致的能量 E 和初始爆炸强度，那么在计算过 Sachs 比拟距离后，距爆源 R 处的 Sachs 比拟爆炸侧向超压和负相持续时间，就能从图 4.14 所示的爆炸图中查到。其中：

$$\overline{R} = \frac{R}{(E/p_0)^{1/3}} \tag{4.9}$$

式中 $\overline{R}$——燃料的 Sachs 比拟距离（无量纲量）；

R——距燃料的距离，m；

E——燃料的燃烧能量，J；

p_0——周围环境的压力，Pa。

爆炸侧向超压峰值和负相持续时间，可根据 Sachs 比拟超压和 Sachs 比拟负相持续时间计算。超压由下式计算：

$$p_0 = \Delta\bar{p}_s p_a \tag{4.10}$$

负相持续时间，则由下式计算：

$$t_d = \bar{t}_d\left[\frac{(E/p_0)^{1/3}}{c_0}\right] \tag{4.11}$$

式中 p_0——侧向爆炸超压，Pa；

$\Delta\bar{p}_s$——Sachs 比拟侧向爆炸超压（无量纲量）；

t_d——负相持续时间，s；

$\bar{t}_d$——Sachs 比拟负相持续时间（无量纲量）；

c_0——空气中的声速，m/s。

如果单独的爆源同其他爆源靠得很近，它们可能被同时引爆，各自的爆炸应加在一起。对于该问题最为保守的方法，是假设最初的爆炸强度为最大值 10，并将每一个爆源所产生的燃烧热量相加。这一重要问题（如潜在爆源间最小距离的确定，以至于它们单独的爆炸能够被分别考虑）的进一步阐明是目前研究的一个方面。

应用 TNO 多能法的主要问题是使用者必须在受限程度的基础上对严重系数的选择做出决定。对于局部受限的几何形状，相关指导则很少。另外，对于每个爆炸强度所导致的结果，怎样结合在一起还不清楚。

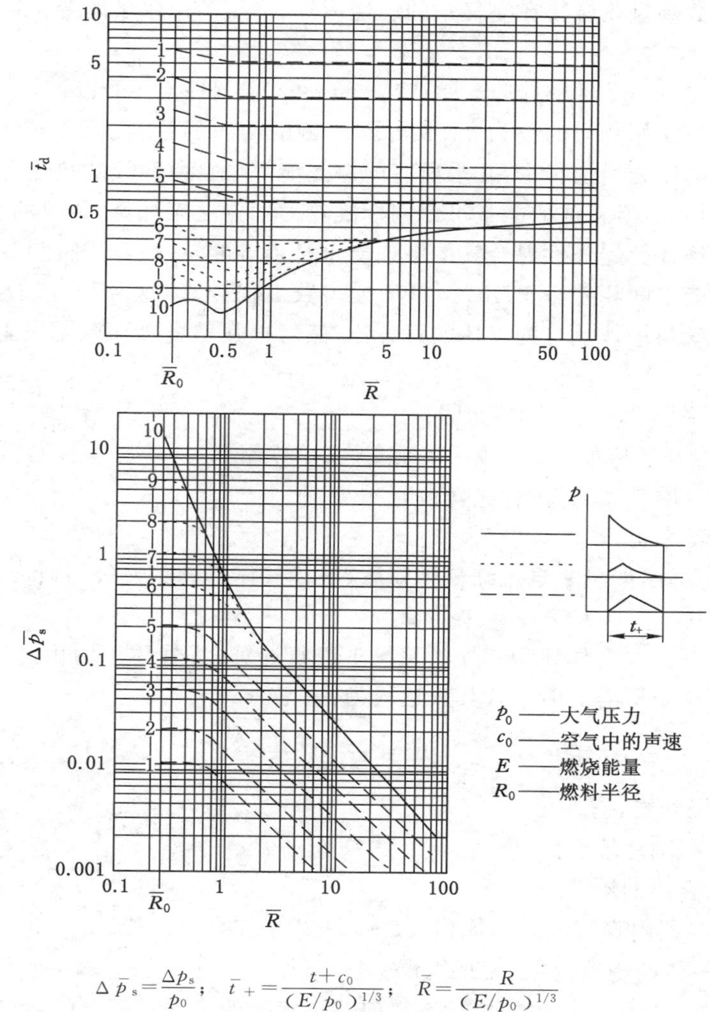

$$\Delta\bar{p}_s=\frac{\Delta p_s}{p_0};\quad \bar{t}_+=\frac{t+c_0}{(E/p_0)^{1/3}};\quad \bar{R}=\frac{R}{(E/p_0)^{1/3}}$$

图 4.14　TNO 多能爆炸模型的 Sachs 比拟超压与 Sached 比拟正相持续时间

【例 4.5】 设想受限于储罐下部的丙烷和空气混合气云发生爆炸。储罐位于 1 m 高的混凝土桩上。气云内的蒸气浓度假设为化学计量浓度，假设气云体积为 2 094 m^3，受限在储罐的下方。采用 TNO 多能法计算该蒸气云爆炸在距爆炸点 100 m 处的超压。

【解】 化学计量浓度的烃-空气混合物的燃烧热值约为 3.5 MJ/m^3，乘以受限体积，整个能量为 2 094 $m^3 \times 3.5$ MJ/m^3 = 7 329 MJ。应用 TNO 多能法，选择爆炸强度为 7。使用式(4.9)确定 Sachs 比拟能量。结果为：

$$\bar{R}=\frac{R}{(E/p_0)^{1/3}}=\frac{100}{(7\,329\times10^6/101\,325)^{1/3}}=2.4$$

由图 4.14 中的曲线 7，确定比拟超压为 0.13。由式(4.10)计算侧向超压：

$$p_0=\Delta\bar{p}_s p_a=0.13\times101.325\ \text{kPa}=13.2\ \text{kPa}$$

(3) 化学爆炸能

化学爆炸导致的冲击波是由爆炸性气体的快速膨胀造成的。该膨胀可以用两种机理解释：反应产物的热量加热以及反应造成的总物质的量的变化。

对于大多数碳氢化合物在空气中的燃烧爆炸，物质的摩尔量的变化很小。例如，丙烷在空气中的燃烧，化学式为：

$$C_3H_8 + 5O_2 + 18.8N_2 = 3CO_2 + 4H_2O + 18.8N_2$$

方程左侧的初始物质的量为 24.8 mol，右侧的物质的量为 25.8 mol。该例中，由物质的量变化导致的压力增加很少，几乎所有的爆炸能都来自所释放的热能。

爆炸反应期间，所释放的能量可使用标准热力学方法来计算，释放的能量等于膨胀气体所需的功。准确计算爆炸性混合气体爆炸能量是困难的，一般只进行估算。对于许多物质，燃烧热和爆炸能之间相差小于 10%，对于大多数工程计算，这两种性质可互换使用。这样可以通过假定参与爆炸反应的气体的百分比，然后按其燃烧热计算爆炸能量：

$$L_H = VH \tag{4.12}$$

式中 L_H——化学爆炸所做的功，kJ；

V——参与反应的可燃气体积（标准状态下），m^3；

H——可燃气体的高燃烧热值，kJ/m^3。

（4）机械爆炸能

对于机械爆炸，能量来自压缩气体膨胀、液体气体迅速蒸发等而放出的物理能。压缩气体的爆炸能可用以下 4 种方法用来估算：

① Brode 法。在气体体积不变的情况下进行计算，将气体压力由环境压力升至容器所能承受的最高压力所需的能量。其表达式为：

$$E = \frac{(p_2 - p_1)V}{\gamma - 1} \tag{4.13}$$

式中 E——爆炸能，kJ；

p_1——周围环境压力，Pa；

p_2——容器的爆炸压力，Pa；

V——容器内膨胀气体的体积，m^3；

γ——气体的绝热指数，无量纲量。

② 等熵法。假设气体由初始状态转向终止状态的过程是等熵的，可用下述方程表示：

$$E = \frac{p_2 V}{\gamma - 1}\left[1 - \left(\frac{p_1}{p_2}\right)^{(\gamma-1)/\gamma}\right] \tag{4.14}$$

③ 等温法。假设气体等温进行膨胀，方程如下：

$$E = RT_1 \ln\frac{p_2}{p_1} = p_2 V \ln\frac{p_2}{p_1} \tag{4.15}$$

式中 R——理想气体常数；

T_1——周围环境温度。

④ 有效能法。有效能法是指物料进入外界环境时所需的等效最大机械能。爆炸引起的超压是机械能的一种形式。因此，有效能法可以预测产生超压的机械能的最大上限值。预测受限容器内的气体最大爆炸能可以用下式表示：

$$E = p_2 V\left[\ln\frac{p_2}{p_1} - \left(1 - \frac{p_2}{p_1}\right)\right] \tag{4.16}$$

式(4.16)与式(4.15)几乎相同，仅增加了一个修正项。该修正项说明了由于热力学第二定律导致的能量损失。

【例 4.6】 体积为 1 m^3 的容器内盛有氮气，压力为 50 MPa（绝对压力）。环境压力为

1.01×10^5 Pa(绝对压力),温度为 298 K。假定氮气的绝热指数不变,$\gamma=1.4$,试用 4 种方法估算爆炸能。

【解】 由题意可知,$p_1=1.01\times10^5$ Pa,$p_2=50$ MPa。

方法一:使用 Brode 法。将数据代入 Brode 方程得:

$$E=\frac{(p_2-p_1)V}{\gamma-1}=\frac{(50-0.101)\times10^6\times1}{1.4-1}\ \text{J}=1.25\times10^8\ \text{J}$$

方法二:使用等熵法。将数据代入方程得:

$$E=\frac{p_2V}{\gamma-1}\left[1-\left(\frac{p_1}{p_2}\right)^{(\gamma-1)/\gamma}\right]=\frac{50\times10^6\times1}{1.4-1}\left[1-\left(\frac{0.101}{50}\right)^{(1.4-1)/1.4}\right]\ \text{J}=1.04\times10^8\ \text{J}$$

方法三:使用等温法。将数据代入方程得:

$$E=RT_1\ln\frac{p_2}{p_1}=p_2V\ln\frac{p_2}{p_1}=50\times10^6\times1\times\ln\frac{50}{0.101}\ \text{J}=3.10\times10^8\ \text{J}$$

方法四:使用有效能法。将数据代入方程:

$$E=p_2V\left[\ln\frac{p_2}{p_1}-\left(1-\frac{p_2}{p_1}\right)\right]=50\times10^6\times1\times\left[\ln\frac{50}{0.101}-\left(1-\frac{0.101}{50}\right)\right]\ \text{J}=2.60\times10^8\ \text{J}$$

从计算结果可以看出,等熵法得到的爆炸能最小,而等温法得到的爆炸能最大。

水蒸气的爆炸能量可以使用压缩气爆炸能量计算公式,但是误差较大。一般用下式计算:

$$L_s=C_sV \tag{4.17}$$

式中 L_s——水蒸气爆炸能量,J;

V——水蒸气体积,m^3;

C_s——干饱和水蒸气爆炸能量系数,J/m^3,见表 4.19。

表 4.19 常用压力下的干饱和水蒸气爆炸能量系数

绝对压力/(10^5 Pa)	爆炸能量系数/($J\cdot m^{-3}$)	绝对压力/(10^5 Pa)	爆炸能量系数/($J\cdot m^{-3}$)
4	4.5×10^5	14	2.8×10^6
6	8.5×10^5	26	6.2×10^6
9	1.5×10^6	31	7.7×10^6

当容器破裂发生爆炸时,液化气体和饱和水蒸气所放出的能量包括容器内蒸气(水蒸气)的爆炸能量以及处于过热状态液体的爆炸能量。两者相比,前者很小,往往可以忽略不计,过热状态液体的爆炸能量按下式计算:

$$L_L=427[(H_1-H_2)-(S_1-S_2)T_1]W \tag{4.18}$$

式中 L_L——过热状态液体的爆炸能量,10 J;

H_1——容器破裂前的压力或温度下饱和液体的焓,J/kg;

H_2——在大气压力下饱和液体的焓,J/kg;

S_1——容器破裂前的压力或温度下饱和液体的熵,J/(kg·K);

S_2——在大气压力下饱和液体的熵,J/(kg·K);

W——饱和液体的质量,kg。

饱和水的爆炸能量按下式计算:

$$L_w=C_wV \tag{4.19}$$

式中　V——容器内饱和水体积，m^3；

C_w——饱和水的爆炸能量系数，J/m^3，见表 4.20。

表 4.20　常用压力下饱和水爆炸能量系数

绝对压力/(10^5 Pa)	爆炸能量系数/($J \cdot m^{-3}$)	绝对压力/(10^5 Pa)	爆炸能量系数/($J \cdot m^{-3}$)
4	9.6×10^6	14	4.1×10^7
6	1.7×10^7	26	6.7×10^7
9	2.7×10^7	31	7.7×10^7

3）爆炸的伤害作用

(1) 抛射物伤害

发生在受限容器或结构内的爆炸能使容器或建筑物破裂，导致碎片抛射，并覆盖很宽的范围。碎片或抛射物能引起较严重的人员受伤、建筑物和过程设备受损。非受限爆炸由于冲击波作用和随后的建筑物移动也能产生抛射物。

抛射物通常意味着事故在整个工厂内传播。工厂内某一区域的局部爆炸将碎片抛射到整个工厂，这些碎片打击储罐、过程设备和管线，会导致二次火灾或爆炸。

Clancey 建立了爆炸质量与碎片最大水平打击范围的经验关系，如图 4.15 所示。事故调查期间，该关系在计算碎片被抛射到所观察的位置处所需的能量等级时很有效。

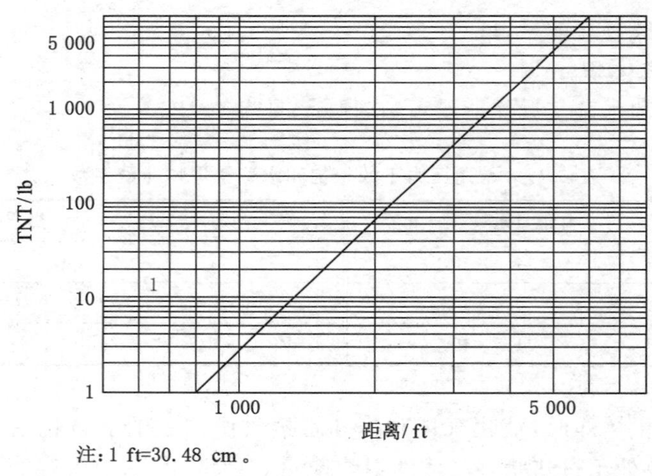

注：1 ft=30.48 cm。

图 4.15　爆炸碎片的最大水平射程

(2) 冲击波的伤害

在爆炸事故中，人将遭受爆炸的直接爆炸效应（包括超压和热辐射），或间接爆炸效应（大部分为抛射物伤害）的伤害。

粉尘爆炸或气体爆炸（爆燃或爆轰）导致反应前沿从引燃源处向外移动，其前方是冲击波或压力波前沿。可燃物质消耗完后，反应前沿终止，但是压力波继续向外移动。冲击波由压力波和随后的风组成，使冲击波引起大部分的破坏。如图 4.16 所示，对于典型的冲击波，在距离爆炸中心一定距离处压力随时间变化。爆炸在 t_0 时刻发生。激震前沿从爆炸中心到受影响位置所需的时间很短，约为 t_1，称为到达时间。在时刻 t_1 处，激震前沿到达并出现最大超压，后面紧跟着强烈而短暂的风。在时刻 t_2 处，压力迅速降低至周围环境压力，但是风会在同一方向持续一段时间。从 t_1 至 t_2 的时间间隔称为冲击持续时间。冲击持续时间是对独立的建筑物破坏最大的一段时间，该值对于估算破坏很重要。持续降低的压力在 t_3 时刻降至周围环境压力以下形成最大负压。对于大多数从 t_2 至 t_3 时段的负压，爆炸风颠倒方向朝爆炸源点吹去。同负压期有关的也有一些破坏，但是对于典型的爆炸，最大负压仅不到 1 atm，所造成的损害比超压期造成的损害小得多。但是对于大爆炸和核爆炸，负压也很大，从而导致非常大的损害。在 t_3 时刻到达最大负压后，压力将在 t_4 时刻到达周围环境压力，该时刻爆炸风和直接的破坏会终止。

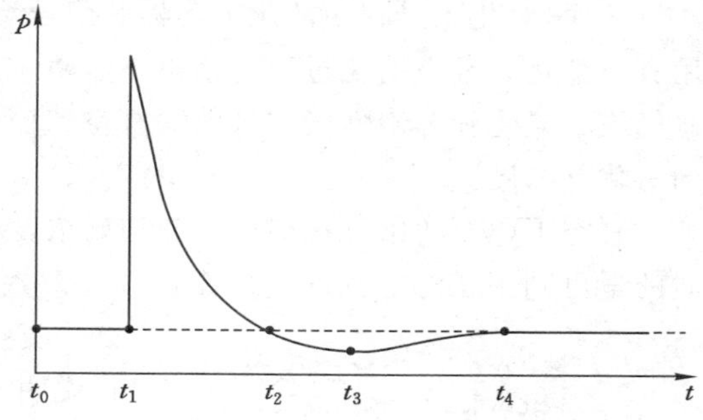

图 4.16　固定位置处的冲击波压力

t_1—达到时间；t_2-t_1—冲击持续时间；t_3—最大负压

4.3　惰化防火措施

LEL 基于空气中的燃料。氧气是关键因素，并且存在着传播火焰的最小氧浓度。这是一个非常有用的结论，因为不管燃料的浓度是多少，通过减少氧气浓度就能阻止火灾的发生。这是常用的惰化方法的基础。低于极限氧浓度（LOC），反应就不能产生足够的能量，使整个气体混合物（包括惰性气体）被加热到火焰自传播的程度。

惰化是把惰性气体加入到可燃性混合气体中，使氧气浓度减少到 LOC 以下的过程。惰性气体通常是氮气或二氧化碳，有时也用水蒸气。对于大多数气体，LOC 约为 10%；对于大多数粉尘，LOC 约为 8%。惰化最初是用惰性气体吹扫容器，以使氧气浓度降至安全浓度以下。通常使用的控制点比 LOC 低 4%，也就是说，如果 LOC 为 10%，那么控制点的氧气浓度为 6%。空容器被惰化后，开始充装可燃性物质。需要使用惰化系统来维持液面上方气相空间的惰化环境。理想的是，这一系统应该包括惰性气体自动添加功能，以便控制氧气浓度低于 LOC。该控制系统应该具有分析器，从而可以连续监测与 LOC 相关的氧气浓度，并且能够在氧气浓度接近 LOC 时，控制惰性气体添加系统添加惰性气体。通常情况下，惰化系统仅包括用来维持气相空间中固定的绝对惰性气体压力的调节器；这样就确保了惰性气体总是从容器中流出，而不是空气流入容器中。分析系统就能在不牺牲安全的前提下极大地节约惰性气体的用量。

可使用以下几种惰化方法来将初始氧气浓度降低至低设置点：真空惰化、压力惰化、压力-真空联合惰化、使用不纯的氮气进行真空和压力惰化、吹扫惰化和虹吸惰化。

4.3.1　真空惰化

真空惰化对容器来说是最为普通的惰化过程。这一过程不适用于大型储罐，因为它们通常没有针对真空来进行设计，通常仅能承受数十毫米水柱（mmH_2O①）的压力。

① 1 mmH_2O=9.807 Pa，下同。

然而，对化工过程中的压力容器和耐压反应器，由于具有一定的抗压能力，比较适合采用真空惰化。真空惰化过程包括以下步骤：对容器抽真空直到达到所需的真空为止；用诸如氮气或二氧化碳等惰性气体来消除真空，直到达到大气压力；重复上述步骤，直到达到所需的氧化剂浓度。

真空下(y_0)初始氧化剂浓度与初始浓度相同，初始高压(p_H)和低压或真空(p_L)下的物质的量可利用状态方程进行计算。

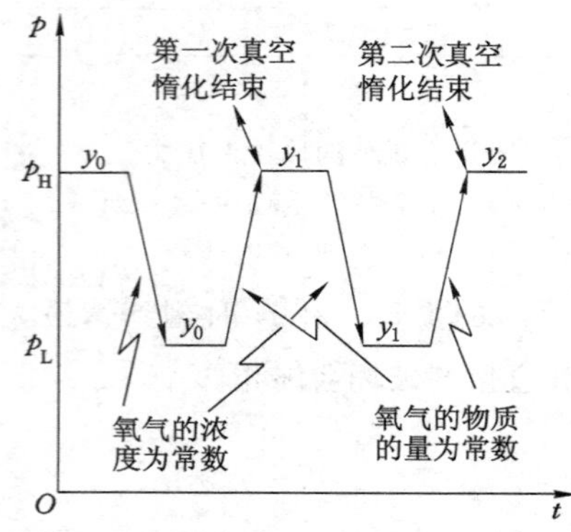

图 4.17　真空惰化循环

真空惰化过程可用图 4.17 所示的楼梯式进程进行说明。某已知尺寸的容器从初始氧气的浓度 y_0 被真空惰化为最终的目标氧气的浓度 y_j。容器初始压力为 p_H，使用压力为 p_L 的真空装置进行真空惰化。用氮气初次惰化后氧气的浓度为：

$$y_1 = \frac{(n_{oxy})_{1L}}{n_H} = y_0\left(\frac{n_L}{n_H}\right) \tag{4.20}$$

如果真空和惰化消除过程重复进行，第二次惰化后的浓度为：

$$y_2 = \frac{(n_{oxy})_{2L}}{n_H} = y_1\,\frac{n_L}{n_H} = y_0\left(\frac{n_L}{n_H}\right)^2 \tag{4.21}$$

每当需要将氧气浓度减少到所期望的水平时，就要重复该过程。第 j 次惰化循环后(即真空和消除)的浓度，由普遍性方程给出：

$$y_j = y_0\left(\frac{n_L}{n_H}\right)^j = y_0\left(\frac{p_L}{p_H}\right)^j \tag{4.22}$$

该方程假设每次循环的压力极限 p_H 和 p_L 都是相同的。

每次循环所添加的氮气的总物质的量为一常数。第 j 次循环后，氮气的总物质的量为：

$$\Delta n_{N_2} = j(p_H - p_L)\frac{V}{RT} \tag{4.23}$$

【例 4.7】 使用真空惰化技术将 3.8 m^3 容器内的氧气浓度降低至 1×10^{-6}。计算所需的惰化次数和所需的氮气数量。温度为 297 K，容器刚开始是在周围环境条件下充入空气。使用真空泵达到 20 mmHg 的绝对压力，随后真空被氮气消除，直到压力恢复至 1 atm(绝对压力)。

【解】 初始状态和终止状态的氧气的浓度为：

$$y_0 = 0.21$$

$$y_f = 1\times10^{-6}$$

所需的循环次数由式(4.22)计算：

$$y_j = y_0\left(\frac{p_L}{p_H}\right)^j$$

$$\ln\left(\frac{y_j}{y_0}\right) = j\ln\left(\frac{p_L}{p_H}\right)$$

$$j = \frac{\ln(10^{-6}/0.21)}{\ln(20/760)} = 3.37$$

惰化次数为 3.37 次。需要 4 次循环才能将氧气浓度减少至 1×10^{-6}。

由式(4.23)计算所需使用的氮气的量。低压 p_L 为：

$$p_L = \frac{20}{760} \times 1 \times 10^5 \text{ Pa} = 0.264 \times 10^4 \text{ Pa}$$

$$\begin{aligned}\Delta n_{N_2} &= j(p_H - p_L)\frac{V}{R_g T} \\ &= 4 \times (1 \times 10^5 - 0.264 \times 10^4) \times \frac{3.8}{8.314 \times 297} \text{ mol} \\ &= 6.3 \times 10^2 \text{ mol}\end{aligned}$$

4.3.2　压力惰化

容器通过添加带压的惰性气体而得到压力惰化。添加的气体扩散遍及整个容器后，与大气相通，压力降至周围环境压力。将氧化剂浓度降至所期望的浓度可能需要多次压力循环。

将氧气浓度降低至目标浓度的循环如图 4.18 所示。这种情况下，容器初始压力为 p_L，使用压力为 p_H 的纯氮气源加压。目标是确定将浓度降低至所期望的浓度所需的压力惰化循环次数。

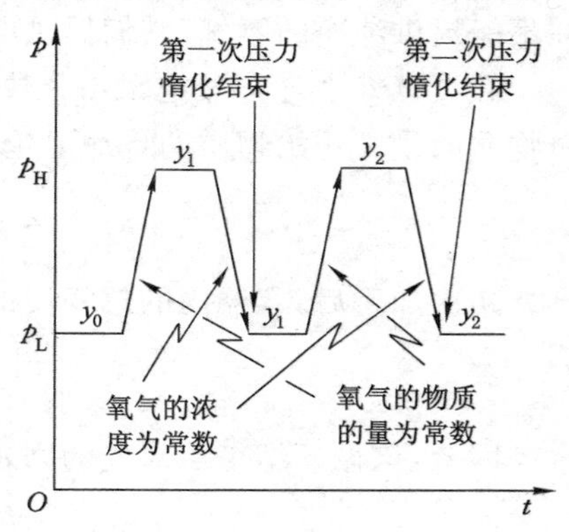

图 4.18　压力惰化循环

因为容器是使用纯氮气加压，所以在加压过程中氧气的物质的量不变，但摩尔分数减小。在降压过程中，容器内气体组成不变，但总物质的量减少，因而氧气的摩尔分数不变。该惰化过程所使用的关系与式(4.22)相同。式中，n_L 为在大气压下的总物质的量(低压)；n_H 为加压下的总物质的量(高压)。然而，这种情形下容器内氧的初始浓度(y_0)在容器加压(首次加压状态)后计算。该加压状态下的物质的量为 n_H，大气压下的物质的量为 n_L。

压力惰化较真空惰化的优点是潜在的循环时间减少了，加压过程比真空过程要快得多。另外，随着绝对真空的减少，真空系统的容量急剧减少。然而，压力惰化要较多的惰性气体。因此，应根据成本和性能来选择最优的惰化过程。

4.3.3　压力-真空联合惰化

某些情况下，可同时使用压力和真空来惰化容器。计算过程依赖于容器是否被预先抽空或加压。

初始为加压惰化的惰化循环如图 4.19 所示。这种情况下，循环的开始定义为初始加压的结束。如果初始氧气的摩尔分数为 0.21，初始加压后的氧气的摩尔分数由下式给出：

$$y_0 = 0.21\frac{p_0}{p_H} \tag{4.24}$$

在该点处，剩余的循环与压力惰化相同，可使用式(4.22)。然而，循环次数 j 为初始加压后的循环次数。

初始为真空惰化的惰化循环如图 4.20 所示。这种情况下，循环的开始定义为初始真空的结束。该点处氧气的摩尔分数与初始氧气的摩尔分数相同。另外，剩余的循环与真空惰化操作相同，并可直接使用式(4.22)。然而，循环次数 j 为初始抽真空后的循环次数。

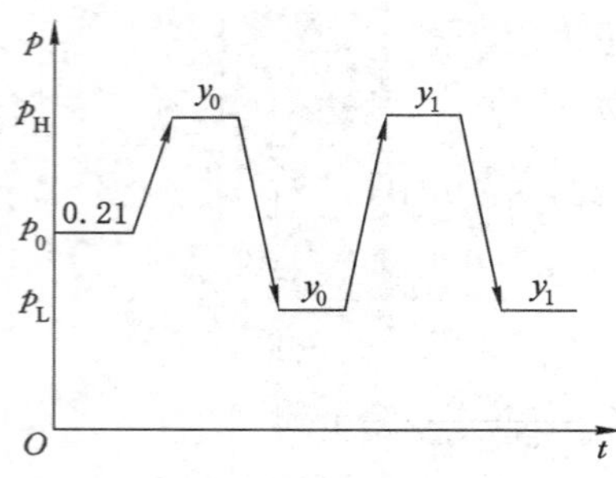

图 4.19　初始加压的真空-压力惰化

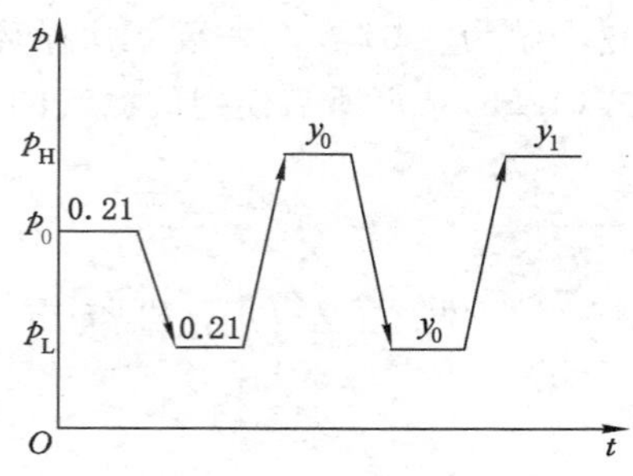

图 4.20　初始抽真空的真空-压力惰化

4.3.4　使用不纯的氮气进行真空和压力惰化

为真空和压力惰化而建立的方程，仅能应用于纯氮气的情况。如今许多氮气分离过程并不能提供纯净的氮气，它们提供的氮气浓度大于98%。

假设氮气中含有恒定摩尔分数为 y_{oxy} 的氧气。对于压力惰化过程，初次加压后，氧气的总物质的量为初始物质的量加上包含在氮气中的氧气的物质的量，其值为：

$$n_{oxy} = y_0 \frac{p_L V}{R_g T} + y_{oxy}(p_H - p_L)\frac{V}{R_g T} \tag{4.25}$$

初次加压后，容器内的总物质的量由下式给出：

$$n_{tot} = \frac{p_H V}{RT} \tag{4.26}$$

因此，该循环结束后氧气的摩尔分数为：

$$y_1 = \frac{n_{oxy}}{n_{tot}} = y_0 \frac{p_L}{p_H} + y_{oxy}\left(1 - \frac{p_L}{p_H}\right) \tag{4.27}$$

对于第 j 次压力循环后的氧气浓度，该结果可普遍化为以下的递归方程(4.28)和普遍化方程(4.29)：

$$y_j = y_{j-1} \frac{p_L}{p_H} + y_{oxy}\left(1 - \frac{p_L}{p_H}\right) \tag{4.28}$$

$$y_j - y_{oxy} = \left(\frac{p_L}{p_H}\right)^j (y_0 - y_{oxy}) \tag{4.29}$$

对于压力和真空惰化，式(4.29)可用于代替式(4.22)。

4.3.5　吹扫惰化

吹扫惰化过程是在一个开口处将惰化气体加入到容器内，并从另一个开口处将混合气体从容器内抽出到环境中。当容器或设备没有针对压力或真空划分等级时，通常使用该惰化过程。惰化气体在大气环境压力下被加入和抽出。

假设气体在容器内完全混合，温度和压力为常数。该条件下，排出气流的质量或体积流率等于进口气流。容器周围的物质平衡为：

$$V\frac{dC}{dt} = C_0 Q_v - C Q_v \tag{4.30}$$

式中：V 为容器体积；C 为容器内氧化剂的浓度(质量分数或体积分数)；C_0 为进口氧化剂浓度(质量分数或体积分数)；Q_v 为体积流量；t 为时间。

进入容器的氧化剂的质量或体积流量为 $C_0 Q_v$，流出的氧化剂流量为 CQ_v。对式(4.30)

重新整理和积分，得到：

$$Q_v\int_0^t \mathrm{d}t = V\int_{C_1}^{C_2} \frac{\mathrm{d}C}{C_0 - C} \tag{4.31}$$

将氧化剂浓度从 C_1 减小至 C_2，所需的惰性气体的体积为 CQ_v，使用式(4.32)计算：

$$Q_v t = V\ln \frac{C_0 - C_1}{C_0 - C_2} \tag{4.32}$$

对于许多系统，$C_0 = 0$。

4.3.6　虹吸惰化

吹扫惰化过程需要大量的氮气。当惰化大型容器时，代价会很高，使用虹吸惰化可使这种类型的惰化费用降至最低。

虹吸惰化过程首先将容器用液体充满，所使用的液体是水或其他任何能与容器内的产品互溶的液体。惰化气体随后在液体排出容器时加入到容器的气相空间。惰化气体的体积等于容器的体积，惰化速率等于液体体积排放速率。

在使用虹吸惰化过程中，首先将容器中充满液体，然后使用吹扫惰化过程将氧气从剩余的顶部空间移走。使用该方法，对于额外的吹扫惰化仅需要少许额外的费用就能将氧气浓度降低至低浓度。

4.4　可燃性三角图及应用

描述气体或蒸气可燃性的一般方法就是图 4.21 所示的三角图。燃料、氧气和惰性气体的浓度(体积分数或摩尔分数)标绘在 3 条轴上。三角的顶点分别表示 100% 的燃料、氧气和氮气。刻度上的勾号表明了图中刻度的变化方向。因此，点 A 代表甲烷含量 60%、氧气含量 20%、氮气含量 20% 的混合气体。虚线所包围的区域代表位于该范围内的混合气体都具有可燃性。由于点 A 位于燃烧区域范围之外，因此该混合气体是不可燃的。

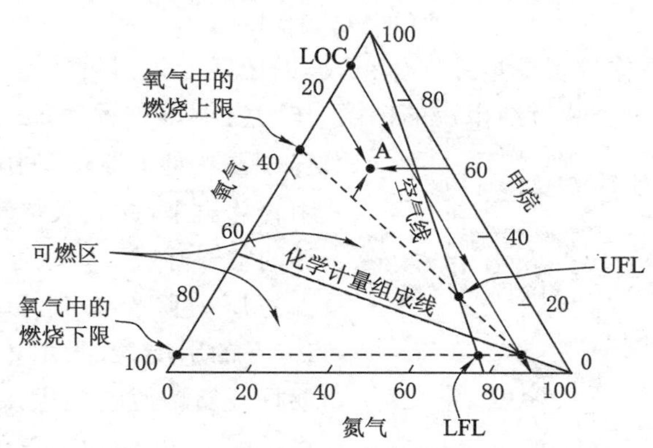

图 4.21　初始温度为 25 ℃，压力为 1 atm 时甲烷的可燃性图

图 4.21 中，空气线代表燃料和空气所有可能的组合，空气线与氮气轴相交于纯净空气中 79% 的氮气含量(21% 的氧气含量)处，空气线与燃烧区域边界的交点就是 UFL 和 LFL。

化学计量组成线代表燃料与氧气所有化学计量的组成。燃烧反应可以如下形成写出

$$燃料+zO_2 \longrightarrow 燃烧产物 \tag{4.33}$$

式中，z 为氧气的化学计量系数。

化学计量组成线与氧气轴（氧气的体积分数）的交点由下式计算：

$$100\left(\frac{z}{1+z}\right) \tag{4.34}$$

化学计量组成线由该点与纯氮气的顶点连接绘制而成。

式(4.34)认为由在氧气轴上不存在任何氮气的条件下得到的。因此，现有的物质的量是燃料的物质的量(1 mol)加上氧气的物质的量(2 mol)。总物质的量为$(1+z)$，氧气的现有摩尔分数由式(4.34)给出。

图 4.21 中显示了 LOC 线。显然，对于任何混合气体，当其含有的氧气浓度低于 LOC 时，它是不会燃烧的。

可燃性图表上的可燃区域的形状和尺寸随许多参数而变化，包括燃料的种类、温度、压力和惰性气体的种类。因此，燃烧极限和 LOC 也随这些参数发生变化。

通过对可燃性三角图的分析，可得到以下结论：

(1) 如果 2 种气体混合物 R 和 S 混合在一起，那么得到的混合物的组成位于可燃性图表中连接点 R 和点 S 的直线上。最终混合物在直线上的位置依赖于相结合的混合物的相对物质的量：如果混合物 S 的物质的量较多，那么混合后的混合物的位置就接近于点 S。这与相图中使用的杠杆规则是相同的。

(2) 如果混合物 R 被混合物 S 连续稀释，那么混合后的混合物的组成将在可燃性图表中连接点 R 和点 S 的直线上移动。随着稀释不断进行，混合物的组成越来越接近于点 S。最后，无限稀释后，混合物的组成将位于点 S 处。

(3) 对于组成点落在穿越相对应的一种纯组分的顶点的直线上的系统来说，其他两组分将沿该直线的全部长度以固定比存在。

(4) 通过读取位于化学组成计量线与经过 LFL 的水平线的交点处氧气的浓度可以估算 LOC。这与下述方程是相等的：

$$\mathrm{LOC}=z(\mathrm{LFL}) \tag{4.35}$$

这些结论对于在操作过程中追踪气体组成，以便确定该过程中是否存在可燃性混合物是很有用。例如，对于一个装有纯甲烷的储罐，作为定期维护程序的一部分，必须对内壁进行检查。对于该项操作，必须把甲烷从储罐中转移出来，并充入空气，以便检查人员有足够的空气呼吸。该程序的第一步就是将储罐内的压力降至大气压。此时，储罐内装有 100%的甲烷，由图 4.22 中的点 A 代表。如果打开储罐使空气进入，储罐内气体的组成将沿图 4.22 中的空气线移动直至容器内气体的组成最终到达点 B，即纯空气。注意在该操作的某些点处，气体组成经过了可燃区域。如果存在足够能量的引燃源，那么就会导致火灾或爆炸。

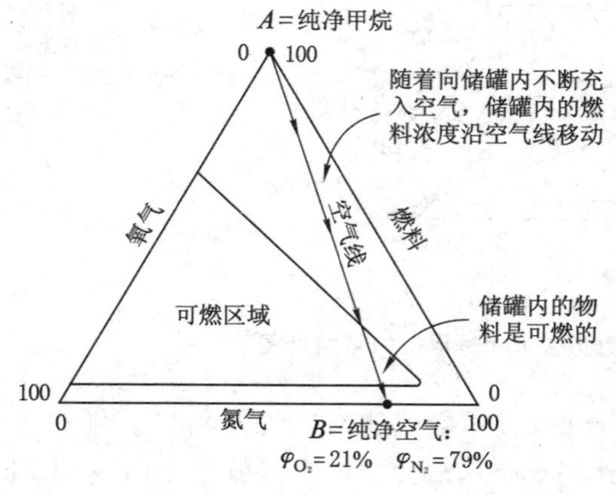

图 4.22　进行容器退役操作时的气体浓度

将储罐内重新装入甲烷的过程，则恰好

相反。该情形下，过程由图 4.22 中的点 B 开始，如果关闭储罐，并充入甲烷，储罐内的气体组成将沿空气线移动并在点 A 处结束。当气体组成经过燃烧区域时，混合物再一次成为可燃物。对于这两种情况，可使用惰化的方法来避开燃烧区域。

整个可燃性图表的确定，需要使用特定的测试仪器进行数百次的试验。对于甲烷和乙烯，实验数据如图 4.23 和图 4.24 所示。由于最大压力超过了容器的压力等级，或者由于燃烧不稳定，或观察到有向爆轰的转变，因此未能得到燃烧区域中间区域的数据。对于这些数据，按照 ASTME918，如果引燃后压力的增加大于初始周围环境压力的 7%，则认为混合物是可燃的。需要注意的是，图中显示的数据要比定义燃烧极限所需的数据还要多。这样做是为了对混合物在较宽范围内燃烧压力随时间的变化行为进行更全面的理解。该信息对于爆炸的缓解非常重要。

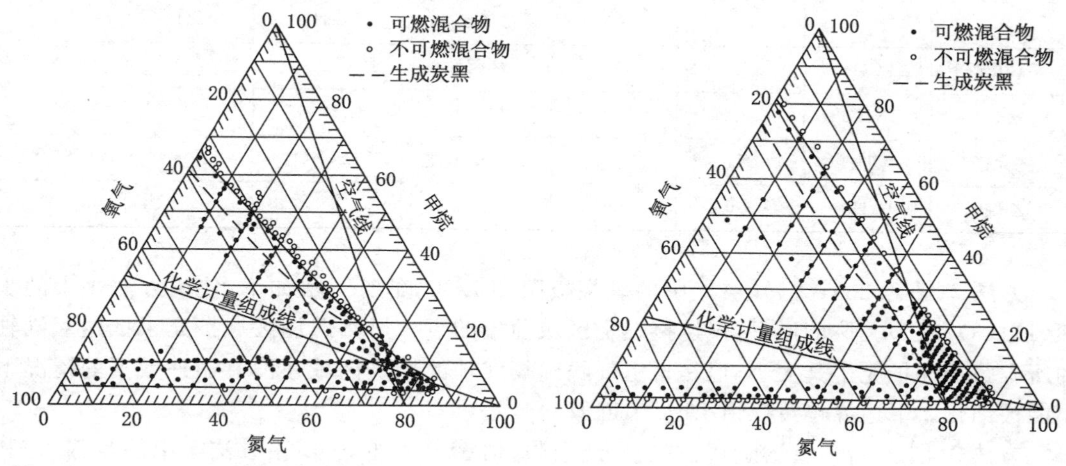

图 4.23　甲烷的实验可燃性图表

图 4.24　乙烯的实验可燃性图表

许多重要的特性都显示在图 4.23 和图 4.24 中。首先，乙烯的燃烧区域比甲烷的燃烧区域大得多，乙烯的 UFL 非常高；其次，在燃烧区域的上部燃料较丰富的部分，燃烧产生大量的黑烟；最后，燃烧区域的下边界大多数情况都是水平的，且近似于 LFL。对于大多数体系，并没有像图 4.23 或图 4.24 所示的详细的实验数据。目前，已经开发出几种估算燃烧区域的方法。

方法 1（图 4.25）　已知空气中的燃烧极限、LOC 和氧气中的燃烧极限，估算方法如下：

（1）以点的形式将空气中的燃烧极限画在空气线上。

（2）以点的形式将氧气中的燃烧极限画在氧气轴上。

（3）使用式（4.34）在氧气轴上确定化学组成计量点，由该点开始到 100% 氮气顶点绘制化学组成计量线。

（4）在氧气轴上定位 LOC，绘制平行于燃料轴的直线直至该直线与化学组成计量线相交，在交点处绘

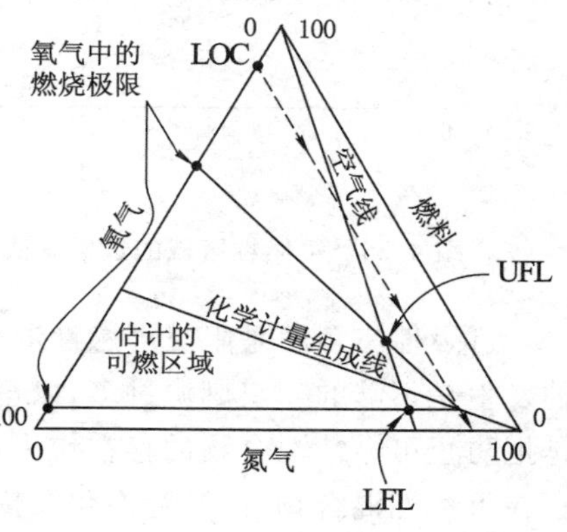

图 4.25　可燃性区域的近似方法(1)

制一点。

(5) 连接所显示的所有点。

由该方法得到的燃烧区域只是真实区域的近似。需要注意的是，图 4.23 和图 4.24 中确定区域极限的线并不刚好是直线。该方法还需要在氧气中的燃烧极限，该数据并不是很容易就能得到的。常用的碳氢化合物在氧气中的燃烧极限见表 4.21。

表 4.21　氧气中的燃烧极限

化合物	化学式	纯氧气中的燃烧极限		化合物	化学式	纯氧气中的燃烧极限	
		下限	上限			下限	上限
氢气	H_2	4.0	94	乙烯	C_2H_4	3.0	80
氘	D_2	5.0	95	丙烯	C_3H_6	2.1	53
一氧化碳	CO	15.5	94	环丙烷	C_3H_6	2.5	60
氨气	NH_3	15.0	79	二乙醚	$C_4H_{10}O$	2.0	82
甲烷	CH_4	3.1	61	二乙烯基醚	C_4H_6O	1.8	85
乙烷	C_2H_6	3.0	66				

方法 2(图 4.26)　已知空气中的燃烧极限和 LOC，估算方法如下：使用方法 1 中的步骤(1)、(3)和(4)。该情形下，仅连接燃烧区域前端的点。虽然燃烧区域扩充了抵达氧气轴的所有路径和扩充了其大小，但是自空气线到氧气轴的燃烧区域在没有额外数据的情况下不能被细化。下边界也可以由 LFL 来近似。

方法 3(图 4.27)　已知空气中的燃烧极限，估算方法如下：使用方法 1 中的步骤(1)和(3)，再由式(4.35)估算 LOC。这仅仅是估算，通常给出的 LOC 值是保守的。

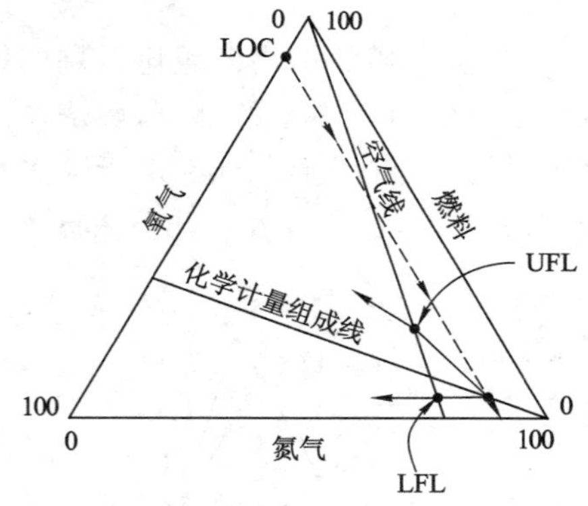

图 4.26　可燃性区域的近似方法(2)

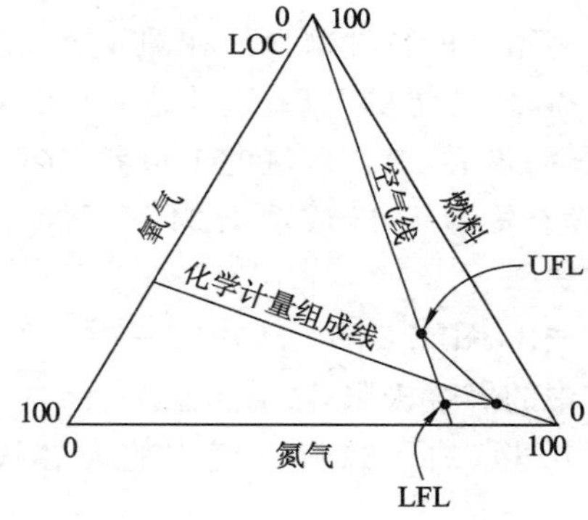

图 4.27　可燃性区域的近似方法(3)

可燃性三角图是阻止可燃性混合物存在的重要工具。单单依靠消除引燃源来防止火灾的发生是不够的。引燃源过多，以至于其不能作为主要的防止手段。一个比较可靠的设计是把防止可燃性混合物的存在作为主要的控制手段；其次才是消除引燃源。对于确定是否存在可燃性混合物，以及为惰化及惰化过程提供目标浓度来说，可燃性图很重要。

4.5 爆炸破坏的防护

4.5.1 爆炸封锁

爆炸封锁就是要按已制定的压力容器设计规范，设计一些能够承受足够压力的容器。但是，当所考虑的容器越大，设计就变得越困难，对于大型容器来说常常难以实现。

对于不经常发生爆炸，而且很难找到其他合适的防爆措施的场合而言，设计一个机械强度很低但耐压力冲击的容器常常是比较好的选择。这样就必须选用具有足够韧性的材料，这些材料的延伸率和切口冲击韧性要完全符合压力容器规范的要求。当把容器设计成能承受最大爆炸压力而不破裂的结构后，一旦内部爆炸，材料发生变形就能起到防爆作用。

如果对容器内的可燃气体（蒸气）或粉尘的爆炸采用爆炸封锁的防护措施，那么抗压容器必须进行持续的压力负荷试验，而且要反复进行；否则，抗压容器应采用不带压操作（在容易发生粉尘爆炸的地方更应如此）。经验证明，这类容器在爆炸以后多数不用修理便可继续使用。

4.5.2 泄压防护

设备的失效或操作者的失误都能引起过程压力的增加，若压力超过管线和容器的最大强度，就可能导致过程装置的爆炸，造成破坏。防止超压的一种方法是安装泄爆系统，利用泄爆装置泄爆可以把容器中因快速燃烧产生的最大爆炸压力限制到不会使容器结构产生极大应力或破坏的程度，常用的泄爆装置有弹性开启式安全阀和爆破片。

4.5.3 爆炸抑制

爆炸抑制的基本原理就是在爆炸形成的早期阶段检测出来，并用灭火介质覆盖在系统上以防止爆炸进一步发展。抑制剂可以是液态、雾态或粉末状，最普通类型的抑制剂是卤代烃，如氯溴甲烷和磷酸铵粉末，但在某些情况下也使用水。抑制剂的作用包括：

① 冷却燃烧区域，如利用液态抑制剂的蒸发方法。

② 游离基的清除：抑制剂中的活性物质阻止使燃烧传播的化学反应链。

③ 提前惰化：在未燃烧的混合物中的抑制剂浓度可使混合物变成不燃的。

④ 氧隔绝。

⑤ 物理熄灭：未燃烧微粒或液滴引起凝聚作用使抑爆条件占优势。

如果设备装置的几何形状使泄爆变得比较困难时（如导管结构在急骤干燥器内就不能有效地泄瀑），往往采用抑斜措施来代替泄爆。另外，如果装置位于不能够向外面安全泄爆的地方或位于泄爆时释放的物质会出现问题的地方，最好的代替办法就是抑制。

与泄爆相比，抑制措施的安装和维护费用要贵得多，但是事故后只有较少的污染，而且通常不需要大量的清理工作。爆炸抑制不仅保护了设备本身，而且还保护了现场操作人员。在无法避免粉尘沉积的地方，爆炸抑制措施能够避免发生二次爆炸。

4.5.4 惰化

惰化可以应用于任何过程单元，包括压力容器、储藏容器、管线、蒸馏塔等。惰化的方法很多，如真空惰化、压力惰化、压力-真空惰化、吹扫惰化、虹吸惰化等。具体选择哪一种方法，需要考虑多种因素，如过程装置如何设计、惰化的成本、过程中的真空度或压力等级、过程的几何结构以及操作某一惰化步骤所需要的时间等。

4.5.5 连接和接地

两个导电物体之间的电压差，通过将两导体连接起来而减为零。所谓连接，即将一根电线的一端与其中一个物体连接，而另一端与另一个物体连接。

比较几组连接在一起的物体，每组都具有不同的电压。组间的电压差，通过将每组与地面连接而减少到零，这就是接地。

连接和接地将整个系统的电压减少到地面水平，或者零电压。这也消除了系统各部之间积累的电荷，消除了潜在的静电火花。接地和连接的例子见图 4.28。

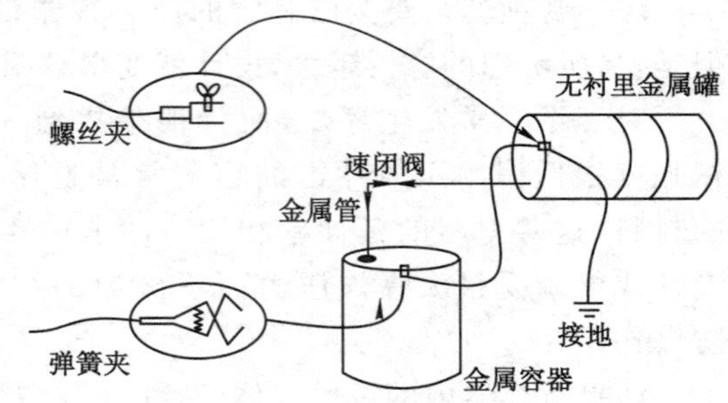

图 4.28 容器与储罐的连接与接地

玻璃和塑料衬里的容器，通过衬垫或金属探针接地，如图 4.29 所示。然而，当操作具有低导电性的液体时，该技术无效。这种情况下，充装管线应延伸到容器的底部（图 4.30），以帮助消除来自充装操作中分离过程导致的电荷（和聚集）。

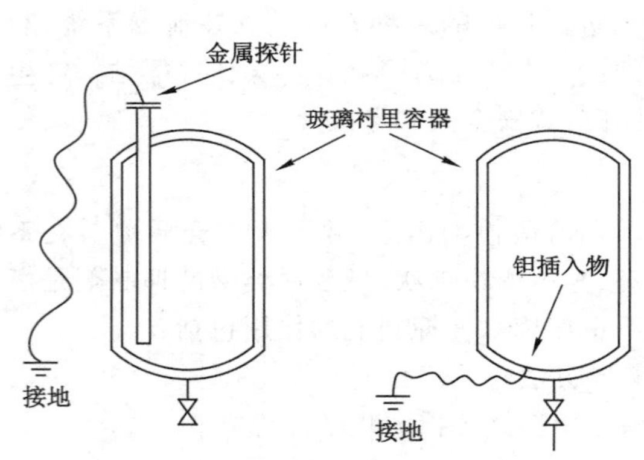

图 4.29 玻璃衬里容器接地

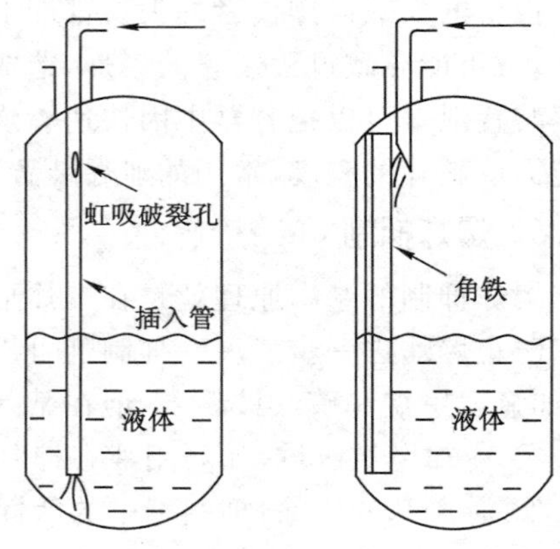

图 4.30 充装管线消除电荷聚集

4.5.6 浸渍管

延伸的管线也称为浸渍腿或浸渍管，减少了被允许液体自由下落时的静电积聚。然而，当使用浸渍管时，必须十分小心，要防止充装停止时液体因虹吸而倒流出来。通常使用的方法是将浸渍管上的孔靠近容器的顶部；另一种方法是使用角铁代替管子，使液体沿角铁流下（图 4.30）。在对圆桶充装时，也可以使用这些方法。

4.6 泄压系统

在化工生产中，设备失效或操作者的失误会引起过程压力增加，并超过安全的水平，进而导致超压爆炸。防止这类事故的最后一种方法是安装泄压系统，以便在显现过大的压力之前释放掉液体或气体。

4.6.1　泄压系统的作用

安装压力泄放系统具有以下作用：保护个人免受来自超压设备的危险；在压力紊乱期间使化学物质的损失尽量少；防止对设备造成破坏；防止对邻近财产造成损害。

4.6.2　泄压设计步骤

泄压设备安装使用一般按照以下 5 个步骤进行：

第一步，确定泄压设备的安装位置。

第二步，选择正确的泄压设备类型，大多依赖于所要泄放的物质的特性和所需的泄放特性。

第三步，设想泄放能够发生的各种情形，目的是确定物质通过泄压设备的质量流速和物质的物理状态。

第四步，收集泄放过程中的数据，包括喷射出的物质的物理性质，并确定泄压设备的尺寸。

第五步，选择最坏的泄放情形，完成最终的设计。

上述步骤中的每一步对于安全设计来说都是重要的，该过程中任何一步的失误都能导致突发性的失效。

4.6.3　泄压设备的位置

确定泄放的位置时，需要了解过程中的每个单元操作以及每一过程的操作步骤，必须预测可能导致压力上升的潜在问题。泄压设备要安装在确定的每个潜在危险源处，即该处的紊乱条件产生的压力超过了最大允许工作压力。

1）需要了解的问题

(1) 伴随冷却、加热和搅动失效会发生什么。

(2) 如果过程受到污染，或者催化剂、单体误排，会发生什么。

(3) 如果操作者失误会发生什么。

(4) 关闭暴露于热或冷冻环境下的充满液体的容器或管线上的阀门的后果是什么。

(5) 如果管线失效，如进入低压容器的高压气体管线失效，会发生什么。

(6) 如果操作单元被包围于火灾中会发生什么。

(7) 什么条件能引起反应失控，应该怎样设计泄压系统以处理反应失控带来的泄放。

2）确定泄压设备位置的一些指南

(1) 所有容器都需要泄压设备，包括反应器、储罐、塔器和桶。

(2) 暴露于热(如太阳)或冷冻环境下的装有冷的液体管线的封闭部件，需要泄压设备。

(3) 正压置换泵、压缩机和涡轮机的排放一侧，需要泄压设备。

(4) 储存容器需要压力或真空泄压设备，保护封闭容器免于吸入和抽出，或避免由凝结导致的真空的产生。

(5) 容器的蒸汽护套通常根据低压蒸汽进行分级。泄压设备安装在护套中，防止由于操作者失误或调压器失效而导致过高的蒸汽压力。

【例 4.8】　确定图 4.31 所示的简单聚合反应器系统的泄压设备的位置。该聚合过程的主要步骤包括：(1) 将 45.4 kg 的引发剂充装入反应器 R-1；(2) 加热至反应温度 116 ℃；(3) 加入单体，历时 3 h；(4) 使用阀 V-15，通过真空的方法将剩余的单体移除。由于反应是放热的，在单体加入期间需要用冷却水冷却。

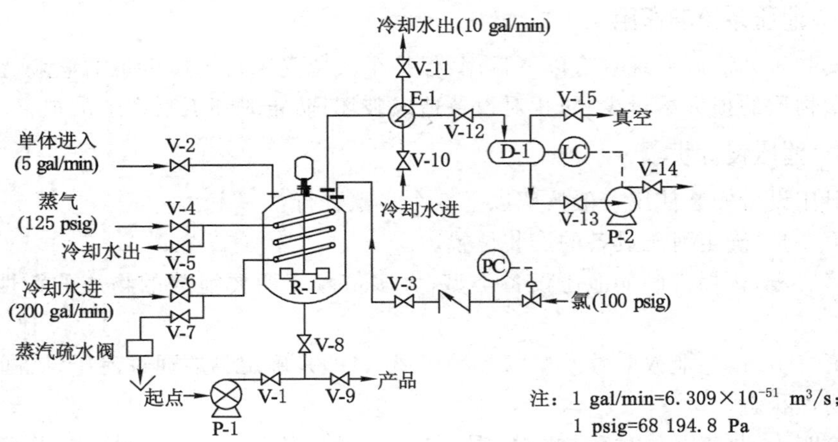

说明：

名　称	描　述	最大压力/kPa	344.7 kPa 表压力下的流量/(L·s^{-1})
D-1	378.5L 的圆桶	344.7	—
R-1	378.5 L 的反应器	344.7	—
P-1	齿轮泵	689.4	6.31
P-2	离心泵	344.7	1.26

管　道	水蒸气和水管线	氨气管线	蒸气管线
尺寸/cm	5.08	2.54	1.27

图 4.31　没有安全泄压装置的聚合反应器

【解】 确定泄压设备位置的方法如下(参考上述确定泄压设备位置的一些指南及图 4.31 和图 4.32)：

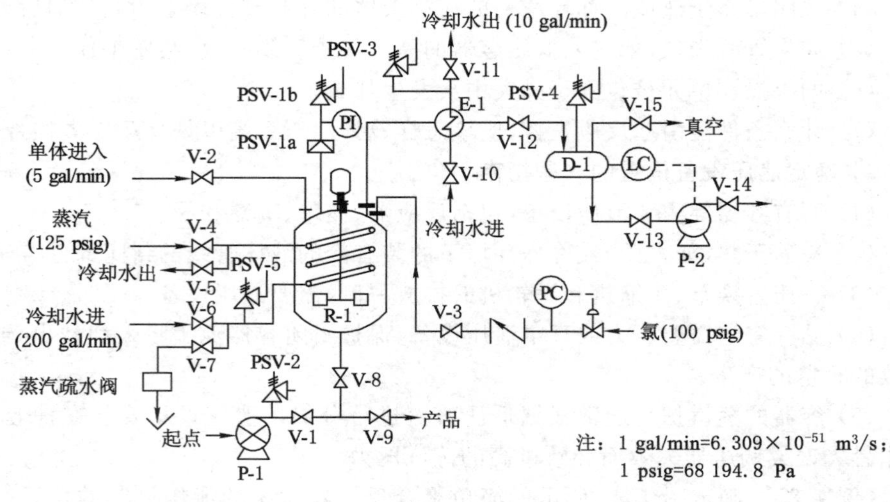

图 4.32　带有安全泄压装置的聚合反应器

(1) 反应器(R-1):反应器应安装泄压设备,因为一般情况下每个过程容器都需要一个泄压设备。对于压力安全阀 1,泄压设备被注明为 PSV-1。

(2) 正压置换泵(P-1):如果正压置换泵在没有减压设备(PSV-2)的情况下被憋压,就会过载、过热或遭受破坏。这种类型的泄压排放,通常经过再循环,重新回到进料容器。

(3) 热交换器(E-1):当水阻塞在热交换管道(V-10 和 V-11 关闭)和交换器,被加热(如蒸汽加热)时,过高的压力导致热交换管破裂。这种危害通过增加 PSV-3 来消除。

(4) 桶(D-1):所有过程容器都需要泄压阀,PSV-4。

(5) 反应器盘管:当水阻塞在盘管中(V-4、V-5、V-6 和 V-7 关闭),盘管被蒸汽或太阳加热时,反应器盘管就会因过高的压力而被撑破。在该盘管中增设 PSV-5。

4.6.4 泄压设备的类型

对于特定的应用对象,应选择特定类型的泄压设备。例如,对于液体、气体、液-气、固体和腐蚀性物质,它们可能被排放到大气或密闭系统中(包括洗涤器、火炬、冷凝器、焚化炉及类似的装置)。在工程中,泄压设备的类型是根据泄压系统、过程条件和释放液体的物性的详细情况而确定的。

这里有 2 种一般类型的泄压设备(弹性开启式安全阀和爆破片)和 2 种主要类型的弹性开启式安全阀(传统的安全阀和平衡腔式安全阀),如图 4.33 所示。

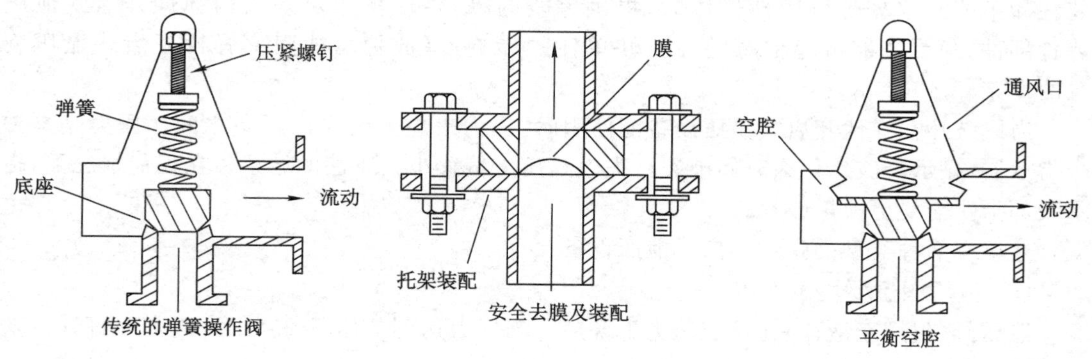

图 4.33　泄压装置的主要类型

关于弹性开启式阀门,用可调的弹簧张力调整进口压力。泄压设备的设定压力通常超出正常操作压力的 10%。为避免非自动地人为改变该设置的可能性,在可调节的螺丝钉上设有螺纹帽。

对于传统的弹性开启式泄压设备,阀门是基于穿过阀门底座的压力降而打开的,即设定压力与穿过底座的压力降成比例。因此,如果阀门下游的背压增加,设定压力将增加,并且阀门在正确的压力下不会打开。另外,通过传统的泄压设备的流量与穿过底座的压力差成比例。因此,通过泄压设备的流量随着背压的增加而减小。

对于平衡腔设计,阀门底座背后的平衡腔确保底座侧的压力通常为大气压。因此,平衡腔式阀门通常在需要的设定压力下打开。然而,通过平衡腔的流动与阀门进、出口之间的压力差成比例,随着背压的增加,流量会减小。

爆破片被设计为在指定的泄放设定压力下破裂。它们通常由设计用来在指定压力下破裂的金属校准薄片组成,可以单独使用,也可以与弹性开启式泄压设备串联或并联使用。它们能够用各种材料制作,包括异乎寻常的防腐材料。

爆破片的一个重要问题是，金属的可扰性随着过程压力的变化而变化。可扰性能导致爆破片在压力低于设定压力时过早失效，因此，一些爆破片系统设计在压力远低于设定条件下工作。另外，如果泄压系统没有特别地被设计为能在真空环境下工作，那么真空环境可能会导致爆破片失效。

爆破片系统的另一个问题是，它们一旦打开就不能关闭。这可能导致过程物质的全部排放，使空气进入到过程当中，导致火灾和(或)爆炸。在一些事故中，爆破片在过程操作人员没有意识到的情况下就破裂了。为了防止这种问题，可使用内含金属丝网的爆破片，该金属丝网在其破裂时会被剪掉；这能够在控制室引发报警，以警告操作人员。另外，当爆破片破裂时，碎片可能移走，造成潜在的下游阻塞。目前，在爆破片设计方面的进展已经减轻了该问题。

在所有的这些例子中，如果在特定的过程操作条件下，对爆破片及系统进行特定而正确的设计，这些问题就可以被消除。

爆破片较弹性开启式泄压设备能在更大尺寸的条件下使用，最大的商用尺寸达到直径为数米。爆破片的成本比当量尺寸的弹性开启式泄压阀低。

爆破片通常与弹性开启式安全阀串联安装，目的是：保护昂贵的弹性开启式装置免受腐蚀环境的损害；当处理毒性非常强的化学物质时，提供完全的隔离(弹性开启式泄压装置却不能)；当处理可燃性气体时，提供完全的隔离；保护相对复杂的弹性开启式泄压装置部件，免受能够引起阻塞的反应性单体的影响；释放掉可能阻塞弹性开启式泄压装置的泥浆。

当爆破片在弹性开启式泄压设备前使用时，压力表应安装在两设备之间。压力表是一个指示器，显示爆破片什么时候破裂。失效是压力偏移小孔腐蚀的结果。在任何情况下，指示表都指明需要更换爆破片。

这里有 3 种类型的弹性开启式泄压设备：

(1) 泄压阀主要用于液体

泄压阀(仅用于液体)在设定压力下开启。当压力达到超压的 25%时，阀全部打开。随着压力恢复到设定压力，阀逐渐关闭。

(2) 安全阀用于气体

当压力超过设定压力时，安全阀突然打开。这由所使用的排放喷嘴来完成，该喷嘴使高速物质朝向阀座喷射。在压力排放后，安全阀约在低于设定压力 4%时复位，该阀具有 4%的压降。

(3) 安全泄压阀用于液体和气体

对于液体，安全泄压阀的功能与泄压阀相同；对于气体，其功能与安全阀相同。

【例 4.9】 确定上例中聚合反应器所需的泄压设备的类型(图 4.32)。

【解】 对关于泄压系统和释放液体性质的每种泄压设备进行讨论如下：

① PSV-1a 是保护 PSV-1b 免受反应性单体影响的爆破片(隔离聚合)。

② PSV-1b 为安全泄压阀，由于反应失控，会导致两相流，既有液体，又有蒸气。

③ PSV-2 为泄压阀，因为该阀处于液体管线中，一般的阀就可以了。

④ PSV-3 为泄压阀，因为仅仅是针对液体的，一般的阀就可以了。

⑤ PSV-4 为安全泄压阀，因为可能会有液体或蒸气。由于该出口通向可能具有较大背压的洗涤塔，所以要确定平衡腔。

⑥ PSV-5 是仅针对液体使用的泄压阀。该阀对以下情景提供保护：由于所有阀门的关闭，液体被阻塞；反应热增加了周围反应堆流体的温度；热膨胀导致盘管内的压力增加。

4.6.5　泄放情形

泄放情形是对某一特定的泄放事件的描述。通常每次泄压都会有多个泄放事件，最坏事件情形是需要最大泄放面积的情形或事件。泄放事件的例子如下：

(1)泵被憋压：泵的泄放尺寸大小，应设计为能够处理在额定压力下整个泵的容量。

(2)具有氮气调节器的管线上的相同泵的泄放：如果调节器失效，泄放尺寸的大小应设计为能够处理氮气。

(3)相同的泵连接在具有流通蒸气的热交换器上：泄放尺寸应设计为能够处理在不能控制的条件下喷射进入交换器的蒸气，如蒸气调节器失效。

这是针对某一特定泄放列出的情景。随后对每种情形下的泄放面积进行计算，最坏事件就是需要最大泄放面积的事件。对于每次泄放，最坏事件是所形成的全部情形的子集。

对于每次特定的泄放，要确定和编制所有可能的情形。在确定泄压设备的方法中，这一步很重要即实际最坏事件情形的确定，通常比精确计算泄放尺寸对泄放尺寸的作用更大。

对于图 4.32 所描述的反应器系统的详细叙述见表 4.22。随后通过计算每种情形和泄压下的最大泄放面积来确定最坏事件情形。表 4.22 仅有 3 个泄放具有多种情形，这样需要对计算进行比较，来建立最坏情形。其他 3 种泄放仅有 1 种情形，因此它们本身就是最坏事件情形。

表 4.22　例 4.9 中的泄放情形

泄放的确定	情形
PSV-1a 和 PSV-1b	1. 充满液体的容器和泵 P-1 事故性动作； 2. 冷却盘管被破坏，345 kPa 下的水以 0.757 m^3/min 的流速进入； 3. 氮气调节器失效，导致通过 25.4 mm 管线的临界流动； 4. 反应期间，冷却失效(反应失控)
PSV-2	V-1 事故性关闭；系统需要 345 kPa 压力、流速为 0.38 m^3/min 的泄放
PSV-3	受限水管被压力为 862 kPa 的蒸气加热
PSV-4	1. 氮气调节器失效，导致通过 12.7 mm 管线的 I 临界流动； 2. 注意，其他的 R-1 情形将经 PSV-1 泄放
PSV-5	水在盘管内堵塞，反应热引起热膨胀

4.6.6　确定泄放尺寸的数据

进行泄放尺寸计算时，需要物性数据，有时也需要反应速率特性。设计单元操作时，使用工程假设估算得到的数据几乎是可以接受的，因为唯一的结果是收益较差或质量较差。然而，在泄压设计中，这些类型的假设是不能接受的，因为误差将导致突然而危险的失效。

在为气体或粉尘爆炸做泄压设计时，需要其泄放情形条件下特殊的爆燃数据。失控反应是另一种需要专门数据的情形。众所周知，失控反应几乎总是导致两相流泄放。通过泄压系统的两相排放，与含有二氧化碳的开瓶香槟酒喷出相似。如果香槟酒在开启前被加热，瓶内全部的东西都可能泄放出来。该结论也已经被化工厂中的失控反应所证实。

两相流动的计算相对复杂，特别是当条件变化很快时，如失控反应。正因为复杂，为了获得相关的数据，并进行泄放尺寸的计算，已经建立了专用的计算方法。

几种商用的量热计可用来刻画失控反应的特征，包括加速量热计、反应系统演示工具、自动压力跟踪绝热量热计和排放尺寸计算包(VSP)。每一种量热计都有不同的实例尺寸、容器设计、数据采集硬件和数据灵敏度。

实际上，所有这些量热计的工作方式是相同的。测试样品通过两种方式被加热。第一种方式是样品被加热到一个固定的温度增量，然后量热计在该温度下保持一段固定的时间，确定是否有放热反应发生。如果没有检测到有反应发生，那么温度再增加一个增量。第二种加热方式是样品以固定的温升速率加热，当量热计监视到有更高的温升速率时，就可以确定开始发生放热反应。部分量热计将这两种方式结合起来使用。

由量热计得到的数据包括最大自加热速率、最高压力速率、反应开始温度，以及温度和压力随时间的变化。

VSP(图 4.34)实际上是一种绝热量热计。将少量被测物质(30～80 mg)装入薄壁的反应容器中。一系列受控加热器将样品温度升高至失控条件。在失控反应期间，VSP 设备跟踪罐内的压力，并在主要的密封容器内维持相似的压力以防止薄壁样品盛装容器发生破裂。对于泄放尺寸计算，特别重要的结果包括：在设定压力下的温度变化速率$(\mathrm{d}T/\mathrm{d}t)_s$和与超压$\Delta p$有关的温度增量$\Delta T$。因为量热计开始工作时的质量和组分都是已知的，反应热可由温度T随时间t的变化得到(假设单体和产物的热容都是已知的)。

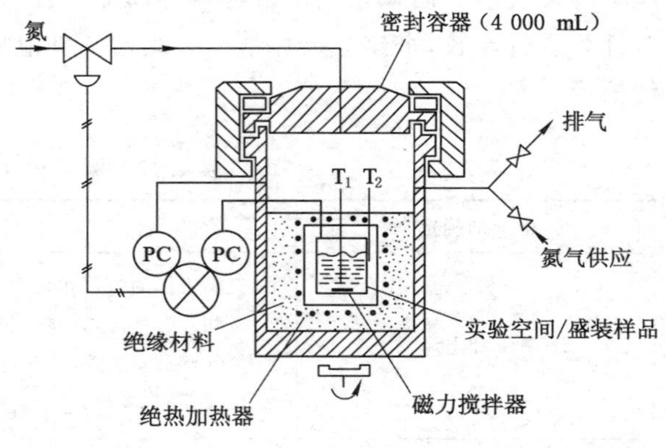

图 4.34　绝热量热计结构示意图

4.6.7　泄压系统

泄压系统由泄压设备(如泄压阀、爆破片等)和安全处置泄放物质的过程设备(如水平分离桶、火炬、洗涤器、冷凝器等)组成。在选择好泄放类型和完成泄放尺寸的计算之后，将确定怎样在系统中安装泄压设备，以及怎样处置排放出来的液体和蒸气。

同化工厂内的其他系统相比，减压系统是独特的。它们从不被希望得到启用，但是一旦启用，它们必须毫无缺陷地运行。其他系统如萃取系统和蒸馏系统，通常只要设计出它们适宜的性能和可靠性就可以了。泄压系统的开发必须进行最佳设计，以及在工厂投产之前在研究环境中进行验证。

(1)泄压装置的安装

不管泄放尺寸设计、确定和检验得多仔细，拙劣的安装将导致泄压性能完全不能令人满意。部分泄压阀安装指南见表 4.23。

表 4.23　泄压阀的安装

系统	建议
 容器	1. 易腐蚀设备中的爆破片； 2. 弹性开启阀可能会脱离处的高毒性物质
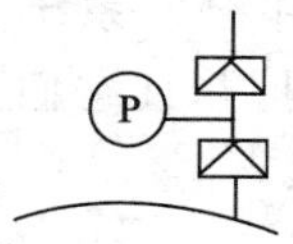 P	在非常容易腐蚀的设备上安装两个爆破片，第一个爆破片可能需要定期更换
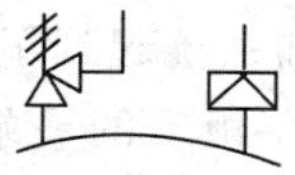	1. 安装爆破片和弹性开启泄压阀； 2. 正常的泄放可能经过弹性开启阀，对于大量的泄放则需要备用的爆破片
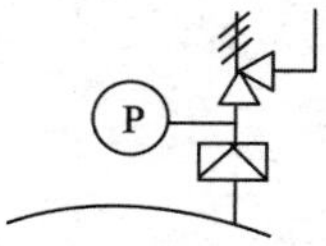 P	使用两个泄压阀。爆破片保护容器免受有毒或腐蚀性物质的破坏。弹性开启泄压阀用来使损失最小化
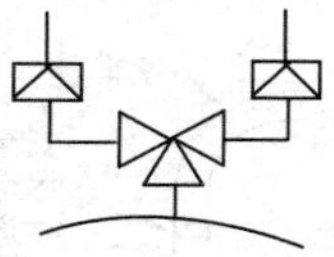	通过一个特殊的阀门总能使两个爆破片中的一个直接与容器相连。该类型的设计对于需要定期清洗的聚合反应器是有好处的
A B C 容器	*A*——压力下降不超过设定压力的 3%； *B*——长半径弯曲； *C*——距离，如果距离大于 3 m，则应在长半径弯曲下方支持重力和反作用力
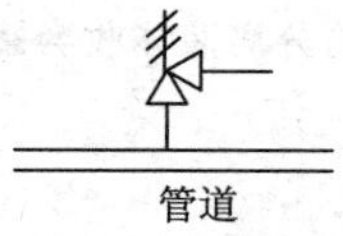 管道	1. 用于气体系统的单个安全阀的泄放口面积应该不超过被保护管道截面积的 2%； 2. 可能需要交错设置的多级阀门
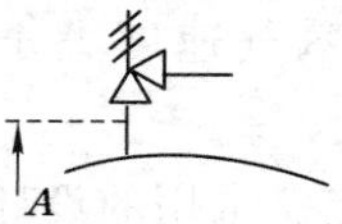 A	*A*——过程管线不应与安全阀的进口管道相连接
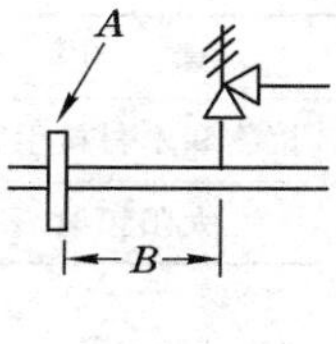 A B	*A*——引起振动的设备； *B*——尺寸，如下所示：

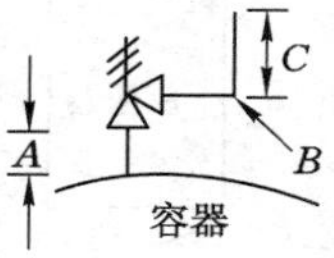

设备引起振动	直管线的最小直径/ft
调节器或阀门	25
不在同一平面内的 2 个直角弯或弯曲	20
同一平面内的 2 个直角弯或弯曲	15
1 个直角弯或弯曲	10
脉冲消除装置	10

注：1 ft=0.304 8 m。

(2) 泄压设计需要考虑的事项

泄压系统设计师必须熟悉政府法规、工业标准及所需的保护性措施。另一个需要考虑的重要内容是释放物质高速流过泄压系统时产生的反作用力。从污染的角度出发,目前很少向大气环境泄放。大多数情况下,泄放首先排向分液器系统,将液体与蒸气分离。液体在这里被收集起来,蒸气被排向另一个处理单元。随后的蒸气处理单元依赖于蒸气的危险性。可能包括:冷凝器、洗涤器、焚烧装置、火炬或它们之间的组合。系统类型称为整体密闭系统,其中一种如图 4.35 所示。整体密闭系统经常被采用,并且它们正在成为一种工业标准。

(3) 水平分液桶

分液桶有时也称为收集槽或排污桶。如图 4.35 所示,该水平分液桶系统起到了气液分离和盛装被分离出的液体的作用。两相混合物通常在一端进入,蒸气在相反的一端排出。进口也可设计在两端,蒸气在中间排出,并使蒸气速度最小化。当工厂内空间受限时,可使用切向降压桶,如图 4.36 所示。

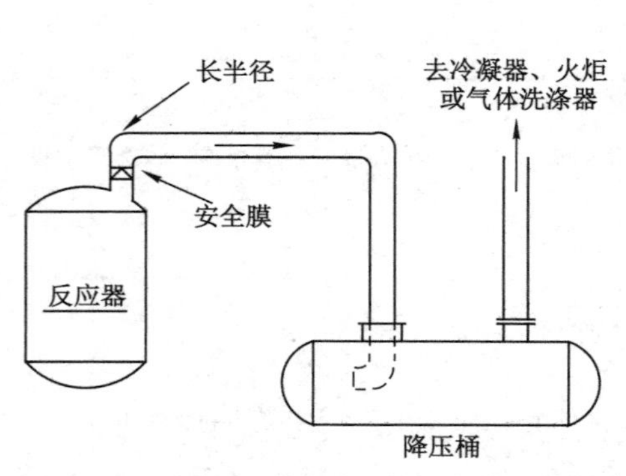

图 4.35 拥有降压桶的泄放收容系统

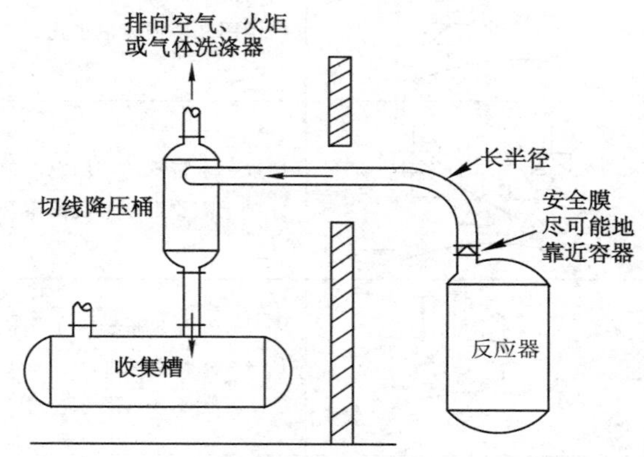

图 4.36 具有切向降压桶的分离液体收容罐

(4) 火炬

有时,在分液桶之后使用火炬,目的是将可燃或毒性气体燃烧掉,生成不可燃或无毒的燃烧产物。火炬的直径必须适合于维持稳定的火焰,以防止吹熄(当蒸气速度大于声速的 20%)。

火炬的高度根据所产生的热以及对设备和人造成的潜在危害来确定。常用的设计准则是,火炬底座处的热量强度不超过 4.7 kW/m^2。热辐射的影响见表 4.24。

表 4.24 热辐射强度影响

热强度/($kJ \cdot s^{-1} \cdot m^{-2}$)	影 响	热强度/($kJ \cdot s^{-1} \cdot m^{-2}$)	影 响
6.3	20 s 内有水泡出现	9.46～12.6	植物和木材被引燃
16.7	5 s 内有水泡出现	1.1	太阳辐射

(5) 洗涤器

泄放出来的流体有时是两相流,必须首先进入分液系统,使液体与蒸气分离。液体随后被收集起来,蒸气可能被排出或不被排出。如果气体是无毒的和不可燃的,它们将被排放掉，除非某些法规禁止这种类型气体的排放。如果蒸气是有毒的，则需要火炬或洗涤系统。洗涤系统可以是列管式、盘管式或喷管类型的系统。

(6) 冷凝器

一个简单的冷凝器是处理排放蒸气的另一种可能的方法。如果蒸气的沸点较高，自恢复后的冷凝物是有价值的，那么这种方法特别具有吸引力。应该经常使用这种方法进行评估，因为它很简单，并且通常花费不多，同时它使可能需要额外处理的物质的体积最小化。

复习思考题

4.1　什么叫做闪点？哪些因素可以影响闪点？

4.2　什么是物理爆炸？请举例说明。

4.3　什么是化学爆炸？请举例说明。

4.4　什么是蒸气云爆炸？其发生步骤是什么？

4.5　防火防爆安全装置都有哪些？

4.6　爆破片的使用场合有哪些？

4.7　爆炸破坏的主要形式有哪些？

4.8　化工系统中常用的安全评价方法有哪些？它们各自的特点是什么？有什么优缺点？适用范围分别是什么？

4.9　安全评价方法选择的原则是什么？选择过程如何？

第 5 章 化工职业危害分析与控制

化工生产过程中存在着多种危害劳动者身体健康的因素，这些危害因素在一定条件下会对人体健康造成不良影响，严重时会危及人的生命安全。因此，掌握化工职业危害分析与控制知识对于保护劳动者人身安全与健康，创建安全卫生的工作环境，促进化工行业安全生产具有重要的意义。

5.1 职业卫生与职业病概述

5.1.1 职业卫生

职业卫生是识别和评价不良的劳动条件对劳动者健康的影响以及研究改善劳动条件、保护劳动者健康的科学。职业卫生工作不仅承担着保护劳动者健康的神圣职责，同时也起着保护国家劳动力资源、维持社会劳动力资源的可持续发展作用。职业卫生工作不应局限于治疗已患病的劳动者，而更应注重治理和改善不良的劳动条件，控制职业危害因素，进而有效控制各种职业病和职业性损害的发生。

所谓职业危害因素，是指在生产过程、劳动过程、作业环境中存在的对职工的健康和劳动能力产生有害作用并导致疾病的因素。

1）按其来源分类

（1）与生产过程有关的职业危害因素

来源于原料、中间产物、产品、机器设备的工业毒物、粉尘、噪声、振动、高温、电离辐射及非电离辐射、污染性因素等职业性危害因素，它们均与生产过程有关。

（2）与劳动过程有关的职业性危害因素

作业时间过长、作业强度过大、劳动制度与劳动组织不合理、长时间强迫体位劳动、个别器官和系统的过度紧张，均可造成对劳动者健康的损害。

（3）与作业环境有关职业性危害因素

主要指与一般环境因素有关者，如露天作业的不良气候条件、厂房狭小、车间位置不合理、照明不良等。

2）按其性质分类

（1）化学因素

工业毒物，如铅、苯、汞、锰、一氧化碳；生产性粉尘，如矽尘、煤尘、石棉尘、有机性粉尘。

（2）物理因素

异常气象条件，如高温、高湿、低温、高气压、低气压；电离辐射，如 X 射线、γ 射线；非电离辐射，如紫外线、红外线、高频电磁场、微波、激光；噪声；振动。

(3) 生物因素

皮毛的炭疽杆菌、蔗渣上的真菌、布氏杆菌、森林脑炎、病毒、有机粉尘中的真菌、真菌孢子、细菌等。

此外,还可列出与劳动过程有关的劳动生理、劳动心理方面的因素以及与环境有关的环境因素。

5.1.2　职业病

所谓职业病,是指企业、事业单位和个体经济组织(以下统称用人单位)的劳动者在职业活动中,因接触粉尘、放射性物质和其他有毒、有害物质等因素而引起的疾病。但从法律意义上讲,职业病是有一定范围的,它是由政府主管部门所规定的特定职业病。法定职业病诊断、确诊、报告等必须按《中华人民共和国职业病防治法》的有关规定执行。

1957 年 2 月,卫生部关于《职业病范围和职业病患者处理办法的规定》中所公布的职业病名单,将 14 种职业病列为国家法定的职业病。1963 年,将布鲁氏杆菌列为职业病。1964 年和 1994 年,先后将煤矿井下工人滑囊炎、煤肺、炭黑尘肺列为职业病。1987 年 11 月 5 日,卫生部、劳动人事部、财政部、中华全国总工会在关于修订颁发《职业病范围和职业病患者处理办法的规定》的通知中公布了修订的职业病名单,将职业病分为九大类 99 种。计生委等国卫疾控发〔2013〕48 号的职业病分类和目录规定的职业病为十大类 132 种。具体分类名单包括:职业性法肺病及其他呼吸系统疾病(19 种);职业性放射性疾病(11 种);职业性化学中毒(60 种);物理因素所致职业病(7 种);职业性传染病(5 种);职业性皮肤病(9 种);职业性眼病(3 种);职业性耳鼻喉口腔疾病(4 种);职业性肿瘤(11 种);其他职业病(3 种)。

5.2　工业毒物及职业中毒

5.2.1　常见工业毒物及对人体的危害

1) 工业毒物的定义

毒物通常是指在一定条件下,较低剂量能引起机体功能性或器质性损伤的外源性化学物质。毒物与非毒物之间并不存在绝对界限,只能以引起毒效应的剂量大小相对地加以区别。以盐酸为例,浓度为 1%的盐酸可内服,用于治疗胃酸分泌减少影响消化吸收的患者;但如果内服浓盐酸,则可引起口腔、食道、胃和肠道严重灼伤,甚至致死。可见,低浓度盐酸是一种药物,而高浓度盐酸是一种毒物。

工业毒物(生产性毒物)是指生产过程中产生或存在于工作场所空气中的各种毒物。

在化学工业中,毒物的来源多种多样,可以是原料、中间体、成品、副产品、助剂、夹杂物、废弃物、热解产物、与水反应产物等。

2) 工业毒物的形态

(1) 气体

在生产场所的温度、气压条件下,散发于空气中的氯、溴、氨、一氧化碳、甲烷等。

(2) 蒸气

固体升华、液体蒸发时形成蒸气,如水银蒸气、苯蒸气等。

(3) 雾

混悬于空气中的液体微粒，如喷洒农药和喷漆时所形成雾滴，镀铬和蓄电池充电时逸出的铬酸雾和硫酸雾等。

(4) 烟

直径小于 0.1 μm 的悬浮于空气中的固体微粒，如熔铜时产生的氧化锌烟尘，熔镉时产生的氧化镉烟尘，电焊时产生的电焊烟尘等。

(5) 气溶胶尘

能较长时间悬浮于空气中的固体微粒，直径大多数为 0.1～10 μm。悬浮于空气中的粉尘、烟和雾等微粒，统称为气溶胶。

了解生产性毒物的存在形态，有助于研究毒物进入机体的途径、发病原因，且便于采取有效的防护措施以及选择车间空气中有害物采样方法。生产性毒物无论以哪种形态存在，其产生来源都是多种多样的，进行调查时应按生产工艺过程调查清楚。

3) 工业毒物的分类

工业毒物分类方法很多，有的按毒物来源分，有的按进入人体途径分，有的按毒物作用的靶器官分类。

目前，最常用的分类方法是按化学性质及其用途相结合的分类法。一般分为：

(1) 金属、非金属及其化合物，这是最多的一类。

(2) 卤族及其无机化合物，如氟、氯、溴、碘等。

(3) 强酸和碱物质，如硫酸、硝酸、盐酸、氢氧化钠、氢氧化钾、氢氧化铵等。

(4) 氧、氮、碳的无机化合物，如臭氧、氮氧化物、一氧化碳、光气等。

(5) 窒息性惰性气体，如氦、氖、氩、氮等。

(6) 有机毒物，按化学结构又分为：脂肪烃类、芳香烃类、卤代烃类、氨基及硝基烃类、醇类、醛类、酚类、醚类、酮类、酰类、酸类、腈类、杂环类、羰基化合物等。

(7) 农药类，如有机磷、有机氯、有机汞、有机硫等。

(8) 染料及中间体、合成树脂、橡胶、纤维等。

按毒物的作用性质可分为：刺激性、腐蚀性、窒息性、麻醉性、溶血性、致敏性、致癌性、致突变性等。

按损害的器官或系统(靶器官)可分为：神经毒性、血液毒性、肝脏毒性、肾脏毒性、全身毒性等毒物。有的毒物具有 2 种作用，有的具有多种作用或全身性作用。

4) 工业毒物进入人体的途径

(1) 呼吸道

空气中的有毒物质易因呼吸作用进入人体。由于毒物性质及呼吸道各部分特点不同，吸收情况也不同。水溶性强的毒物，易被上呼吸道黏膜溶解吸附吸收；水溶性差的毒物，进入肺泡吸收，易引起全身中毒。肺泡气与血液中的毒物浓度梯度是扩散过程的推动力，对于同一种毒物，其值越大，吸收越快，反之则越慢。血/气分配系数(饱和时血中毒物浓度与肺泡气中毒物浓度的比值)越大，毒物越易进入血液。

可以根据车间空气中有毒物质的浓度估算接触者的吸收量：

$$估算剂量 = 毒物浓度 \times 10 \times 储留率 / 体重 \tag{5.1}$$

式中：毒物浓度采用时间加权平均浓度(mg/m^3)；10 表示 8 h 内人的大约通气量，单位为 m^3；储留率与化学物质水溶性有关，可由表 5.1 得到。

表 5.1　化学物质水溶性与储留率的关系

水中溶解度	g/%	储留率/%	水中溶解度	g/%	储留率/%
基本不溶	<0.1	10	中等程度溶	5～10	50
难溶	0.1～5	30	易溶	50～100	80

(2) 皮肤

有些工业毒物可以通过无损的皮肤(包括表皮、黏膜、毛囊皮脂腺、汗腺、眼睛)进入人体。工业毒物经皮肤吸收,包括 2 个扩散过程:一是要穿透表皮的角质层;二是在真皮经毛细血管吸收进入血液。既具有脂溶性又具有水溶性的物质最易经皮肤吸收,如脂溶性与水溶性都很好的苯胺易经皮肤吸收,而脂溶性很好水溶性极微的苯经皮肤吸收较少。对皮肤有腐蚀性的物质会严重损伤皮肤的完整性,可显著地增加毒物的渗透吸收。低分子量的有机溶剂(如甲醇、乙醚、丙酮等)可损伤皮肤的屏障功能。水与皮肤较长时间接触,可因角质层的水合作用而增强皮肤对水溶性毒物的吸收。分子量大于 300 的物质不易经皮肤吸收。皮肤性状、环境温度、湿度等均会影响毒物经皮肤吸收。

(3) 消化道

工业毒物由消化道进入人体的机会很少,多由不良的卫生习惯造成误服,或由于呼吸道黏液混有部分毒物,被无意吞入。毒物的吸收主要受胃肠道的酸碱度和毒物的脂溶性等因素影响。

生产条件下,工业毒物主要通过呼吸道和皮肤进入人体,职业中毒时经消化道途径比较次要。

5) 工业毒物对人体的危害

按照对靶器官的作用,毒物对人体的危害如下:

(1) 神经系统

毒物对中枢神经和周围神经系统均有不同程度的危害,其表现为神经衰弱症候群:全身无力、易于疲劳、记忆力减退、头昏、头痛、失眠、心悸、多汗,多发性末梢神经炎及中毒性脑病等。汽油、四乙基铅、二硫化碳等中毒还表现为兴奋、狂躁、癔病。

(2) 呼吸系统

氨、氯气、氮氧化物、氟、三氧化二砷、二氧化硫等刺激性毒物可引起声门水肿及痉挛、鼻炎、气管炎、支气管炎、肺炎及肺水肿。有些高浓度毒物(如硫化氢、氯、氨等)能直接抑制呼吸中枢或引起机械性阻塞而窒息。

(3) 血液和心血管系统

严重的苯中毒可抑制骨髓造血功能。砷化氢、苯肼等中毒可引起严重的溶血,出现血红蛋白尿,导致溶血性贫血。一氧化碳中毒可使血液的输氧功能发生障碍。钡、砷、有机农药等中毒可造成心肌损伤,直接影响到人体血液循环系统的功能。

(4) 消化系统

肝是解毒器官,人体吸收的大多数毒物积蓄在肝脏里,并由它进行分解、转化,起到自救作用。但某些称为"亲肝性毒物",如四氯化碳、磷、三硝基甲苯、锑、铅等,主要伤害肝脏,往往形成急性或慢性中毒性肝炎。汞、砷、铅等急性中毒,可发生严重的恶心、呕吐、腹泻等消化道炎症。

(5) 泌尿系统

某些毒物损害肾脏，尤其以升汞和四氯化碳等引起的急性肾小管坏死性肾病最为严重。此外，乙二醇、汞、镉、铅等也可以引起中毒性肾病。

(6) 皮肤损伤

强酸、强碱等化学药品及紫外线可导致皮肤灼伤和溃烂。液氯、丙烯腈、氯乙烯等可引起皮炎、红斑和湿疹等。苯、汽油能使皮肤因脱脂而干燥、皲裂。

(7) 眼睛的危害

化学物质的碎屑、液体、粉尘飞溅到眼内，可发生角膜或结膜的刺激炎症、腐蚀灼伤或过敏反应。尤其是腐蚀性物质，如强酸、强碱、飞石灰或氨水等，可使眼结膜坏死糜烂或角膜混浊。甲醇影响视神经，严重时可导致失明。

(8) 致突变、致癌、致畸

某些化学毒物可引起机体遗传物质的变异。有突变作用的化学物质称为化学致突变物。有的化学毒物能致癌，能引起人类或动物癌病的化学物质称为致癌物。有些化学毒物对胚胎有毒性作用，可引起畸形，这种化学物质称为致畸物。

(9) 对生殖功能的影响

工业毒物对女工月经、妊娠、授乳等生殖功能可产生不良影响，不仅对妇女本身有害，而且可累及下一代。

接触苯及其同系物、汽油、二硫化碳、三硝基甲苯的女工，易出现月经过多综合征；接触铅、汞、三氯乙烯的女工，易出现月经过少综合征。化学诱变物可引起生殖细胞突变，引发畸胎，尤其是妊娠后的前三个月，胚胎对化学毒物最敏感。在胚胎发育过程中，某些化学毒物可致胎儿生产迟缓，可致胚胎的器官或系统发生畸形，可使受精卵死亡或被吸收。有机汞和多氯联苯均有致畸胎作用。

接触二硫化碳的男工，精子数可减少，影响生育；铅、二溴氯丙烷，对男性生育功能也有影响。

5.2.2 工业毒物的毒性

1) 毒性及分级

毒性是指某种化学物引起机体损害能力的大小或强弱。化学物的毒性大小是与机体吸收该化学物的剂量，进入靶器官毒效应部位的数量和引起机体损害的程度有关。高毒性化学物仅以小剂量就能引起机体的损害。低毒性化学物则需大剂量才能引起机体的伤害。该化学物引起某种毒效应所需的剂量越小，毒性越大，所需的剂量越大，则毒性就小。在同样剂量水平下，高毒化学物引起机体的损害程度较严重，而低毒性化学物引起的损伤程度往往较轻微。

描述急性毒性的最常用的指标是半数致死剂量(LD_{50})。其含义是指某种化学物预期可致50%动物死亡的剂量值。它是以常用的急性毒性分级主要依据。在生产、包装、运输、储存和销售使用过程中，需根据化学物毒性分级，采取相应的防护措施。为便于比较化学物的毒性及有毒化学物的管理，国内外根据 LD_{50} 值大小提出了许多急性毒性分级标准，但这些分级标准尚未统一。国内工业品急性毒性分级标准见表5.2。值得注意的是，一些化学物质急性毒性不大，而慢性毒性却很高，所以化学物的急性毒性分级与慢性毒性分级不能一概而论。

表5.2　我国工业毒物急性毒性分级标准

毒性分级	经口 LD_{50}/($mg\cdot kg^{-1}$)	吸入 LD_{50}/($mg\cdot m^{-3}$),2h,小鼠	经皮 LD_{50}/($mg\cdot kg^{-1}$),兔
剧毒	<10	<50	<10
高毒	10～100	50～500	10～50
中等毒	101～1 000	501～5 000	51～500
低毒	1 001～10 000	5 001～50 000	501～5 000
微毒	>10 000	>50 000	>5 000

2）毒性作用

化学物质的毒性作用是毒物原形或其代谢产物在效应部位达到一定数量并停留一定时间，与组织大分子成分互相作用的结果。毒性作用又称为毒效应，是化学物质对机体所致的不良或有害的生物学改变，故又可称为不良效应、损伤作用或损害作用。毒性作用的特点是，在接触化学物质后，机体表现出各种功能障碍、应激能力下降、维持机体稳态能力降低及对于环境中的其他有害因素敏感性增高等。

3）毒性分类

(1) 按毒作用发生的时间分类

按毒作用发生的时间可将毒性分为急性毒作用、慢性毒作用、迟发性毒作用和远期毒作用4类。急性毒作用是指较短时间内（小于24 h）一次或多次接触化学物后，在短期内（小于2周）出现的毒效应，如各种腐蚀性化学物、许多神经性的毒物、氧化磷酸化抑制剂、致死合成剂等，均可引起急性毒作用；慢性毒作用是指长期甚至终身接触小剂量化学物缓慢产生的毒效应，如环境或职业性接触化学物，多数表现出这种效应；迟发性毒作用是指在接触当时不引起明显病变，或者在急性中毒后临床上可暂时恢复，但经过一段时间后，又出现一些明显的病变和临床症状，这种效应称为迟发性毒作用，典型的例子是重度一氧化碳中毒，经救治恢复神志后，过若干天又可能出现精神或神经症状；远期毒作用是指化学物作用于机体或停止接触后，经过若干年，而后发生不同于中毒病理改变的毒效应，一般指致突变、致癌和致畸作用。

(2) 按毒作用发生的部位分类

按毒作用发生的部位可将毒性分为局部毒作用和全身毒作用2类。局部毒作用是指化学物引起机体直接接触部位的损伤，多表现为腐蚀和刺激作用，腐蚀性化学物主要作用于皮肤和消化道，刺激性的气体和蒸气作用于呼吸道，这类作用表现为受作用部位的细胞广泛损伤或坏死；全身毒作用是指化学物经吸收后，随血液循环分布到全身而产生的毒作用，毒物被吸收后的全身作用，其损害一般主要发生于一定的组织和器官系统。受损伤或发生改变的可能只是个别器官或系统，此时这些受损的效应器官称为靶器官。常常表现为麻醉作用、窒息作用、组织损伤及全身病变，如一氧化碳与血红蛋白有极大的亲和力，能引起全身缺氧，并损伤对缺氧敏感的中枢神经系统及增加呼吸系统的负担。靶器官并不一定是毒物或其活性代谢产物浓度最高的器官。许多具有全身作用的毒物，不一定能引起局部作用；能引起局部作用的毒物，则可能通过神经反射或吸收入血而引起全身性反应。

(3) 按毒作用损伤的恢复情况分类

按毒作用损伤的恢复情况可将毒性分为可逆性毒作用和不可逆性毒作用 2 类。可逆性毒作用指停止接触毒物后其作用可逐渐消退，接触的毒物浓度低、时间很短，所产生的毒效应多是可逆的；不可逆性毒作用指停止接触毒物后，引起的损伤继续存在，甚至可进一步发展的毒效应。某些毒作用显然是不可逆的，如致突变、致癌、神经元损伤、肝硬化等。某些作用尽管在停止接触后一定的时间内消失，但仍可看做是不可逆的。例如，有机磷农药对胆碱酯酶的“不可逆性”抑制，因停止接触后酶的抑制时间也就是该酶重新合成和补偿所需的时间。这对于已受抑制的酶分子本身来说是不可逆的，但对机体的健康来说却是可逆的。机体接触的化学物的剂量大、时间长，常产生不可逆的作用。

(4) 按毒作用性质分类

按毒作用性质可将毒性分为一般毒作用和特殊毒作用。一般毒作用指化学物质在一定的剂量范围内经一定的接触时间，按照一定的接触方式，均可能产生的某些毒效应，如急性作用，慢性作用；特殊毒作用是指接触化学物质后引起不同于一般毒作用规律或出现特殊病理改变的毒作用，包括变态反应、特异体质反应、致癌作用、致畸作用和致突变作用。

4）毒性参数

化学物的毒性可以用一些毒性参数表示，常用的毒性参数有以下几方面：

(1) 致死剂量或浓度

目前，最通用的急性毒性参数仍采用动物致死剂量或浓度，因为死亡是最明确的观察指标，包括：绝对致死剂量(LD_{100})、半数致死剂量(LD_{50})、最小致死剂量(MLD)和最大耐受剂量(MTD)。LD_{100}是化学物质引起受试动物全部死亡所需要的最低剂量或浓度，如再降低剂量，即有存活者；LD_{50}是化学物质引起一半受试动物出现死亡所需要的剂量，化学物质的急性毒性与 LD_{50}成反比，即急性毒性越大，LD_{50}的数值越小；MLD 是化学物质引起个别动物死亡的最小剂量，低于该剂量水平，不再引起动物死亡；MTD 是化学物质不引起受试对象出现死亡的最高剂量，若高于该剂量即可出现死亡。

(2) 阈剂量

阈剂量是化学物引起生物体某种非致死性毒效应(包括生理、生化、病理、临床征象等改变)的最低剂量。一次染毒所得的阈剂量称为急性阈剂量(Lim_{ac})；长期多次小剂量染毒所得的阈剂量称为慢性阈剂量(Lim_{ac})。在亚慢性或慢性实验中，阈剂量表达为最低有害作用水平(LOAEL)。类似的概念还有最小作用剂量(MED)。

(3) 无作用剂量

化学物不引起生物体某种毒效应的最大剂量称为无作用剂量，比其高一档水平的剂量就是阈剂量。一般是根据目前认识水平，用最敏感的实验动物，采用最灵敏的实验方法和观察指标，未能观察到化学物对生物体有害作用的最高剂量。因此，在亚慢性或慢性实验中，以无明显作用水平(NOEL)或无明显有害作用水平(NOAEL)表示。

实际上，阈剂量和无作用剂量都有一定的相对性，不存在绝对的阈剂量和无作用剂量。如果使用更敏感的实验动物和观察指标，就可能出现更低的阈剂量或无作用剂量。所以，将阈剂量和无作用剂量称为 LOAEL 和 NOAEL 较为确切。在表示某种外来化学物的 LOAEL 和 NOAEL 时，必须说明实验动物的种属、品系、染毒途径、染毒时间和观察指标。根据亚慢性或慢性毒性试验的结果获得的 LOAEL 和 NOAEL，是评价外来化学物引起生物体损害的主要指标，可作为确定某种外来化学物接触限值的基础。

（4）蓄积系数

化学物在生物体内的蓄积现象，是发生慢性中毒的物质基础。蓄积毒性是评价外来化学物是否容易引起慢性中毒的指标，蓄积毒性大小可用蓄积系数 K 来表示，常用分次染毒所得的 $LD_{50}(n)$ 与一次染毒所得 $ED_{50}(l)$ 之比值表示，即 $K=LD_{50}(n)/ED_{50}(l)$。K 值越大，蓄积毒性越小。

5.2.3　最高容许浓度与阈限值

1）最高容许浓度

最高容许浓度（MAC）是指工作地点、在一个工作日内、任何时间有毒化学物质均不应超过的浓度。《工业企业设计卫生标准》（GBZ 1—2010）中规定了工作场所空气中 51 种化学物质的最高容许浓度。

在使用最高容许浓度过程中，应注意以下问题：

（1）某些物质，目前国内未制定标准的不等于安全，可参考国外标准及相关的资料。例如：石油化工生产中采用异丙苯法制苯酚丙酮，其中的中间产品——异丙苯具有麻醉作用，对眼、皮肤、黏膜有轻度刺激作用，国内未制定其 MAC。所以，在苯酚丙酮生产中不仅要注意苯酚、丙酮的毒害性，也必须注意异丙苯的毒害性。

（2）在最高容许浓度及阈限值中，凡注有“[皮]”字样的物质可经皮肤（包括黏膜和眼睛）吸收，且其吸收量在总吸收负荷中所占比例不可忽略。此时，若只注意呼吸道防护，而使皮肤处于暴露状态，则可因毒物经皮肤吸收而导致中毒，“[皮]”标记提醒在做好呼吸防护的同时，也要做好皮肤防护，以保持阈值的有效性。

（3）在进行车间空气中工业毒物的监测时，采样点的数量、采样点的设置、采样时机、采样频率以及采样方法应按照国家标准《有毒作业场所空气采样规范》（GB 13733—92）执行。样品的监测检验必须严格按照有关规范、标准或其卫生标准的附录执行。

（4）最高容许浓度是一项卫生标准，不能作为衡量毒物相互间毒物相互毒性大小的比例关系。

（5）车间空气中存在 2 种以上毒物时，要注意其联合作用。世界卫生组织（WHO）专家委员会 1981 年的技术报告中，提出当有害因素危害机体时，可发生独立作用、协同作用和拮抗作用 3 类。独立作用是指混合物的毒性是各个毒物单独作用结果的简单汇总；协同作用也就是相加作用，若各种毒物在化学结构上属同系物，或结构相近似，或它们作用的主要器官相同，毒作用等于各毒物分别作用的强度的总和。一般情况下，有机溶剂蒸气的混合物可认为是相加作用，如苯、甲苯、二甲苯混合物；拮抗作用是指一种毒物减弱另一种毒物的毒性，总的毒效应小于各毒物单独作用的总和，如乙醇拮抗二氯乙烷、乙二醇的毒作用，铅可以拮抗四氯化碳的毒作用。

2 种以上毒物存在时，日常卫生监督中如不能判断其联合作用，可认为是相加作用，采用下式进行评价：

$$C_1/M_1+C_2/M_2+\cdots+C_n/M_n\leqslant 1 \tag{5.2}$$

式中　$C_1,C_2,\cdots,C_n$——各物质的实测浓度，mg/m^3；

$M_1,M_2,\cdots,M_n$——各物质的最高容许浓度，mg/m^3。

评价结果：=1，共存物质容许达到的浓度；<1，低于最高容许浓度；>1，高于最高容许浓度。

【例 5.1】 某车间空气中有苯、甲苯、二甲苯 3 种毒物共存;经分析检测浓度分别为 20,20,60 mg/m^3;查阅相关资料可知 3 种物质的 MAC 分别为 40,100,100 mg/m^3。请评价车间空气中的有毒物质浓度是否超过国家卫生标准。

【解】 苯、甲苯、二甲苯 3 种毒物共存时,可认为是毒物联合作用中的相加作用,按式(5.2)计算:

$$\frac{20}{40}+\frac{20}{100}+\frac{60}{100}=1.3>1$$

结论为超标。说明该生产车间必须进行整改,以使空气中有毒物质的浓度符合国家卫生标准。

2) 阈限值

阈限值(TLV)是指化学物质在空气中的浓度限值,并表示在该浓度条件下每日反复暴露的几乎所有工人不致受到有害影响。美国等国家采用此类标准。阈限值主要有以下 3 种:

(1) 时间加权平均浓度(TLV-TWA)

主要是指正常 8 h 工作日和 40 h 工作周的时间加权平均浓度。在此浓度下,几乎所有工人日复一日地暴露而不致受到不良影响。

时间加权平均浓度计算公式:

$$C=\frac{C_1T_1+C_2T_2+\cdots+C_nT_n}{T_1+T_2+\cdots+T_n} \tag{5.3}$$

式中 $C_1,C_2,\cdots,C_n$——各操作点测得的空气中尘毒浓度,mg/m^3;

$T_1,T_2,\cdots,T_n$——工人在该测定点实际接触尘毒的时间,min。

(2) 短期接触限值(TLV-STEL)

在此浓度下,工人可短时间连续暴露而不致受到:刺激作用;慢性或不可逆组织损伤;足以导致事故伤害增大,丧失自救能力,以及明显降低工作效率的麻醉作用。

TLV-STEL 并非单独规定的暴露限值,而是对 TLV-TWA 的补充,用于毒作用基本属于慢性,但有明显急性效应的物质。

STEL 是指在一个工作日内,任何时间不应超过的 15 min 时间加权平均浓度(即使 8 h 的 TLV-TWA 并未超过要求)。在 STEL 中的暴露时间不应超过 15 min。每日反复不应超过 4 次,且各次之间的间隔时间至少应为 60 min。如果有明显的生物效应依据,则可采用另一暴露时间。

(3) 极限阈限值(TLV-C)

主要是指任何暴露时间均不应超过的浓度。

职业性接触毒物危害程度分级依据表 5.3。

5.2.4 职业中毒与现场急救

1) 职业中毒

劳动者在生产过程中,由于接触生产性毒物而引起的中毒称为职业中毒。职业中毒一般包括:急性中毒、慢性中毒和亚急性中毒。急性中毒是指在短时间内大量毒物进入人体引起的中毒,易挥发、易扩散的气态毒物或易经皮肤吸收的毒物易引起急性中毒,如光气、氯气、一氧化碳、硫化氢、砷化氢、苯、汽油等;慢性中毒是指长期少量毒物进入人体引起的中毒,

表5.3　职业性接触毒物危害程度分级依据

指标		分级			
		Ⅰ	Ⅱ	Ⅲ	Ⅳ
		极度危害	高度危害	中度危害	轻度危害
急性毒性	吸入 LC_{50} /(mg·m^{-3})	<200	200～2 000	2000～20 000	>20 000
	经皮 LD_{50} /(mg·m^{-3})	<100	100～500	500～2 500	>2 500
	经口 LD_{50} /(mg·m^{-3})	<25	25～500	500～5 000	>5 000
急性中毒发病状况		生成中易发生中毒，后果严重	生成中可发生中毒，愈后良好	偶可发生中毒	迄今未见急性中毒，但有急性影响
慢性中毒患病状况		患病率高(>5%)	患病率较高(<5%)或症状发生率较高(>20%)	偶有中毒病例发生或症状发生率较高(>10%)	无慢性中毒而有慢性影响
慢性中毒后果		脱离接触后，继续进展或不能治愈	脱离接触后，可基本治愈	脱离接触后，可恢复，不会导致严重后果	脱离接触后，自行恢复，无不良后果
致癌性		人体致癌物	可疑人体致癌物	实验动物致癌物	无致癌性
最高容许浓度/(mg·m^{-3})		<0.1	0.1～1.0	1.0～10	>10

此类毒物大多数有蓄积性，如铅、锰、汞、苯胺、四氯化碳等引起的慢性中毒；亚急性中毒是指在较短时间内较大剂量毒物进入人体引起的中毒。

2）中毒的现场救治

急性中毒具有发病快、变化快和病情重的特点，处理不当常危及生命。因此，在现场立即进行自救互救，对于挽救患者生命、减轻中毒程度，为正规救治创造条件非常重要。现场急救应遵循以下原则：

（1）救护人员做好防护使中毒者脱离现场，同时切断毒源

救护者首先应做好防护（应视毒物的侵入途径而定），再进入毒区迅速将中毒人员移至空气新鲜处（应尽量移至上风向）。为防止毒物继续泄漏，应采取有效措施迅速切断毒源，如关闭阀门、停止进料、堵漏等，避免毒物继续外泄引起多人中毒。对毒性高、有火灾爆炸危险的毒物，应尽快利用通排风稀释或喷洒吸收剂、中和剂吸收、中和毒物等措施，有效降低空气中毒物浓度。

（2）防止毒物继续侵入人体

对于吸入中毒者，脱离毒区后，注意保持呼吸道通畅，保持体温。对于皮肤吸收中毒者，立即脱去污染衣着，用流动清水或生理盐水等彻底冲洗，一般冲洗时间至少15 min。眼部受到污染，更应迅速采取冲洗等相应措施进行处理。对于误服中毒者，若毒物为非腐蚀性的，应立即催吐或洗胃；若毒物为腐蚀性的，则严禁催吐，应给饮牛奶、豆浆、蛋清等保护胃黏

膜，降低毒物吸收速度。

(3) 促进生命器官功能恢复

对因中毒引起呼吸、心跳停止者，应立即进行人工心肺复苏或采用苏生器进行呼吸复苏。人工心肺复苏的主要方法有口对口人工呼吸和心脏胸外挤压术。对于剧毒气体如丙烯腈、硫化氢中毒，在进行人工呼吸时，一定要避免吸入患者的呼出气，以免救援人员中毒。

(4) 尽早使用解毒剂

发生急性中毒时，应及时使用相应的解毒剂，降低或消除毒物对人体的危害。如氰化物中毒者，立即给患者吸入 0.2～0.4 mL 亚硝酸异戊酯，再缓慢静注 3%亚硝酸钠 10～20 mL，接着用同一针头缓慢地静注 25%～50%硫代硫酸钠。也可口服或肌注 4-二甲基氨基苯酚(4-DMAP)。苯胺、硝基苯类中毒者，可给予 1%亚甲蓝 6 mL 加入 25%葡萄糖 20 mL 中，缓慢静注。

此外，若中毒人员有骨折、出血等外伤症状，也应在现场妥善处理，做有效固定和包扎止血。之后，依据中毒人员病情，送往医院做进一步的检查与救治。

5.3 生产性粉尘及其对人体的危害

5.3.1 生产性粉尘及分类

1）生产性粉尘的概念

能够较长时间浮游于空气中的固体微粒称为粉尘。在生产中，与生产过程有关而形成的粉尘称为生产性粉尘。生产性粉尘对人体有多方面的不良影响，尤其是含有游离二氧化硅的粉尘，能引起严重的职业病——矽肺；生产性粉尘还能影响某些产品的质量，加速机器的磨损；微细粉末状原料、成品等成为粉尘到处飞扬，造成经济上的损失，甚至污染环境，危害人们的健康。

2）生产性粉尘的来源

(1) 固体物质的机械加工和粉碎，其所形成的尘粒，小者可为超显微镜的微细粒子，大者肉眼可见，如金属的研磨、切削，矿石或岩石的钻孔、爆破、破碎、磨粉以及粮谷加工等。

(2) 物质加热时产生的蒸气在空气中凝结、被氧化，其所形成的微粒直径多小于 1 μm，如熔炼黄铜时，锌蒸气在空气中冷凝，氧化形成氧化锌烟尘。

(3) 有机物质的不完全燃烧，其所形成的微粒直径多在 0.5 μm 以下，如木材、油、煤炭等燃烧时所产生的烟。

此外，铸件的翻砂、清砂时或在生产中使用的粉末状物质在混合、过筛、包装、搬运等操作时，沉积的粉尘由于振动或气流的影响重又浮游于空气中(二次扬尘)也是其来源。

3）生产性粉尘的分类

生产性粉尘根据其性质可分为 3 类：

(1) 无机性粉尘：矿物性粉尘，如硅石、石棉、滑石等；金属性粉尘，如铁、锡、铝、铅、锰等；人工无机性粉尘，如水泥、金刚砂、玻璃纤维等。

(2) 有机性粉尘：植物性粉尘，如棉、麻、面粉、木材、烟草、茶等；动物性粉尘，如兽毛、角质、骨质、毛发等；人工有机粉尘，如有机燃料、炸药、人造纤维等。

(3) 混合性粉尘：在生产环境中，最常见的是混合性粉尘。

5.3.2　生产性粉尘对人体的危害

在粉尘环境中工作，人的鼻腔只能阻挡吸入粉尘总量的 30%～50%，其余部分就进入了呼吸道内。由于长期吸入粉尘，粉尘的积累引起了机体的病理变化。粉尘微粒直径小于 10 μm(尤其 0.5～5 μm)的飘尘类，能进入肺部并黏附在肺泡壁上引起尘肺病变。有些粉尘能进入血液中，进一步对人体产生危害。一般引起的危害和疾病有以下几种：

1）尘肺

长期吸入某些较高浓度的生产性粉尘所引起的最常见的职业病是尘肺，尘肺包括硅沉着病、石棉肺、铁肺、煤工尘肺、有机物(纤维、塑料)尘肺以及电焊烟尘引起的电焊工尘肺等。尤其是长期吸入较高浓度的含游离二氧化硅的粉尘造成肺组织纤维化而引起的硅沉着病最为严重，可导致肺功能减退，最后因缺氧而死亡。

2）中毒

由于吸入铅、砷、锰、氰化物、化肥、塑料、助剂、沥青等毒性粉尘，在呼吸道溶解被吸收进入血液循环引起中毒。

3）上呼吸道慢性炎症

某些粉尘如棉尘、毛尘、麻尘等，在吸入呼吸道时附着于鼻腔、气管、支气管的黏膜上，长期刺激作用和继发感染，而发生慢性炎症。

4）皮肤疾患

粉尘落在皮肤上可堵塞皮脂腺、汗腺而引起皮肤干燥、继发感染，发生粉刺、毛囊炎等。沥青粉尘可引起光感性皮炎。

5）眼疾患

烟草粉尘、金属粉尘等，可引起角膜损伤。沥青粉尘可引起光感性结膜炎。

6）致癌作用

接触放射性矿物粉尘易发生肺癌，石棉尘可引起胸膜间皮瘤，铬酸盐、雄黄矿等可引起肺癌。

生产性粉尘除了对劳动者的身体健康造成危害之外，对生产也有很多不良影响，如加速机械磨损，降低产品质量，污染环境，影响照明等。最值得注意的是，许多易燃粉尘在一定条件下会发生爆炸，造成经济损失和人员伤亡。

5.3.3　生产性粉尘的卫生标准

根据生产性粉尘中游离二氧化硅含量、工人接触粉尘时间肺总通气量以及生产性粉尘浓度超标倍数 3 项指标，划分生产性粉尘作业危害程度分级，见表 5.4。

人体对粉尘具有一定的清除功能，大于 10 μm 的可被上呼吸道清除；5～10 μm 的可因下呼吸道黏膜上皮的纤毛运动随着黏液向外运动，并通过咳嗽排出体外，基本上只有 5 μm 以下的粉尘才可进入肺泡和终末细支气管，因此被称为呼吸性粉尘。尘肺尸检资料表明，尘肺纤维化病灶中的粉尘粒子大多为呼吸性粉尘，故在最近制定的卫生标准中已开始采用了呼吸性粉尘标准。

粉尘中游离二氧化硅的含量很大程度上影响粉尘的致纤维化能力，多数粉尘标准中限定了该粉尘游离二氧化硅的含量，在应用中要给予注意。

石棉粉尘的危害性是由其纤维特性决定的，故其最高容许浓度以每毫升空气中石棉纤维数表示，单位为 f/mL。

表 5.4 生产性粉尘作业危害程度分级

生产性粉尘中游离二氧化硅质量分数/%	工人接尘时间肺总通气量/[L·(d·人)$^{-1}$]	生产性粉尘浓度超标倍数							
		0	1	2	4	8	16	32	64
≤10	4 000								
	6 000								
	>6 000	0		Ⅰ		Ⅱ		Ⅲ	Ⅳ
>10~40	>4 000								
	6 000								
	>6 000								
>40~70	4 000								
	6 000								
	>6 000								
>70	4 000								
	6 000								
	>6 000								

5.4 潜在职业危害的辨识

职业卫生危害辨识是解决潜在健康问题的前提。由于化工工程技术十分复杂，需要工业卫生工作者、过程设计人员、操作人员、实验室工作人员和管理者的共同努力。

在化工厂内，许多危险化学品的潜在危险必须辨识出来，并加以控制。当操作有毒、易燃化学品时，潜在的危险条件可能很多，为了在这些情况下仍然能安全操作，就需要关注制度、技能、责任心和技术细节。

辨识需要对化工过程、操作条件和操作程序进行细致的研究。信息来源包括过程设计描述、操作指南、安全检查、设备卖方的描述、化学品供应商提供的信息和操作人员提供的信息。辨识的质量是所使用的信息资源数量和所提问题质量的函数。在辨识过程中，整理和合并所得到的信息，对于辨识由多个暴露的组合效应所引起的新的潜在危险是很有必要的。

在辨识过程中，潜在危害和接触方式可参照表 5.5 进行辨识并记录。

表 5.5 潜在危害的辨识

<table>
<tr><th colspan="2">潜在危害</th><th colspan="2">潜在伤害</th></tr>
<tr><td>液体
蒸气
粉尘
烟熏</td><td>噪声
辐射
温度
机械</td><td rowspan="3">肺
耳朵
神经系统
肾脏
循环系统</td><td rowspan="3">皮肤
眼睛
肝脏
生殖系统
其他器官</td></tr>
<tr><td colspan="2">毒物侵入方式</td></tr>
<tr><td>吸入
身体吸收(皮肤或眼睛)</td><td>食入
注射</td></tr>
</table>

5.5　潜在职业危害评价

评价阶段确定员工暴露在有毒物质中的范围和程度，以及工作环境的物理危害程度。在评价研究的过程中，必须考虑大量和少量泄漏的可能性。由于大量泄漏，人员突然暴露于高浓度中可能会立刻导致急性影响，如意识不清、烧伤眼睛，或者咳嗽。如果他们被迅速地移出受污染区域，就很少会对个人造成持久性伤害。因此，应配备好通往未污染环境的通道。

慢性影响则源于反复暴露在少量泄漏导致的低浓度环境中。许多有毒化学品的蒸气是无色无味的(中毒浓度可能低于嗅觉下限)。这些物质的少量泄漏可能在几个月甚至几年中都不会被发现。暴露在如此情况下，可能会导致持久的严重的伤害。人们必须对预防和控制低浓度有毒气体给予特别的关注。因此，做好连续评价的准备是非常必要的，即必须连续地或频繁地和周期性地取样和分析。

为确定现有控制措施的有效性，通过取样分析来确定员工是否可能暴露于有害的环境中。如果问题很明显，必须立即对控制措施进行补充。可以使用临时性的控制措施，如个人防护设备。随后制定长期和持久性的控制措施。

5.5.1　通过监测对易挥发毒物的暴露进行评价

确定员工暴露的直接方法是连续在线监测工作环境中的有毒物质浓度。对于连续的浓度 $C(t)$，可通过下式计算 TWA(时间加权平均)浓度值：

$$\mathrm{TWA}=\frac{1}{8}\int_0^{t_w}C(t)\,\mathrm{d}t \tag{5.4}$$

式中　$C(t)$——化学物质在空气中的浓度，10^{-6} 或 $\mathrm{mg/m^3}$；

t_w——员工的工作时间，h。

积分值通常除以 8 h，而不依赖实际工作时间的长短。这样，如果员工暴露在化学物质浓度水平等于 TLV-TWA 的环境中 12 h，那么就会超过 TLV-TWA，因为计算一般采用 8 h。

连续监测并不是通常所采用的方式，因为大多数工厂没有必要的设备。更常见的情形是得到间隔的样本，而这些样本及时地反映了员工在固定位置的暴露。如果假设浓度 C_i 在时间 T_i 内是固定不变的(或者是平均值)，那么 TWA 浓度可用下式计算：

$$\mathrm{TWA}=\frac{C_1T_1+C_2T_2+\cdots+C_nT_n}{8} \tag{5.5}$$

所有的监测系统都存在缺点，这是因为员工进出暴露场所；工作区不同位置的毒物浓度是变化的。工业卫生工作者在选择和安放工作区监测设备，以及对数据的解释方面起着非常重要的作用。

如果工作区中存在多种化学物质，那么一个方法就是假设毒物效应是叠加的(除非有其他相反的信息)。具有不同 TLV-TWAs 的多种毒物的联合暴露，用下式确定：

$$\sum_{i=1}^{n}\frac{C_i}{(\mathrm{TLV\text{-}TWA})_i} \tag{5.6}$$

式中　n——毒物的总数；

C_i——化学物质 i 相对于其他毒物的浓度；

$(TLV\text{-}TWA)_i$——化学物质 i 的 TLV-TWA。

如果式(5.6)的值超过1,那么员工就暴露过度了。

混合物的 TLV-TWA 可用下式计算:

$$(TLV\text{-}TWA)_{mix} = \frac{\sum_{i=1}^{n} C_i}{\sum_{i=1}^{n} \frac{C_i}{(TLV\text{-}TWA)_i}} \tag{5.7}$$

如果混合物中的毒物浓度之和超过了该值,那么员工就暴露过度了。

对于由不同影响的毒物组成的混合物(如酸蒸气与石墨烟气混合),TLVs 不可以相加。

【例 5.2】 空气中含有 5×10^{-6}二乙胺(TLV-TWA 为 10×10^{-6})、20×10^{-6}环己醇(TLV-TWA 为 50×10^{-6})和 10×10^{-6}环氧丙烷(TLV-TWA 为 20×10^{-6})。则其混合物的 TLV-TWA 是多少?该空气毒物浓度水平超过暴露限值了吗?

【解】 由式(5.7)得:

$$(TLV\text{-}TWA)_{mix} = \frac{5+20+10}{\frac{5}{10}+\frac{20}{50}+\frac{10}{20}} \times 10^{-6} = 25\times10^{-6}$$

混合物的整体浓度为$(5+20+10)\times10^{-6}=35\times10^{-6}$。员工们已经过度暴露在这些环境中了。

另外一种方法是使用式(5.6),因为该数值比1大,所以已经超过了 TLV-TWA。

【例 5.3】 如果员工暴露于表 5.6 甲苯蒸气中,请确定 8 h 的 TWA 员工暴露。

表 5.6 不同浓度甲苯蒸气中员工暴露时间

暴露持续时间/h	2	2	4
测量浓度/10^{-6}	110	330	90

【解】 由式(5.5)得:

$$TWA = \frac{C_1T_1+C_2T_2+C_3T_3}{8} = \frac{110\times2+330\times2+90\times4}{8}\times10^{-6} = 155\times10^{-6}$$

因为甲苯的 TLV 为 100×10^{-6},因此员工过度暴露。需要采用其他的控制方法。根据暂时性和即刻性,所有工作在该环境下的员工需要佩戴适当的呼吸器。

5.5.2 员工暴露于粉尘中的评价

工业卫生研究包括可能引起健康伤害的任何污染,粉尘当然属于这一范畴。毒物学理论认为,对肺危害最大的粉尘颗粒,通常是颗粒粒径为 0.2~0.5 μm 的可吸入颗粒。粒径大于 0.5 μm 的颗粒通常不能渗透进入肺中,而那些粒径小于 0.2 μm 的颗粒下沉很缓慢,大部分都随空气呼出了。

采集空气微粒的主要目的是估算吸入并沉淀在肺部的粉尘浓度。采样方法和粉尘对健康危害有关的数据的解释相对比较复杂。当面临这类问题的时候,应该向该方面的技术专家——工业卫生工作者咨询。

混合粉尘的 TLV 可用式(5.7)计算,单位为 mg/m^3。

5.5.3 员工暴露于噪声中的评价

噪声问题是化工厂中常见的问题,这类问题也由工业卫生工作者进行评价。如果怀疑有噪声问题，那么工业卫生工作者就应该立即进行适当的噪声测量，并给出建议。

噪声等级以分贝来度量。分贝(dB)是相对对数尺度，它被用来比较两种声音的强度。如果一种声音的强度为 I，另一种声音的强度为 I_0，那么强度等级的差别以分贝给出：

$$噪声强度 = 10\log_{10}\frac{I}{I_0} \tag{5.8}$$

因此，一种强度是另一种声音强度的 10 倍的声音，其强度等级为 10 dB。

绝对声音等级[绝对分贝，dB(A)]通过建立参考强度来定义。为方便起见，听觉阈值设为 0 dB(A)。表 5.7 列出了不同类型日常活动的 dB(A)等级。

表 5.7　不同类型日常活动的声音强度等级

声　　源	声音强度等级/dB(A)	声　　源	声音强度等级/dB(A)
铆接(使人厌烦的)	120	私人办公室	50
冲床	110	一般住处	40
路过的卡车	100	录音棚	30
工厂	90	耳语	20
吵闹的办公室	80	好听觉的最低极限	10
通常的讲话	60	极好的年轻人的听觉最低极限	0

对于单声源，允许噪声暴露水平见表 5.8。

表 5.8　允许的噪声暴露

声音等级/dB(A)	最多暴露时间/h	声音等级/dB(A)	最多暴露时间/h
90	8	102	1.5
92	6	105	1
95	4	110	0.5
97	3	115	0.25
100	2		

噪声的评价计算同蒸气的评价计算是相同的，只是用声音等级和暴露时间分别代替了 10^{-6} 和浓度。

【例 5.4】　在没有任何额外控制措施的情况下，确定表 5.9 所示的噪声等级是否允许。

表 5.9　不同噪声等级下的暴露时间

声音等级/dB(A)	持续时间/h	最长允许时间/h
85	3.6	没有限制
95	3	4
110	0.5	0.5

【解】　由式(5.6)得：

$$\sum_{i=1}^{3}\frac{C_i}{(\text{TLV-TWA})_i} = \frac{3.6}{没有限制} + \frac{3}{4} + \frac{0.5}{0.5} = 1.75$$

由于计算结果大于1，因此处于该环境下的员工需要立即佩戴听觉保护器具。出于长期对于超出噪声等级的特殊类型的设备，应该采取降低噪声的控制方法。

5.5.4 员工暴露于有毒蒸气中的评价

确定有毒蒸气中的暴露，最好的方法就是直接测量蒸气浓度。出于设计的目的，对于封闭空间、敞口容器上方、灌装容器的场所和液体溢出的区域，通常需要估算蒸气的浓度。

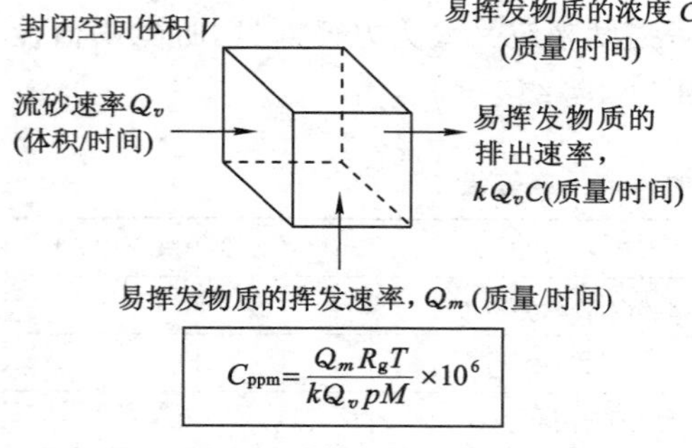

图 5.1 封闭空间内挥发性蒸气的质量平衡

封闭空间如图5.1所示。封闭空间中有恒定的空气流，易挥发蒸气充满了整个封闭空间。需要估算空气中挥发蒸气的浓度。

假设 C 为封闭空间中挥发蒸气的浓度（质量/体积）；V 为封闭空间的体积（体积）；Q_v 为空气的流动速率（体积/时间）；k 为非理想混合系数（无量纲）；Q_m 为易挥发物质的挥发速率（质量/时间）。

非理想混合系数 k 反映了封闭空间未被完全充满的情形。

$$体系中易挥发物质的总质量=VC$$

$$易挥发物质的质量增量=\frac{\mathrm{d}(VC)}{\mathrm{d}t}=V\frac{\mathrm{d}C}{\mathrm{d}t}$$

$$质量挥发速率=Q_m$$

$$易挥发物质的排出速率=kQ_vC$$

由于质量增加=质量流入-质量流出，因此易挥发物质的动态质量平衡为：

$$V\frac{\mathrm{d}C}{\mathrm{d}t}=Q_m-kQ_vC \tag{5.9}$$

在稳定状态下，质量增量为0，由式(5.9)可解出浓度 C：

$$C=\frac{Q_m}{kQ_v} \tag{5.10}$$

通过直接应用理想气体定律，式(5.10)可转变为较方便的以 10^{-6} 为浓度单位的形式。以 m 为质量，ρ 为密度，下标“v”和“b”分别表示易挥发物质和大量的气体，则：

$$C_{\mathrm{ppm}}=\frac{V_{\mathrm{v}}}{V_{\mathrm{b}}}\times 10^6=\frac{m_{\mathrm{v}}/\rho_{\mathrm{v}}}{V_{\mathrm{b}}}\times 10^6=\frac{m_{\mathrm{v}}}{V_{\mathrm{b}}}\frac{R_{\mathrm{g}}T}{pM}\times 10^6 \tag{5.11}$$

式中，R_{g} 为理想气体常数；T 为周围环境的热力学温度；p 为绝对压力；M 为易挥发物质的分子量。$m_{\mathrm{v}}/V_{\mathrm{b}}$ 项与使用式(5.10)计算得到的易挥发物质的浓度是相等的。将式(5.10)代入式(5.11)中得到：

$$C_{\mathrm{ppm}}=\frac{Q_m R_{\mathrm{g}}T}{kQ_v pM}\times 10^6 \tag{5.12}$$

在已知源项 Q_m 和空气流动速率 Q_v 的情况下，式(5.12)用来确定封闭空间内任何易挥发性物质的平均浓度(10^6)。它可应用于以下暴露类型：操作人员位于易挥发液体的液池附近、操作人员位于敞口储罐附近和操作人员位于敞开的易挥发液体的容器附近。

式(5.12)包含以下几条重要假设：

① 计算得到的浓度是封闭空间内的平均浓度；局部条件可能导致较高的浓度；位于敞口容器正上方的操作人员很可能暴露于较高的浓度中。

② 稳定状态的条件是假设的，即质量平衡中质量增量为0是假设的。

非理想混合系数在大多数实际情况下在0.1～0.5变化。对于理想混合，$k=1$。

5.6 职业危害的控制

5.6.1 个体防护

个人防护通过在工人和工作场所的环境之间设置屏障来阻止或减少暴露。这种屏障通常由员工来佩戴，因此命名为“个人防护”。在很多情况下，加强个体防护是预防人身伤亡事故及防止职业危害的重要环节。个人防护用品在预防职业危害的综合措施中，属于第一级预防，是职业卫生安全工作中的一个重要组成部分。当技术措施尚不能消除生产过程中的危险和有害因素，达不到国家标准和有关规定时，或不能进行技术改造时，佩戴个人防护用品就成为既能完成生产任务又能保证劳动者的安全和健康的唯一手段。在生产中，正确、合理地使用个体防护用品是一项重要的安全技术措施，必须引起高度重视。个人防护用品，可依个人各部位及其潜在危害分类，见表5.10。

表5.10　人体各部位的个人防护用品

人体部位	主要潜在危害	个人防护用品	人体部位	主要潜在危害	个人防护用品
头	振荡、撞击	安全帽	身体躯干	寒冷、化学毒物、腐蚀、污染	防护衣
面	飞屑物、灼伤、辐射	面罩	口鼻	危险化学物：气溶胶（如刺激性、有害及有毒等）	呼吸防护用品
眼	飞屑物、灼伤、辐射	眼罩	耳朵	噪声	听觉保护用品
手	刺伤、灼伤、腐蚀、触电	防护手套	整个身体	人体下坠	安全带及其他配件
脚	刺伤、压伤、灼伤、腐蚀、触电	安全鞋			

5.6.2 环境控制

在搞好个体防护的同时，还有加强环境控制技术。环境控制是通过降低有毒物质在工作环境中的浓度来减少暴露。化工企业职业卫生危害常用的环境控制技术，见表5.11。

表5.11　化工企业职业卫生危害常用的环境控制技术

类型及其解释	典型技术
密封： 将空间或设备封起来，并置于负压下	将危险性操作封装起来，如采样点； 密封房间、下水道、通风装置和类似情况； 使用分析仪器和工具观察装置内部； 遮蔽高温表面； 气动输送粉末状物质
局部通风： 容纳并排出危险性物质	所使用通风装置； 在采样点使用局部排气装置； 保持排气系统处于负压之下

续表 5.11

类型及其解释	典型技术
稀释通风： 设计通风系统来控制低毒物质	设计通风良好的放置污染衣物的房间、专门的区域或密闭间； 设计通风装置，将操作区同居住区和办公区隔离； 设计具有定向通风装置的压滤机房
湿法： 采用湿法操作，使受粉尘污染的程度最小化	采用化学方法清洗容器； 使用喷水清洗； 经常打扫区域； 对于管沟及泵密封，采用水喷淋
良好的日常管理： 将有毒物和粉尘收容起来	在储罐及泵的周围使用堤防； 为区域冲洗提供水和蒸气管道； 提供冲洗线； 提供设计良好的带有紧急收容装置的下水道系统
个体防护： 最后一条防线	使用防护眼镜和面罩； 使用口罩、护肘和太空服； 佩戴适合的呼吸器； 当氧气浓度低于19.5%时，需要佩戴飞机用呼吸器

复习思考题

5.1 什么是职业卫生？其根本任务是什么？

5.2 职业危害因素分为哪几类？

5.3 工业毒物以何种途径侵入人体？

5.4 什么是工业毒物的最高容许浓度和阈限值？

5.5 什么是职业病？我国规定的职业病有哪几大类？

5.6 工业毒物的毒性通常以哪些指标来评价？毒物的急性毒性可以分为几级？

第 6 章

化工单元操作安全技术

化工单元操作是指在化学工业生产中具有共同的物理变化特点的基本操作，是由各种化工生产操作概括得来的，包括 5 个过程：流体流动过程，包括流体输送、过滤、固体流态化等；传热过程，包括热传导、蒸发、冷凝等；传质过程，即物质的传递，包括气体吸收、蒸馏、萃取、吸附、干燥等；热力过程，即温度和压力变化的过程，包括液化、冷冻等；机械过程，包括固体输送、粉碎、筛分等。任何化学产品的生产都离不开化工单元操作，它在化工生产中的应用非常普遍。本章重点讨论常见化工单元操作的安全技术。

6.1 物料输送

在化工生产过程中，经常需将各种原料材料、中间体、产品以及副产品和废弃物，由前一个工序输往后一个工序，或由一个车间输往另一个车间或输往储运地点。这些输送过程在现代化工企业中，是借助于各种输送机械设备实现的。由于所输送物料的形态不同、危险特性不同，采用的输送设备各异，因此保证其安全运行的操作要点及注意事项也就不同。

6.1.1 固体物料的输送

固体物料的输送，在实际生产中多采用胶带输送机、螺旋输送器、刮板输送机、链斗输送机、斗式提升机以及气力输送(风送)等形式。

1) 输送设备的安全注意事项

胶带、刮板、链斗、螺旋、斗式提升机这类输送设备连续往返运转，可连续加料、连续卸载。存在的危险性主要有设备本身发生故障以及由此造成的人身伤害。

(1) 防止人身伤害事故

① 在物料输送设备的日常维护中，润滑、加油和清扫工作是操作者遭受伤害的主要原因。在设备没有安装自动注油和清扫装置的情况下，一律停车进行维护操作。

② 特别关注设备对操作者严重危险的部位。例如：皮带同皮带轮接触的部位，齿轮与齿轮、齿条、链带相啮合的部位。严禁随意拆卸这些部位的防护装置，避免重大人身伤亡事故。

③ 注意链斗输送机下料器的摇把反转伤人。

④ 不得随意拆卸设备突起部位的防护罩，避免设备高速运转时突起部分将人刮倒。

(2) 防止设备事故

① 防止皮带运行过程中，因高温物料烧坏皮带，或因斜偏刮挡撕裂皮带的事故发生。

② 严密注意齿轮负荷的均匀，物料的粒度以及混入其中的杂物。防止因为齿轮卡料而拉断链条、链板，甚至拉毁整个输送设备的机架。

③ 防止链斗输送机下料器下料过多、料面过高而造成链带拉断。

2）气力输送系统的安全注意事项

气力输送也称为风力输送，它主要凭借真空泵或风机产生的气流动力以实现物料输送，常用于粉状物料的输送。气力输送系统除设备本身因故障损坏外，最大的安全问题是系统的堵塞和自由静电引起的粉尘爆炸。

（1）避免管道堵塞引起爆炸

① 具有黏性或湿度过高的物料较易在供料处及转弯处黏附在管壁上，最终造成堵塞。悬浮速度高的物料，比悬浮速度低的物料较易沉淀堵塞。

② 管道连接不同心、连接偏错或焊渣突起等易造成堵塞。

③ 大管径长距离输送管比小管径短距离输送管更易发生堵塞。

④ 输料管的管径突然扩大，物料在输送状态中突然停车易造成堵塞。

⑤ 最易堵塞的是弯管和供料附近的加速段，水平向垂直过渡的弯管部位。

（2）防止静电引起燃烧

粉料在气力输送系统中，因管壁摩擦而使系统产生静电，这是导致粉尘爆炸的重要原因之一。因此，必须采取下列措施加以消除：

① 粉料输送应选用导电性材料制造管道，并应良好接地。如采用绝缘材料管道且能防静电时，管外采取接地措施。

② 应对粉料的粒度、形状与管道直径大小，物料与管道材料进行匹配，优选产生静电小的配置。

③ 输送管道直径要尽量大些，力求使管路的弯曲和管道的变径缓慢。管内应平滑，不要装设网格之类的部件。

④ 输送速度不应超过规定风速，输送量不应有急剧的变化。

⑤ 粉料不要堆积管内，要定期使用空气或惰性气体进行管壁清扫。

6.1.2 液体物料的输送

在化工生产中，经常遇到液态物料在管道内的输送。高处物料可借其位能自动输往低处。将液态物料由低处向高处输送、由一处水平向另一处水平输送、由低压处向高压处输送以及为了保证克服阻力所需要的能量时，都要依靠泵这种设备来完成。充分认识被输送的液态物料的易燃性，正确选用和操作泵，对化工安全生产十分重要。

化工生产中被输送的液态物料种类繁多，性质各异，温度、压力又有高低之分，所用泵的种类也较多。通常可分为：离心泵、往复泵、旋转泵（齿轮泵、螺杆泵）、流体作用泵4类。尽管液体物料输送机械（泵）多种多样，但都必须满足以下基本要求：满足生产工艺对流量和能量的需要；满足被输送液体性质的要求；结构简单，价格低廉，质量小；运行可靠，维护方便，效率高，操作费用低。选用时应综合考虑，其中最重要的是满足流量与能量的要求。

泵的能力和特性参数不仅是液体物料在输送时考虑的设计依据，而且是许多液体物料泄漏事故、冒顶事故、错流或错配事故技术分析和鉴定的依据。离心泵是依靠高速旋转的叶轮所产生的离心力对流体所做功的流体输送机械。由于它具有结构简单、操作方便、性能适应范围广、体积小、流量均匀、故障少、寿命长等优点，因此其在化工生产中应用最为普遍。在化工生产中使用的泵大约有80%为离心泵。

1）离心泵的安全要点

离心泵的工作原理：在离心泵启动前，先灌满被输送液体物料。当离心泵启动后，泵轴带动叶轮高速旋转，受叶轮上叶片的约束，泵内液体与叶轮一起旋转，在离心力的作用下，液体从叶轮中心向叶轮外缘运动，叶轮中心（吸入口）处因液体空出而呈负压状态。这样，在吸入管的两端就形成了一定的压力差，即吸入液面压力与泵吸入口压力之差，只要这一压差足够大，液体就会被吸入泵体内，这就是离心泵的吸液原理。另一方面，被叶轮甩出的液体，在从中心向外缘运动的过程中，动能与静压能均增加了，液体进入泵壳后，由于泵壳内蜗形通道的面积是逐渐增大的，液体的动能将减少，静压能将增加，到达泵出口处时压力达到最大，于是液体被压出离心泵，这就是离心泵的排液原理。

如果在启动离心泵前，泵体内没有充满液体，由于气体密度比液体的密度小得多，产生的离心力很小，从而不能在吸入口形成必要的真空度，在吸入管两端不能形成足够大的压力差，于是就不能完成离心泵的吸液。这种因为泵体内充满气体（通常为空气）而造成离心泵不能吸液（空转）的现象称为气缚现象。

在化工生产应用中，离心泵的安全要点主要有以下几个方面：

（1）避免物料泄漏引发事故

① 保证泵的安装基础坚固，避免因运转时产生机械振动造成法兰连接处松动和管路焊接处破裂，从而引起物料泄漏。

② 操作前及时压紧填料函（松紧适度），以防物料泄漏。

（2）避免空气吸入导致爆炸

① 开动离心泵前，必须向泵壳内充满被输送的液体，保证泵壳和吸入管内无空气积存，同时避免气缚现象。

② 吸入口的位置应适当，避免吸入口产生负压，空气进入系统导致爆炸或抽瘪设备。一般情况下，泵的入口设在容器底部或液体深处。

（3）防止静电引起燃烧

① 在输送可燃液体时，管内流速不应大于安全流速。

② 管道应有可靠的接地设施。

（4）避免轴承过热引起燃烧

① 填料函的松紧应适度，不能过紧，以免轴承过热。

② 保证运行系统有良好的润滑。

③ 避免泵超负荷运行。

（5）防止绞伤

由于电机的高速运转，泵和电机的联轴节处容易发生对人员的绞伤。因此，联轴节处应安装防护罩。

2）往复泵、旋转泵的安全要点

往复泵是一种容积式泵，是通过容积的改变来对液体做功的机械。往复泵主要由泵缸、活塞（或柱塞）、活塞杆及吸入阀、排出阀和若干单向阀等几个部分构成。活塞自左向右移动时，泵缸内形成负压，储槽内液体经吸入阀进入泵缸内；当活塞自右向左移动时，缸内液体受挤压，压力增大，由排出阀排出。活塞往复一次，各吸入和排出一次液体，称为一个工作循环，这种泵称为单动泵；若活塞往返一次，各吸入和排出两次液体，称为双动泵活塞。由一端移至另一端，称为一个冲程。

旋转泵是依靠转子转动造成工作室容积改变来对液体做功的机械，具有正位移特性。其特点是流量不随扬程而变，有自吸力，不需要灌泵，采用旁路调节器，流量小，比往复泵均匀，扬程高，但受转动部件严密性限制，扬程不如往复泵，常用的旋转泵主要有齿轮泵和螺杆泵。齿轮泵是通过两个相互啮合的齿轮的转动对液体做功的,一个为主动轮,一个为从动轮。齿轮将泵壳与齿轮间的空隙分为两个工作室:其中一个因为齿轮的打开而呈负压与吸入管相连,完成吸液;另一个则因为齿轮啮合而呈正压与排出口相连,完成排液。齿轮泵的流量小,扬程高,流量比往复泵均匀。螺杆泵是由一根或多根螺杆构成的。以双螺杆为例,是通过两个相互啮合的螺杆来对液体做功,其原理、性能均与齿轮泵相似,具有流量小、扬程高、效率高、运转平稳、噪声低等特点。

往复泵和旋转泵(齿轮泵、螺杆泵)用于流量不大、扬程较高,或对扬程要求变化较大的场合,旋转泵一般用于输送油类等高黏度的液体,但不宜输送含有固体杂质的悬浮液。

往复泵和旋转泵均属于正位移泵,开车时必须将出口阀门打开,严禁采用关闭出口管路阀门的方法进行流量调节。否则,将使泵内压力急剧升高,引发爆炸事故。一般采用安装回流支路进行流量调节。

3)流体作用泵的安全要点

流体作用泵是依靠压缩气体的压力或运动着的流体本身进行流体的输送,如空气升液器、喷射泵等。这类泵无活动部件且结构简单,在化工生产中有着特殊的用途,常用于输送腐蚀性流体。

空气升液器、喷射泵等是以空气为动力的设备,具备足够的耐压强度,必须有良好的接地装置。输送易燃液体时,不能采用压缩空气输送,要用氮气、二氧化碳等惰性气体代替空气,以防空气与易燃液体的蒸气形成爆炸性混合物,遇点火源造成爆炸事故。

6.1.3 气体物料的输送

1)气体输送设备的分类

气体输送设备在化工生产中主要用于输送气体、产生高压气体或使设备产生真空。由于各种过程对气体压力变化的要求很不一致,因此气体输送设备可按其终压或压缩比(出口压力与进口压力之比)的大小分为4类,见表6.1。

表6.1 气体输送设备分类

设备名称	终压(表压力)/kPa	压缩比	用 途
通风机	≤14.7	1~1.15	用于换气通风
鼓风机	14.7~300	≤4	用于送气
压缩机	<300	>4	造成高压
真空泵	大气压	取决于所造成的真空度,一般较大	造成真空

目前,工业生产中气体的输送机械有往复式压缩机与真空泵;离心式通风机、鼓风机与压缩机;液环式真空泵;旋片式真空泵、喷射式真空泵、罗茨鼓风机等多种形式,其中以往复式和离心式应用最广。值得一提的是,过去主要靠往复式压缩机实现高压,但由于离心式压缩技术的成熟,离心式压缩机应用已越来越广泛;而且,由于离心式压缩机在操作上的优势,离心式大有取代往复式的趋势。

2)气体物料输送的安全要点

气体与液体不同之处是具有可压缩性。因此,在其输送过程中,当气体压强发生变化,其体积和温度也随之变化。对气体物料的输送必须特别重视在操作条件下气体的燃烧爆炸危险。

(1) 通风机和鼓风机

通风机是依靠输入的机械能，提高气体压力并排送气体的机械，它是一种从动的流体机械。按气体流动的方向，通风机可分为离心式、轴流式、斜流式和横流式。

离心通风机主要由叶轮和机壳组成，小型通风机的叶轮直接装在电动机上，中、大型通风机通过联轴器或皮带轮与电动机连接。离心通风机一般为单侧进气，用单级叶轮；流量大的可双侧进气，用两个背靠背的叶轮，又称为双吸式离心通风机。叶轮是通风机的主要部件，它的几何形状、尺寸、叶片数目和制造精度对性能有很大影响。叶轮经静平衡或动平衡校正才能保证通风机平稳地转动。按叶片出口方向的不同，叶轮分为前向、径向和后向 3 种形式。前向叶轮的叶片顶部向叶轮旋转方向倾斜；径向叶轮的叶片顶部是向径向的，又分直叶片式和曲线形叶片；后向叶轮的叶片顶部向叶轮旋转的反向倾斜。前向叶轮产生的压力最大，在流量和转数一定时，所需叶轮直径最小，但效率一般较低；后向叶轮相反，所产生的压力最小，所需叶轮直径最大，而效率一般较高；径向叶轮介于两者之间。叶片的线型以直叶片最简单，机翼形叶片最复杂。为了使叶片表面有合适的速度分布，一般采用曲线形叶片，如等厚度圆弧叶片。叶轮通常都有盖盘，以增加叶轮的强度和减少叶片与机壳间的气体泄漏。叶片与盖盘的连接采用焊接或铆接。焊接叶轮的质量较轻，流道光滑。低、中压小型离心通风机的叶轮也有采用铝合金铸造的。

轴流式通风机工作时，动力机驱动叶轮在圆筒形机壳内旋转，气体从集流器进入，通过叶轮获得能量，提高压力和速度，然后沿轴向排出。轴流通风机的布置形式有立式、卧式和倾斜式 3 种。小型低压轴流通风机由叶轮、机壳和集流器等部件组成，通常安装在建筑物的墙壁或天花板上；大型高压轴流通风机由集流器、叶轮、流线体、机壳、扩散筒和传动部件组成。叶片均匀布置在轮毂上，数目一般为 2～24 片。叶片越多，风压越高；叶片安装角一般为 10°～45°，安装角越大，风量和风压越大。轴流式通风机的主要零件大多用钢板焊接或铆接而成。

斜流通风机又称为混流通风机，在这类通风机中，气体以与轴线成某一角度的方向进入叶轮，在叶道中获得能量，并沿倾斜方向流出。通风机的叶轮和机壳的形状为圆锥形。这种通风机兼有离心式和轴流式的特点，流量范围和效率均介于两者之间。

横流通风机是具有前向多翼叶轮的小型高压离心通风机。气体从转子外缘的一侧进入叶轮，然后穿过叶轮内部从另一侧排出，气体在叶轮内两次受到叶片的力的作用。在相同性能的条件下，它的尺寸小、转速低。

离心式鼓风机的工作原理与离心式通风机相似，只是空气的压缩过程通常是经过几个工作叶轮(或称为几级)在离心力的作用下进行的。鼓风机有一个高速转动的转子，转子上的叶片带动空气高速运动，离心力使空气在渐开线形状的机壳内，沿着渐开线流向风机出口，高速的气流具有一定的风压。新空气由机壳的中心进入补充。

单级高速离心风机的工作原理是：原动机通过轴驱动叶轮高速旋转，气流由进口轴向进入高速旋转的叶轮后变成径向流动被加速，然后进入扩压腔，改变流动方向而减速，这种减速作用将高速旋转的气流中具有的动能转化为压能(势能)，使风机出口保持稳定压力。在使用通风机或鼓风机的过程中，应注意以下安全要点：

① 保持通风机和鼓风机转动部件的防护罩完好，避免人身伤害事故。

② 必要时安装消音装置，避免通风机和鼓风机噪声对人体的伤害。

(2) 往复式压缩机

往复式压缩机的构造与往复泵相似，主要由汽缸、活塞、活门构成，也是通过往复运动的活塞对气体做功。但是，其工作过程与往复泵不同，这种不同是由于气体的可压缩性造成的。往复式压缩机的工作过程分为以下 4 个阶段：

① 膨胀阶段。当活塞运动造成工作室容积的增加时，残留在工作室内的高压气体将膨胀，但吸入口活门还不会打开，只有当工作室内的压力降低至等于或略小于吸入管路的压力时，活门才会打开。

② 吸气阶段。吸入口活门在压力的作用下打开，活塞继续运行，工作室容积继续增大，气体不断被吸入。

③ 压缩阶段。活塞反向运行，工作室容积减少。工作室内压力增加，但排出口活门仍打不开，气体被压缩。

④ 排气阶段。当工作室内的压力等于或略大于排出管的压力时，排出口活门打开，气体被排出。

在化工生产中，对于压缩机的使用要注意以下安全要点，以确保压缩机能正常安全的运行：

① 保证散热良好。压缩机在运行中不能中断润滑油和冷却水，否则将导致高温，引发事故。

② 严防泄漏。气体在高压条件下，极易发生泄漏，应经常检查阀门、设备和管道的法兰、焊接处和密封等部位，发现问题应及时修理更换。

③ 严禁空气与易燃性气体在压缩机内形成爆炸性混合物。必须彻底置换压缩机系统中空气后，才能启动压缩机。在输送易燃气体时，进气吸入口应该保持一定的余压，以免造成负压吸入空气。

④ 防止静电。管内易燃气体流速不能过高，管道应良好接地，以防止产生静电引起事故。

⑤ 预防禁忌物的接触。严禁油类与氧压机的接触，一般采用含甘油 10%左右的蒸馏水做润滑剂。严禁乙炔与压缩机铜制部件的接触。

⑥ 避免操作失误。经常检查压缩机调节系统的仪表，避免因仪表失灵发生错误判断，操作失误引起压力过高，发生燃烧爆炸事故。避免因操作失误使冷却水进入汽缸，发生水锤，引发事故。

(3) 真空泵

① 严格密封。输送易燃气体时，确保设备密封，防止负压吸入空气引发爆炸事故。

② 输送易燃气体时，尽可能采用液环式真空泵。

6.2 熔融和干燥

6.2.1 熔融

1) 熔融操作概述

熔融是指当温度升高时，分子的热运动能增大，导致结晶破坏，物质由固相变为液相的过程。在化工生产中，主要是指将固定物料通过加热使其融化为液态的操作。如将氢氧化钠、氢氧化钾、萘、磺酸钠等熔融之后进行化学反应，将沥青、石蜡和松香等熔融之后便于使用和加工。

2）熔融的安全要点

从安全技术角度出发，熔融的主要危险取决于被熔物料的危险性、熔融时的黏稠程度、中间副产物的生成、熔融设备、加热方式等方面。因此，操作时应从以下方面考虑其安全问题：

(1) 避免物料熔融时对人体的伤害

被熔融固体物料固有的危险性对操作者的安全有很大的影响。例如，碱熔过程中的碱，它可使蛋白质变成胶状碱性蛋白化合物，又可使脂肪变为胶状皂化物质。所以，碱比酸具有更强的渗透能力，且深入组织较快。因此，碱灼伤比酸灼伤更为严重。在固碱的熔融过程中，碱液飞溅至眼部，其危险性极大，不仅使眼角膜和结膜立即坏死糜烂，同时向深部渗入损坏眼球内部，致使视力严重减退、失眠或眼球萎缩。

(2) 注意熔融物中杂质的危害

熔融物的杂质量对安全操作是十分重要的。在碱熔过程中，碱和磺酸盐的纯度是影响该过程安全的重要因素之一。碱和磺酸盐中若含有无机盐杂质，应尽量除去，否则不熔融，呈块状残留于熔融物内。块状杂质的存在，妨碍熔融物的混合，并能使其局部过热、烧焦，致使熔融物喷出烧伤操作人员。因此，必须经常消除锅垢。沥青、石蜡等可燃物中含水，熔融时极易形成喷油而引发火灾。

(3) 降低物质的黏稠程度

熔融设备中物质的黏稠程度与熔融的安全操作有密切的关系。熔融时黏度大的物料极易黏结在锅底，当温度升高时，易结焦，产生局部过热引发着火或爆炸。为使熔融物具有较大的流动性，可用水将碱适当稀释。当氢氧化钠或氢氧化钾有水存在时，其熔点就显著降低，从而使熔融过程可以在危险性较小的低温下进行。如用煤油稀释沥青时，必须注意在煤油的自燃点以下进行操作，以免发生火灾。

(4) 防止溢料事故

进行熔融操作时，加料量应适宜，盛装量一般不超过设备容量的 2/3，并在熔融设备的台子上设置防溢装置，防止物料溢出与明火接触发生火灾。

(5) 选择适宜加热方式和加热温度

熔融过程一般在 150～350 ℃进行，通常采用烟气加热，也可采用油浴或金属浴加热。加热温度必须控制在被熔融物料的自燃点以下，同时应避免所用燃料的泄漏引起爆炸或中毒事故。

(6) 熔融设备

熔融设备分为常压设备和加压设备 2 种。常压设备一般采用铸铁锅，加压设备一般采用钢制设备。对于加压熔融设备，应安装压力表、安全阀等必要的安全设施及附件。

(7) 熔融过程的搅拌

熔融过程中必须不间断地搅拌，使其加热均匀，以免局部过热、烧焦，导致熔融物喷出，造成烧伤。对于液体熔融物可用桨式搅拌，对于非常黏稠的糊状熔融物，则采用锚式搅拌。

6.2.2 干燥

1）干燥的操作概述

化工生产中的固体物料，总是或多或少含有湿分(水或其他液体)，为了便于加工、使用、运输和储藏，往往需要将其中的湿分除去。除去湿分的方法有很多种，如机械去湿、吸附去湿、供热去湿，其中用加热的方法使固体物料中的湿分汽化并除去的方法称为干燥，干燥能将湿分去除得比较彻底。

（1）干燥在生产过程中的作用

① 对原料或中间产品进行干燥，以满足工艺要求。如以湿矿（即尾砂）生产硫酸时，为满足反应要求，先要对尾砂进行干燥，尽可能除去其水分；再如涤纶切片的干燥，是为了防止后期纺丝出现气泡而影响丝的质量。

② 对产品进行干燥，以提高产品中的有效成分，同时满足运输、储藏和使用的需要。如化工生产中的聚氯乙烯、碳酸氢铵、尿素，食品加工中的奶粉、饼干，药品制造中的很多药剂，其生产的最后一道工序都是干燥。

（2）干燥的类型

① 传导干燥。湿物料与加热介质不直接接触，热量以传导方式通过固体壁面传给湿物料。此法热能利用率高，但物料温度不易控制，容易过热变质。

② 对流干燥。热量通过干燥介质（某种热气流）以对流方式传给湿物料。干燥过程中，干燥介质与湿物料直接接触，干燥介质供给湿物料汽化所需要的热量，并带走汽化后的湿分（蒸汽）。所以干燥介质在干燥过程中既是载热体又是载湿体。在对流干燥中，干燥介质的温度容易调控，被干燥的物料不易过热，但干燥介质离开干燥设备时，还带有相当一部分热能，所以对流干燥的热能利用率较差。

③ 辐射干燥。热能以电磁波的形式由辐射器发射至湿物料表面，被湿物料吸收后再转变为热能将湿物料中的湿分汽化并除去，如红外线干燥器。辐射干燥生产强度大，产品洁净且干燥均匀，但能耗高。

④ 介电加热干燥。将湿物料置于高频电场内，在高频电场的作用下，物料内部分子因振动而发热，从而达到干燥目的。电场频率在 300 MHz 以下的称为高频加热，频率在300～300×10^{5} MHz 的称为微波加热。

在上述 4 种干燥类型中，以对流干燥在工业生产中应用最为广泛。在对流干燥过程中，最常见的干燥介质是空气，湿物料中的湿分大多为水。

干燥按操作压力可分为常压干燥和真空干燥；按操作方式可分为连续干燥和间歇干燥。其中，真空干燥主要用于处理热敏性、易氧化或要求干燥产品中湿分含量很低的物料；间歇干燥用于小批量、多品种或要求干燥时间很长的场合。

2）对流干燥过程

（1）对流干燥原理分析

图 6.1 所示为用热空气除去湿物料中水分的干燥过程。它表达了对流干燥过程中干燥介质与湿物料之间传热与传质的一般规律。在对流干燥过程中，温度较高的热空气将热量传给湿物料表面，大部分在此供水分汽化，还有一部分再由物料表面传至物料内部，这是一个热量传递过程；与此同时，由于物料表面水分受热汽化，使得水在物料内部与表面之间出现了浓度差，在此浓度差作用下，水分从物料内部扩散至表面并汽化，汽化后的蒸汽再通过湿物料与空气之间的气膜扩散到空气主体内，这是一个质量传递过程。由此可见，对流干燥过程是一个传热和传质同时进行的过程，两者传递方向相反、相互制约、相互影响。因此，干燥过程进行的快慢与好坏，与湿物料和热空气之间的传热、传质速率有关。

(2) 对流干燥的条件

要使上述干燥过程得以进行，其必要条件是：物料表面产生的水蒸气分压必须大于空气中所含的蒸气分压(注意：空气中总是或多或少含有水汽。因此，在干燥中往往将空气称为湿空气)。要保证此条件，生产过程中需要不断地提供热量使湿物料表面水分汽化，同时将汽化后的水汽移走，这一任务由湿空气来承担。如前所述，湿空气既是载热体又是载湿体。

(3) 对流干燥流程

图 6.2 所示为对流干燥流程示意图。空气由预热器加热至一定温度后进入干燥器，与进入干燥器的湿物料相接触，空气将热量以对流传热的方式传给湿物料，湿物料表面水分被加热汽化成蒸汽，然后扩散进入空气，最后由干燥器的另一端排出。空气与湿物料在干燥器内的接触可以是并流、逆流或其他方式。

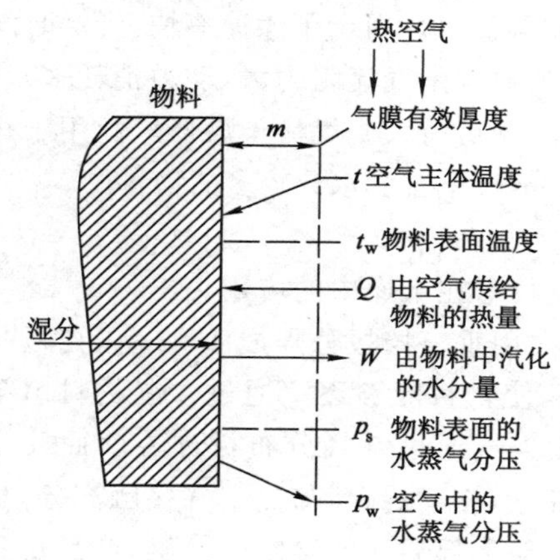

图 6.1　热空气与湿物料之间的传热和传质

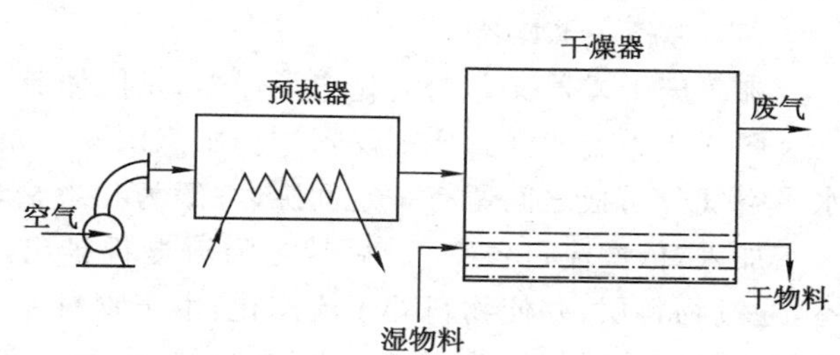

图 6.2　对流干燥流程

3）工业上常用的干燥设备

(1) 厢式干燥器

厢式干燥器主要由外壁为砖坯或包有绝热材料的钢板所构成的干燥室和放在小车支架上的物料盘等组成。厢式干燥器为间歇式干燥设备。

厢式干燥器结构简单，适应性强，可用于干燥小批量的粒状、片状、膏状、不允许粉碎的和较贵重的物料。干燥程度可以通过改变干燥时间和干燥介质的状态来调节。但厢式干燥器具有物料不能翻动、干燥不均匀、装卸劳动强度大、操作条件差等缺点，主要用于实验室和小规模生产。

(2) 转筒干燥器

转筒干燥器主体是一个与水平面稍成倾角的钢制圆筒。转筒外壁装有两个滚圈，整个转筒的重量通过这两个滚圈由托轮支撑。转筒由腰齿轮带动缓缓转动，转速一般为 1～8 r/min。转筒干燥器是一种连续式干燥设备。

湿物料由转筒较高的一端加入，随着转筒的转动不断被其中的翻板掀起并均匀地洒下，以便湿物料与干燥介质能够均匀地接触，同时物料在重力作用下不断地向出口端移动。干燥介质由出口端进入(也可以从物料进口端进入)，与物料呈逆流接触，废气从进料端排出。

转筒干燥器的生产能力大，气体阻力小，操作方便，操作弹性大，可用于干燥粒状和块状物料。其缺点是钢材耗用量大，设备笨重，基建费用高。主要用于干燥硫酸铵、硝酸铵、复合肥以及碳酸钙等物料。

(3) 气流干燥器

气流干燥器结构如图 6.3 所示。它是利用高速流动的热空气，使物料悬浮于空气中，在气力输送状态下完成干燥过程。操作时，热空气由风机送入气流管下部，以 20～40 m/s 的速度向上流动，湿物料由加料器加入，悬浮在高速气流中，并与热空气一起向上流动，由于物料与空气的接触非常充分，且两者都处于运动状态，因此气固之间的传热和传质系数都很大，使物料中的水分很快被除去。被干燥后的物料和废气一起进入气流管出口处的旋风分离器，废气由分离器的升气管上部排出，干燥产品则由分离器的下部引出。

气流干燥器是一种干燥速率很高的干燥器，具有结构简单、造价低、占地面积小、干燥时间短(通常不超过 5～10 s)、操作稳定、便于实现自动化控制等优点。由于干燥速率快，干燥时间短，对某些热敏性物料在较高温度下干燥也不会变质。其缺点是气流阻力大，动力消耗多，设备太高(气流管通常在 10 m 以上)，产品易磨碎，旋风分离器负荷大。气流干燥器广泛用于化肥、塑料、制药、食品和燃料等工业部门，干燥粒径在 10 mm 以下且含水分较多的物料。

(4) 沸腾床干燥器

沸腾床干燥器又称为流化床干燥器，是固体流态化技术在干燥中的应用。

图 6.4 为卧式沸腾床干燥器结构示意图。干燥器内用垂直挡板分隔成 4～8 室，挡板与水平空气分布板之间留有一定间隙(一般为几十毫米)，使物料能够逐室通过。湿物料由第一室加入，依次流过各室，最后越过溢流堰板排出。热空气通过空气分布板进入前面几个室，通过物料层，并使物料处于流态化，由于物料上下翻滚，相互混合，与热空气接触充分，从而使物料能够得到快速干燥。当物料通过最后一室时，与下部通入的冷空气接触，产品得到迅速冷却，以便包装、收藏。

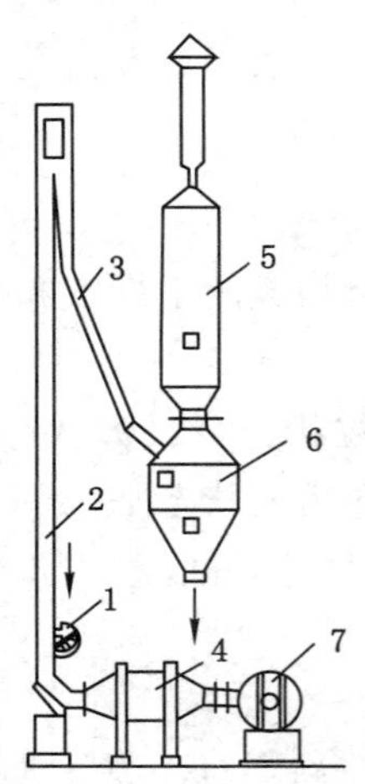

图 6.3　气流干燥器

1—加料器；2—气流管；3—物料下降；4—空气预热器；5—袋滤器；6—旋风分离器；7—风机

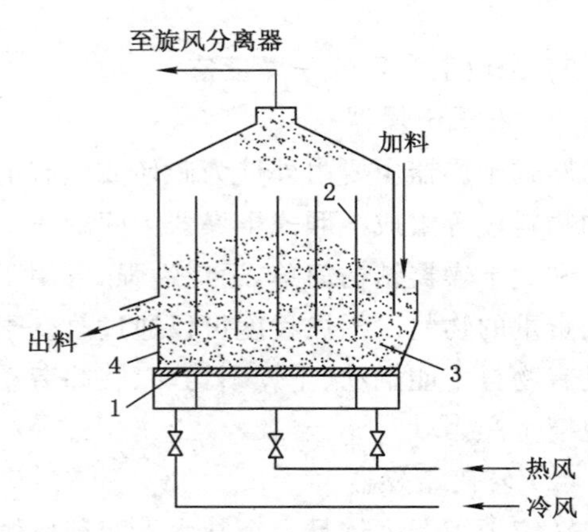

图 6.4　沸腾床干燥器

1—空气分布板；2—挡板；3—物料通道(间隙)；4—出口堰板

沸腾床干燥器结构简单，造价和维修费用较低；物料在干燥器内的停留时间的长短可以调节；气固接触好，干燥速率快，热能利用率高，能得到较低的最终含水量；空气的流速较小，物料与设备的磨损较轻，压降较小。多用于干燥粒径在 0.003～6 mm 的物料。由于沸腾床干燥器优点较多，适应性较广，在生产中得到广泛应用。

(5) 喷雾干燥器

喷雾干燥器是直接将溶液、悬浮液、浆状物料或熔融液干燥成固体产品的一种干燥设备。它将物料喷成细微的雾滴分散在热气流中，使水分迅速汽化而达到干燥的目的。

沸腾床干燥器的干燥过程进行得很快，一般只需 3～5 s，适用于热敏性物料；可以从料浆中直接得到粉末产品；能够避免粉尘飞扬，改善劳动条件；操作稳定，便于实现连续化和自动化生产。其缺点是设备庞大，能量消耗大，热效率较低。喷雾干燥器常用于牛奶、蛋品、血浆、洗涤剂、抗生素、染料等的干燥。

4) 干燥的安全要点

在化学工业中，干燥常指借热能使物料中水分(或溶剂)从固体内部扩散到表面再从固体表面汽化。干燥可分为自然干燥和人工干燥 2 种，并有真空干燥、冷冻干燥、气流干燥、微波干燥、红外线干燥和高频率干燥等方法。干燥过程的主要危险有干燥温度、时间控制不当造成物料分解爆炸，以及操作过程中散发出来的易燃易爆气体或粉尘与点火源接触而产生燃烧爆炸等。干燥过程安全措施是指确保干燥设备、干燥介质、加热系统等安全运行，防止火灾、爆炸、中毒事故的发生。因此，干燥过程的安全技术主要在于，干燥装置在运行中应该严格控制各种物料的干燥温度、时间及点火源。

(1) 易燃易爆物料干燥时，干燥介质不能选用空气或烟道气。同时，采用真空干燥比较安全，因为在真空条件下易燃液体蒸发速度快，干燥温度可适当控制低一些，防止了由于高温引起物料局部过热和分解，大大降低了火灾、爆炸危险性。注意：真空干燥后清除真空时，一定要使温度降低后方能放入空气；否则，空气过早放入，会引起干燥物着火甚至爆炸。

(2) 对易燃易爆物质采用流速较大的热空气干燥时，排气用的设备和电动机应采用防爆的。在用电烘箱烘烤能够蒸发易燃蒸气的物质时，电炉丝应完全封闭，箱上应安装防爆门。

(3) 易燃易爆及热敏性物料的干燥要严格控制干燥温度及时间，保证温度计、温度自动调节装置、超温超时自动报警装置以及防爆泄压装置的灵敏运转。

(4) 正压操作的干燥器应密闭良好，防止可燃气体及粉尘泄漏至作业环境中，并要定期清理墙壁积灰。干燥室内不得存放易燃物，干燥室与生产车间应用防火墙隔绝，并安装良好的通风设备，电气设备开关应安装在室外，在干燥室或干燥箱内操作时，应防止可燃的干燥物直接接触热源，以免引起燃烧。

(5) 干燥物料中若含有自燃点很低的物质和其他有害杂质，必须在干燥前彻底清除。

(6) 在操作洞道式、滚筒式干燥器时，须防止机械伤害，应设有联系信号及各种防护装置。

(7) 在气流干燥中，应严格控制干燥气流风速，并将设备接地，避免物料迅速运动相互激烈碰撞、摩擦产生静电。

(8) 滚筒干燥应适当调整刮刀与筒壁间隙，将刮刀牢牢固定。尽量采用有色金属材料制造的刮刀，以防止刮刀与滚筒壁摩擦产生火花。利用烟道气直接加热可燃物时，在滚筒或干燥器上应安装防爆片，以防烟道气混入一氧化碳而引起爆炸。同时，注意加料不能中断，滚筒不能中途停止回转，如发生上述情况应立即封闭烟道的入口，并灌入氮气。

6.3 蒸发和蒸馏

6.3.1 蒸发

蒸发是借加热作用使溶液中所含的溶剂不断汽化、不断被散发出去，以提高溶液中溶质浓度，或使溶质析出，即使挥发性溶剂与不挥发性溶质分离的物理过程。

1）蒸发过程及影响因素

在化工、医药和食品加工等工业生产中，常常需要将溶有固体溶质的稀溶液加以浓缩，以得到高浓度溶液或析出固体产品，此时应采用蒸发操作。

例如：在化工生产中，用电解法制得的烧碱（NaOH 溶液）的质量浓度一般只在 10%左右，要得到 42%左右的符合工艺要求的浓碱溶液则需要通过蒸发操作。由于稀碱液中的溶质 NaOH 不具有挥发性，而溶剂水具有挥发性，因此生产上可将稀碱液加热至沸腾状态，使其中大量的水分发生汽化并除去，这样原碱液中的溶质 NaOH 的浓度就得到了提高。又如，食品工业中利用蒸发操作将一些果汁加热，使一部分水分汽化并除去，以得到浓缩的果汁。

蒸发按其采用的压力可以分为常压蒸发、加压蒸发和减压蒸发（也称为真空蒸发）。按其蒸发所需热量的利用次数可分为单效蒸发和多效蒸发。蒸发设备即蒸发器，它主要由加热室和蒸发室 2 部分组成。常见蒸发器的种类有循环型和单程型 2 种。循环型蒸发器由于其结构差异使循环的速度不同，有很多种形式，其共同的特点是使溶液在其中做循环运动，物料在加热室内的滞料量大，高温下停留的时间较长，不宜处理热敏性物料。单程型蒸发器又称为膜式蒸发器，按溶液在其中的流动方向和成膜原因不同分为不同的形式，其共同的特点是溶液只通过加热室一次即可达到所需的蒸发浓度，特别宜于处理热敏性物料。

除此之外，蒸发操作还常常用来先将原料液中的溶剂汽化，然后加以冷却以得到固体产品，如食糖的生产、医药工业中固体药物的生产等都属此类。

（1）工业生产中蒸发的特点

① 蒸发的目的是为了使溶剂汽化，因此被蒸发的溶液应由具有挥发性的溶剂和不挥发性的溶质组成，这一点与蒸馏操作中的溶液是不同的。

② 溶剂的汽化可分别在沸点和低于沸点时进行。在低于沸点时进行，称为自然蒸发。如海水制盐用太阳晒，此时溶剂的汽化只能在溶液的表面进行，蒸发速率缓慢，生产效率较低，故该法在其他工业生产中较少采用。若溶剂的汽化在沸点温度下进行，则称为沸腾蒸发，溶剂不仅在溶液的表面汽化，而且在溶液内部的各个部分同时汽化，蒸发速率大大提高。

③ 蒸发操作是一个传热和传质同时进行的过程，蒸发的速率决定于过程中较慢的那一步过程的速率，即热量传递速率。因此，工程上通常把它归类为传热过程。

④ 由于溶液中溶质的存在，在溶剂汽化过程中溶质易在加热表面析出而形成污垢，影响传热效果。当该溶质为热敏性物质时，还有可能因此而分解变质。

⑤ 蒸发操作在蒸发器中进行。沸腾时，由于液沫的夹带而可能造成物料的损失，因此蒸发器在结构上与一般加热器是不同的。

⑥ 蒸发操作中需要将大量溶剂汽化，消耗大量的热能，因此，蒸发操作的节能问题将比一般传热过程更为突出。由于目前工业上常用水蒸气作为加热热源，而被蒸发的物料大多为水溶液，汽化出来的蒸汽仍然是水蒸气。为区别起见，将用来加热的蒸汽称为生蒸汽，将

从蒸发器中蒸发出的蒸汽称为二次蒸汽。充分利用二次蒸汽是蒸发操作中节能的主要途径。如果将二次蒸汽引至另一蒸发器作为加热蒸汽之用，则称为多效蒸发；如果二次蒸汽不再被利用，而是冷凝后直接放掉，则称为单效蒸发。

(2) 影响蒸发过程的因素

① 温度。温度越高，蒸发越快。在任何温度下，液体中总有一些速度很大的分子能够飞出液面而成为汽分子，因此液体在任何温度下都能蒸发。如果液体的温度升高，分子的平均动能增大，从液面飞出去的分子数量就会增多，所以液体的温度越高，蒸发得就越快。

② 液面面积。如果液体表面面积增大，处于液体表面附近的分子数目增加，因而在相同的时间里，从液面飞出的分子数就增多，所以液面面积增大，蒸发就加快。

③ 空气流动。当飞入空气中的蒸汽分子和空气分子或其他蒸汽分子发生碰撞时，有可能被碰回到液体中来。如果液面空气流动快，通风好，分子重新返回液体的机会越小，蒸发就越快。

其他条件相同的不同液体，蒸发快慢亦不相同。这是由于液体分子之间内聚力大小不同而造成的。例如，水银分子之间的内聚力很大，只有极少数动能足够大的分子才能从液面逸出，这种液体蒸发就极慢。而另一些液体如乙醚，分子之间的内聚力很小，能够逸出液面的分子数量较多，所以蒸发得就快。此外，液体蒸发不仅吸热还有使周围物体冷却的作用。当液体蒸发时，从液体里跑出来的分子，要克服液体表面层的分子对它们的引力而做功。这些分子能做功的原因是它们具有足够大的动能。速度大的分子飞出去，而留下的分子的平均动能就要变小，因此它的温度必然要降低。这时，它就要通过热传递方式从周围物体中吸取热量，于是使周围的物体冷却。

2) 蒸发的安全要点

蒸发操作的安全技术要点就是控制好蒸发的温度，防止物料产生局部过热及分解导致的事故。根据蒸发物料的特性选择适宜的蒸发压力、蒸发器类型和蒸发流程是十分关键的。

(1) 被蒸发的溶液均具有一定的特性，如溶质在浓缩过程中可能有结晶、沉淀和污垢生成。这些将导致传热效率的降低，并产生局部过热，促使物料分解、燃烧和爆炸。因此，对加热部分需经常清洗。

(2) 对热敏性物料的蒸发须考虑温度的控制问题。为防止热敏性物料的分解，可采用真空蒸发，以降低蒸发温度；或尽量缩短溶液在蒸发器内停留时间和与加热面的接触时间，可采用单程循环、高速蒸发等。

(3) 由于溶液的蒸发产生结晶和沉淀，而这些物质又是不稳定的，局部过热会促使物料分解变质、燃烧和爆炸，则更应注意严格控制蒸发温度。

(4) 对具有腐蚀性溶液的蒸发，尚需考虑设备的腐蚀性问题。为了防腐，有的设备需用特种钢材制造。

6.3.2 蒸馏

化工生产中常常要将混合物进行分离，以实现产品的提纯和回收或原料的精制。对于均相液体混合物，最常见的分离方法是蒸馏。蒸馏是借液体混合物各组分挥发度的不同，使其分离为纯组分的操作。如从发酵的醪液提炼饮料酒，石油的炼制分离汽油、煤油、柴油等，以及空气的液化分离制取氧气、氮气等，都是蒸馏完成的。混合物的分离依据是混合物中各组分在某种性质上的差异。蒸馏便是以液体混合物中各组分挥发能力的不同作为依据的。对大多数溶液来说，各组分挥发能力的差别表现在组分沸点的差别。因为蒸馏过程有加热载体和加热方式的安全选择问题，又有液相汽化分离及冷凝等的相变安全问题，即能量的转移和相态的变化，同时在系统中存在，蒸馏过程又是物质被急剧升温浓缩甚至变稠、结焦、固化过程，安全运行就显得十分重要。

1）蒸馏原理及分类

其原理以分离双组分混合液为例。将料液加热使它部分汽化，易挥发组分在蒸汽中得到增浓，难挥发组分在剩余液中也得到增浓，这在一定程度上实现了两组分的分离。两组分的挥发能力相差越大，则上述的增浓程度也越大。在工业精馏设备中，使部分汽化的液相与部分冷凝的气相直接接触，以进行汽液相际传质，结果是气相中的难挥发组分部分转入液相，液相中的易挥发组分部分转入气相，也即同时实现了液相的部分汽化和气相的部分冷凝。

液体的分子由于分子运动有从表面溢出的倾向。这种倾向随着温度的升高而增大。如果把液体置于密闭的真空体系中，液体分子继续不断地溢出而在液面上部形成蒸汽，最后使得分子由液体逸出的速度与分子由蒸汽中回到液体的速度相等，蒸汽保持一定的压力。此时液面上的蒸汽达到饱和，称为饱和蒸汽，它对液面所施的压力称为饱和蒸汽分压。实验证明，液体的饱和蒸气压只与温度有关，即液体在一定温度下具有一定的蒸汽分压。这是指液体与它的蒸汽平衡时的压力，与体系中液体和蒸汽的绝对量无关。

将液体加热至沸腾，使液体变为蒸汽，然后使蒸汽冷却再凝结为液体，这两个过程的联合操作称为蒸馏。显然，蒸馏可将易挥发和不易挥发的物质分离开来，也可将沸点不同的液体混合物分离开来。但液体混合物各组分的沸点必须相差很大(不小于 30 ℃)才能得到较好的分离效果。在常压下进行蒸馏时，由于大气压往往不是恰好为 0.1 MPa，因而应对观察到的沸点加上校正值。由于偏差一般都很小，即使大气压相差 2.7 kPa，这项校正值也不过 ±1 ℃，因此可以忽略不计。

由蒸馏原理可知，对于大多数混合液，各组分的沸点相差越大，其挥发能力相差越大，则用蒸馏方法分离越容易；反之，两组分的挥发能力越接近，则越难用蒸馏分离。必须注意，对于恒沸液，组分沸点的差别并不能说明溶液中组分挥发能力的差别，因为此时组分的挥发能力是一样的，这类溶液不能用普通蒸馏方式分离。

凡根据蒸馏原理进行组分分离的操作都属蒸馏操作。蒸馏操作可分为间歇蒸馏和连续精馏。对挥发度差异大容易分离或产品纯度要求不高时，通常采用间歇蒸馏；对挥发度接近难于分离或产品纯度要求较高时，通常采用连续精馏。间歇蒸馏所用的设备是简单蒸馏塔；连续精馏采用的设备种类较多，主要有填料塔和板式塔 2 类。根据物料的特性，可选用不同材质和形状的填料，选用不同类型的塔板。塔釜的加热方式可以是直接火加热，水蒸气直接加热，蛇管、夹套和电感加热等。

另外，蒸馏按操作压强可分为常压蒸馏、加压蒸馏和减压蒸馏(又称为真空蒸馏)，处理中等挥发性(沸点为 100 ℃左右)物料，采用常压蒸馏较为适宜；处理低沸点(沸点低于 30 ℃)物料，采用加压蒸馏较为适宜，但应注意系统密闭，低沸点的溶剂也可以采用常压蒸馏，但应设置一套冷却系统；处理高沸点(沸点高于 150 ℃)物料，易发生分解、聚合及热敏性物料则应采用减压蒸馏，这样可以降低蒸馏温度，防止物料在高温下变质、分解、聚合和局部过热。

按混合物中组分可分为双组分蒸馏和多组分蒸馏。

2）蒸馏过程安全要点

蒸馏涉及加热、冷凝、冷却等单元操作，是一个比较复杂的过程，危险性较大。蒸馏过程的主要危险性有：易燃液体蒸气与空气形成爆炸性混合物与点火源接触即发生爆炸；塔釜复杂的残留物在高温下发生热分解、自聚及自燃；物料中微量的不稳定杂质在塔内局部被蒸浓后分解爆炸，低沸点杂质进入蒸馏塔后瞬间产生大量蒸气造成设备压力骤升而发生爆炸；设备因腐蚀泄漏引发火灾，因物料结垢造成塔盘及管道堵塞发生超压爆炸；蒸馏温度控制不当，有液泛、冲料、过热分解、超压、自燃及淹塔的危险；加料量控制不当，有沸溢的危险，同时造成塔顶冷凝器负荷不足，使未冷凝的蒸气进入产品储槽后，因超压发生爆炸；回流量控制不当，造成蒸馏温度偏离正常，同时出现淹塔使得操作失控，造成出口管堵塞发生爆炸。

蒸馏过程除根据加热方式采取相应的安全措施外，还应根据物料性质、工艺要求正确选择蒸馏方法、蒸馏设备和操作压力，严格遵守操作规程。特别要注意以下安全要点：

（1）常压蒸馏

① 在常压蒸馏中，易燃液体的蒸馏不能采用明火做热源，采用水蒸气或过热水蒸气加热较为安全。

② 蒸馏腐蚀性液体，应防止塔壁、踏盘腐蚀致使易燃液体或蒸气逸出，遇明火或灼热炉壁产生燃烧。

③ 蒸馏自燃点很低的液体，应注意蒸馏系统的密闭，防止因高温泄漏遇空气而产生自燃。

④ 对于高温的蒸馏系统，应防止冷却水突然漏入塔内。否则，水迅速汽化导致塔内压力突然增高，而将物料冲出或发生爆炸。开车前应将塔内和蒸汽管道内的冷凝水放尽，然后使用。

⑤ 在常压蒸馏系统中，还应注意防止管道被凝固点较高的物质凝结堵塞，使塔内压力增大而引起爆炸。

⑥ 用直接火加热蒸馏高沸点物料时，应防止产生自燃点很低的树脂油状物，它们遇空气会自燃；还应防止因蒸干、残渣焦化结垢引起局部过热产生的着火、爆炸事故。油焦和残渣应该经常清除。

⑦ 塔顶冷凝器中的冷却水或冷冻盐水不能中断；否则，未冷凝的易燃蒸气逸出后使系统温度增高，窜出的易燃蒸气遇明火还会引起燃烧。

（2）减压蒸馏

① 真空蒸馏设备的密闭性是很重要的。蒸馏设备中温度很高，一旦吸入空气，对于某些易爆物质（如硝基化合物）有引起爆炸或着火的危险。因此，真空蒸馏所用的真空泵应安装单向阀，防止突然停泵造成空气进入设备。

② 当易燃易爆物质蒸馏完毕，待其蒸馏锅冷却、充入氮气后，再停止真空泵运转，以防空气进入热的蒸馏锅引起燃烧或爆炸。

③ 真空蒸馏应注意其操作顺序：先打开真空活门，然后开冷却器活门，最后打开蒸汽阀门；否则，物料会被吸入真空泵，并引起冲料，使设备受压，甚至产生爆炸。

④ 易燃物进行真空蒸馏的排气管，应通至厂房外，管道上应安装阻火器。

（3）加压蒸馏

① 加压蒸馏设备的气密性和耐压性十分重要，应安装安全阀和温度、压力调节控制装置，严格控制蒸馏温度与压力。

② 在蒸馏易燃液体时,应注意系统的静电消除。特别是苯、丙酮、汽油等不易导电液体的蒸馏,更应将蒸馏设备、管道良好接地。室外蒸馏塔应安装可靠的避雷装置。

③ 蒸馏设备应经常检查、维修。

6.4 冷却、冷凝和冷冻

6.4.1 冷却和冷凝

1) 冷却、冷凝操作概述

冷却是指使热物体的温度降低而不发生相变化的过程;冷却的方法通常有直接冷却法和间接冷却法 2 种。

(1) 直接冷却法

直接冷却法是指直接将冰或冷水加入被冷却的物料中。该方法最简便有效,也最迅速,但只能在不影响被冷却物料的品质或不至于引起化学变化时才能使用。也可将热物料置于敞槽中或喷洒于空气中,使在表面自动蒸发而达到冷却的目的。

(2) 间接冷却法

间接冷却法是将物料放在容器中,其热能经过器壁向周围介质自然散热。被冷却物料如果是液体或气体,可在间壁冷却器中进行,夹套、蛇管、套管、列管等热交换器都适用。冷却剂一般是冷水和空气,或根据生产实际情况来确定。

冷凝则是指使热物体的温度降低而发生相变化的过程,通常指物质从气态变成液态的过程。冷凝和蒸发是作用相反的 2 个单元操作。

在化工生产中,实现冷却、冷凝的设备通常是间壁式换热器,常用的冷却、冷凝介质是冷水、盐水等。一般情况下,冷水所达到的冷却效果不低于 0 ℃;浓度约为 20%盐水的冷却效果为−15～0 ℃。

冷却、冷凝操作在化工生产中易被人们所忽视,实际上它很重要,而且严重影响安全生产。

2) 冷却、冷凝的安全要点

(1) 根据被冷却物料的温度、压力、理化性质以及所要求冷却的工艺条件,正确选用冷却剂和冷却设备。忌水物料的冷却不宜采用水做冷却剂,需要时应采取特别措施。

(2) 严格检查冷却设备的密闭性,不允许物料窜入冷却剂中,也不允许冷却剂窜入被冷却的物料中(特别是酸性气体)。

(3) 冷却操作时,冷却介质不能中断,否则会造成热量积聚,系统温度压力骤增,引起爆炸。因此,冷却介质温度控制最好采用自动调节装置。

(4) 开车前首先清除冷凝器中的积液,然后输入冷却介质,最后通入高温物料。停车时,应先停止输入被冷却的高温物料,再关闭冷却系统。

(5) 有些凝固点较高的物料,被冷却后变得黏稠甚至凝固,在冷却时要注意控制温度,防止物料卡住搅拌器或堵塞设备及管道,造成事故。

(6) 为保证不凝可燃气体安全排空,可充入氮气等惰性气体进行保护。

(7) 检修冷却、冷凝器必须彻底清洗、置换。

6.4.2 冷冻

1）冷冻操作概述

在化工生产过程中，气体或蒸气的液化，某些组分的低温分离，某些产品的低温储藏与输送等，常需要使用冷冻操作。

冷冻也叫做制冷，是应用热力学原理进行人工制造低温的方法，冰箱和空调都是采用制冷的原理。普通使用的冷冻方法有压缩式和吸收式 2 种，它们共同的基本原理是利用液体蒸发和气体膨胀时吸取四周的热量的作用来产生低温。此外，还有半导体冷冻技术。从化工的角度，一般都是采用一种比临界点高的气体加压液化，然后再使它汽化吸热，反复进行这个过程，液化时在其他地方放热，汽化时对需要的范围吸热。冷冻操作的实质是借助于某种冷冻剂（如氟利昂、氨、乙烯、丙烯等）蒸发或膨胀时直接或间接地从需要冷冻的物料中取走热量。适当选择冷冻剂和操作过程，可以获得由摄氏零度至接近于绝对零度的任何程度的冷冻。

一般来说，冷冻程度与冷冻操作的技术有关，凡冷冻范围在－100 ℃以内的称为冷冻，冷冻是现代冷藏业的基础，易腐蚀品借以长期保存和远途运输，冷冻也可为工业生产和科学研究创造低温条件，同时也是改善在高温下人们的生活和劳动条件的措施，研究冷冻原理以及如何应用于生产和生活中去的技术和操作，称为冷冻工程或制冷工程；而在－100～－210 ℃或更低的温度，则称为深度冷冻或简称深冷，其实质是气体液化的技术。通常采用机械方法，例如用节流膨胀或绝热膨胀等法可以达到－210 ℃的低温，用绝热退磁法可得到 1 K（热力学温度）以下的低温。依靠深度冷冻技术，可研究物质在接近绝对零度时的性质，并可用于气体的液化和气体混合物的分离。

2）制冷方法简介

（1）冰融化法

冰融化时，要从周围吸收热量而使周围的物料冷却。冰融化吸收的热量约 335 kJ/kg。它是最早和最广泛使用的制冷方法，可保持在 0 ℃以上的低温，主要用于食品储存和冷饮防暑降温等。

（2）冰盐水法

利用冰和盐类的混合物来制冷。因为盐类溶解在冰水中要吸收溶解热，而冰融化时又要吸收融化热，所以冰盐水的温度可以显著下降。冰盐水制冷能达到的温度与盐的种类及浓度有关。在工业中，常用的冰盐水是冰块和食盐的混合物。如冰水中食盐的质量分数为 10％时，可获得－6.2 ℃的低温；质量分数是 20％时，可获得－13.7 ℃的低温。又如 23％ NaCl 和冰的混合物可达－21 ℃，30％$CaCl_2$ 和冰的混合物可达－55 ℃，KOH 和冰的混合物可达－65 ℃。这种方法主要用于实验室。

（3）干冰法

利用固态二氧化碳升华时从周围吸收大量的升华热来制冷。在标准大气压下，干冰升华的温度为－78.5 ℃，升华热为 573.6 kJ/kg。同样条件下，干冰制冷量比冰融化法和冰盐水法的制冷量大，制冷温度低，一般可达－40 ℃。干冰法制冷广泛应用于医疗、食品、机械零件的冷处理等。

（4）液体气化法

利用在低温下容易汽化的液体气化时吸收热量来制冷。在大气压下液氨的汽化潜热为 1 370 kJ/kg，汽化的液氨温度可降低到－33.4 ℃。这种方法可以获得各种不同的低温，是目前最广泛的制冷方法，常应用于冷藏、冷冻、空调等制冷过程中。

(5) 气体绝热膨胀法(节流膨胀法)

利用高压低温气体经过绝热膨胀后，使气体压力和温度急剧下降而获得更低温度的制冷。如 20 MPa，0 ℃的空气，减压膨胀到 0.1 MPa 时，其温度可降至－40 ℃左右。又如，氨在标准大气压下的沸点为－33.4 ℃，它可以在很低的温度下蒸发，从被制冷物体吸收热量；所产生的氨蒸气经过压缩和冷却又变为液态氨，液氨经过节流膨胀降低压强，其沸点降到被制冷物体温度之下，热量仍由被制冷物体传向液氨，因而达到制冷的目的。这种方法主要用于气体的液化和分离工业。

在化工生产中，通常采用冷冻盐水(氯化钠、氯化钙、氯化镁等盐类的水溶液)间接制冷。冷冻盐水在被冷冻物料与冷冻剂之间循环，从被冷冻物料中吸取热量，然后将热量传给制冷剂。间接制冷时，一般常用的压缩冷冻机由压缩机、冷凝器、蒸发器和膨胀阀 4 个基本部分组成。

3）制冷过程分类

(1)按制冷过程分类

① 蒸气压缩式制冷。目前应用得最多的是蒸气压缩式制冷，简称压缩制冷，它是利用压缩机做功，将气相工质压缩、冷却冷凝成液相，然后使其减压膨胀、汽化(蒸发)，从低温热源取走热量并达到高温热源的过程。此过程类似用泵将流体由低处送往高处，所以有时也称为热泵，如图 6.5 所示。

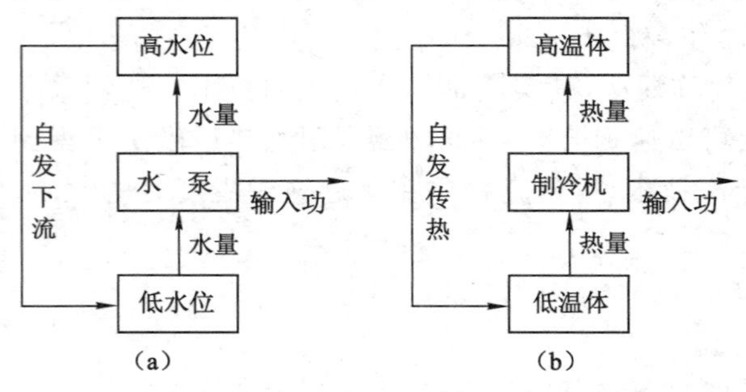

图 6.5　水泵与制冷机的类比

② 吸收式制冷。利用某种吸收剂吸收自蒸发器中所产生的制冷剂蒸气，然后用加热的方法在冷凝器的压强下进行脱吸。即利用吸收剂的吸收和脱吸作用将制冷剂蒸气由低压的蒸发器中取出并送至高压的冷凝器，用吸收系统代替压缩机，用热能代替机械能进行制冷操作。

工业生产中，常见的吸收制冷系统有：氨-水系统，即以氨为制冷剂，以水为吸收剂，应用在合成氨生产中，将氨从混合气体中冷凝分离出来；水-溴化锂溶液系统，即以水为制冷剂，以溴化锂溶液为吸收剂，已被广泛应用于空调技术中。

③ 蒸汽喷射式制冷。利用高压蒸汽喷射造成真空，使制冷剂在低压下蒸发，吸收被冷物料热量而达到制冷目的。真空度越高，制冷温度越低，但不能低于 0 ℃。因为水的汽化潜热大，无毒而易得，但其蒸发温度高，工业生产中常用于制取 0 ℃以上的冷冻水或作空调的冷源。

(2) 按制冷程度分类

① 普通制冷：制冷的温度范围在 173 K 以上。

② 深度制冷：制冷的温度范围在 173 K 以下。从理论上讲，所有气体只要将其冷却到临界温度以下，均可使之液化。因此，深度制冷技术也可以称为气体液化技术。在工业生产中，利用深冷技术有效地分离了空气中的氮、氧、氩、氖及其他稀有气体组分，以及成功地分离了石油裂解气中的甲烷、乙烯、丙烷、丙烯等多种气体。现代医学及其他高科技领域也广泛应用深冷技术。

4）冷冻的安全要点

冷冻过程的主要危险来自于冷冻剂的危险性、被冷冻物料潜在的危险性以及制冷设备在恶劣操作条件下的危险性。因此，在化工生产中，进行冷冻操作时特别要注意以下安全要点：

（1）注意冷冻剂的危险性

冷冻剂的种类很多，但目前尚无一种理想的冷冻剂能够满足所有的安全技术条件。选择冷冻剂应从技术、经济、安全环保等角度去综合考虑，目前常见的冷冻剂有氨、氟利昂（氟氯烷）、乙烯、丙烯，其中化工生产中应用最广泛的冷冻剂是氨。

① 氨的危险特性。氨具有强烈的刺激性臭味，在空气中超过 30 mg/m^3 时，长期作业会对人体产生危害。氨属于易燃、易爆物质，其爆炸极限为15.7%～27.4%，当空气中氨浓度达到其爆炸下限时，遇到点火源即产生爆炸。氨的温度达到130 ℃时，开始明显分解，至890 ℃时全部分解。含水的氨，对铜及铜的合金具有强烈的腐蚀作用。因此，氨压缩机不能使用铜及其合金的零件。

② 氟利昂的危险特性。最常见的氟利昂冷冻剂是氟利昂-11和氟利昂-12，20世纪它主要被用于电冰箱的冷冻剂。它们是一种对心脏毒作用强烈而又迅速的物质，受高温易分解，放出有毒的氟化物和氯化物气体。若遇高热，容器内压增大，有开裂和爆炸的危险。氟利昂应储存于阴凉、通风仓间内，仓内温度不宜超过30 ℃，远离火源、热源，防止阳光直射。应与易燃物、可燃物分开储存，搬运时轻装轻卸，防止钢瓶及附件破损。氟利昂对大气臭氧层的破坏也极大，目前世界各国已限制生产和使用。

③ 乙烯、丙烯的危险特性。乙烯和丙烯均为易燃液体，闪点都很低，其爆炸极限分别为2.75%～34%和2%～11.1%，与空气混合后遇点火源极易发生爆炸。乙烯和丙烯积聚静电的能力很强，在使用过程中注意导出静电，同时它们对人的神经有麻醉作用，丙烯的毒性是乙烯的2倍。

（2）氨冷冻压缩机的安全要点

① 电气设备采用防爆型。

② 在压缩机出口方向，应在汽缸与排气阀之间设置一个能使氨通到吸入管的安全装置，以防压力超高。为避免管路破裂，在旁通管路上不应有任何阻气设施。

③ 易于污染空气的油分离器应设于室外。压缩机要采用低温不冻结且不与氨发生化学反应的润滑油。

④ 制冷系统压缩机、冷凝器、蒸发器以及管路，应有足够的耐压程度且气密性良好，防止设备、管路裂纹、泄漏；同时，要加强安全阀、压力表等安全装置的检查、维护。

⑤ 制冷系统因发生事故或停电而紧急停车，应注意其对被冷冻物料的排空处理。

⑥ 装冷料的设备及容器，应注意其低温材质的选择，防止低温脆裂。

⑦ 避免含水物料在低温下冻结阻塞管线，造成增压所致的爆炸事故。

6.5 筛分和过滤

6.5.1 筛分

1）筛分操作概述

在工业生产中，为满足生产工艺的要求，常常需将固体原料、产品进行筛选，以选取符合工艺要求的粒度,这一操作过程称为筛分。筛分分为人工筛分和机械筛分。筛分所用的设备称为筛子,通过筛网孔眼控制物料的粒度,按筛网的形状可分为转动式和平板式 2 种。影响筛分的因素主要有:粒度范围适宜,物料的粒径越接近于分界直径时越不易分离;物料中含湿量增加,黏滞性增加,易成团或堵塞筛孔;颗粒的形状,密度小,物料不易过筛;筛分装置的参数。使物料充分运动通常同时采用 2 种运动方式,即旋动筛和振荡筛。

筛分常与粉碎相配合,使粉碎后的物料的颗粒大小可以近于相等,以保证合乎一定的要求或避免过分的粉碎。筛分是利用筛子把粒度范围较宽的物料按粒度分为若干个级别的作业。而分级则是根据物料在介质(水或空气)中沉降速度的不同而分成不同的粒级作业。筛分一般用于较粗的物料,即大于 0.25 mm 的物料。较细的物料,即小于 0.2 mm 的物料多用分级。近几年来,国内外正在应用细筛对磨矿产品进行分级,这种分级效率一般都比较高。

根据筛分的目的不同,筛分作业可以分为 2 类:

(1) 独立分筛

其目的是得到适合于用户要求的最终产品。例如,在黑色冶金工业中,常把含铁较高的富铁矿筛分成不同的粒级,合格的大块铁矿石进入高炉冶炼,粉矿则经团矿或烧结制块后入炉。

(2) 辅助筛分

这种筛分主要用在选矿厂的破碎作业中,对破碎作业起辅助作用。一般又有预先筛分和检查筛分之别。预先筛分是指矿石进入破碎机前进行的筛分,用筛子从矿石中分出对于该破碎机而言已经是合格的部分,如粗碎机前安装的格条筛,筛分其筛下产品。这样就可以减少进入破碎机的矿石量,可提高破碎机的产量。

2) 筛分的安全要点

筛分最大的危险性是可燃粉尘与空气形成爆炸性混合物,遇点火源发生粉尘爆炸事故,从而对生命财产造成重大损失。操作者无论进行人工筛分还是机械筛分,都必须注意以下安全问题:

(1) 在筛分操作过程中,粉尘如具有可燃性,应注意因碰撞和静电而引起燃烧、爆炸。

(2) 如粉尘具有毒性、吸水性或腐蚀性,应注意呼吸器官及皮肤的保护,以防引起中毒或皮肤损伤。

(3) 要加强检查,注意筛网的磨损和避免筛孔阻塞、卡料,以防筛网损坏和混料。

(4) 筛分设备的运转部分应加防护罩,以防绞伤操作人员。

(5) 振动筛会产生大量噪声,应采取隔离等消声措施。

6.5.2 过滤

1) 过滤操作概述

过滤是指在推动力或者其他外力作用下,使悬浮液(或含固体颗粒发热气体)中的液体(或气体)透过介质,固体颗粒及其物质被具有许多孔隙的过滤介质截留,从而使固体及其他物质与液体(或气体)分离的单元操作。

过滤操作依其推动力可分为重力过滤、加压过滤、真空过滤、离心过滤,按操作方式可分为连续过滤和间歇过滤。一个完整的悬浮溶液的过滤过程应包括过滤、滤饼洗涤、去湿和卸料等几个阶段。生产用的液-固过滤设备有板框压滤机、转筒真空过滤机、圆形滤叶加压叶滤机、三足式离心机、刮刀卸料离心机、旋液分离器等,常用的气-固过滤设备有降尘室、袋滤器、旋风分离器等。

2）过滤的安全要点

过滤的主要危险来自于所处理物料的危险特性，悬浮液中有机溶剂的易燃易爆特性或挥发性气体的毒害性或爆炸性、有机过氧化物滤饼的不稳定性。因此，操作时必须注意以下几点：

(1) 在存在火灾、爆炸危险的工艺中，不宜采用离心过滤机，宜采用转鼓式或带式等真空过滤机，如必需时，应严格控制电机安装质量，安装限速装置。注意不要选择临界速度操作。

(2) 处理有害或爆炸性气体时，采用密闭式的加压过滤机操作，并以压缩空气或惰性气体保持压力。在取滤渣时，应先释放压力，否则会发生事故。

(3) 离心过滤机超负荷运转，工作时间过长，转鼓磨损或腐蚀、启动速度过高均有可能导致事故发生。当负荷不均匀时运转会发生剧烈振动，不仅磨损轴承，且能使转鼓撞击外壳而发生事故。转鼓高速运转也可能由外壳中飞出造成重大事故。

(4) 离心过滤机无盖或防护装置不良时，工具或其他杂物有可能落入其中，并以很大速度飞出伤人。杂物留在转鼓边缘也可能引起转鼓振动造成其他危险。

(5) 开停离心过滤机时，不要用手帮忙以防发生事故。操作过程力求加料均匀。

(6) 清理器壁必须待过滤机完全停稳后，否则铲勺会从手中脱飞，使人致伤。

(7) 有效控制各种点火源。

6.6　粉碎和混合

6.6.1　粉碎

1）粉碎操作概述

通常将大块物料变成小块物料的操作称为破碎，将小块物料变成粉末的操作称为研磨。粉碎在化工生产中主要有3个方面的应用：为满足工艺要求，将固体物料粉碎或研磨成粉末，以增加其接触面积来缩短化学反应时间，提高生产效率；使某些物料混合更均匀，使其分散度更好；将成品粉碎成一定粒度，满足用户的需要。

粉碎的方法有挤压、撞击、研磨、劈裂等，可根据被粉碎物料的物理性质和形状大小以及所需的粉碎度来选择进行粉碎的方法。一般对于特别坚硬的物料，挤压和撞击有效；对韧性物料用研磨较好；而对脆性物料则用劈裂为宜。实际生产中，通常联合使用以上4种方法，如挤压与研磨、挤压与撞击等。常用的粉碎设备有颚式粉碎机、圆锥粉碎机、环滚研磨机、气流粉碎机等。

2）粉碎的安全要点

粉碎操作最大的危险性是可燃粉尘与空气形成爆炸性混合物，遇点火源发生粉尘爆炸事故，须注意如下安全事项：

(1) 粉碎、研磨设备要密闭，操作间应具有良好通风，以降低粉尘浓度，必要时可装设喷淋设备。

(2) 初次研磨物料时，应事先在研钵中进行试验，了解其是否黏结、着火。在粉尘、研磨时料斗不得卸空，盖子要严实。

(3) 粉末输送管道与水平夹角不得小于45°，以消除输送管道中粉末的沉积。

(4) 要注意设备的润滑，防止摩擦发热。对研磨易燃易爆物料的设备，要通入惰性气体进行保护。

(5) 可燃物研磨后，应先行冷却，然后装桶，以防发热引起燃烧；用球磨机研磨具有爆炸性的物料时，球磨机内部需衬以橡皮等柔软材料，同时需采用青铜球。

(6) 发现粉碎系统中粉末阴燃或燃烧时，需立即停止送料，并采取措施断绝空气来源，必要时通入二氧化碳或氮气等惰性气体保护。但是，不宜使用加压水流或泡沫进行扑救，以免可燃粉尘飞扬，造成事故扩大化。

(7) 粉碎操作应注意定期清洗机器，避免由于粉碎设备高速运转，挤压产生高温使机内存留的原料熔化后结块堵塞进出料口，形成密闭体发生爆炸事故。

6.6.2 混合

1）混合操作概述

混合是指用机械或其他方法使两种或多种物料相互分散而达到均匀状态的操作，包括液体与液体的混合、固体与液体的混合、固体与固体的混合。在化工生产中，混合的目的是用以加速传热、传质和化学反应（如硝化、磺化等），也用以促进物理变化，制取许多混合体，如溶液、乳浊液、悬浊液、混合物等。

用于液态的混合装置有机械搅拌、气流搅拌。机械搅拌装置包括桨式搅拌器、螺旋桨式搅拌器、涡轮式搅拌器、特种搅拌器。气流搅拌装置是用压缩空气、蒸汽和氮气通入液体介质中进行鼓泡，以达到混合目的的一种装置。用于固态糊状的混合装置有捏合机、螺旋混合器和干粉混合器。

2）混合的安全要点

混合操作是一个比较危险的过程。易燃液态物料在混合过程中蒸发速度较快，产生大量可燃蒸气，若泄漏，将与空气形成爆炸性混合物；易燃粉状物料在混合过程中极易造成粉尘漂浮而导致粉尘爆炸。对强放热的混合过程，若操作不当也具有极大的火灾爆炸危险。

6.7 吸收

6.7.1 吸收操作概述

在炼焦或制取城市煤气的生产过程中，焦炉煤气内常含有少量的苯和甲苯类化合物的蒸气，应予回收利用。图 6.6 所示为洗油脱除煤气中粗苯的吸收流程简图。图中，虚线左侧为吸收过程，通常在吸收塔中进行。含苯约为 35 g/m^3 的常温常压煤气由吸收塔底部引入，洗油从吸收塔顶部喷淋而下与气体呈逆流流动。在煤气与洗油逆流接触中，苯系化合物蒸气溶解于洗油中，吸收了粗苯的洗油（又称为富油）由吸收塔底排除。被吸收后的煤气由吸收塔顶排出，其含苯量可降至允许值（$<2\ g/m^3$），从而得以净化。图中，虚线右侧所示为解吸过程，一般在解吸塔中进行。从吸收塔排出的富油首先经热交换器被加热后，由解吸塔顶引入，在与解吸塔底部通入的过热蒸汽逆流接触过程中，粗苯由液相释放出来，并被水蒸气带出，再经冷凝分层后即可获得粗苯产品。解吸出粗苯的洗油（也称为贫油）经冷却后再送回吸收塔循环使用。

工业生产中的吸收操作大部分与用洗油吸收苯的操作相同，即气液两相在塔内逆流流动、直接接触，物质的传递发生在上升气流与下降液流之中。因此，气体吸收是利用气体混

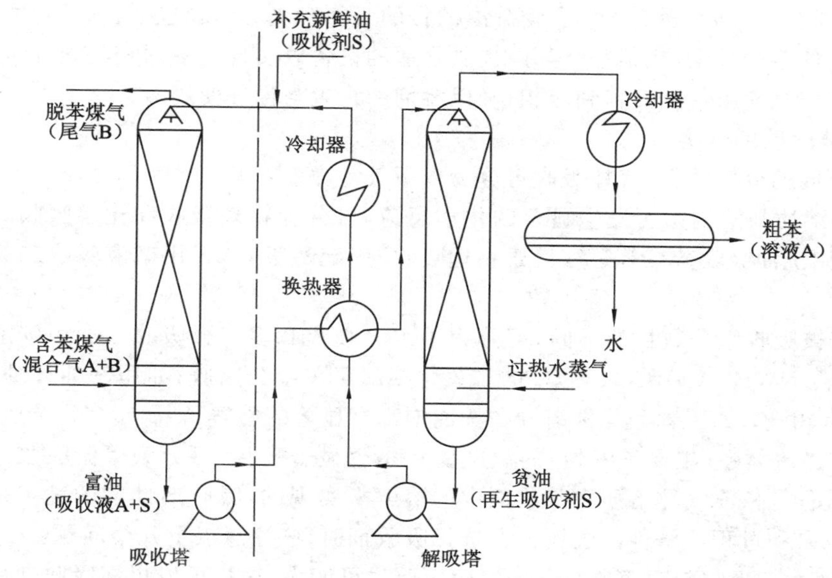

图 6.6 具有吸收剂再生的连续吸收流程简图

合物各组分在液体溶剂中溶解度的差异来分离气体混合物的单元操作，其逆过程是脱吸或解吸。混合气体中，能够溶解的组分称为吸收质或溶质，以 A 表示；不被吸收的组分称为惰性组分或载体，以 B 表示；吸收操作所用的溶剂称为吸收剂，以 S 表示；吸收操作所得的溶液称为吸收液，其成分为溶剂 S 和溶质 A；排出的气体称为吸收尾气，其主要成分为惰性气体 B，还含有残余的溶质 A。吸收过程是使混合气中的溶质溶解于吸收剂中而得到一种溶液，即溶质由气相转移到液相的相际传质过程。解吸过程是使溶质从吸收液中释放出来，以便得到纯净的溶质或使吸收剂再生后循环使用。

1）吸收操作的具体应用

在化工生产中，吸收操作广泛地应用于混合气体的分离，其具体应用大致有以下几种：

(1) 回收混合气体中有价值的组分

如用硫酸处理焦炉气以回收其中的氨，用液态烃处理裂解气以回收其中的乙烯、丙烯等。

(2) 除去有害组分以净化气体

如用水或碱液脱除合成氨原料气中的二氧化碳，用丙酮脱除裂解气中的乙炔等。

(3) 制备某种气体的溶液

如用水吸收二氧化氮以制造硝酸，用水吸收甲醛以制取福尔马林，用水吸收氯化氢以制取盐酸等。

(4) 工业废气的治理

在工业生产所排放的废气中常含有 SO_2，NO，HF 等有害的成分，其含量一般都很低，但若直接排入大气，则对人体和自然环境的危害都很大。因此，在排放之前必须加以治理，这样既得到了副产品，又保护了环境。如磷肥生产中，放出含氟的废气具有强烈的腐蚀性，即可采用水及其他盐类制成有用的氟硅酸钠、水晶石等；又如硝酸厂尾气中含氮的氧化物，可以用碱吸收制成硝酸钠等有用物质。

采用吸收操作以实现气体混合物分离的目的必须解决的问题包括：选择合适的吸收剂，使其能选择性溶解某个（或某些）组分；提供合适的设备以实现气液两相的充分接触，使被吸收组分能较完全地由气相转移到液相；确保溶剂的再生与循环使用。

2）气体吸收的分类

按照不同的分类依据，气体吸收可分为以下 3 种类型：

（1）按溶质与溶剂是否发生显著的化学反应，可分为物理吸收和化学吸收。如水吸收二氧化碳、用洗油吸收芳烃等过程属于物理吸收；用硫酸吸收氨、用碱液吸收二氧化碳属于化学吸收。

（2）按被吸收组分数目的不同，可分为单组分吸收和多组分吸收。如用碳酸丙烯酮吸收合成气（含 N_2，H_2，CO，CO_2 等）中的二氧化碳属于单组分吸收；如用洗油处理焦炉气时，气体中的苯、甲苯、二甲苯等几种组分在洗油中都有显著的溶解，则属于多组分吸收。

（3）按吸收体系（主要是液相）的温度变化是否显著变化，可分为等温吸收和非等温吸收。吸收过程是依靠气体溶质在吸收剂中的溶解来实现的，吸收剂性能的优劣往往是决定吸收操作效果和过程经济性的关键。在选择吸收剂时，应注意以下几个问题：

① 溶解度。吸收剂对溶质组分的溶解度要尽可能大，这样可以提高吸收速率和减少吸收剂用量。

② 选择性。吸收剂对溶质要有良好的吸收能力，而对混合气体中的惰性组分不吸收或吸收甚微，这样才能有效地分离气体混合物。

③ 挥发度。操作温度下吸收剂的蒸汽压要低，以减少吸收和再生过程中吸收剂的挥发损失。

④ 黏度。吸收剂黏度要低，这样可以改善吸收塔内的流动状况，提高吸收速率，且有利于减少吸收剂输送时的动力消耗。

⑤ 其他。所选用的吸收剂还应尽可能满足无毒性、无腐蚀性、不易燃易爆、不发泡、冰点低、价廉易得以及化学性质稳定等要求。

6.7.2 吸收操作运行安全条件分析

在正常的化工生产中，吸收塔的结构形式、几何尺寸、吸收质的浓度范围、吸收剂的性质等都已确定，此时影响吸收操作的主要因素有以下几方面：

1）气流速度

气体吸收是一个气液两相间进行扩散的传质过程，气流速度的大小直接影响这个传质过程。气流速度小，气体湍动不充分，吸收传质系数小，不利于吸收；反之，气流速度大，有利于吸收，同时也提高了吸收塔的生产能力。但是，气流速度过大时，又会造成雾沫夹带甚至液泛，使气液接触效率下降，不利于吸收。因此，对每一个塔都应选择一个适宜的气流速度。

2）喷淋密度

单位时间内，单位塔截面积上所接受的液体喷淋量称为喷淋密度。其大小直接影响气体吸收效果的好坏。在填料塔中，若喷淋密度过小，有可能导致填料表面不能被完全湿润，从而使传质面积下降，甚至达不到预期的分离目标；若喷淋密度过大，则流体阻力增加，甚至还会引起液泛。因此，适宜的喷淋密度应该能保证填料的充分润湿和良好的气液接触状态。

3）温度

降低温度可增大气体在液体中的溶解度，对气体吸收有利。因此，对于放热量大的吸收过程，应采取冷却措施。但温度太低时，除了消耗大量冷介质外，还会增大吸收剂的黏度，使流体在塔内流动状况变差，输送时增加能耗。若液体太冷，有的甚至会有固体结晶析出，影响吸收操作顺利进行。因此，应综合考虑不同因素，选择一个最适宜的温度。

4）压力

增加吸收系统的压力，既增大了吸收质的分压，又提高了吸收推动力，有利于吸收。但过高的增大系统压力，又会使动力消耗增大，设备强度要求提高，使设备投资和经常性生产费用加大。因此，一般能在常压下进行的吸收操作不必在高压下进行。但对于一些在吸收后需要加压的系统，可以在较高压力下进行吸收，这样既有利于吸收，又有利于增加吸收塔的生产能力，如合成氨生产中的二氧化碳洗涤塔就是这种情况。

5）吸收剂的纯度

降低入塔吸收剂中溶质的浓度，可以增加吸收的推动力。因此，对于有溶剂再循环的吸收操作来说，吸收液在解吸塔中的解吸应越完全越好，但必须注意解吸完全。

6）吸收操作通常在常温常压下进行

气体的溶解度随压力增加、温度的降低而增加，同时提高压力使平衡线下移，增加吸收过程的推动力。但压力太高也会使设备投资及经常操作费用增加，同样降低温度也受气温及操作费用的影响。因此，大多数吸收过程都是在常温常压下进行的。

7）吸收操作时变温过程

严格地说，吸收中的溶解热会造成吸收操作温度的变化，为了保持吸收操作在较低温度下进行，当溶解热较大时，必须移走溶解热。

(1) 外循环冷却移走热量，即塔底流出的部分吸收液经外冷却器冷却再返回塔顶。

(2) 在塔中间增加冷却器见图 6.7，吸收液由塔中间抽出经外冷却器冷却后返回塔内。

(3) 塔内部的冷却器见图 6.8，填料塔的塔内冷却器装在两层填料之间，其形式多为竖直的列管式冷却器，吸收液走管内，管间走冷却剂。如图 6.9 所示，在板式塔内常用移动的 U 形管冷却器，它直接安装在塔板上并浸没于液层中，适用于热效应大且介质有腐蚀性的情况，如用硫酸吸收乙烯、用氨水吸收二氧化碳以生产碳酸氢氨等。实际生产中，吸收操作温度控制的实质就是正确操作和使用上述各种冷却装置，以确保吸收过程在工艺要求的温度条件下进行。

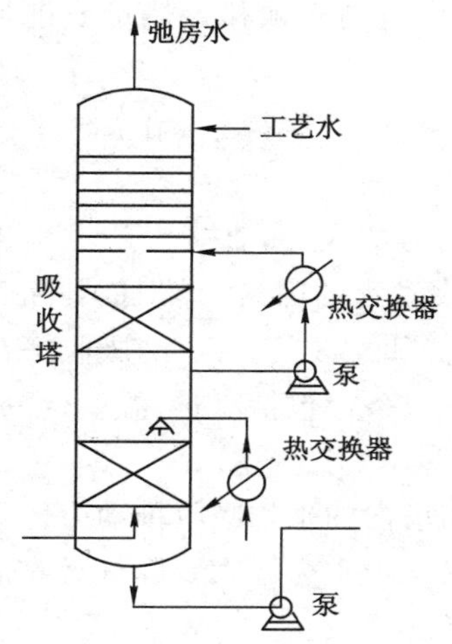

图 6.7　在塔中间增加冷却器

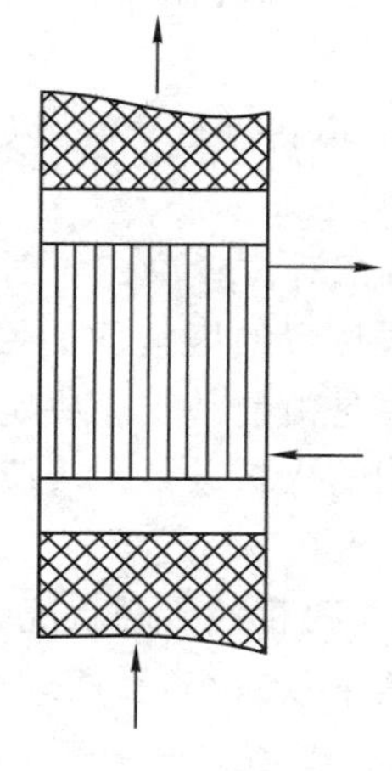

图 6.8　填料层间的冷却器

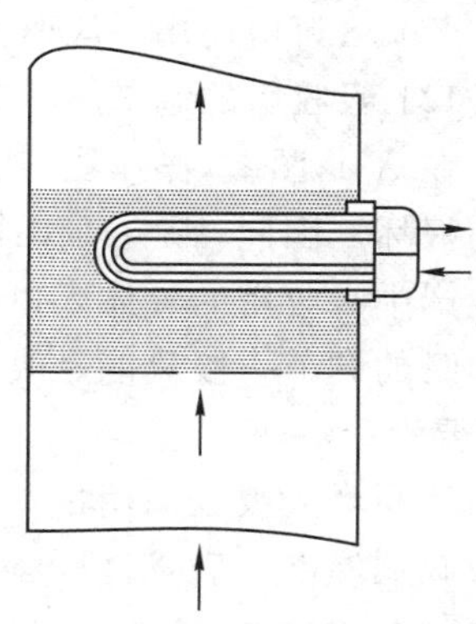

图 6.9　板式塔内的冷却器

8）黏度及扩散系数影响吸收效率

吸收过程由于在低温下进行，吸收液的黏度及扩散系数都较小，故影响吸收效率。为此，可采用增大液气比的手段提高效率。增加液气比改变操作线位置，有利于增加传质推动力；对液膜控制系统，增加液量则提高液体湍动程度，有利于提高传质系数；同时有足够大的液体喷淋量，可改善填料润湿状况，增加气液接触表面，有利于提高传质速率。但是，液量增加也会降低出塔吸收液的浓度。

9）解吸操作在高温低压下操作

解吸过程与吸收过程相反，常常在高温、低压下进行。塔底需要加热，能量消耗大，为了提高解吸率，可以采用解吸剂，常用解吸剂有惰性气体、水蒸气、溶剂蒸气或贫气等。

10）闪蒸过程

当吸收与解吸操作同时使用时，由于吸收在较高压力下进行，而解吸在常压或减压下进行，为此由吸收到解吸的减压过程中有闪蒸过程，一般在流程上需要设置闪蒸罐，或者在解吸塔的顶部要考虑闪蒸段。

11）吸收操作要点

（1）在溶解度对吸收的影响中，易溶气体属于气膜控制，难溶气体属于液膜控制。因此，在操作中辨明组分在吸收剂中溶解的难易程度，确定提高气相或液相的流速及其湍动程度，对提高吸收速率具有重大意义。

（2）要根据处理的物料性质来选择有较高吸收速率的塔设备。如果选用填料塔，在装填填料时应尽可能使填料分布比较均匀，否则液体通过时会出现沟流和壁流现象，使有效传质面积减少，塔的效率降低。

（3）应注意液流量的稳定，避免操作中出现波动。吸收剂用量过小，会使吸收速率降低；过大又会造成操作费用的浪费。

（4）应掌握好气体的流速，气速太小（低于载点气速），对传质不利；若太大，达到液泛气速，液体被气体大量带出，操作不稳定。

（5）应该经常检查出口气体的雾沫夹带情况，大量的雾沫夹带造成吸收剂浪费，而且造成管路堵塞。

（6）应该经常检查塔内的操作温度。低温有利于吸收，温度过高必须移走热量或进行冷却，维持塔在低温下操作。

（7）填料塔使用一段时间后，应对填料进行清洗，以避免填料被液体黏结和堵塞。

12）吸收塔的调节

在 X-Y 图上，操作线与平衡线的相对位置决定了过程推动力的大小，直接影响过程进行的好坏。因此，影响操作线、平衡线位置的因素均为影响吸收过程的因素。然而，实际工业生产中吸收塔的气体入口条件往往是由前一工序决定的，不能随意改变。因此，吸收塔在操作时的调节手段只能是改变吸收剂的入口条件。吸收剂的入口条件包括流量、温度、组成3大要素。

适当增大吸收剂用量，有利于改善两相的接触状况，并提高塔内的平均吸收推动力。降低吸收剂温度，气体溶解度增大，平衡常数减小，平衡线下移，平均推动力增大。降低吸收剂入口的溶质浓度，液相入口处推动力增大，全塔平均推动力亦随之增大。

6.8 液-液萃取

6.8.1 萃取操作概述

工业上对液体混合物的分离，除了采用蒸馏的方法外，还广泛采用液-液萃取。例如，为防止工业废水中的苯酚污染环境，往往将苯加到废水中，使它们混合和接触。此时，由于苯酚在苯中的溶解度比在水中大，大部分苯酚从水相转移到苯相，再将苯相与水相分离，并进一步回收溶剂苯，从而达到回收苯酚的目的。再如，在石油炼制工业的重整装置和石油化学工业的乙烯装置都离不开抽提芳烃的过程，因为芳香族与链烷烃类化合物共存于石油馏分中，它们的沸点非常接近或成为共沸混合物，故用一般的蒸馏方法不能达到分离的目的，而要采用液-液萃取的方法提取出其中的芳烃，然后再将芳烃中各组分加以分离。

液-液萃取也称为溶剂萃取，简称萃取。这种操作是指在欲分离的液体混合物中加入一种适宜的溶剂，使其形成两液相系统，利用液体混合物中各组分在两相中分配差异的性质，易溶组分较多地进入溶剂相从而实现混合液的分离。在萃取过程中，所用的溶剂称为萃取剂，混合液体称为原料，原料液中欲分离的组分称为溶质，其余组分称为稀释剂（或称为原溶剂）。萃取操作中所得到的溶液称为萃取相，其成分主要是萃取剂和溶质，剩余的溶液称为萃余相，其成分主要是稀释剂，还含有残余的溶质等组分。

需要指出的是，萃取后得到的萃取相往往还要用精馏或反萃取等方法进行分离，得到含溶质的产品和萃取剂，萃取剂供循环使用。萃余相通常含有少量萃取剂，也需应用适当的分离方法回收其中的萃取剂。因此，生产上萃取与精馏这两种分离混合液的常用方法是密切联系、互相补充的，常配合使用。另外，有些混合液的分离（如稀乙酸水溶液的去水，从植物油中分离脂肪酸等）既可以采用精馏，也可以采用萃取。选择何种方法合适，主要是由经济性来确定。与蒸馏比较，整个萃取过程的流程比较复杂，且萃取相中萃取剂的回收往往还要应用精馏操作。但是，萃取过程具有在常温下操作、无相变化以及选择适当溶剂可以获得较好的分离效果等优点，在很多情况下仍显示出技术经济上的优势。

一般而言，以下几种情况采用萃取操作较为有利：

（1）混合液中各组分之间的相对挥发度接近于 1，或形成恒沸物，用一般的蒸馏方法难以达到或不能达到分离要求的纯度。

（2）需分离的组分浓度很低且沸点比稀释剂高，用精馏方法需蒸出大量稀释剂，消耗能量很多。

（3）溶液要分离的组分是热敏性物质，受热易于分解、聚合或发生其他化学变化。

目前，萃取操作仍是分离液体混合物的常用单元操作之一，在石油化工、精细化工、湿法冶金（如稀有元素的提炼）、原子能化工和环境保护等方面已被广泛地应用。

6.8.2 萃取剂及安全选择

萃取时溶剂的选择是萃取操作的关键，它直接影响到萃取操作能否进行，对萃取产品的产量、质量和过程的经济性也有重要的影响。因此，当准备采用萃取操作时，首要的问题就是萃取剂的选择。一个溶剂要能用于萃取操作，首要的条件就是它与料液混合后，要能分成两个液相。但要选择一个经济有效的溶剂，还必须从以下几个方面进行分析、比较：

1）萃取剂的选择性

萃取时所采用的萃取剂，必须对原溶液中欲萃取出来的溶质有显著的溶解能力，而对其他组分（稀释剂）应不溶或少溶，即萃取剂应有较好的选择性。

2）萃取剂的物理性质

萃取剂的某些物理性质也对萃取操作产生一定的影响。

（1）密度

萃取剂必须在操作条件下能使萃取相与萃余相之间保持一定的密度差，以利于两液相在萃取器中能以较快的相对速度逆流后分层，从而可以提高萃取设备的生产能力。

（2）界面张力

萃取物系的界面张力较大时，细小的液滴比较容易聚结，有利于两相的分离，但界面张力过大，液体不易分散，难以使两相混合良好，需要较多的外加能量。界面张力小，液体易分散，但易产生乳化现象使两相难分离，应从界面张力对两液相混合与分层的影响综合考虑，选择适当的界面张力，一般不宜选用张力过小的萃取剂。常用体系界面张力数值可在文献中找到。有人建议，将溶剂和料液加入分液漏斗中，经充分剧烈摇动后，两液相最多在 5 min 以内要能分层，以此作为溶剂界面张力 σ 适当与否的大致判别标准。

（3）黏度

萃取剂的黏度低，有利于两相的混合与分层，也有利于流动与传质，因而黏度小对萃取有利。有的萃取剂黏度大，往往需加入其他溶剂来调节其黏度。

3）萃取剂的化学性质

萃取剂需有良好的化学稳定性，不易分解、聚合，并应有足够的热稳定性和抗氧化稳定性，对设备的腐蚀性要小。

4）萃取剂回收的难易

通常萃取相和萃余相中的萃取剂需回收后重复使用，以减少溶剂的消耗量。回收费用取决于回收萃取剂的难易程度。有的溶剂虽然具有以上很多良好的性能，但往往由于回收困难而不被采用。

最常用的回收方法是蒸馏，因而要求萃取剂与被分离组分 A 之间的相对挥发度 a 要大。如果 a 接近于 1，不宜用蒸馏，可以考虑用反萃取，结晶分离等方法。

5）其他指标

如萃取剂的价格、来源、毒性以及是否易燃、易爆等，均为选择萃取剂时需要考虑的问题。

萃取剂的选择范围一般很宽，但若要求选用的溶剂具备以上各种期望的特性，往往也是难以达到的，最后的选择仍应按经济效果进行权衡，以定取舍。

工业生产中常用的萃取剂可分为 3 大类：

（1）有机酸或它们的盐，如脂肪族的一元羧酸、磺酸、苯酚等。

（2）有机碱的盐，如伯胺盐，仲胺盐、叔胺盐、季胺盐等。

（3）中性溶剂，如水、醇类、酯、醛、酮等。

6.8.3 萃取设备

液-液萃取设备的种类很多，但目前尚不存在各种性能都比较完美的设备，萃取设备的研究还不够成熟，亟待进一步开发与改善。萃取设备应有的主要性能是能为两液相提供充分混合与充分分离的条件，使两液相之间具有很大的接触面积，这种界面通常是将一种液相分散在另一种液相中所形成。分散成滴状的液相称为分散相，另一个呈连续的液体相称为连续相。显然，分散的液滴越小，两相的接触面积越大，传质越快。为此，在萃取设备内装有喷嘴、筛孔板、填料或机械搅拌装置等。为使萃取过程获得较大的传质推动力，两相流体在萃取设备内以逆流流动方式进行操作。目前工业应用较多的是塔式萃取设备，主要包括填料萃取塔、筛板萃取塔、转盘萃取塔、往复振动筛板塔和脉冲萃取塔等；除此以外，混合-澄清萃取器、离心萃取机等萃取设备也在很多场合下使用。

6.8.4 萃取过程的安全控制

萃取设备的种类很多，各种萃取设备具有不同的特性，其萃取过程及萃取物系中各种因素的影响也是错综复杂的。因此，对于某一新的液-液萃取过程，选择适当的萃取设备是十分重要的。选择的原则主要是：满足生产的工艺要求和条件；确保安全生产；经济上合理。然而，人们对各种萃取设备的性能研究得还不很充分，在选择时往往要凭经验。

在液-液萃取中，系统的物理性质对设备的选择比较重要。在无外能输入的萃取设备中，液滴的大小及运动情况与界面张力和两相密度差 $\Delta\rho$ 的比值 $\sigma/\Delta\rho$ 有关。若 $\sigma/\Delta\rho$ 大，液滴较大，两相接触界面减少，降低了传质系数。因此，无外能输入的设备仅适用于 $\sigma/\Delta\rho$ 较小，即界面张力小、密度差较大的系统。当 $\sigma/\Delta\rho$ 较大时，应选用有外能输入的设备，使液滴尺寸变小，提高传质系数。对密度差较大的系统，离心萃取器比较适用。

对于腐蚀性强的物系，宜选取结构简单的填料塔，或采用由耐腐蚀金属或非金属材料如塑料、玻璃钢内衬或内涂的萃取设备。对于放射性系统，应用较广的是脉冲塔。如果物系有固体悬浮物存在，为避免设备堵塞，一般可选用置备转盘塔或混合澄清器。对某一液-液萃取过程，当所需理论级数为 2～3 级时，各种萃取设备均可选用；当所需的理论级数为 4～5 级时，一般可选择转盘塔、往复振动筛板塔和脉冲塔；当需要的理论级数更多时，一般只能采用混合澄清器。

根据生产任务和要求，如果所需设备的处理量较小时，可用填料塔、脉冲塔；处理量较大时，可选用筛板塔、转盘塔以及混合澄清器。

物系的稳定性与停留时间，在选择设备时也要考虑。例如，在抗生素生产中，由于稳定性的要求，物料在萃取器中要求的停留时间短，这时离心萃取器是合适的。若萃取物系中伴有慢的化学反应，要求有足够的停留时间，选用混合澄清器较为有利。

萃取塔能否实现正常操作，将直接影响产品的质量、原料的利用率和经济效益。尽管一个工艺过程及设备设计得很完善，但由于操作不当，还是得不到合格产品。因此，萃取塔的正确操作是生产中的重要一环。

在萃取塔启动时，应先将连续相注满塔中，若连续相为重相(即相对密度较大的一相)，液面应在重相入口高度处为宜，关闭重相进口阀，然后开启分散相，使分散相不断在塔顶分层凝聚。随着分散相不断进入塔内，在重相的液面上形成两液相界面并不断升高，当两相界面升高到重相入口与轻相(即相对密度较小的一相)出口之间时，再开启分散相出口阀和重相的进出口阀，调节流量或重相升降管的高度使两相界面维持在原高度。

当重相作为分散相时，则分散相不断在塔底的分层段凝聚，两相界面应维持在塔底分层段的某一位置上，一般在轻相入口处附近。

1) 两相界面高度要维持稳定

因参与萃取的两液相的相对密度相差不大，在萃取塔的分层段中两液相的相界面容易产生上下位移。造成相界面位移的因素有：

(1) 振动、往复或脉冲频率及幅度变化。

(2) 流量发生变化,即若相界面不断上移到轻相出口,则分层段不起作用,重相就会从轻相出口处流出;若相界面不断下移至萃取段,就会降低萃取段的高度,使得萃取效率降低。

当相界面不断上移时,要降低升降管的高度或增加连续相的出口流量,使两相界面下降到规定的高度处。反之,当相界面不断下移时,要升高升降管的高度或减小连续相的出口流量。

2) 防止液泛

液泛是萃取塔操作时容易发生的一种不正常的操作现象。所谓液泛,是指逆流操作中,随着两相(或一相)流速的加大,流体流动的阻力也随之加大,当流速超过某一数值时,一相会因流体阻力加大而被另一相夹带由出口端流出塔外;有时在设备中表现为某段分散相,把连续相隔断。

产生液泛的因素较多,它不仅与两相流体的物性(如黏度、密度、表面张力等)有关,而且与塔的类型、内部结构有关。不同的萃取塔其泛点速度也随之不同,当对某种萃取塔操作时,所选的两相流体确定后,液泛的产生是由流速(流量)或振动、脉冲频率和幅度的变化而引起,因此流速过大或振动频率过快易造成液泛。

3) 减小返混

萃取塔内部分液体的流动滞后于主体流动,或者产生不规则的漩涡运动,这些现象称为轴向混合或返混。

萃取塔中理想的流动情况是两液相均呈活塞流,即在整个塔截面上两液相的流速相等。这时传质推动力最大,萃取效率高。但是在实际塔内,流体的流动并不呈活塞流,因为流体与塔壁之间的摩擦阻力大,连续相靠近塔壁或其他构件处的流速比中心处慢,中心区的液体以较快速度通过塔内,停留时间短,而近壁区的液体速度较低,在塔内停留时间长,这种停留时间的不均匀是造成液体返混的主要原因之一。分散相的液滴大小不一,大液滴以较大的速度通过塔内,停留时间短;小液滴速度小,在塔内停留时间长;更小的液滴甚至还可被连续相夹带,产生反方向的运动。此外,塔内的液体还会产生漩涡而造成局部轴向混合。上述现象均使两液相偏离,统称为轴向混合。液相的返混使两液相各自沿轴向的浓度梯度减小,从而使塔内各截面上两相液体间的浓度差(传质推动力)降低。据相关文献报道,在大型工业塔中,有多达60%~90%的塔高是用来补偿轴向混合的。轴向混合不仅影响传质推动力和塔高,还影响塔的通过能力,在萃取塔的设计和操作中,应该仔细考虑轴向返混。与气液传质设备比较,液-液萃取设备中,两相的密度差小,黏度大,两相间的相对速度小,返混现象严重,对传质的影响更为突出。由于返混随塔径增加而增强,所以萃取塔的放大效应比气液传质设备大得多,放大更为困难。目前,萃取塔的设计还很少直接通过计算进行工业装置设计,一般需要通过中间试验,中试条件应尽量接近生产设备的实际操作条件。

在萃取塔的操作中,连续相和分散相都存在返混现象。连续相的轴向返混随塔的自由截面的增大而增强,也随连续相流速的增大而增大。对于振动筛板塔或脉冲塔,当振动、脉冲频率或幅度增强时都会造成连续相的轴向返混。

造成分散相轴向返混的原因有:由于分散相液滴大小是不均匀的,在连续相中上升或下降的速度也不一样,产生轴向返混,这在无搅拌机械振动的萃取塔如填料塔、筛板塔或搅拌不激烈的萃取塔中起主要作用;对于有搅拌、振动的萃取塔,液滴尺寸变小,湍流强度也高,液滴易被连续相涡流所夹带,造成轴向返混;在体系与塔结构已经确定的情况下,两相的流速及振动、脉冲频率或幅度的增大将会使轴向返混变严重，导致萃取效率的下降。

萃取塔在维修、清洗时或工艺要求下需要停车：

(1) 对连续相为重相的，停车时首先应关闭连续相的进出口阀，再关闭轻相的进口阀，让轻重两相在塔内静置分层。分层后慢慢打开连续相的进口阀，让轻相流出塔外，并注意两相的界面。当两相界面上升至轻相全部从塔顶排出时，关闭重相进口阀，让重相全部从塔底排出。

(2) 对于连续相为轻相的，相界面在塔底，停车时首先应关闭重相进出口阀，然后再关闭轻相进出口阀，让轻重两相在塔中静置分层。分层后打开塔顶旁路阀，塔内接通大气，然后慢慢打开重相出口阀，让重相排出塔外。当相界面下移至塔底旁路阀的高度处，关闭重相出口阀，打开旁路阀，让轻相流出塔外。

6.9　结晶

6.9.1　结晶操作概述

结晶是固体物质以晶体状态从蒸气、溶液或熔融物中析出的过程。在化学工业中，常遇到的情况是固体物质从溶液及熔融物中结晶出来，如糖、食盐、各种盐类、染料及其中间体、肥料及药品、味精、蛋白质的分离与提纯等。

结晶是一个重要的化工单元操作，主要用于以下两个方面：

1）制备产品与中间产品

许多化工产品常以晶体形态出现，在生产过程中都与结晶过程有关。结晶产品易于包装、运输、储存和使用。

2）获得高纯度的纯净固体物料

在工业生产中，即使原溶液中含有杂质，经过结晶所得的产品都是能达到相当高的纯度，故结晶是获得纯净固体物质的重要方法之一。

工业结晶过程不但要求产品有较高的纯度和较大的产率，而且对晶形、晶粒大小及粒度范围(即晶粒大小分布)等也常加以规定。颗粒大且粒度均匀的晶体不仅易于过滤和洗涤，而且储存时胶结现象(即粒体互相胶黏成块)大为减少。

结晶过程常采用搅拌装置。搅动液体使之发生某种方式的循环流动，从而使物料混合均匀或促使物理、化学过程加速操作。搅拌在工业生产中的应用主要有以下4种：气泡在液体中的分散，如空气分散于发酵液中，以提供发酵过程所需的氧；液滴在与其不互溶的液体中的分散，如油分散于水中制成乳浊液；固体颗粒在液体中的悬浮，如向树脂溶液中加入颜料，以调制涂料；互溶液体的混合，如使溶液稀释，或为加热互溶组分间的化学反应等。此外，搅拌还可以强化液体与固体壁面之间的传热，并使物料受热均匀。搅拌的方式有机械搅拌和气流搅拌。

搅拌槽内液体的运动，从尺度上分为总体流动和湍流脉动。总体流动的流量称为循环量，加大循环量有利于提高宏观混合的调匀度。湍流脉动的强度与流体离开搅拌器时的速度有关，加强湍流脉动有利于减少分割尺度与分隔强度。不同的过程对这两种流动有不同的要求：液滴、气泡的分散，需要强烈的湍流脉动；固体颗粒的均匀悬浮，有赖于总体流动。搅拌时能量在这两种流动上的分配，是搅拌器设计中的重要问题。

在搅拌混合物时，两相的密度差、黏度及界面张力对搅拌操作有很大的影响。密度差和界面张力越小，物系越容易达到稳定的分散；黏度越大，越不利于形成良好的循环流动和足够的湍流脉动，并消耗较大的搅拌功率。

搅拌槽内流体的运动是复杂的单相流或多相流，目前都还没有完整的描述方法。非牛顿流体的搅拌，在流动状态和功率消耗方面都有一些特殊的规律。搅拌槽内流体流动参数的测量、搅拌功率的预计以及搅拌装置的放大方法等，都是搅拌理论研究和工程应用中的重要课题。

6.9.2 结晶过程机理分析

1）结晶

在固体物质溶解的同时，溶液中还进行着一个相反的过程，即已溶解的溶质粒子撞击到固体溶质表面时，又重新变成固体而从溶剂中析出，这个过程称为结晶。

2）晶体

晶体是化学组成均一的固体，组成它的分子（原子或离子）在空间格架的结点上对称排列，形成有规则的结构。

3）晶系和晶格

构成晶体的微观粒子（分子、原子或离子）按一定的几何规则排列，由此形成的最小单元称为晶格。晶体可按晶格空间结构的区别分为不同的晶系。同一种物质在不同的条件下可形成不同的晶系，或为两种晶系的混合物。例如，熔融的硝酸铵在冷却过程中可由立方晶系变成斜棱晶系、长方晶系等。

微观粒子的规则排列可以按不同方向发展，即各晶面以不同的速率生长，从而形成不同外形的晶体，这种习性以及最终形成的晶体外形称为晶习。同一晶系的晶体在不同结晶条件下的晶习不同，改变结晶温度、溶剂种类、pH 值以及少量杂质或添加剂的存在往往因改变晶习而得到不同的晶体外形。例如，因结晶温度不同，碘化汞的晶体可以是黄色或红色；NaCl 从纯水溶液中结晶时为立方晶体，但若水溶液中含有少许尿素，则 NaCl 形成八面体的晶体。

控制结晶操作的条件以改善晶习，获得理想的晶体外形，这是结晶操作区别于其他分离操作的重要特点。具体如下：

（1）晶核

溶质从溶液中结晶出来的初期，首先要产生微观的晶粒作为结晶的核心，这些核心称为晶核。即晶核是过饱和溶液中首先生成的微小晶体粒子，是晶体生长过程中必不可少的核心。

（2）晶浆和母液

溶液在结晶器重结晶出来的晶体和剩余的溶液构成的悬混物称为晶浆；去除晶体后所剩的溶液称为母液。结晶过程中，含有杂质的母液会以表面黏附或晶间包藏的方式夹带在固体产品中。在工业上，通常在对晶浆进行固液分离以后，再用适当的溶剂对固体进行洗涤，以尽量去除由于黏附和包藏母液所带来的杂质。

6.9.3 结晶方法介绍

1）冷却结晶

冷却结晶法基本上不去除溶剂，溶液的过饱和度系借助冷却获得，故适用于溶解度随温度降低而显著下降的物系，如 KNO_3，$NaNO_3$，$MgSO_4$ 等。

冷却的方法可分为自然冷却、间壁冷却或直接接触冷却3种。自然冷却是使溶液在大气中冷却而结晶，其设备构造及操作均较简单，但由于冷却缓慢，生产能力低，不易控制产品质量，在较大规模的生产中已不被采用。间壁冷却是广泛应用的工业结晶方法，与其他结晶方法相比所消耗的能量较少，但由于冷却传热面上常有晶体析出（晶垢），使传热系数下降，冷却传热速率较低，甚至影响生产的正常进行，故一般多用在产量较小的场合，或生产规模虽较大但用其他结晶方法不经济的场合。直接接触冷却法是以空气或与溶液不互溶的碳氢化合物或专用的液态物质为冷却剂与溶液直接接触而冷却，冷却剂在冷却过程中则被汽化的方法。直接接触冷却法有效地克服了间壁冷却法的缺点，传热效率高，没有晶垢问题，但设备体积较大。

2）蒸发结晶

蒸发结晶是使溶液在常压（沸点温度下）或减压（低于正常沸点）下蒸发，部分溶剂汽化，从而获得过饱和溶液。此法主要适用于溶解度随温度的降低而变化不大的物系或具有逆溶解度变化的物系，如 NaCl 及无水硫酸钠等。蒸发结晶法消耗的热能量最多，加热面的结垢问题也会使操作遇到困难，故除了对以上两类物系外，其他场合一般不采用。

3）真空冷却结晶

真空冷却结晶是使溶液在较高真空度下绝热蒸发，一部分溶剂被除去，溶液则因为溶剂汽化带走了一部分潜热而降低了温度。此法实质上是冷却与蒸发两种效应联合来产生过饱和度，适用于具有中等溶解度物系的结晶，如 KCl，$MgBr_2$ 等。该法所用的主体设备较简单，操作稳定。最突出之处是器内无换热面，因而不存在晶垢妨碍传热而需经常清洗的问题，且设备的防腐蚀问题也比较容易解决，操作人员的劳动条件好，劳动生产率高，是大规模生产中首先考虑采用的结晶方法。

4）盐析结晶

盐析结晶是在混合液中加入盐类或其他物质以降低溶质的溶解度从而析出溶质的方法。所加入的物质叫做稀释剂，它可以是固体、液体或气体，但加入的物质要能与原来的溶剂互溶，又不能溶解要结晶的物质，且和原溶剂要易于分离。如从硫酸钠盐水中生产 $Na_2SO_4 \cdot H_2O$，通过向硫酸钠盐水中加入 NaCl 可降低 $Na_2SO_4 \cdot H_2O$ 的溶解度，从而提高 $Na_2SO_4 \cdot H_2O$ 的结晶产量。又如，向氯化铵母液中加盐（氯化钠），母液中的氯化铵因溶解度降低而结晶析出。另外，向有机混合液中加水，使其中不溶于水的有机溶质析出，这种盐析方法又称为水析。

盐析的优点是直接改变固液相平衡，降低溶解度，从而提高溶质的回收率；结晶过程的温度比较低，可以避免加热浓缩对热敏物质的破坏；在某些情况下，杂质在溶剂与稀释剂的混合物中有较高的溶解度，较多地保留在母液中，这有利于晶体的提纯。此法最大的缺点是需要配置回收设备，以处理母液，分离溶剂和稀释剂。

5）反应沉淀结晶

反应沉淀是液相中因化学反应生成的产物以结晶或无定形物析出的过程。例如，用硫酸吸收焦炉气中的氨生成硫酸铵、由盐水及窑炉气生产碳酸氢铵等并以结晶析出，经进一步固液分离、干燥后获得产品。

沉淀过程首先是反应形成过饱和度，然后成核、晶体生长。与此同时，还往往包含了微小晶粒的成簇及熟化现象。显然，沉淀必须以反应产物在液相中的浓度超过溶解度为条件，此时的过饱和度取决于反应速率。因此，反应条件（包括反应物浓度、温度、pH 及混合方式等）对最终产物晶粒的粒度和晶形有很大影响。

6）升华结晶

物质由固态直接相变而成为气态的过程称为升华，其逆过程是蒸气的聚冷直接凝结成固态晶体，这就是工业上升华结晶的全部过程。工业中，有许多含量要求较高的产品（如碘、萘、蒽醌、氯化铁、水杨酸等）都是通过这一方法生产的。

7）熔融结晶

熔融结晶是在接近析出物熔点温度下，从熔融液体中析出组成不同于原混合物的晶体的操作，过程原理与精馏中，因部分冷凝（或部分汽化）而形成组成不同于原混合物的液相相类似。熔融结晶过程中，固液两相需要经过多级（或连续逆流）接触后才能获得高纯度的分离。

熔融结晶主要用作有机物的提纯、分离，以获得高纯度的产品。例如，将萘与杂质（甲基萘等）分离可制得纯度达 99.9%的精萘，从混合二甲苯中提取纯对二甲苯，从混合二氯苯中分离获取纯对二氯苯等。熔融结晶的产物往往是液体或整体固相，而非颗粒。

6.9.4 结晶设备与操作

结晶设备一般按改变溶液浓度的方法分为移除部分溶剂（浓缩）结晶器、不移除部分溶剂（冷却）结晶器及其他结晶器。

移除部分溶剂的结晶器主要是借助于一部分溶剂在沸点时的蒸发或在低于沸点时的汽化而达到溶液的过饱和析出结晶的设备，适用于溶解度随温度的降低变化不大的物质的结晶，如 NaCl，KCl 等。

不移除溶剂的结晶器，则是采用冷却降温的方法使溶液达到过饱和而结晶（自然结晶或品种结晶）的，并不断降温，以维持溶液一定的过饱和度进行结晶。此类设备用于温度对溶解度影响比较大的物质结晶，如 KNO_3，NH_4Cl 等。

结晶设备按操作方式不同，可分为间歇式结晶设备和连续式结晶设备 2 种。间歇式结晶设备结构比较简单，结晶质量好，结晶收率高，操作控制比较方便，但设备利用率较低，操作劳动强度大。连续式结晶设备结构比较复杂，所得的晶体颗粒较细小，操作控制比较困难，消耗动力大，但设备利用率高，生产能力大。

结晶设备通常都装有搅拌器，搅拌作用会使晶体颗粒保持悬浮和均匀分布于溶液中，同时又能提高溶质质点的扩散速度，以加速晶体的长大。

总之，在结晶操作中应根据所处理物系的性质、杂质的影响、产品的粒度和粒度分布要求，处理量的大小、能耗、设备费用和操作费用等多种因素来考虑选择哪种结晶设备。

首先考虑的是溶解度与温度的关系。对于溶解度随温度降低而大幅度降低的物系可选用冷却结晶器或真空结晶器；而对于溶解度随温度降低而降低很小、不变或少量上升的物系则可选择蒸发结晶器。

其次考虑的是结晶产品的形状、粒度及粒度分布的要求。要想获得颗粒较大而且均匀的晶体，可选用具有粒度分级作用的结晶器。这类结晶器生产的晶体颗粒也便于过滤、洗涤、干燥等后处理，从而获得较纯的结晶产品。

6.9.5 结晶过程危险分析

由于结晶过程经常采用搅拌装置，因此结晶过程中要特别注意搅拌器有关安全事项。

在结晶过程中，搅拌直接影响反应的混合程度和反应速度。搅拌速度快，物料与器壁、物料与搅拌器之间的相对运动速度也快。如果器壁或搅拌器是绝缘体（如搪玻璃），或虽非绝缘体但接地不良，则不可忽视产生静电的危险。一般容积大于 300 L、搅拌速度在 60 r/min 以上，物料与搅拌器和器壁的相对运动速度可超过 1 m/s；如果物料的电阻率在 10^{12} Ω·cm左右（如苯的电阻率为 4.2×10^{12} Ω·cm），则静电容易积聚和放电，当反应器内存在易燃液体蒸气和空气的爆炸性混合物时，火灾危险性特别大。为了防止这种危险，首先应该了解物料的性质和电阻率；如果物料易燃易爆，电阻率又在 $10^{10}\sim10^{15}$ Ω·cm 时，应该控制搅拌转速。反应器直径越大，搅拌速度应该越慢。1 000 L 以下的反应器，搅拌转速控制在 60 r/min 以内；1 000 L 以上的反应器，转速还应减慢，否则应灌充惰性气体或改变工艺条件，如加入电解质水溶液等物料将电阻率降到 10^{10} Ω·cm 以下。

避免搅拌轴的填料函漏油，因为填料函中的油漏入反应器会发生危险。例如，硝化反应时，反应器内有浓硝酸，如果有润滑油漏入，则油在浓硝酸的作用下氧化发热，使反应物料温度升高，可能发生冲料和燃烧爆炸。当反应器内有强氧化剂存在时，也有类似危险。

对于危险易燃物料不得中途停止搅拌，因为搅拌停止时，物料不能充分混匀，反应不良，且大量积聚；而当搅拌恢复时，则大量未反应的物料迅速混合，反应剧烈，往往造成冲料，有燃烧、爆炸的危险。如因故障而导致搅拌停止时，应立即停止加料，迅速冷却；恢复搅拌时，必须待温度平稳、反应正常后方可继续加料，恢复正常操作。

搅拌器应定期维修，严防搅拌器断落造成物料混合不均匀，最后突然反应而发生猛烈冲料，甚至爆炸起火，搅拌器应灵活，防止卡死引起电动机温升过高而起火。搅拌器应有足够的机械强度，以防止因变形而与反应器器壁摩擦造成事故。

复习思考题

6.1　试比较离心泵与往复泵的异同点。

6.2　简述如何安全地干燥潮湿的烟花爆竹？

6.3　简述减压蒸馏原理及其安全要点。

6.4　化工生产中常见的冷冻剂有哪几种？试分别简述其危险性。

6.5　吸收操作中，吸收剂的安全选择应遵循哪些原则？

6.6　试简述吸收操作的安全要点。

6.7　液-液萃取的工作原理是什么？在萃取操作中，如何有效减少返混现象的发生？

6.8　化工生产中，结晶操作主要注意事项有哪些？

第 7 章 典型化工过程安全技术及实例分析

7.1 化工工艺过程简介

7.1.1 概述

工业化工产品种类繁多，化工生产工艺复杂，各种复杂的化工生产工艺及化工介质的物化性能决定了化工工艺过程的危险性。但不管工艺过程如何复杂，化工工艺过程都是由燃烧器、反应器、分离器、混合器、换热器以及压缩机、离心机、过滤机、泵等基本单元用管道按一定形式组合起来的。

化工工艺过程随原料、产品和工艺路线的不同，而选用不同的单元进行组合。一般来说，只进行一次反应，其产物不需要分离的生产过程，其工艺流程最简单，仅由一台反应器和两台输送泵（或高位加料器）组成；而需要进行多次反应和多次分离，且有循环回路的生产过程，其工艺流程较复杂。在某些石油、化工生产中，由于反应物一般不可能完全转化为产物，或者同时发生副反应，使产物的纯度不能满足要求，这就需要进行分离与净化。也有些生产过程需要进行多次反应与多次分离，分离出来的反应物往往又需要返回到原料中去，因此而设置回路。为了满足反应和分离操作的温度条件，并回收和利用生产过程中的余热，需要配置各种换热设备。此外，为输送物料或满足操作的压力条件，还需要配备必要的泵和压缩机，由此组成一个较为复杂的工艺流程。

简单的工艺过程装置规模小、工艺流程短、反应过程单一，过程安全较容易控制；而繁杂的工艺过程由于装置规模大、工艺流程长、反应过程错综复杂，而且涉及的介质多，常选择高温高压的工艺参数，过程安全控制难度大，容易存在安全控制盲点。化工工艺过程中各个设备相互连接，各个环节相互制约，一旦某一环节出现问题，整个系统就会受到影响。图 7.1 是化工生产过程的一个示例。

如今，化工工艺技术水平在不断更新，现代化工企业已经逐步以信息化生产和管理为标志，新工艺、新技术、新材料和新设备的应用都可能带来新的危险。因此，化学工业的发展对于工艺过程的安全控制提出了更高的要求。

7.1.2 化工工艺过程危险性分析

化工事故通常由反应失控所导致，如果能以适当地方式对化工工艺过程进行及时的分析，及时监测和预见危险信息，事故是可以避免的。总体而言，化工工艺过程的安全可包括 2 个方面：化工反应过程的安全和介质安全。因此，化工工艺过程的危险性也表现在化学反

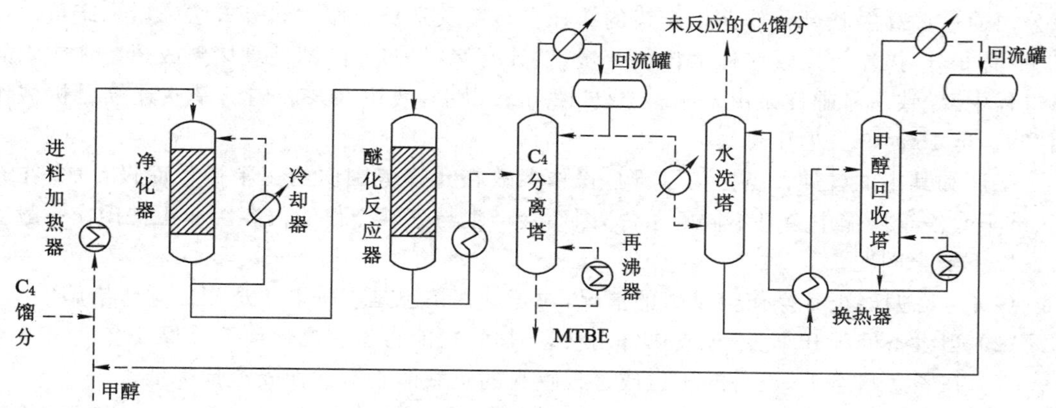

图 7.1　甲基叔丁基醚(MTBE)醚化工艺流程示意图

应过程危险性和介质的危险性 2 个方面。

1）化学反应过程的危险性分析

实现物质转化是化工生产的基本任务。物质的转化反应常因反应条件的微小变化而偏离预期的反应途径，易造成不可控的风险。充分评估反应过程的危险性，有助于改善工艺过程的安全。化学反应过程的危险性分析一般包括以下内容：

(1) 在化工生产工艺设计之初，就要预先鉴别一切可能的化学反应，对预期的和意外的化学反应都要考虑。对潜在的不稳定的反应和副反应，如自燃或聚合等进行考察，考虑改变反应物的相对浓度或其他操作条件是否会使反应的危险程度降低。

(2) 考虑操作故障、设计失误、发生不需要的副反应、反应器失控、结垢等引起的危险。分析反应速率和有关变量的相互依赖关系，防止副反应可能带来的危害、确定过度热量产生的限度。

(3) 评价副反应是否生成毒性或爆炸性物质，是否会形成危险垢层。

(4) 考察物料是否吸收空气中的水分而变潮，表面是否会黏附形成毒性或腐蚀性的液体或气体。鉴别不稳定的过程物料，确定其对热、压力、振动和摩擦暴露的危险。

(5) 确定所有杂质对化学反应和过程混合物性质的影响。

(6) 确保结构材料彼此相容并与过程物料相容。

(7) 考虑过程中危险物质，如不凝物、毒性中间体或积累的副产物。

(8) 考虑催化剂行为的各个方面，如老化、中毒、粉碎、活化、再生等。

2)操作过程的危险性分析

有一些化学过程具有潜在的危险，这些过程一旦失去控制就有可能造成灾难性的后果，如发生火灾、爆炸或中毒事故等。有潜在危险的过程有：爆炸、爆燃或强放热过程；有粉尘或烟雾生成的过程；在物料的爆炸范围或近区操作的过程；在高温、高压或冷冻条件下操作的过程；含有易燃物料的过程；含有不稳定化合物的过程；含有高毒性物料的过程；有大量储存压力负荷能的过程。

3）非正常操作的安全问题

统计分析结果表明，因操作引起的安全问题是化学工业发生事故的重要原因之一。2006 年 6 月 16 日安徽某化工厂发生爆炸，造成 16 人死亡，24 人受伤。据事故调查组认定，该公司通过调高粉状乳化炸药生产线的螺杆泵转速及延长工作时间等方法来增加产量。当日 15 时 2 分，操作工发现胶体磨出料变慢，估计有堵料现象，随即处理堵料故障。在排除故障过程中，导致一号螺杆泵由于断料空转 12 min 以上，残留在泵腔内的基质连续受机械作用升温，至 15 时 9 分发生爆炸。

工厂和其中的各项设备是为了维持操作参数在允许范围内的正常操作而设计的，在开车、试车或停车操作中会有不同的条件，因而会产生与正常操作的偏离。非正常操作一般应考虑以下安全问题：

(1) 考虑偏离正常操作会发生的情况，对于这些情况是否采取了适当的预防措施。

(2) 当设备处于开车、停车或热备用状态时，物料能否迅速畅通而又确保安全。

(3) 在紧急状态下，设备的压力或过程物料的负载能否有效而安全地降低。

(4) 应明确温度、压力、流速、浓度等工艺参数的控制范围，并有调节和控制参数的措施。

(5) 停车时超出操作极限的偏差到何种程度，是否需要安装报警或自动断开装置。

(6) 开车和停车时物料正常操作的相态是否会发生变化。发生的相变是否包含膨胀、收缩或固化等，这些变化可否被接受。

(7) 排放系统能否解决开车、停车、热备用状态、投产和灭火时大量的非正常的排放问题。

(8) 用于整个工厂领域的公用设施和各项化学品的供应是否充分。

(9) 惰性气体一旦急需能否在整个区域立即投入使用，是否有备用气供应。

(10) 各种场合的火炬和闪光信号灯的点燃方法是否安全。

7.2 空分过程安全技术

7.2.1 概述

空分就是以空气为原料，通过压缩循环深度冷冻的方法把空气变成液态，再经过精馏而从液态空气中逐步分离生产出氧气、氮气及氩气等惰性气体的过程。其工艺过程一般包括以下 6 个阶段：空气净化处理；空气压缩；压缩空气中二氧化碳和水蒸气的清除；空气液化；精馏分离成氧和氮；产品的储存和运输。因此，空分过程具有装置多、流程长、相关性大、结构复杂的工艺特点，是一个典型的多变量、系统强耦合、时变、大滞后的过程系统。在变负荷操作时，要保证空分操作的平稳运行和产品质量，需要实时监测其工况状态，对异常工况给予及时准确的预判和诊断。

空分装置大多作为规模化工业如化工、钢铁等的配套设施，随着工业的大规模化和高度自动化，空分装置也日益大型化、控制精确化、设备复杂化。化学工业经历了近 200 年的不断发展，对原材料的要求日益专门化和精细化，而人类赖以生存的地球环境迫切地要求人类必须在低污染、高效率的前提下利用化石能源，这就催生了新一代煤化工技术。在新一代煤化工工艺技术里，空气分离技术又是其重要的组成部分。

空分过程有与其他化工分离过程不同的特殊性，由于它的低温特点，使整个过程独立性较强，从进料到产品，系统除了一定的冷损耗和膨胀功外，与外界没有物料和能量交换，形成一封闭性很强的系统，无需外界提供额外能量。这就要求在设计过程中既要满足物料衡算、产品纯度、产品收率，又要满足过程的能量平衡，空分装置也涉及油料、碳氮化合物、液氮、液氧、惰性气体、低温设备和压力容器等，其安全重要性就特别突出。

7.2.2　过程危险性分析及安全技术

氧气是空分过程中的主要危险因素之一，空分过程中的火灾爆炸危险性主要是由氧气具有的化学活泼性和助燃性所决定的。氧气能加速物质的燃烧，又能促进物质的自燃。此外，在分离装置中，如果液态空气或液态氧气中有乙炔、碳氢化合物等物质，即使没有明火也能自行爆炸，所以空分生产过程具有较大的危险性。

空分装置的爆炸事故，多半发生在下述情况：设备开车的初期；停车排放液氧时；运转不正常，液氧液面迅速下降，有较大波动时。此外，液氧从设备泄漏出来，渗漏到精馏塔下木垫或其他可燃物质上，遇明火也能产生猛烈的爆炸。

空分装置发生爆炸的概率：一般来说，高中压流程（双压流程）多于全低压流程；不连续运转的空分装置多于连续运转的空分装置；铜质设备多于铝质设备；生产氧气的空分装置多于生产液氧的装置；冬季多于夏季。另外，爆炸的次数也与使用的原料空气中危险杂质含量的多少以及附近有无石油化工厂和乙炔站有关。

1）空气压缩单元

空分装置最容易发生的安全事故是因装置总烃含量超标，造成主冷凝器发生爆炸，所以对空分空气吸入口的空气的质量要求较高，一般要求空分装置空气入口的空气总烃含量小于 8×10^{-6}。而化工厂厂区内因各类装置的排放或泄漏造成空气烃类气体含量较高。因此，化工厂厂区内的空分装置空气吸入口的空气总烃含量要严格控制。

在空气压缩单元，火灾爆炸事故大多发生在压缩机轴瓦、排气管道和设备（冷却器、油分离器和缓冲器等）中。其主要原因如下：

（1）冷却水中断，供水量不足或冷却水温度过高，使出口空气温度升高，导致润滑油热裂解，产生积碳。

（2）注油泵或润滑油系统出现故障，导致润滑油中断，供油不足而烧坏设备。

（3）空气压缩机由于积碳燃烧而导致爆炸事故，积碳爆炸事故危险性比其他事故都大得多。产生积碳的原因有：

压缩机出口空气温度高（一般汽缸内温度可达 150～160 ℃），润滑油的蒸气在高温高压的空气流中氧化热裂解为碳，随着温度的不断升高，氧化过程加剧；润滑油不符合要求，油质差，闪点低，故产生大量油蒸气被带入管道内；润滑油的用量太大或油水排放得不及时，将油水带入管道；空气被污染或净化处理效果不好、所夹带水与润滑油发生反应生成碳。

2）精馏单元

空气在精馏塔内经液化分离成氧气和氮气，这是空分装置的关键设备。精馏塔操作中的主要危险性是乙炔及其他危险物质在液态氧中引起的爆炸。

导致精馏塔爆炸的主要原因是液氧中富集了过量的易燃易爆物质，主要是乙炔、碳氢化合物、油及其热裂解的轻馏分，其次还有氯氧化物、臭氧、二氧化碳和硫化物等。其来源有 2 个方面：一是原料空气不净，或净化过程效果不好，带进了杂质；二是空气压缩机和膨胀机润滑油的热裂解产物带进了精馏塔内。分离装置发生爆炸的部位，一般在辅助冷凝器、液空吸附器、上下塔的液空入口处、液氧排放管和液氧泵、可逆式换热器冷端的氧通道、辅助冷凝器后的乙炔分离器等处。

3）压送环节

（1）液氧压送

液氧的压送主要是通过液氧泵来完成的，液氧泵由于管理不善，检修质量差，采用材质不当时，也会发生爆炸。其爆炸一般有以下 2 种情况：

① 泵内爆炸，即在叶轮和泵壳处爆炸。其主要原因是由于泵内落入铁屑、铝末及珠光砂粒等异物而引起爆炸。

② 泵外爆炸，即在密封上半部和电机之间爆炸。其爆炸的主要原因有：有的泵中间体很短，预冷时泄漏出氧气与离心液氧泵轴承润滑油充分混合，当启动泵时就发生爆炸；预冷时因密封不严，泄漏的氧气在中间体到电机之间积存，并与油充分接触氧化而发生爆炸；同时由于泄漏跑冷，把中间的轴承部分冻住，用力盘车时也容易发生爆炸；迷宫密封的间隙不合适，预冷时泄氧跑冷，因冷缩关系，将轴套夹紧，开车时就会超负荷而烧毁电动机；运行中密封不好，液氧大量泄漏，又未被及时发现，结果与油接触发生爆炸。

为避免爆炸，第一要保证泵的检修质量，不合格的密封结构要及时改造；第二是在密封处采用惰性气体保护，防止漏出氧气或者随时将漏出的氧气用惰性气体冲淡吹走，避免油蒸气与氧气接触；第三是泵轴承应采用低温不易燃烧的润滑脂，尽量采用无油润滑，泵中间体过短的要改长，导向轴承部分要留有足够的间隙；第四是盘车不能用力过猛。液氧泵停车再启动前，应用常温干燥氮气吹扫 10～20 min，把残存的氧气和油蒸气吹走。

（2）氧气输送

氧气一般通过管道来输送，由于管理不当或操作失误，输送氧气的管道阀门处也可能引起燃烧或爆炸事故。引起火灾或爆炸的原因主要有以下方面：

① 氧气管道内有铁锈、焊渣或其他杂质，它们与管道内壁产生摩擦，或与阀门、弯管冲撞，以及这些物质间的相互冲撞，能产生高温而燃烧。其危险性与杂质的种类、粒度、氧气流速有直接关系。如管道中混有氧化铁皮或焊渣，氧气在弯管中的流速为 44 m/s 时，产生的高温能使管壁烧红；如杂质为焦炭粒而氧气流速为 30 m/s 时，或杂质为无烟煤，氧气流速为 13 m/s 时，也能使管壁烧红。

② 氧气管道及其配件中的油脂、溶剂和橡胶等可燃物质，在高纯度和高压力的氧气流中会迅速燃烧。

③ 氧气管道中阀后减为常压，当阀门急剧打开时，阀后气体温度可达 955 ℃，该温度接近常用设备金属材料的熔点。

④ 在氧气管道的气流出口或调节阀处会产生静电。当氧气完全干燥又带有金属微粒或尘埃时，能产生静电放电，电位可达 6 000～7 000 V，所以氧系统的设备、管道必须接地，以防静电放电造成事故。厂内架空的氧气管道每隔 80～100 m 应设有防雷、防静电接地措施，厂房内氧气管道也应有防静电接地，氧气管道上的法兰、螺纹接口两侧均应用导线做跨接，其电阻值应小于 0.03 Ω。

4）空分过程异常工况在线安全诊断技术

在空分过程中，粗氢塔的“氮塞”已成为常见的故障。粗氨塔在工作中，有时阻力会突然下降，粗氢组分随之发生变化，含氮量下降，含氧量升高，甚至粗氢塔的正常工况被破坏，这种状况为“氮塞”工况。一旦发生氮塞，氧产品及液氢产品纯度会急剧下降，严重氮塞时粗氢被迫放空，直接影响着产品生产，给工厂带来了巨大的经济损失。因此，空分过程中氮塞的预防及诊断一直是空分工业界面临的问题。

目前，对空分过程的监视主要是利用现场 DCS 进行实时单变量监视，采用人工观测的方法基于机理和经验对“氮塞”等空分异常判断。也有采用比较前沿的现代分析技术，结合空分过程的故障诊断特性，应用动态主元分析（DPCA）方法建立了空分过程异常工况的在线诊断系统，该系统对故障的报警率为 100%，误报率约 4%。

5）储存环节的安全技术措施

（1）储存氧气的容器，按压力的不同可分为低压、中压和高压 3 种。储存压力不同，相应的储存设备也不一样，有胶质储气囊、湿式储气柜、球形罐和筒形罐等。

储气囊应布置在单独房间内，总容量小于或等于 100 m^3 时，可布置在制氧间内，但不应放在氧压机的上方。储气囊与设备的水平距离不应小于 3 m，并应有防火围护措施。

其他形式的储气罐宜布置在室外，与相邻建筑物、道路、架空电力线应按防火规定留出间距。气罐应设有超压的安全装置，定期检查测厚，周围 10 m 内不宜有明火作业。

（2）液氧在常温常压下能迅速汽化，易于在短时间内使周围形成一定范围的富氧区域。由于液氧的大量蒸发，储槽内的乙炔浓度也就逐渐增加，因而爆炸的危险性就加剧。

液氧储槽与其他建筑物、储罐及道路等，应按气态氧折算后（液氧在常温常压下体积扩大 798 倍）留出防火距离。

液氧储槽附近 0.9 m 范围内，不准铺设沥青路面。液氧槽基础应使用不燃材料制成，应设有压力计和安全阀。定期分析（不超过 15 d）液氧中的乙炔含量，严格控制在 5×10^{-7} 以下。周围 30 m 内不得有明火及可燃物。

（3）制氧车间不得设有储油量大于 25 L 的高压开关。

（4）从分离装置中排出的液氧，不得向室内排放，应用管道排至室外的安全地点，宜设回收装置。

对于化工企业来说，重点应在以下环节对空分设备加强管理和监测：

① 空压机系统。最好将反吹袋式过滤器更换为脉冲自洁式空气过滤器。为防止油烟送入压缩空气内，空压机低压运行时间一般不能超过 30 min，并做好排烟风机的运行维护，有条件的企业可增加一台排烟风机备用并联锁。必须搞好循环水水质管理，有条件的企业可使用软化水，并在压缩机循环水管线上增设防垢器，减缓或降低垢层沉积及淤泥沉积，油冷要采用双油冷，并能够在线切换。

② 预冷系统。有条件的企业尽量备 2 台冰机，否则当分子筛出口二氧化碳浓度增高时将被迫停车。由于预冷水泵出口管线长时间运行易出现锈蚀，导致流通面积减小、阻力增大、水泵出口压力上升，因此在检修开车前，建议利用空冷塔气体进行反向吹扫。

③ 纯化系统。分子筛进气操作要缓慢平稳，以防气流冲击床层，造成分子筛粉化进入塔内，形成危害。分子筛切换阀出现问题，会造成空分工况波动而被动停车，建议选用可靠性高、气源能够独立的三维偏心硬密封形式的阀门，且切换阀的反馈信号要灵敏，一旦阀门出现未动作或动作未到位，可以及时报警。

④ 增压膨胀系统。建议采用带有气囊的油压容器或辅助油泵联动于膨胀机，一旦停车通过惯性带动辅助油泵转动，可满足膨胀机停车时润滑的要求。油泵启动条件一般有密封气压力，油泵无论在联锁状态下还是独立状态下都应有密封气压力启动条件联锁。早期空分装置由于忽略了独立状态下的启动条件，容易出现事故。

⑤ 冷箱。要注意冷箱与中控室之间的距离。另外，冷箱的防雷防静电接地一定要与主冷设备的静电接地通过绝缘设施分开。

⑥ 液体储槽。一般常压储槽压力控制在10 kPa左右，由于绝热效果不好、采液或返液造成蒸发量较大、放空管线较细等，易造成储槽压力较高；要注意放空阀在事故状态下是否为气关阀，以免由于设计或安装错误，导致事故状态下放空阀关闭，引起储槽超压；要严格执行相应的液体槽车充装管理规定，充装液氧、液氮不准超过罐体容积的90%；液氧充装时建议采用静电接地显示装置。

⑦ 主冷防爆。主冷防爆是空分安全生产管理的重中之重。尤其是石化企业大气C_mH_n普遍较高，必须对大气质量每天进行一次分析；必须设立风向标，随时掌握四季风向；必须建立装置排放及气象台账，对C_mH_n积聚进行分析及控制；必须将空压机出口气体纳入监控体系并进行定期检测。

空冷塔必须注意循环水水质情况，如浊度、COD、油含量、是否投加杀菌剂而产生泡沫等。建议有条件的企业尽量采取闭路循环的方式，减少外界干扰，但要注意定期置换，以防水质变坏。

要尽可能降低分子筛入口温度，以提高分子筛吸附杂质的能力；当大气条件恶化或装置紧急排放时，应对分子筛进行高温再生，并适当缩短运行周期，以尽可能降低C_mH_n入塔量；要保证对分子筛再生的彻底性；要加强对分子筛出口品质的监测，包括露点、CO_2及C_mH_n，在线与离线分析相互结合。

要重视增压膨胀机出口气体露点的监控，因一旦由于换热器泄漏而造成超标，主换阻力将会迅速上升，最终会导致被迫停车；要避免膨胀机出口气体存在油、烟。

主冷应采取全浸式操作，防止烃类析出；要保持至少1%的液氧取出量，使主冷液氧始终保持部分更新。

7.2.3 介质危险性分析

空分过程中涉及的介质比较简单，主要是氧气和氮气，我们知道氧气是氧化剂，尤其是纯氧，其助燃作用可使油脂自燃、可使工作服碰到火星即可剧烈燃烧。在一定条件下，铁等金属也能在纯氧中燃烧。而氮气是惰性气体，可导致人员窒息。

1）氧气

氧气为无色、无臭气体，高纯氧纯度为99.99%以上。熔点：−218.8℃。沸点：−183.1℃。相对密度($D_{水}=1$)：1.14(−183 ℃)；相对密度($D_{空气}=1$)：1.43。饱和蒸气压：506.62 kPa(−164 ℃)。临界压力：5.08 MPa。临界温度：−118.4 ℃，易燃，溶于水、乙醇。

常压下，当氧气的浓度超过40%时，有可能发生氧中毒。吸入40%～60%的氧气时，出现胸骨后不适感、轻咳，进而胸闷、胸骨后烧灼感和呼吸困难，咳嗽加剧；严重时可发生肺水肿，甚至出现呼吸窘迫综合征。吸入氧气浓度在80%以上时，出现面部肌肉抽动、面色苍白、眩晕、心动过速、虚脱，继而全身强直性抽搐、昏迷、呼吸衰竭而死亡。

长期处于氧气分压为60～100 kPa(相当于吸入氧浓度40%左右)的条件下可发生眼损害，严重者可失明。

氧气是易燃物、可燃物燃烧爆炸的基本要素之一，能氧化大多数活性物质，与易燃物(如乙炔、甲烷等)形成爆炸性的混合物。

2）氮气

氮气为无色、无臭气体。商品纯度：高纯氮≥99.999%；工业一级≥99.5%；工业二级≥98.5%。熔点：−209.8 ℃。沸点：−195.6 ℃。相对密度($D_{水}=1$)：0.81(196 ℃)；相对密度($D_{空气}=1$):0.97。饱和蒸气压:1 026.42 kPa(−173 ℃)。临界温度:−147 ℃。临界压力:3.40 MPa,不燃,微溶于水、乙醇。

空气中氮气含量过高,使吸入氧气分压下降,引起缺氧窒息。吸入氮气浓度不太高时,患者最初感胸闷、气短、疲软无力;继而有烦躁不安、极度兴奋、乱跑、叫喊、神情恍惚、步态不稳,称之为"氮酩酊",可进入昏睡或昏迷状态。吸入高浓度,患者可迅速昏迷、因呼吸和心跳停止而死亡。

潜水员深潜时,可发生氮的麻醉作用;若从高压环境下过快转入常压环境,体内会形成氮气气泡,压迫神经、血管或造成微血管阻塞,发生"减压病"。

氮气生产过程应密闭操作,并提供良好的自然通风条件。进入罐区、限制性空间或其他高浓度区作业,必须有人监护。

3) 危险杂质的清除

空分过程的主体原料空气是多组分的混合气体,除了氧、氮外还有少量的水蒸气、二氧化碳、乙炔和其他碳氢化合物,以及少量的灰尘等固体杂质。如前所述,这些杂质在一定的条件下会引起爆炸,因而清除大气中有害杂质是保证空分装置安全的基本要求。一般工业区的空气含尘量为 1～5 mg/m^3,灰尘粒度为 0.5～20 μm。在空压机入口管道上要设置空气过滤器,以清除空气中的固体杂质。

7.3　氧化反应过程安全技术

7.3.1　概述

氧化反应有狭义的和广义的 2 种含义:

狭义的氧化反应是物质与氧化合的反应。能氧化其他物质而自身被还原的物质称为氧化剂,能还原其他物质而自身被氧化的物质称为还原剂。

广义的氧化反应是失去电子的作用,得到电子的作用是还原,即一种物质失去电子,同时另一种物质得到电子。会失去电子的物质是还原剂,会得到电子的物质是氧化剂。氧化还原反应是电子的传递,电子得失的数且必须相等,如氨氧化制硝酸、甲苯氧化制苯甲酸、乙烯氧化制环氧乙烷等。

7.3.2　过程危险性分析及安全技术

1) 氧化反应过程安全技术要点

氧化反应需要加热,但反应过程又是放热反应,特别是催化气相反应,一般都是在250～600 ℃的高温下进行。这些反应热如不及时移去,将会使温度迅速升高甚至发生爆炸。

有的物质的氧化,如氨、乙烯和甲醇蒸气在空气中的氧化,其物料配比接近于爆炸下限。倘若配比失调,温度控制不当,极易爆炸起火。另外,某些氧化过程中还可能生成危险性较大的过氧化物,如乙醛氧化生产醋酸的过程中有过醋酸生成,性质极度不稳定,受高温、摩擦或撞击便会分解或燃烧。

氧化过程的安全控制可从以下几个方面考虑:

(1) 氧化反应器安全

氧化反应接触器有卧式和立式 2 种,内部填充催化剂。一般多采用立式,因为这种形式催化剂装卸方便、安全。在催化氧化过程中，对于放热反应，应控制适宜的温度、流量，防止超温、超压和混合气处于爆炸范围之内。

为了防止接触器在发生爆炸或着火时危及人身和设备安全，在反应器前和管道上应安装阻火器，以阻止火焰蔓延，防止回火，使着火不致影响其他系统。为了防止接触器发生爆炸，接触器应有泄压装置，并尽可能采用超温超压报警装置，含氧量高限报警装置和安全联锁及自动控制等装置。在设备系统中宜设置氮气、水蒸气灭火装置，以便能及时扑灭火灾。

(2) 氧化剂的选择与物料配比

氧化过程若选择空气或氧气作为氧化剂时，反应物料的配比(可燃气体与空气或氧气的混合比例)应严格控制在爆炸范围之外，应注意爆炸极限浓度与反应条件(温度压力，引燃方式等)有关，与气体混合物的组成有关。空气进入反应器之前，应经过气体净化装置，消除空气中的灰尘、水蒸气、油污以及可使催化剂活性降低或中毒的杂质，以减少火灾和爆炸的危险性，并保持催化剂的活性。

(3) 采取惰性气体保护

工业上常采用加入惰性气体的方法来改变循环气的成分，缩小混合气的爆炸极限，增加反应系统的安全性；另外，惰性气体具有较高的热容，能有效地带走部分反应热，增加反应系统的稳定性，同时又可循环使用。

(4) 加料速度和反应温度控制

严格控制加料速度和投料量是为了防止产生剧烈反应和出现副反应。对某些有机物氧化时，特别是在高温条件下，若控制不当更易超温，并造成设备及在管道内生成焦状物堵塞管道。因此，应严格控温，及时清除污垢，防止局部过热和自燃。

使用硝酸，高锰酸钾等氧化剂时，要严格控制加料速度，防止多加、错加。固体氧化剂应粉碎后使用，最好在溶液状态下使用，反应过程应不间断搅拌，严格控制反应温度，决不允许超过被氧化物质的自燃点。

应考虑氧化产物中的未反应的氧化剂带来的安全问题，如使用氯酸钾作为氧化剂生产铁蓝颜料。应控制产品烘干温度不能超过燃点，在烘干之前应将氧化剂彻底除净，以防止未完全反应的氯酸钾引起物料起火。

2) 乙烯环氧化制环氧乙烷安全技术分析

烯烃气相氧化可制得很多有用的有机化合物，其中比较重要的有乙烯环氧化制环氧乙烷、丙烯氧化偶联制丙烯腈、丙烯环氧化制环氧丙烷以及丁烯氧化制顺丁烯二酸酐(俗称顺酐)等。

环氧乙烷是乙烯工业衍生物中仅次于聚乙烯而占第二位的重要有机化工产品。它除部分用于制造非离子表面活性剂、氨基醇、乙二醇醚外，大部分用来生产乙二醇，后者是制造聚酯树脂的主要原料，也大量用做抗冻剂。现在几乎所有的环氧乙烷都与乙二醇生产相结合在一起。

当前主要采用直接氧化法生产环氧乙烷，主反应为：

$$2H_2C{=}CH_2 + O_2 \longrightarrow 2\,\underset{\diagdown\;O\;\diagup}{CH_2{-}CH_2}$$

图 7.2 和图 7.3 分别是氧化法的合成工序和环氧乙烷的回收工序。

界区外进入的加压乙烯，在循环压缩机出口加入循环气流中，在此附近的循环气管路上

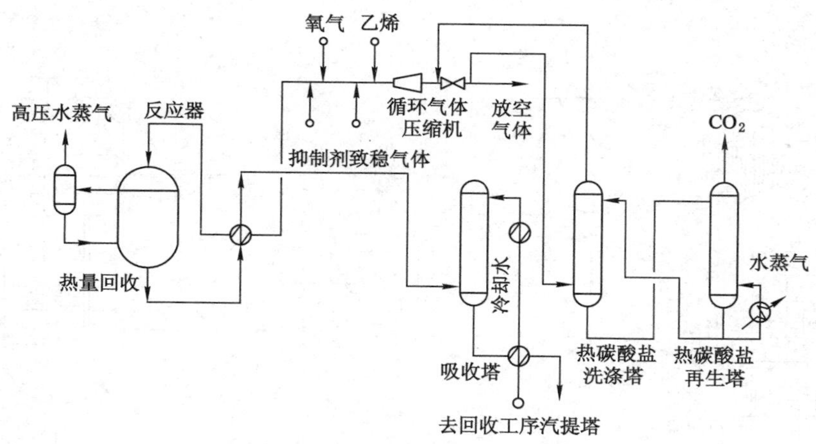

图 7.2　环氧乙烷(EO)的合成工序流程

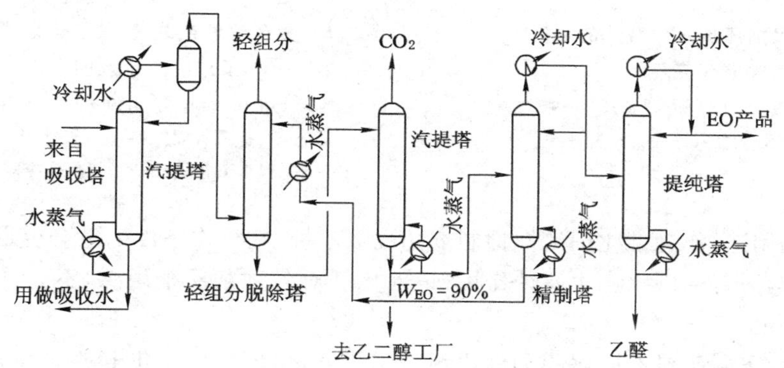

图 7.3　环氧乙烷(EO)的回收工序流程

加入二氯乙烷抑制剂和甲烷致稳剂，可使气体爆炸极限变窄，使工艺更安全。

(1) 氧化反应器及其要求

非均相催化氧化都是强放热反应，而且都伴随有完全氧化副反应的发生，放热更为剧烈，故要求采用的氧化反应器能及时移走反应热。同时，为发挥催化剂最大效能和获得高的选择性，要求反应器内反应温度分布均匀，避免局部过热。对乙烯催化氧化制环氧乙烷而言，由于单程转化率较低(为10%～30%)，采用流化床反应器更为合适。

目前，世界上乙烯环氧化反应器全部采用列管式反应器。其结构与普通的换热器十分相近，管内装填催化剂，管间(壳程)流动的是处于沸点的冷却液(过去常用导生油，后改用煤油，近年来都采用高压下处于沸点的热水)，因冷却液的沸点是恒定的，控制其沸点与反应温度之差在10 ℃以下，移走的反应热转为冷却液的蒸发潜热，因为蒸发潜热很大，冷却液的流量也很大，因此能保证经反应管管壁传出的热量能及时移走，从而达到控制反应温度的目的。图7.4和图7.5分别为用水和用导生油(联苯-联苯醚的混合液，常压下的沸点为255 ℃)或矿物油为载热体的反应装置示意图。

反应器的外壳用普通碳钢制成。因为二氧化碳在操作条件下对普通碳钢有强腐蚀作用，列管及与原料气(或反应气)相接触的部分要用不锈钢无缝钢管(也有用渗铝管的)及含

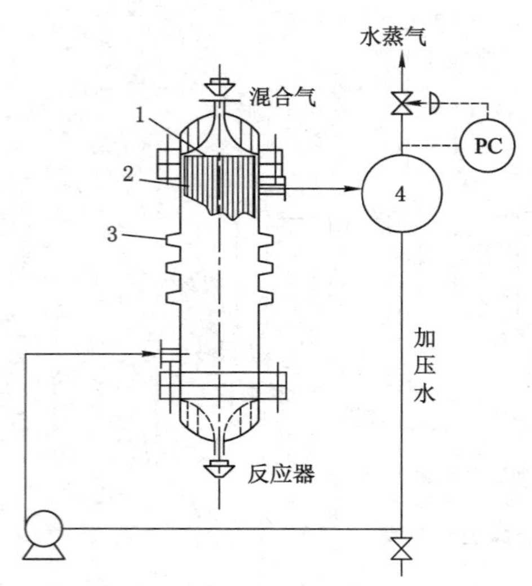

图 7.4　以加压热水作载体的反应装置示意图

1——列管上花板；2——反应列管；3——膨胀圈；4——气水分离器；5——加压热水泵

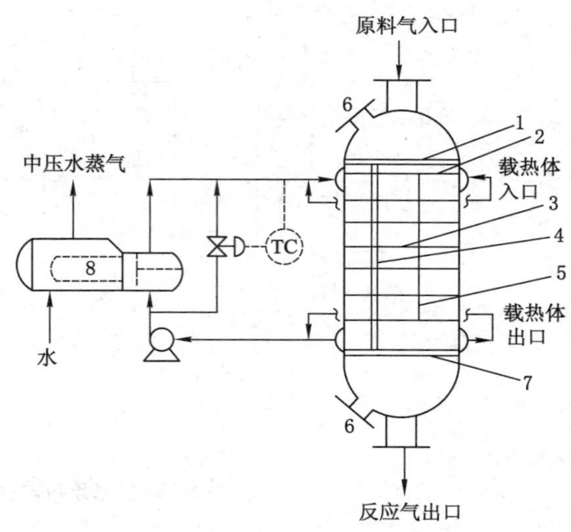

图 7.5　以矿物油或联苯-联苯醚为载热体的反应装置示意图

1——列管上花板；2，3——折流板；4——反应列管；5——折流管固定棒；6——人孔；7——列管下花板；8——载热体冷却器

铬或含镍的钢制造；作为催化剂活性抑制剂的二氯乙烷，在操作条件下也会少量分解生成含氯有机化合物，对普通碳钢产生腐蚀作用；银催化剂对各种杂质很敏感，不允许有设备腐蚀物落在催化剂上。

反应器上、下封头设有防爆膜和催化剂床层测温口，原料气由上封头进口进入，反应气由下封头出口流出，即气流流向与催化剂重力方向一致，以减小气流对催化剂的冲刷。

(2) 工艺的安全生产技术要点

环氧乙烷生产车间易燃易爆物料很多，氧化反应器因“尾烧”或乙烯-氧气混合器因设计不合理等原因，都有可能酿成爆炸事故。除按国家规定布置车间设施、敷设电器及照明线路、配备消防用具外，还需严格生产过程控制，主要包括以下内容：

① 氧化反应器生产过程的控制列管式反应器反应管沿径向温度分布较为均匀，这是因为采用小管径、沸腾水(加压热水)的缘故。但沿轴向温度分布就不均匀，原料气入口，由于参与反应物料浓度高，反应速率快，释放出来的反应热量大于传给冷却剂的热量，原料气温度较快地上升；与此同时，由于冷热两侧温差增加。传热速率加快，当反应产生的热量等于散失的热量，原料气温度达到最高点，这一温度称为热点。过热点后，原料气产生的反应热量小于散失热量，反应气体温度较快地下降；与此同时，由于冷热两侧温差减小，传热速率下降，这一因素导致反应温度下降速率变慢。催化剂在运行初期，活性高，热点位置较高(原料气由上向下流过反应管时)，随着操作时间的延长，催化剂逐渐老化，热点位置也逐渐下移。氧化反应器反应管的热点温度应严加控制，热点温度过高，小则烧毁催化剂，大则会因热点附近由于反应温度过高，来不及将反应热传出，造成催化剂床层温度猛烈上升(俗称“飞温”)，有可能酿成爆炸事故。影响热点温度高低和位置的因素有原料气入口温度、原料气起始浓度和壁温。这些操作参数在一定范围(由小变大)内变动，对热点的影响不敏感，但达到

某一水平后，再向上升高稍许，热点则会显著地猛烈上升。例如，原料气入口温度由200 ℃升至230 ℃，热点温度仅提高2～5 ℃；当温度从230 ℃升至232 ℃时，虽然只升高2 ℃，但热点温度却猛烈升高10 ℃；从232 ℃升至233 ℃，虽然只升高1 ℃，但热点温度猛烈升高15 ℃。此时的热点温度对原料气入口温度相当敏感，热点进入参数敏感区，进入参数敏感区最小的一点温度称为临界温度。对壁温和原料起始浓度这两个操作参数，也有参数敏感区和相应的临界温度。显然，在敏感区操作是相当危险的。由此可知，在采用列管式固定床氧化反应器时，各操作参数的选择，不仅要考虑反应的转化率和选择性，还必须考虑参数的敏感区(最好能知道各种参数的临界值)。现在，工业上对原料气入口温度和原料气初始浓度都已加以严格控制，对冷却剂温度也已控制，一般与热点的温差小于10 ℃，以避免进入参数敏感区。

提高催化剂的选择性，也是控制热点温度的重要措施。在氧化器中，主、副反应热相差12.5倍，提高反应选择性。可大幅度减少反应放热量，反应管轴向温度分布容易均匀，热点不明显。与此同时，径向温度分布则更为均匀，可允许反应管增大管径，大幅度提高单管生产能力，反应器总管数可大幅下降，从而节省设备投资。

列管式氧化反应器也有“尾烧”现象发生，从而导致爆炸事故。为此，工业上要求催化剂要达到规定强度，保证长期运转中不易粉化；采用由上向下的流向以减小气流对催化剂的冲刷，从而在相当程度上减少粉尘量；有不少工业装置在气流出口处采取冷却措施(如喷入少量冷水降温)，以防止“尾烧”现象的发生。

冷却剂的选用对氧化反应器的安全操作也十分重要。过去采用导生油(联苯-联苯醚的混合物)，因蒸气对人体有一定毒害，从20世纪80年代起改用煤油做冷却剂。煤油对人体的毒害虽然比导生油小得多，来源充足且价格低廉，但它在200 ℃以下操作已超过它的闪点(自燃点为330～350 ℃，闪点为50 ℃左右)，万一泄漏，热煤油与空气接触有可能燃烧，危险性较大。近十多年来，已改用加压水作为冷却剂，克服了煤油的上述缺点，而且传热系数增大、流程简单、热能的利用率也比导生油和煤油高(加压水可直接产生高压水蒸气，导生油和煤油需流出反应器在另一个换热器中产生高压水蒸气)。但因水蒸气压力颇高，所用管板要很厚，并要保证管子与花板接口处不渗漏；管壳直径大，要耐高压，不但壁厚而且制造也困难，上述问题不能妥善解决，也会给生产产生一个潜在的不安全因素。

② 混合器生产过程的控制氧化工段另一个不安全因素是混合器。为避免混合器内氧浓度局部区域过高而发生着火和爆炸，在设计和制造中，必须使含氧气体从喷嘴高速喷出，其速率大大超过含乙烯循环气体的火焰传播速率，并使从喷嘴平行喷出的多股含氧气体各自与周围的循环气体均匀混合，从而避免产生氧浓度局部过高的现象，尽量缩小非充分混合区。此外，还应防止含乙烯循环气体返回到含氧气体的配管中。日本触媒公司提出了新型安全混合方法和相应的烃-氧混合装置。将含氧气体引入吸收塔气-液接触塔盘上的吸收液中，与引入的反应生成气安全混合，然后在吸收塔中经吸收环氧乙烷后，含乙烯、氧组分的混合气再经净化和补加乙烯，作为反应原料进入反应器反应。该公司申请的专利指出，在吸收塔中将含氧气体的入口设置在吸收塔气-液接触塔盘间，含氧气体从塔盘液层底部通入混合区空间。含乙烯气体从吸收塔底引入，通过若干层塔盘上吸收液层逐渐上升到气体混合区，在混合区内与含氧气体混合，随后进入吸收塔顶部冷却器，再经火焰屏蔽设施后循环至反应工段，塔顶进入的吸收水吸收环氧乙烷后从塔釜送往解吸塔。这种混合方式的特点是不设置专用的混合器，而利用原有吸收塔做烃-氧混合装置。在吸收塔的塔盘上有含水的吸收液

存在，即便发生局部着火燃烧，也能很快被吸收液熄灭，说明这种烃-氧混合方法是比较安全的。

7.3.3 介质危险性分析

被氧化的物质大部分是易燃易爆物质。如乙烯氧化制取环氧乙烷，乙烯是易燃气体，爆炸极限为2.7%～34%，自燃点为450 ℃；甲苯氧化制取苯甲酸，甲苯是易燃液体，其蒸气易与空气形成爆炸性混合物，爆炸极限为1.2%～7%；甲醇氧化制取甲醛，甲醇是易燃液体，其蒸气与空气的爆炸极限是6%～36.5%。氧化剂遇高温或受撞击、摩擦或与有机物、酸类接触，皆可引起着火爆炸；有机过氧化物不仅具有很强的氧化性，而且大部分是易燃物质，有的对温度特别敏感，遇高温则爆炸。

氧化剂具有很大的火灾危险性。如高锰酸钾、氯酸钾、铬酸酐等，由于具有很强的助燃性，遇高湿或受撞击、摩擦以及与有机物、酸类接触，均能引起燃烧或爆炸。有机过氧化物不仅具有很强的氧化性，而且大部分是易燃物质，有的对温度特别敏感，遇高温则爆炸。

氧化产品有些也具有火灾危险性，某些氧化过程中还可能生成危险性较大的过氧化物。如乙醛氧化生产醋酸的过程中有过醋酸生成，性质极不稳定，受高温、摩擦或撞击便会分解或燃烧。对某些强氧化剂，环氧乙烷是可燃气体；硝酸虽是腐蚀性物品，但也是强氧化剂；含36.7%的甲醛水溶液是易燃液体，其蒸气的爆炸极限为7.7%～73%。

7.4 过氧化生产过程安全技术

7.4.1 概述

过氧化物在工业生产中有着重要的应用，尤其是有机过氧化物不仅是化工原料，而且是许多反应的中间产物。因其含有—O—O—键，氧原子极不稳定，因此过氧化物对于摩擦、光、热和震动极为敏感，有着潜在的严重的火灾和爆炸危险性。据日本有关方面资料介绍，在工业爆炸事故中，化学工业占32.4%。在化学工业爆炸事故中，由于过氧化物引起的就占31%。因此，对工业氧化过程中过氧化物的形成及由它引起的爆炸事故的防治方法进行分析，对于工业生产的各个单元操作及实验室工作来说是十分必要的。

过氧化反应的特点是生产产物为过氧化物或者利用过氧化物的氧化性来进行化工生产，因此过氧化反应具备氧化反应的特点。过氧化物是含有过氧基—O—O—的化合物。可看做过氧化氢的衍生物，分子中含有过氧离子(O_2^{2-})是其特征。过氧化物包括金属过氧化物、过氧化氢、过氧酸盐和有机过氧化物。周期表中ⅠA，ⅡA，ⅢB，ⅣB族元素以及某些过渡元素(如铜、银、汞)能形成金属过氧化物。

1) 过氧化物的制备方法

(1) 活泼金属(如钠、钾)在氧气中燃烧。注意：金属锂是活泼金属，但在氧气中燃烧只生成氧化锂(Li_2O)。

(2) 将活泼金属(如钾)溶解在液氨中，通入氧气。

(3) 过氧化氢与盐作用。金属过氧化物都是强氧化剂，加热时释放出氧气，与稀酸作用，产生过氧化氢。

(4) 氧化物和氧气反应。氧化钠在空气中加热生成过氧化钠,氧化钡在氧气中加压加热得到过氧化钡。

2) 过氧化物的用途

金属过氧化物用于纺织、造纸工业,做漂白剂。用有机基团置换掉过氧化氢中1个或2个氢原子,所得的化合物称为有机过氧化物,如过乙酸、过氧化异丙苯。它们的氧化性比金属过氧化物更强,都是易燃、易爆的化合物,可做杀菌剂、清毒剂、漂白剂使用。

3) 过氧化物相关的化学反应

(1) 过氧化钠、过氧化钾可以和水反应,生成相应的氢氧化物和氧气,但这并不意味着不存在带结晶水的过氧化物。带结晶水的过氧化钙、过氧化钡还是存在的。

(2) 过氧化物和稀酸反应生成过氧化氢。

(3) 过氧化物有强氧化性,和还原性物质混合有爆炸、燃烧的可能。

7.4.2　过程危险性分析及安全技术

本节以最常见的过氧化氢的生产过程为例来分析过氧化反应过程的安全技术。

1) 过氧化氢生产过程危险性分析及安全技术措施

(1)生产工艺安全

用异丙醇生产过氧化氢时,可燃物质(如丙酮、异丙醇等)和空气可能形成易爆浓度的混合物,过氧化氢在设备、管道、容器和仓库中在一定条件下可能发生分解,使这一生产过程所具有的特殊危险。过氧化氢和丙酮在偶然混合时以及混合物长期放置时相互作用会引起爆炸事故。容器中含有丙酮残留物,在洗涤该容器前,错把丙酮残留物倒入放有过氧化氢的真空分离器,丙酮和过氧化氢形成过氧化物。真空分离器中的物料倒在距下水道排水孔1.5～2 m的地面上,排放位置没有用水冲洗,地坪的沥青已损坏,并形成有沟槽,过氧化物流入沟槽,液体蒸发后形成过氧化物结晶,装卸操作时的火花、碰击和摩擦会引起爆炸。应当防止烃类与过氧化氢接触,当过氧化氢或烃类溢流到地坪上时,用大量水冲洗过氧化氢注入容器时应放在专门的铝板上进行;应用混凝土地坪代替沥青地坪。过氧化氢禁止使用装过丙酮的槽车输送,异丙醇氧化阶段当氧化器(尤其是下部)中溶液温度超过操作温度3～4 ℃时会发生事故。

当氧化器中温度升高和氮气管线中压力长时间下降时,必须接通氧化器的供水系统,往热交换器中供冷却水,停止加热,立即排出反应物。氮气管线压力下降尤其危险,所需压力的氮气供应不足,会导致形成易爆浓度的气相混合物,如果过氧化氢在分离塔蒸馏段分解,需切断沸腾器中蒸汽的供给,往塔中供应蒸馏水,并停止从塔下部排出溶液,溶液经稀释和冷却到30～40 ℃后排入备用储槽。为避免形成真空应该供给氮气,当过氧化物在阳离子交换塔中剧烈分解时,应立即将过氧化氢送往备用塔,分解的过氧化物用蒸馏水稀释,排入下水道。异丙醇空气氧化过程中形成少量有机过氧化氢,而有机过氧化氢在停滞层偶然积聚是危险的。

安置在室外容器中的过氧化氢不能过热,必须系统检查供水系统和遮阴挡板的状况。与过氧化物接触的设备和管道应该经过钝化处理,不合钝化要求的会引起过氧化物剧烈分解。设备内表面应定期检查和净化,经钝化处理后的设备操作时不应沾上污物和蒙上灰尘,用干净手套接触工作表面。注意观察是否往氧化器中连续供空气,保持精馏塔和蒸馏塔中真空度。氧化器排出的气体中氧含量严格控制不超过10.3%(体积分数)。装置运行中往氧化和精馏工序连续供冷却水,在大气压下操作的精馏塔和容器增设氮气吹扫系统。原料和成品纯度应特别注意，以防止过氧化氢分解。为避免形成易爆混合物，开车前设备应该用氮气进行吹扫。

在某些生产企业中，异丙醇用富氧空气，温度近 120 ℃，余压超过 1.0 MPa 条件下进行氧化反应。在这种条件下排出气体中氧的含量为 11%～12.5%（体积分数）；反应物中过氧化氢的含量能达到 9%，丙酮的含量为 20%，异丙醇的含量为 57%。上述参数很容易导致氧化器爆炸，为防止产生这类危险，异丙醇氧化器要装备自动联锁装置系统。

异丙醇用富氧空气氧化时，要有相应的防止气体混合物中氧浓度升高到超过允许浓度的联锁装置。压缩的纯净空气和氧气在氧化器前混合。测定气相混合物中含氧量的气体分析仪信号，当富氧空气中氧浓度增加到超过控制标准时，往混合供氧的管线上的截流阀立即发出动作而关闭。在氧化器中，空气（包括富氧空气）中的氧没有完全耗完，部分氧随蒸气/气体相排出。当用富氧空气氧化时，氧化器中排出的气体中氧的允许浓度为 9%～10%（体积分数）。为确保不超过氧安全浓度即不超过 10.3%，排出的蒸气/气体相在氧化器上部要用氮气稀释。含氧量用自动气体分析仪控制。在大型装置中，为确保连续供氮气，以使蒸气/气体相稀释到氧安全浓度以内，采用 2 套供氮气源。通常，第一个供氮气源是压力为 0.3～0.5 MPa 的全厂性氮气管线，氮气由该管线网通过减压阀进入缓冲容器。氮气从缓冲容器送往压力大于 1.0 MPa 的压缩系统中，然后在热交换器中冷却，进入脱水器、过滤器，再送往压缩气储气罐。

氧化过程正常进行所需的部分氮气由储气罐送入氧化器，储气罐中剩余的氮气经初步减压到压力为 0.005 MPa，再返回低压缓冲容器。当供氮短时间中断时，由专用容器供给氮气，氮气经减压和精制后送往氧化器。氮气在专用容器中的储存压力为 1.8 MPa。

为使异丙醇氧化装置或其他类似过程的设备更安全可靠地操作，应该装备带截流装置的爆破联锁装置。根据爆破指示器或氧化器蒸气/气体相气体分析仪发送器的信号，引信管启动截流阀、类似的反应器防爆设施。高效的截流阀能防止反应器中的火焰扩散到管道中，其中反应器还可装备自动抑制爆炸系统。工业上已制造有直径为 20 cm、动作时间为 80 ms 的截流器。为了灭火，异丙醇氧化装置应装有喷水系统和炮架式喷嘴。喷水系统可由控制盘操纵，也可装备泡沫灭火系统。

从氧化反应物中蒸出异丙醇和丙酮分离过氧化氢水溶液是在 2 个精馏塔中进行的。为防止过氧化氢过热和热分解，过氧化氢水溶液需在真空下从反应物中分出，降低精馏系统中的产品温度，防止真空度的偶然“破坏”（即压力上升）和温度上升超过精馏系统极限允许温度，因此精馏系统要装备相应的防护设施。精馏塔装有将蒸气压力通过安全阀排入大气的设施，该安全阀装在冷凝器后的管道上，并在系统压力升高的情况下发出动作。在进沸腾器的供蒸汽管线上和沸腾器冷凝液的出口处均装有截流阀，这些截流阀可由控制台遥控开关。当精馏塔中真空度被破坏时，应向塔内通入氮气。当精馏塔塔釜温度升高时，应该往塔内通蒸馏水使其冷却。为扑灭精馏塔内的着火，由控制台打开的截流阀往塔内通入蒸汽。

用电化法生产过氧化氢要采用硫酸、盐酸（用作电解液的添加剂）、硫氰酸铵（用作制备电解液的添加剂）、硝酸铵等。这些化学品均是强氧化剂，并具有易爆性。硝酸铵可作为抑制剂。为稳定产品，还使用焦磷酸钠。以电化法生产过氧化氢，不能排除在工艺设备内和车间内形成氧和氢的易爆混合物，以及过氧化氢分解或与有机产品相互反应的危险性。

为防止在水解和精馏系统中产生真空完全消失的事故，真空泵应装有紧急供电系统。为从过氧化氢中除去腐蚀设备的硫酸，过氧化氢溶液需要先用电化法，然后再用氨溶液（化学法)中和。为防止过氧化氢分解，氨水溶液严格按计算加入脱氧剂；水解产物不允许出现碱性，过氧化氢在碱性介质中稳定性会迅速下降：氨水仅能加入稳定处理后的水解产物中，可加入焦磷酸钠进行稳定处理。

电解槽的管道应该用惰性气体吹扫，直至电解槽中氧含量不大于2%(体积分数)。管件内表面应定期检查和钝化。为防止空气渗入有氢气的管道和设备，应该经常往这些管道和设备供氮气，氮气应能自动控制。当吸入管线压力下降至小于10 mmH_2O时，为防止管道和设备中吸入空气，鼓风机应自动切断。为防止氢气泄入车间，应装备充水的水封。如氢气排入专用管道，该管道事先应送人氮气。突然停电和停供冷却水会导致事故，停电时所有阳极的气体管道和集管都应该用0.05 MPa压力的氮气吹扫。

(2) 生产装置安全

过氧化氢分解放热反应：

$$2H_2O_2 \longrightarrow 2H_2O + O_2 + 54.25\ \text{kJ/mol}$$

由于过氧化氢的不稳定性，即使在常温条件下，工业过氧化氢也在进行着缓慢分解。当其处于密闭容器中时，分解产生的氧气和分解放出的热量不能得到有效的释放，罐内压力与温度随着时间逐渐上升。

相对应地，系统压力和温度的升高又必然导致双氧水分解的进一步加剧，如此形成恶性循环，温升速率和压力增大速率逐渐增大。当达到一定温度时，双氧水中的水以及分解产生的水开始汽化，温升速率虽然在一定程度上降低了，但温度和压力的绝对值仍持续升高。且在此过程的十几分钟后，两种速率值达到汽化前速率的几倍甚至十几倍。

当容器内部压力最终冲破槽罐的薄弱部位(如法兰)时，罐内气相介质通过裂缝高速喷出，这也就是车间操作工在爆炸前听到“嘶嘶”的声音的原因。槽罐泄压时，由于内外存在压力梯度，容器内压力急剧下降，导致气液平衡破坏。气液平衡的破坏直接产生两方面的效应：

① 过氧化氢大量的潜热使系统中剩余的水分迅速蒸发，生成高温水蒸气。此时，水蒸气的体积相当于液体水的数十倍至数百倍，导致容器内压力骤增。这点从水蒸发率与体积比的变化数据即可得到印证，见表7.1。

表7.1　水蒸发率与体积比的变化数据

温度/℃	压力/($kgf \cdot cm^{-2}$)	过热度/℃	蒸发率(M_w'/M_w)	体积比(V_1/V_2)
100	1.10	0	0	0
110	1.46	10	0.018 6	31.5
120	2.02	20	0.037 1	63.0
130	2.75	30	0.055 7	94.6
140	3.68	40	0.074 2	126.0
150	4.85	50	0.092 8	158.0

注：① 表中数字为实测值，1 kgf/cm^2=0.1 MPa，下同。

② M_w为过热水的质量；M_w'为沸腾蒸气质量；V_1为蒸汽的体积；V_2为蒸发前水的体积。

② 裂缝处形成的稀疏波以当地音速向下传播，传至液相时，液相也由于突然降压而呈

过热状态,液体开始沸腾。剧烈沸腾的液体中不断形成气泡并成长,最终在液相表面形成一个急速膨胀的两相流层,高速膨胀的两相流层对气相、液相空间及器壁在各个方向上同时产生猛烈的推动而呈现很大的“液击”现象,气相、液相介质及器壁受到强烈的挤压,致使整个容器内压力骤然升高。在容器内压力不断升高的条件下,部分气泡在两相流层表面发生破裂,释放出能量,从而进一步造成压力的上升。

在压力变化的过程中,两相流层以高速向上膨胀,最终猛烈撞击到容器的上壁面,其对壁面的冲击力可能达到容器内初始压力的数倍,这一现象称为“液体锤”,它对整体强度已经减弱的破裂部位来说,会造成严重的伤害,甚至可能导致容器的瞬间整体破裂、碎片飞散或罐体投射,发生猛烈的蒸气爆炸。

2)过氧化氢储存和运输过程装备安全技术

所有含活性基团的氧化物在一定条件下均易分解。浓过氧化物具有很强的氧化性能,与有机物质接触时会着火。因为过氧化物被碱、盐、重金属化合物污染或与粗糙表面接触时均会加速分解,所以设备和容器应非常清洁。储存和运输过氧化物应该采用非金属材料(如玻璃、陶瓷、石英等)容器。过氧化氢在光作用下能分解,必须保存在阴暗处或深色玻璃瓶中,且最好存放在冷环境中。过氧化物用玻璃或内表面涂石蜡的金属容器储存,安全性会明显提高。添加稳定剂能减少分解的危险。过氧化氢分解时放出大量氧,所以容量大于200 g的密闭容器不能关闭。为了使容器内的物质与大气相通,通常采用有矩形孔的毛玻璃塞。为使容器内不落入灰尘,玻璃塞需用浸过纤维索硝酸酯的羊皮纸或纸做的罩子盖住。容器常涂有铝质涂料,以便散热。纯过氧化氢(99%～100%)甚至在摇动时也会引起分解,放出氧,所以铁路运送过氧化氢时也应该采取特殊的预防措施。装满30%过氧化物的容器上偶然出现破口甚至裂纹都会产生危险。由于水蒸发,洒出的过氧化物变得更浓,能达到使有机物质迅速氧化的浓度,而引起失火。大量的过氧化氢应当用内表面抛光或钝化的铁路槽车运送。固体无机过氧化物,如过氧化钡,与有机物质接触分解时会引起氧化并着火,过氧化钡与麻袋接触而发生过自燃事故。

不锈钢对过氧化物是稳定的,但能引起过氧化物分解(尤其是长期时)。聚氯乙烯、聚乙烯、聚四氟乙烯、聚苯乙烯、磷酸三甲苯酚酯增塑的甲基丙烯酸甲酯对浓过氧化氢都是稳定的。用石蜡和聚硅氧烷润滑油浸渍过的石棉适宜做填充剂,可采用稳定剂来提高过氧化氢储存时的稳定性。当溶液中明显含有催化性离子(如Cu,Mn等)时,甚至添加大量稳定剂也不会带来明显的效果。稳定剂应该长期甚至在低浓度情况下均具有活性,温度升高时,应保持自身的性能,尽可能不仅适用于酸性介质,而且适用于碱性介质。稳定剂的添加量取决于它的活性,极强的稳定剂(苯甲酸、鞣酸、尿酸等)的稀释液的滴定度可保持一年不变。如果过氧化氢溶液中加入硫酸、盐酸、磷酸以维持酸性,则溶液能达到很高的稳定性,故有无机酸的过氧化氢不能用于医药和卫生界。所以,作为保藏剂,应该采用其他酸,如硼酸或有机酸,可采用硫酸与芳香族烃类的化合物代替硫酸。磷酸盐类(焦磷酸钠、次磷酸钠和偏磷酸钠以及各种聚磷盐)是很好的稳定剂。硅酸钠(水玻璃)对过氧化氢碱性溶液是非常好的稳定剂,苯酚、水杨酸、甲醛、苯酰胺、荣等也能作为稳定剂。

3)氧化反应化工过程中过氧化物副产物危险性分析及措施

在很多工业生产中,氧化过程中往往会出现有机过氧化物的产生,这就增加了生产过程的不安全性,有必要从工艺过程上入手对过氧化物副产物加以控制。要使生产得以正常安全地进行,应当认真考虑氧化反应过程中过氧化物的存在及危害问题,必须对氧化过程加以适当的中间控制。此控制的目的是不要让过氧化物积聚，即应使生成的过氧化物中间产物或副产物及时分解或移去。

（1）加入催化剂

为使反应迅速进行，可加入催化剂，同时应考虑该催化剂有无促使生成的过氧化物分解的作用。如果没有，可另外加入催化剂。催化剂的配置和用量应以主反应较迅速地进行，有机过氧化物生成和分解的速度相当为准。

工业氧化过程所选用的催化剂种类很多，其中主要是过渡元素 Mn，Co，Ni，Cr，Cu，Fe，Ce，V，W 的硫酸盐和醋酸盐。

（2）控制反应速度

一般来说，提高反应温度，可以增加反应速度，同时过氧化物也能及时分解。温度过低，不但反应进行的缓慢，而且过氧化物不能及时分解，易于积聚而发生爆炸。当然，反应温度并非越高越好，应综合副反应在内的各方面因素加以确定。

（3）氧气进入速度

氧气进入速度是一个很重要的控制参数。进入速度太快，反应速度快，过氧化物生产速度便随之加速，大于过氧化物分解速度时便有过氧化物积聚；而且氧气进入过快，一时不能扩散进入液相进行反应，使气相中氧气含量增加，会引起爆炸性混合气体的爆炸等一系列问题。

当然，氧气进入速度不能太低，至少应保证反应以相当的速度进行。

（4）其他问题

如反应物的最佳配比及反应器内压力等，工业生产的氧化过程可根据物料的配比调节催化剂的加入量，根据反应温度调节冷却水量，稳定气相压力。对于放置在空气当中的有机化合物的自氧化反应，可以加些抗氧剂（如对苯二醉、芳胺等）防止过氧化物的生成。抗氧剂的作用机理是它能与过氧自由基迅速反应，使连锁反应提早终止。

7.4.3　介质危险性分析

过氧化氢，分子式为 H_2O_2，水溶液为弱酸性无色无臭透明液体，俗称双氧水。甲类火灾危险性物质，会歧化分解为氧气和水。在 20～100 ℃，温度每增高 10 ℃，双氧水分解速率可增加 212 倍；当加热到 100 ℃以上时，开始急剧分解，严重时可发生爆炸。

过氧化氢分子中存在过氧键，故具有不稳定的特性。影响过氧化氢分解的因素主要有温度、pH 值、催化剂、杂质、重金属离子和一定频率的光等，其中稳定性受 pH 值的影响最大。在 pH 值为 3.5～4.5 时最稳定，pH 值更低时对稳定性影响不大，但当 pH 值变高呈碱性时，稳定性急剧恶化，分解速度明显加快。虽然通常在过氧化氢产品中都加有稳定剂，但当污染严重时，稳定剂的作用对上述分解也无济于事。

对于氧化反应中生成并存在的过氧化物危险介质，应在氧化反应结束时及时加以消除，以免在后续操作中被浓缩、干燥、搅动而发生危险。通常，可利用过氧化物的氧化性，用还原剂加以消除。

乙醚、异丙醚自氧化反应生成的过氧化物，可在醚里加入 $FeSO_4$ 稀硫酸溶液共摇除去。

某些反应中生成的过氧化物可加锌粉来还原：

$$2Zn + 2H_2O_2 + 4H^+ = 2Zn^{2+} + 4H_2O$$

把锌粉加入氧化反应所得溶液中，加热并搅拌一段时间，过滤除去未反应的锌粉，就可以除去过氧化物。

过氧化物和能够过氧化的化合物是发生爆炸的危险源。能够过氧化的化合物的结构，见表7.2。

表7.2　能够过氧化的化合物

有机物质和结构	无机物质
1. 醚，乙缩醛； 2. 带有烯丙基氢、氯的石蜡以及萜烯、四氢化萘； 3. 二烯烃，乙烯基乙炔； 4. 石蜡和烷基芳烃，特别是带有叔氢的芳烃； 5. 乙醛； 6. 尿素、氨基化合物、内酯； 7. 乙烯单体，包括卤化乙烯、丙烯酸酯、甲基丙烯酸盐(酯)、乙烯基酯； 8. 具有 α-氢的酮	1. 碱金属，特别是钾； 2. 碱金属的醇盐和氨基化合物； 3. 有机金属

当过氧化物的浓度增加至 2×10^{-5} 或更大时，溶液是危险的。在化工反应过程中，要对过氧化物进行严格的监测和控制。

7.5　还原反应过程安全技术

7.5.1　概述

还原反应种类很多，但多数还原反应的反应过程比较缓和。常用的还原剂有铁(铸铁屑)、硫化钠、亚硫酸盐(亚硫酸钠、亚硫酸氢钠)、锌粉、保险粉、分子氢等。有些还原反应会产生氢气或使用氢气，有些还原剂和催化剂有较大的燃烧、爆炸危险性。

7.5.2　过程危险性分析及安全技术

1）利用初生态氢还原的安全

利用铁粉、锌粉等金属和酸、碱作用产生初生态氢，起还原作用。如硝基苯在盐酸溶液中被铁粉还原成苯胺：

$$4\,C_6H_5NO_2 + 9Fe + 4H_2O \longrightarrow 4\,C_6H_5NH_2 + 3Fe_3O_4$$

铁粉和锌粉在潮湿空气中遇酸性气体时可能引起自燃，在储存时应特别注意。

反应时，酸、碱的浓度要控制适宜，浓度过高或过低均使产生初生态氢的量不稳定，使反应难以控制。反应温度不易过高，否则容易突然产生大量氢气而造成冲料。反应过程中应注意搅拌效果，以防止铁粉、锌粉下沉。一旦温度过高，底部金属颗粒翻动，将产生大量氢气而造成冲料。反应结束后，反应器内残渣中仍有铁粉、锌粉在继续作用，不断放出氢气，很不安全，应放入室外储槽中，加冷水稀释，槽上加盖并设排气管以导出氢气。待金属粉消耗殆尽，再加碱中和。若急于中和，则容易产生大量氢气并生成大量的热，将导致燃烧爆炸。

2）在催化剂作用下加氢的安全

有机合成等过程中，常用雷尼镍(Raney-Ni)、钯炭等为催化剂使氢活化，然后加入有机物质的分子中进行还原反应。

例如，苯在催化作用下，经加氢生成环己烷：

$$C_6H_6 + 3H_2 \xrightarrow{\text{镍触媒}} C_6H_{12}$$

催化剂雷尼镍和钯炭在空气中吸潮后有自燃的危险。钯炭更易自燃，平时不能暴露在空气中，而要浸在酒精中。反应前必须用氮气置换反应器的全部空气，经测定证实含氧量降低到符合要求后，方可通入氢气。反应结束后，应先用氮气把氢气置换掉，并以氮封保存。

无论是利用初生态氢还原，还是用催化加氢，都是在氢气存在下，并在加热、加压条件下进行。氢气的爆炸极限为4%～75%，如果操作失误或设备泄漏，都极易引起爆炸。操作中要严格控制温度、压力和流量，厂房的电气设备必须符合防爆要求，且应采用轻质屋顶，开设天窗或风帽，使氢气易于飘逸。尾气排放管要高出房顶，并设阻火器。加压反应的设备要配备安全阀，反应中产生压力的设备要装设爆破片。

高温高压下的氢对金属有渗碳作用，易造成氢腐蚀。所以，对设备和管道的选材要符合要求，对设备和管道要定期检测，以防发生事故。

3）使用其他还原剂还原的安全

常用还原剂中火灾危险性大的还有硼氢类、四氢化锂铝、氢化钠、保险粉（连二亚硫酸钠，$Na_2S_2O_4$）、异丙醇铝等。常用的硼氢类还原剂为硼氢化钾和硼氢化钠。硼氢化钾通常溶解在液碱中比较安全。它们都是遇水燃烧物质，在潮湿的空气中能自燃，遇水和酸即分解放出大量的氢，同时产生大量的热，可使氢气燃爆，要储存于密闭容器中，置于干燥处。在生产中，调节酸、碱度时要特别注意防止加酸过多、过快。

四氢锂铝有良好的还原性，但遇潮湿空气、水和酸极易燃烧，应浸没在煤油中储存。使用时应先将反应器用氮气置换干净，并在氮气保护下投料和反应。反应热应由油类冷却剂取走，不应用水，防止水漏入反应器内发生爆炸。

用氢化钠作还原剂与水、酸的反应与四氢化锂铝相似，它与甲醇、乙醇等反应相当激烈，有燃烧、爆炸的危险。

保险粉是一种还原效果不错且较为安全的还原剂，它遇水发热，在潮湿的空气中能分解析出黄色的硫黄蒸气。硫黄蒸气白燃点低，易自燃。使用时应在不断搅拌下，将保险粉缓缓溶于冷水中，待溶解后再投入反应器与物料反应。

异丙醇铝常用于高级醇的还原，反应较温和。但在制备异丙醇铝时须加热回流，将产生大量氢气和异丙醇蒸气。如果铝片或催化剂三氯化铝的质量不佳，反应就不正常，往往先是不反应，温度升高后又突然反应，引起冲料，增加了燃烧、爆炸的危险性。

在还原过程中采用危险性小而还原性强的新型还原剂对安全生产很有意义。例如，用硫化钠代替铁粉还原，可以避免氢气产生，同时也消除了铁泥堆积问题。

7.5.3 介质危险性分析

1）还原剂的危险性

催化加氢还原反应大都在加热、加压条件下进行，如果操作失误或因设备缺陷有氢气泄漏，极易与空气形成爆炸性混合物，如遇着火源即会爆炸。高温高压下，氢对金属有渗碳作用，易造成加氢腐蚀，所以对设备和管道的选材要符合要求，对设备和管道要定期检测。

还原反应应优先采用危险性小、还原效率高的新型还原剂代替火灾危险性大的还原剂。例如，采用硫化钠代替铁粉还原，可以避免氢气产生，同时还可消除铁泥堆积的问题。

2）催化剂的危险性

如雷氏镍催化剂吸潮后在空气中有自燃危险，即使无着火源存在，也能使氢气和空气的混合物引燃形成着火爆炸。因此，当用它们来活化氢气进行还原反应时，必须先用氮气置换反应器内的全部空气，并经过测定证实含氧量降到标准后，才可通入氢气；反应结束后应先用氮气把反应器内的氢气置换干净，才可打开孔盖出料，以免外界空气与反应器内的氢气相遇，在雷氏镍自燃的情况下发生着火爆炸，雷氏镍应当储存于酒精中，钯碳回收时应用酒精及清水充分洗涤，过滤抽真空时不得抽得太干，以免氧化着火。

3）中间产物的危险性

如邻硝基苯甲醚还原为邻氨基苯甲醚，产生氧化偶氯苯甲醚中间产物，该中间体受热到150 ℃能自燃。苯胺在生产中如果反应条件控制不好，可生成爆炸危险性很大的环己胺。所以，在反应操作中一定要严格控制备种反应参数和反应条件。

7.6 电解反应过程安全技术

7.6.1 概述

电流通过电解质溶液或熔融状态的电解质时，在两个极上所引起的化学变化称为电解。电解在工业上有着广泛的作用，许多有色金属（如钠、钾、镁、铅等）和稀有金属（如锆、铪等）的冶炼，金属铜、锌、铝等的精炼；许多基本化学工业产品（如氢、氧、氯、烧碱、氯酸钾、过氧化氢等）的制备，以及电镀、电抛光、阳极氧化等，都是通过电解来实现的。

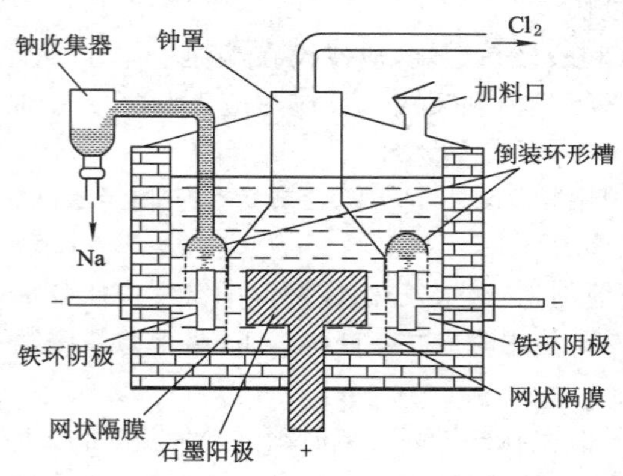

图 7.6　钠的工业制备电解槽示意图(隔膜法)

食盐溶液电解是化学工业中最典型的电解反应例子之一。食盐电解可以制得氢氧化钠、氯气、氢气等产品。目前，国内常用的电解食盐方法有隔膜法和离子交换膜法 2 种，我国绝大部分氯碱化工厂均用石墨阳极吸附石棉隔膜电解槽。采用隔膜法制备钠的电解槽，如图 7.6 所示。隔膜法就是利用电解槽内隔膜将阳极产物（氯气）和阴极产物（氢气和碱）分开的电解生产工艺。过氧化氢等的制备，以及电镀、电抛光、阳极氧化等，都是通过电解来实现的。

7.6.2 过程危险性分析及安全技术

氯碱工业常利用电解食盐水溶液来生产氯气、烧碱和氢气，目前市场上供应的氯气和烧碱大部分是用电解法生产的。现以食盐电解生产过程为例来分析电解过程的危险性。

1）食盐电解生产过程

电解食盐的简要工艺流程，如图 7.7 所示。首先溶化食盐，精制盐水，除去杂质，送电解工段。在向电解槽送电前，应先将电解槽按规定的液面高度注入盐水，此时盐水液面超过阴极室高度，整个阴极室浸在盐水中。通直流电后，带有

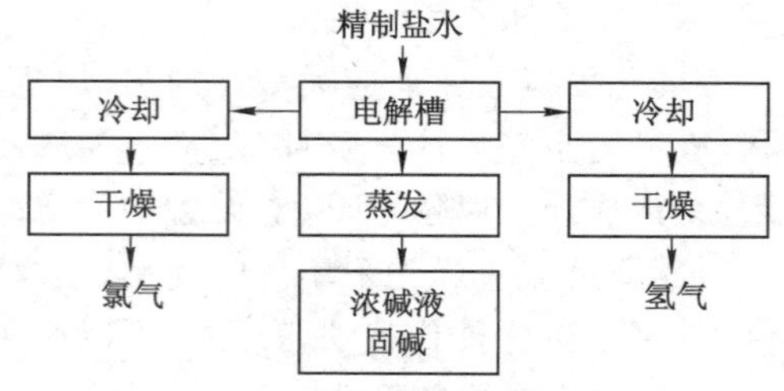

图 7.7　食盐电解生产流程

负电荷的氯离子向石墨阳极运动，在阳极上放电后成为不带电荷的氯原子，并结合成为氯分子从盐水液面逸出而聚集在盐水上方的槽盖内，由氯气排出管排出，送往氯气干燥、压缩工段；带有正电荷的氢离子向铁丝网袋阴极运动，通过附在阴极网袋上的隔膜，在阴极铁丝同上放电后，成为不带电荷的氢原子，并结合成为氯分子而聚集于阴极空腔内，氢气由氢气排出管排出，送往氢气干燥、压缩工段。

立式隔膜电解槽生产的碱液约含碱11％，而且含有氯化钠和大量的水。为此要经过蒸发浓缩工段将水分和食盐除掉，生成的浓碱液再经过熬制即得到固碱或加工成片碱。

电解产生的氧气和氯气，由于含有大量的饱和水蒸气和氯化氢气体，对设备的腐蚀性很强，所以氯气要送往干燥工段经硫酸洗涤，除掉水分，然后送入氯气液化工段，以提高氯气的纯度；氢气经固碱干燥，压缩后送往使用单位。

2）食盐电解过程安全技术

食盐电解中的安全问题，主要是氧气中毒和腐蚀、碱灼伤、氢气爆炸以及高温、潮湿和触电危险等。

在正常操作中，应随时向电解槽的阳极室内添加盐水，使盐水始终保持在规定液面；否则，如盐水液面过低，氢气有可能通过阴极网渗入阴极室内与氯气混合。要防止个别电解槽氢气出口堵塞，引起阴极室压力升高，造成氯气含氢量过高。氯气内含氢量达5％以上，则随时可能在光照或受热情况下发生爆炸。在生产中，单槽氯含氧浓度控制在2.0％以下、总管氯含氢浓度控制在0.1％以下，都应严格控制。如果电槽的隔膜吸附质量差，石棉绒质量不好，在安装电槽时碰坏隔膜，造成隔膜局部脱落或者在送电前注入的盐水量过大将隔膜冲坏，以及阴极室中的压力等于或超过阳极室的压力时就可能使氢气进入阳极室，这些都可以引起氯含氢高，此时应对电槽进行全面检查。

盐水如果有杂质，特别是铁杂质，会导致第二阴极而放出氢气；氢气压力过大，没有及时调整；隔膜质量不好，有脱落之处；盐水液面过低，隔膜露出；槽内阴阳极放电而烧毁隔膜；氯气系统不严密而逸出氢气等，都可能引起电解槽爆炸或着火事故。引起氢气或氧气与氯气的混合物燃烧或爆炸的着火源可能是槽体接地产生的电火花；断电器因结盐、结碱漏电及氢气管道系统漏电产生电位差而发出放电火花；排放碱液管道对地绝缘不好而发出放电火花；电解槽内部构件间由于较大的电位差或两极之间的距离缩小而发出放电火花，雷击排空管引起氢气燃烧。

电解槽盐水不能装得太满，因为在压力下，盐水是要上涨的。为保持一定液面，采用盐水供料器，间断供给盐水，这样不仅可以避免电流的损失，而且可以防止盐水导管被电流所腐蚀（目前采用胶管）。应尽可能采用盐水纯度自动分析装置，观察盐水成分的变化，随时调节碳酸钠、苛性钠、氯化钠或聚丙烯酰胺的用量。由于盐水中带入铵盐，在适宜的条件下（$pH<4.5$时），铵盐和氯作用而产生三氯化氨，这是一种爆炸性物质。铵盐和氯作用生成氯化铵，氯作用于浓氯化铵溶液生成黄色油状的三氯化氮：

$$3Cl_2+NH_4Cl \longrightarrow 4HCl+NCl_3$$

三氯化氮和许多有机物质接触或加热至90 ℃以上以及被撞击时，即按下式以剧烈爆做的形式分解：

$$2NCl_3 \longrightarrow N_2+3Cl_2$$

突然停电或其他原因突然停车时，高压阀门不能立即关闭，导致电解槽中氯气倒流而发生爆炸。应在电解槽后安装放空管以及时减压，并在高压阀上安装单向阀（逆止阀），可以有效地防止氯泄漏，避免污染环境。

电解由于有氢气存在，有起火爆炸危险。电解槽应安置在自然通风良好的单层建筑物内。在某些情况下，建筑物带有半地下室，所有的管道输电母线、碱液收集槽及其他辅助设备均集中于地下室中。在看管电解槽时所经过的过道上，应铺设橡胶垫。输送盐水及碱液的铸铁总管安装应便于操作。盐水至各电解槽或每组电解槽中间联通的主管，应用不导电材料制成或外部敷设不导电层。主管上阀门的手轮也应该是不导电的。

电解槽食盐水入口处和碱液出口处应考虑采取电气绝缘措施，以免漏电产生火花。氢气系统与电解槽的阴极箱之间亦应有良好的电气绝缘。整个氢气系统应良好接地，并设置必要的水封或阻火器等安全装置。

电解食盐厂房应有足够的防爆泄压面积，并有较好的通风条件。应安装防雷设施，保护氢气排空管的避雷针应高出管顶 3 m 以上。输电母线应涂刷油漆。为了使接触良好，电解槽的母线、电缆终端及分布线末端的接触表面应该很平整，在接线之前，将其表面仔细擦拭干净。

在生产过程中，要直接连接自由导线以切断一个或几个电解槽时，只能用移动式收电器（用轻便支撑周定），这种收电器在断开时不会产生火花。

经过以上分析过程，食盐水电解过程中的危险性分析与防火要点：

（1）盐水应保证质量

盐水中如含有铁杂质，能够产生第二阴极而放出氢气；盐水中带入铵盐，在适宜的条件下（$pH<4.5$ 时），铵盐和氯作用可生成氯化铵，氯作用于浓氯化铵溶液还可生成黄色油状的三氯化氮。三氯化氮是一种爆炸性物质，与许多有机物接触或加热至 90 ℃以上或被撞击，即发生剧烈地分解爆炸。因此，盐水配制必须严格控制质量，尤其是铁、钙、镁和无机铵盐的含量。一般要求 $W_{Mg^{2+}}<2$ mg/L，$W_{Ca^{2+}}<6$ mg/L，$W_{SO_4^{2-}}<5$ mg/L。应尽可能采取盐水纯度自动分析装置，这样可以观察盐水成分的变化，随时调节碳酸钠、苛性钠、氯化钡或丙烯酸胺的用量。

（2）盐水添加高度应适当

在操作中向电解槽的阳极室内添加盐水。如盐水液面过低，氢气有可能通过阴极网渗入阳极室内与氯气混合；若电解槽盐水装得过满，在压力下盐水会上涨，因此，盐水添加不可过少或过多，应保持一定的安全高度。

（3）防止氢气与氯气混合

氢气是极易燃烧的气体，氯气是氧化性很强的有毒气体。当氯气中含氢量达到 5%以上，则随时可能在光照或受热情况下发生爆炸。造成氢气和氯气混合的原因主要是：阳极室内盐水液面过低；电解槽氧气出口堵塞，引起阴极室压力升高；电解槽的隔膜吸附质量差；石棉绒质量不好，在安装电解槽时碰坏隔膜，造成隔膜局部脱落或送电前注入的盐水量过大将隔膜冲坏；阴极室中的压力等于或超过阳极室的压力。

（4）电解设备正确安装

电解槽应安装在自然通风良好的单层建筑物内，厂房应有足够的防爆泄压面积。

（5）掌握正确的应急处理方法

在生产中当遇到突然停电或其他原因突然停车时，不可立即关闭高压阀，以免电解槽中氯气倒流而发生爆炸。应在电解槽后安装放空管，及时减压，并在高压阀门上安装单向阀，以有效地防止氯泄漏，避免污染环境和带来火灾危害。

7.6.3　介质危险性分析

1）氯气危险分析

氯气属有毒气体，外观为黄绿色，有刺激性气味。熔点：－101 ℃；沸点：34.5 ℃；相对密度($D_{水}=1$)：1.47；相对密度($D_{空气}=1$)：2.48；饱和蒸气压：506.62 kPa(10.3 ℃)；临界温度：144 ℃；临界压力：7.71 MPa。略溶于水，易溶于碱液，遇水时有腐蚀性。它不会燃烧，但它是一种强氧化剂，可助燃。一般可燃物大都能在氯气中燃烧，一般易燃气体或蒸气也都能与氯气形成爆炸性混合气体。氯气能与许多化学品(如乙炔、松节油、乙醚、氨、燃料气、烃类、氢气、金属粉末等)猛烈反应，发生爆炸或生成爆炸性物质。它几乎对金属和非金属都有腐蚀作用。氯主要用于漂白和消毒，制造氯化合物、盐酸、聚氯乙烯等。

侵入人体的主要途径是吸入，对呼吸道黏膜有刺激作用。急性中毒：轻度者有流泪、咳嗽、咳少量痰、胸闷，出现气管和支气管炎的表现；中度中毒者发生支气管肺炎或间质性肺水肿，病人除有上述症状的加重外，出现呼吸困难、轻度发绀等；重者发生肺水肿、昏迷和休克，可出现气胸、纵隔气肿等并发症。吸入极高浓度的氯气，可引起迷走神经反射性心博骤停或喉头痉挛而发生“电击样”死亡。皮肤接触液氯或高浓度氯，在暴露部位可有灼伤或急性皮炎。慢性影响：长期低浓度接触，可引起慢性支气管炎、支气管哮喘等；可引起职业性痤疮及牙齿酸蚀症。

车间空气中最高允许质量浓度为 1 mg/m^3。

2）烧碱危险分析

烧碱也称为氢氧化钠、火碱、苛性钠，纯的无水氢氧化钠为白色不透明固体，易潮解。产品含量：工业品一级≥99.5％；工业品二级≥99.0％。熔点：318.4 ℃；沸点：1 390 ℃；相对密度($D_{水}=1$)：2.12；不燃烧；易溶于水、乙醇、甘油，不溶于丙酮；其溶液为无色，液体工业用液碱纯度分别为 48％，42％，30％。主要用于石油精炼、造纸、肥皂、人造丝、染色、制革、医药、有机合成等。

烧碱侵入人体的途径主要是食入、吸入。其粉尘刺激眼和呼吸道，腐蚀鼻中隔；皮肤和眼睛直接接触本品可引起灼伤；误服可造成消化道灼伤、黏膜糜烂、出血和休克。

车间空气中最高允许质量浓度为 2 mg/m^3。

3）氢气危险分析

汽化潜热：4.56×10^5 J/kg；爆炸极限：4.1％～74.2％；最易传爆浓度：24％；产生最大爆炸压力的浓度：32.3％；最大爆炸压力：0.74 MPa；最小引燃能量：1.9×10^{-5} J；燃烧热值：1.2×10^5 J/m^3；蒸气密度：0.069 g/cm^3；临界温度：239 ℃；临界压力：1.28 MPa。

危险特征：与空气混合能成为爆炸性混合物，遇火星、高热能引起燃烧爆炸。在室内使用或储存氢气，当有漏气时，氢气上升滞留屋顶，不易自然排出，遇到火星时会引起爆炸。

灭火剂：雾状水，二氧化碳。

储运注意事项：氢气应用耐高压的钢瓶盛装。储存于阴凉通风的仓间内，仓温不宜超过30 ℃，远离火种、热源，切忌阳光直射。应与氧气、压缩空气、氧化剂、氟、氯等分仓(间)存放。严禁混储混运。验收时核对品名，检查验瓶日期。先进仓的先使用，搬运时轻装轻卸，防止钢瓶及瓶阀等附件损坏。集装运输要按规定路线行驶，中途不可停驶。

来源及用途：由碳氢化合物热裂解法制得或电解水而得。用于制合成氨和甲醇、石油精制、有机物氢化、合成及金属矿物还原剂，以及作为火箭燃料等。

7.7 聚合反应过程安全技术

7.7.1 概述

将若干个分子结合为相对分子质量较高的化合物的反应过程称为聚合,如氯乙烯聚合生产聚氯乙烯塑料、丁二烯聚合生产顺丁橡胶和丁苯橡胶等。

聚合按照反应类型可分为加成聚合和缩合聚合 2 大类;按照聚合方式又可分为本体聚合、悬浮聚合、溶液聚合、乳液聚合和缩合聚合 5 种。

1）本体聚合

本体聚合是在没有其他介质的情况下(如乙烯的高压聚合、甲醛的聚合等),用浸在冷却剂中的管式聚合釜(或在聚合釜中设盘管、列管冷却)进行的一种聚合方法。这种聚合方法往往由于聚合热不易传导散出而导致危险。例如,在高压聚乙烯生产中,每聚合 1 kg 乙烯会放出 3.8 MJ 的热量,倘若这些热量未能及时移去,则每聚合 1%的乙烯,即可使釜内温度升高 12～13 ℃,待升高到一定温度时,就会使乙烯分解,强烈放热,有发生暴聚的危险。一旦发生暴聚,则设备堵塞,压力骤增,极易发生爆炸。

2）溶液聚合

溶液聚合是选择一种溶剂,使单体溶成均相体系,加入催化剂或引发剂后,生成聚合物的一种聚合方法。这种聚合方法在聚合和分离过程中,易燃溶剂容易挥发和产生静电火花。

3）悬浮聚合

悬浮聚合是用水作分散介质的聚合方法。不溶于水的液态单体与溶在单体中的引发剂经过强烈搅拌,打碎成小珠状,分散在水中成为悬浮液,在极细的单位小珠液滴(直径为 0.1 μm)中进行聚合,因此又叫做珠状聚合。这种聚合方法在整个聚合过程中,如果没有严格控制工艺条件,致使设备运转不正常,则易出现溢料,倘若溢料,而水分蒸发后未聚合的单体和引发剂遇火源极易引发着火或爆炸事故。

4）乳液聚合

乳液聚合是在机械强烈搅拌或超声波振动下,利用乳化剂使液态单体分散在水中(珠滴直径 0.001～0.01 μm),引发剂则溶在水里而进行聚合的一种方法。这种聚合方法常用无机过氧化物(如过氧化氢)作引发剂,倘若过氧化物在介质(水)中配比不当,温度太高,反应速度过快,会发生冲料,同时在聚合过程中还会产生可燃气体。

5）缩合聚合

缩合聚合也称为缩聚反应,是具有 2 个或 2 个以上功能团的单体相互缩合,并析出小分子副产物而形成聚合物的聚合反应。缩合聚合是吸热反应,但若温度过高,也会导致系统的压力增加,甚至引起爆裂,泄漏出易燃易爆的单体。

7.7.2 过程危险性分析及安全技术

聚合反应的反应器的搅拌温度应有控制和联锁装置,设置抑制剂添加系统,出现异常情况时能自动启动抑制剂添加系统,自动停车。高压系统应设爆破片,导爆管等,有良好的静电接地系统;电器设备采取防爆措施;设置可燃气体检测报警器,以便及时发现单体泄漏,采取对策。聚合反应釜和管线一定要做好密封,以防单体泄漏逸出,与空气混合引发爆炸。应严格控制聚合反应工艺条件，过氧化物引发剂的配比，确保冷却效果。聚合时的反应热量不能及时导出，如搅拌发生故障、停电、停水、聚合物黏壁而造成局部过热等，均可使反应器温度迅速增加，导致爆炸事故。冷却介质质量要充足，搅拌装置要可靠，还应采取避免黏附的措施。一旦发生堵塞，切不可直接用金属棍棒进行疏通，应尽量用溶剂溶解疏通，若效果不好，应在通水或惰性气体保护下，用木棍进行疏通。

1）高压下乙烯聚合

高压聚乙烯反应一般在 130～300 MPa 下进行。反应过程流体的流速很快，停留于聚合装置中的时间仅为 10 s 到数分钟，温度保持在 150～300 ℃。在该温度和高压下，乙烯是不稳定的，能分解成碳、甲烷、氢气等。

一旦发生裂解，所产生的热量可以使裂解过程进一步加速直至爆炸。国内外都曾发生聚合反应器温度异常升高，分离器超压而发生火灾；压缩机爆炸以及反应器管道中安全阀喷火而后发生爆炸等事故。因此，严格控制反应条件是十分重要的。

采用轻柴油裂解制取高纯度乙烯装置，产品从氢气、甲烷、乙烯到裂解汽油、清油等，都是可燃性气体或液体，炉区的最高温度达 1 000 ℃，而分离冷冻系统温度低至－169 ℃。反应过程以有机过氧化物作为催化剂，采用 750L 大型釜式反应器。乙烯属高压液化气体，爆炸范围较宽，操作又是在高温、超高压下进行，而超高压节流减压又会引起温度升高，这就要求高压聚乙烯生产操作要十分严格。

高压聚乙烯的聚合反应在开始阶段或聚合反应进行阶段都会发生暴聚反应，设计时必须充分考虑到这一点，可以添加反应抑制剂或加装安全阀（放到闪蒸槽中去）来防止。在紧急停车时，聚合物可能固化，停车再开车时，要检查管内是否堵塞。

高压部分应有两重、一重防护措施；要求远距离操作；由压缩机出来的油严禁混入反应系统（油中含有空气进入聚合系统形成爆炸混合物）。

采用管式聚合装置的最大问题是反应后的聚乙烯产物黏附管壁发生堵塞。由于堵管引起管内压力与温度变化，甚至因局部过热引起乙烯裂解成为爆炸事故的诱因。解决这个问题可采用加防黏剂的方法或在设计聚合管时设法在管内周期性地赋予流体以脉冲。脉冲在管内传递时，使物料流速突然增加，从而将壁上积存的黏壁物冲去。

聚合装置各点温度反馈具有当温度超过限界时逐渐降低压力的作用，用此方法来调节管式聚合装置的压力和温度；另外，可以采用振动器使聚合装置内的固定压力按一定周期有意地加以变动，利用振动器的作用使装置内压力很快下降 70～100 atm，然后再逐渐恢复到原来压力。用此法使流体产生脉冲可将黏附在管壁上的聚乙烯除掉，使管壁保持洁净。高压聚乙烯的自动控制系统，如图 7.8 所示。

在这一反应系统中，添加催化剂必须严格控制，应安装联锁装置，以使反应发生异常现象时，能降低压力并使压缩机停车。为防止因乙烯裂解产生爆炸事故，可采用控制有效直径的方法，调节气体流速，在聚合管开始部分插入具有调节作用的调节杆，避免初期反应的突然暴发。

由于乙烯的聚合反应热较大，如果加大聚合反应器，单纯靠夹套冷却或在器内通冷却蛇管的方法是不够的。况且在器内加蛇管很容易引起聚合物黏附，从而发生故障。消除反应热较好的办法是采用使单体或溶剂气化回流，利用它们的蒸发潜热把反应热量带出；蒸发了的气体再经冷凝器或压缩机进行冷却冷凝后返回聚合釜再用。

2）氯乙烯聚合

氯乙烯聚合是属于链锁聚合反应，其反应的过程可分为 3 个阶段，即链的引发、链的传

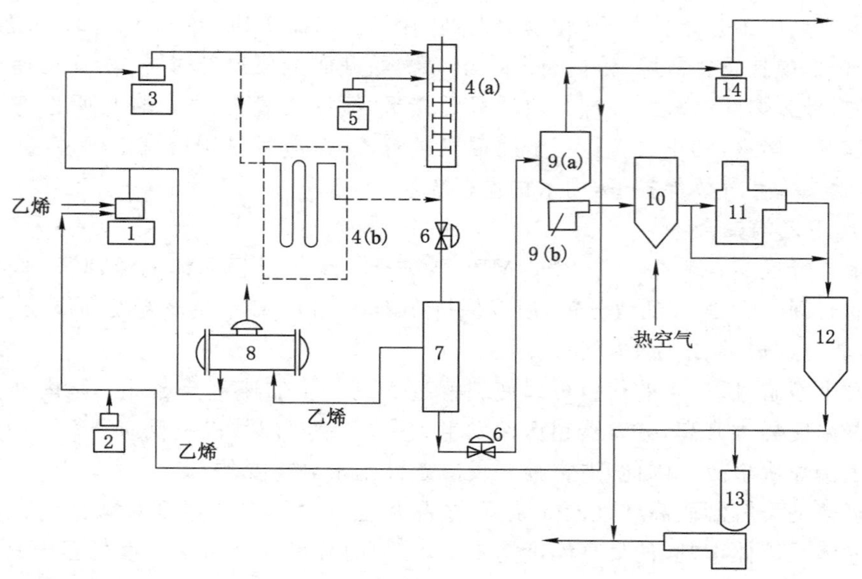

图 7.8 高压聚乙烯的自动控制系统图

1—一次压缩机；2—分子量调节剂泵；3—二次高压压缩机；4(a)—釜式聚合反应器；4(b)—管式聚合反应器；5—催化剂泵；6—减压阀；7—高压分离器；8—废热锅炉；9(a)——低压分离器；9(b)—挤出切粒机；10—干燥器；11—密炼机；12—混合机；13—混合物造粒机；14—压缩机

递、链的终止。

聚合反应中链的引发阶段是吸热过程，所以需加热。在链的传递阶段又放热，需要将釜内的热量及时移走，将反应温度控制在规定值。这两个过程分别向夹套通入加热蒸汽和冷却水，温度控制多采用串级调节系统。聚合釜的大型化，关键在于采取有效措施除去反应热。为了及时移走热量必须有可靠的搅拌装置，搅拌器一般采用顶伸式，由聚合釜上的电动机通过变速器传动；为防止气体泄漏、搅拌轴穿出聚合釜外部分必须密封，一般采用具有水封的填料函或机械密封。图 7.9 为悬浮法生产聚氯乙烯的控制系统。

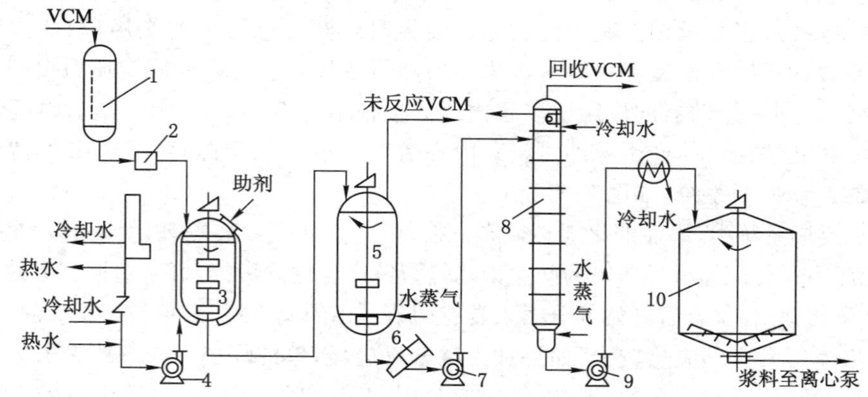

图 7.9 悬浮法生产聚氯乙烯的控制系统

1—计量泵；2—过滤器；3—聚合釜；4—循环水泵；5—出料槽；6—树脂过滤器；7—浆料泵 1；8—汽提塔；9—浆料泵 2；10—浆料冷却器

氯乙烯聚合过程间歇操作及聚合物黏壁是造成聚合岗位毒物危害的最大问题，通常用人工定期清理的办法来解决。这种办法劳动强度大、费时间，而金属刀对釜体造成的伤痕会给下次清理带来更大的困难。多年来，各国为解决这个问题进行了各种聚合途径的研究，其中接枝共聚和水相共聚方法较有效，通常也采用加水相阻聚剂或单体水相溶解抑制剂来减少聚合物的黏壁作用。常用的助剂有硫化钠、硫脲和硫酸钠，也可采用“醇溶黑”涂在釜壁上，减少清釜的次数。采用超高压水喷射清洗釜壁效果较好，但装置和操作都较复杂。

由于聚氯乙烯聚合是采用分批间歇方式进行的，反应主要依靠调节聚合温度，因此聚合釜的温度自动控制十分重要。

3）环氧乙烷（EO）和环氧丙烷（PO）开环聚合

环氧乙烷（EO）和环氧丙烷（PO）开环聚合得到的聚合物是含有 C—O—C 键，是聚醚的一种，大量用于聚氨酯行业。

反应在大型不锈钢高压反应釜中进行。首先要在真空下（真空度为−0.1 MPa）加入催化剂和引发剂，并用高纯氮气置换 4 次，真空脱水；然后按预定配比将混合均匀的环氧乙烷和环氧丙烷按设定加料速度加入反应釜进行聚合，反应温度为 100～120 ℃，反应压力控制在 0.4 MPa 以下。用一定量的中和剂中和粗聚醚至中性，再加入一定量的吸附剂、真空脱水、干燥，最后过滤，制得聚醚成品。工艺流程如图 7.10 所示。

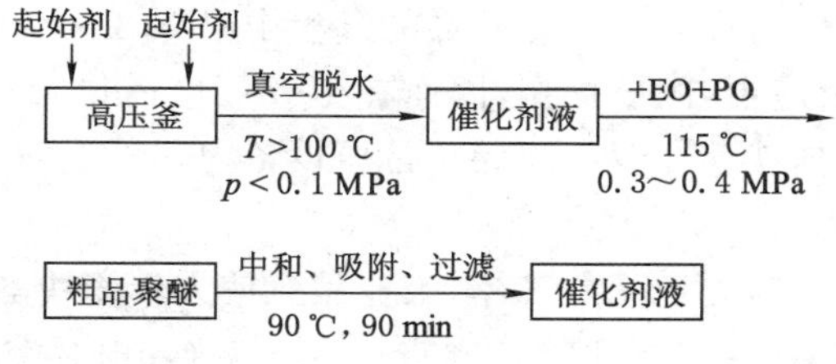

图 7.10　聚醚合成工艺流程

该工艺过程的安全控制主要包含两个方面：一方面是对反应介质 EO 和 PO 的控制，两个反应物的储罐要严格按照防火防爆规范进行设计，加料管道需要定期检修，防止泄流和火灾爆炸事故的发生；另一方面工艺安全控制点是开环聚合反应初期对加料速度，温度及压力的控制。由于引发剂是一次性加入的，所以在开环聚合初期，引发剂活性中心浓度很大，聚合速度相对较快，若此时有温度过高，加料速度过快，就会造成聚合放热量急剧增加，使初期生产的聚醚迅速汽化，导致反应釜压力的快速增加，易导致反应失控甚至造成爆炸事故。因此，在反应初期阶段，温度控制在 100 ℃左右，并在此基础上随反应的进行逐步升温，在反应进行的同时保证有充足的冷却水量。

7.7.3　介质危险性分析

1）乙烯

乙烯为无色气体，略具烃类特有的臭味。纯度大于 99.95%（体积分数）；熔点：−169.4 ℃；沸点：−103.9 ℃；相对密度（$D_{水}=1$）：0.61；相对密度（$D_{空气}=1$）：0.98；饱和蒸气压：4 083.40 kPa（0 ℃）；临界温度：9.2 ℃；临界压力：5.04 MPa；易燃，引燃温度：425 ℃；爆炸下限：2.7%；爆炸上限：36.0%；最小点火能：0.096 MJ；不溶于水，微溶于乙醇、酮、苯，溶于醚；对环境有危害，对水体、土壤和大气可造成污染；具有较强的麻醉作用。

急性中毒:吸入高浓度乙烯可立即引起意识丧失,无明显的兴奋期,但吸入新鲜空气后,可很快苏醒;对眼及呼吸道黏膜有轻微刺激性;液态乙烯可致皮肤冻伤。

慢性中毒:长期接触,可引起头昏、全身不适、乏力、思维不集中;个别人有胃肠道功能紊乱。

乙烯在 350 ℃以下是稳定的,超过这一温度则开始分解为甲烷和乙炔,温度更高时会分解为乙烷和水。在用直接水合法合成乙醇工艺中,需要大量乙烯在有一定压力的系统中循环,因而当系统的密闭性稍有破坏时,乙烯就能与空气形成易爆混合物。

通常乙烯中含有乙炔、甲烷和乙烷等杂质,所以要求乙烯原料气的纯度在 97%～99%(体积分数),尤其对乙炔量应严格加以控制,通常为 2×10^{-5} 以下,乙炔过量会与系统中所用的铜介质生成易爆物质乙炔铜。

2) 氯乙烯

氯乙烯(VCM)在常态下是无色、易燃烧和有特殊香味的气体,加压的条件下易转变成液体。氯乙烯气体对人体有麻醉性,浓度在 20%～40%时,会使人立即致死。氯乙烯稍溶于水,在 25 ℃时,100 g 水中可溶解 0.11 g 氯乙烯;水在氯乙烯内的溶解度,在－15 ℃时,100 g 氯乙烯可溶解 0.03 g 水。氯乙烯可溶于烃类、丙酮、乙醇、含氯溶剂(如二氯乙烷)及多种有机溶剂内。

氯乙烯在室温下是气体,在生产聚氯乙烯的过程中以 0.2～1.5 MPa 的液体状态输送。其聚合过程多采用釜式反应器,间歇操作,因而在生产厂区需设置相当复杂的管道,在若干带压容器间加以输送,这样就存在着氯乙烯从带压设备内往外泄露的危险。

3) 乙炔

乙炔也称为“电石气”,为无色无臭气体,工业品有使人不愉快的大蒜气味。本品工业级纯度大于 97.5%;熔点:818 ℃(119 kPa);沸点:－83.8 ℃;相对密度($D_{水}=1$):0.62;相对密度($D_{空}=1$):0.91;饱和蒸气压:4 053 kPa(16.8 ℃);燃烧热:1 298.4 kJ/mol;临界温度:35.2 ℃;临界压力:6.14 MPa;易燃,爆炸下限:2.1%;爆炸上限:80.0%,引燃温度:305 ℃;最小点火能:0.02 MJ。

乙炔微溶于水、乙醇,溶于丙酮、氯仿、苯,是有机合成的重要原料之一,也是合成橡胶、合成纤维和塑料的单体,用于氧炔焊割。

乙炔侵入人体途径主要是吸入,具有弱麻醉作用,高浓度吸入可引起单纯窒息。

急性中毒:暴露于 20%浓度时,出现明显缺氧症状;吸入高浓度,初期兴奋、多语、哭笑不安,后出现眩晕、头痛、恶心、呕吐、共济失调、嗜睡;严重者昏迷、发绀、瞳孔对光反应消失、脉弱而不齐。当混有磷化氢、硫化氢时,毒性增大,应予注意。

亚急性和慢性毒性:动物长期吸入非致死性浓度,出现血红蛋白、网织细胞、淋巴细胞增加和中性粒细胞减少。尸检有支气管炎、肺炎、肺水肿、肝充血和脂肪浸润。

4) 环氧乙烷和环氧丙烷

环氧乙烷(EO)又名氧化乙烯,其液体本身对点火源是较安定的。但环氧乙烷的沸点为 10.7 ℃,在室温下极易汽化,它汽化所形成的蒸汽即使在绝氧的条件下遇到一般的点火器如雷汞、热铂丝等都能发生分解爆炸。其他如过热、静电、明火等也都能使 EO 蒸气发生分解爆炸,触媒床层的“热点”、发光的灼炭也可以是 EO 蒸气分解爆发的引发剂,EO 蒸气本身当温度到达 671 ℃时,也会发生自燃,所以 EO 蒸气易燃易爆,属于危险品。

EO 液的化学性质十分活泼,其环醚结构容易开裂与许多物质起加成作用。它本身也可以进行自聚、缩聚、重排及聚合等反应，尤其在某些物质的存在下，可以催化上列反应，使反应激烈进行，发生爆炸。例如，酸碱水溶液可以催化环氧乙烷液的缩聚反应而发生爆炸，氧化铝及氧化铁可以催化环氧乙烷液的重排聚合，体积十分蓬松的纯氧化铁、纯氧化铝，当其使用量超过环氧乙烷重量的 20%时，即发生爆炸。其他如胺类、无水三氯化铁、三氯化铝、四氯化锡等活性物质遇 EO 液即起激烈反应发生爆炸，所以 EO 液本身如果处置不当，也有爆炸危险。

环氧丙烷（PO）为无色液体，蒸汽压力：75.86 kPa（25 ℃），闪点：－37 ℃，熔点：－104.4 ℃，沸点：33.9 ℃，溶于水、乙醇、乙醚等多数有机溶剂，相对密度($D_{水}=1$)：0.83，相对密度($D_{空}=1$)：2.0。

如发生 PO 泄露，应迅速撤离泄漏污染区人员至安全区，并进行隔离，严格限制出入，切断火源。建议应急处理人员佩戴自给正压式呼吸器，穿着消防防护服，尽可能切断泄漏源，防止进入下水道、排洪沟等限制性空间。小量泄漏：用砂土、蛭石或其他惰性材料吸收，也可以用不燃性分散剂制成的乳液刷洗，洗液稀释后放入废水系统。大量泄漏：构筑围堤或挖坑收容，用泡沫覆盖，降低蒸气灾害。用防爆泵转移至槽车或专用收集器内，回收或运至废物处理场所处置。

EO、PO 与多元醉共聚所生成的聚醚，当在 100 ℃下储存可发生发热的氧化反应，300 ℃时发生激烈放热反应并同时强力放出气体，爆破容器。

5）丁二烯

1,3-丁二烯分子量：54.09，蒸汽压力：245.27 kPa（21 ℃），闪点：－78 ℃，熔点：－108.9 ℃，沸点：－4.5 ℃，溶于丙酮、苯、乙酸等多数有机溶剂，相对密度($D_{水}=1$)：0.62，相对密度($D_{空}=1$)：1.84。如前所述，在生产聚丁二烯过程中，丁二烯同酒精、空气混合会形成有爆炸危险的混合物。

如发生丁二烯泄漏事故，要迅速撤离泄漏污染区人员至上风处，并进行隔离，严格限制出入，切断火源。建议应急处理人员佩戴自给正压式呼吸器，穿着消防防护服，尽可能切断泄漏源，用工业覆盖层或吸附/吸收剂盖住泄漏点附近的下水道等地方，防止气体进入。合理通风，加速扩散。喷雾状水稀释、溶解。构筑围堤或挖坑收容产生的大量废水。如有可能，将泄漏的气体用排风机送至空旷地方或装设适当喷头烧掉，漏气容器要妥善处理，修复、检验后再用。

丁二烯灭火方法：首先要切断气源。若不能立即切断气源，则不允许熄灭正在燃烧的气体。喷水冷却容器，可能的话将容器从火场移至空旷处。灭火剂：雾状水、泡沫、二氧化碳、干粉。

7.8　裂解反应过程安全技术

7.8.1　概述

在高温条件下，有机化合物分子发生分解的反应过程统称为裂解。在石油化工生产中，裂解是指石油烃在隔绝空气和高温条件下分子发生分解反应而生成小分子烃类的过程。

石油化工中的裂解与石油炼制工业中的裂化有共同点，但是也有不同，其主要区别在于：一是所用的温度不同，一般大体以 600 ℃为分界，在 600 ℃以上所进行的过程为裂解，在

600 ℃以下的过程为裂化；二是生产的目的不同，前者的目的产物为乙烯、丙烯、乙炔、联产丁二烯、苯、甲苯、二甲苯等化工产品，后者的目的产物是汽油、煤油等燃料油。

在石油化工中用的最为广泛的是水蒸气热裂解，其设备为管式裂解炉。裂解反应在裂解炉的炉管内并在很高的温度（以轻柴油裂解制乙烯为例，裂解气的出口温度近800 ℃）、很短的时间内（0.7 s）完成，以防止裂解气体二次反应而使裂解炉管结焦。炉管内壁结焦会使流体阻力增加，影响生产，同时影响传热。当焦层达到一定厚度时，因炉管壁温度过高，而不能继续运行下去，必须进行清焦；否则会烧穿炉管，裂解气外泄，引起裂解炉爆炸。

7.8.2 过程危险性分析及安全技术

裂解可分为热裂解、催化裂解和加氢裂解 3 种类型，其裂解过程的安全技术要点如下：

1）热裂解

热裂解为裂解的一种，在加热和加压下进行。根据所用压力的高低，有高压热裂解和低压热裂解 2 种。高压热裂解在较低温度（450～550 ℃）和较高压力（20～70 atm）下进行；低压热裂解在较高温度（550～770 ℃）和较低压力（1～5 atm）下进行。产品有裂解气体、汽油、煤油、残油和石油焦等。

热裂解装置的主要设备有管式加热炉、分馏塔、反应塔等。管式加热炉就是用钢管做成的炉子。管子里是原料油，管外用火加热至 800～1 000 ℃使原料发生裂解。管式炉经常在高温下运转，要采用高镍铬合金钢。

热裂解生成的焦炭会沉积在加热炉管内，形成坚硬的焦层，叫做结焦。炉管结焦后，由于焦层不易传热，使加热炉效率下降，炉管出现局部过热，甚至烧穿，这种事故应尽量避免。

裂解炉炉体应有防爆门，备有蒸汽吹扫管线和灭火管线。设置紧急放空管和放空罐，防止因阀门不严或设备漏气造成事故。

处于高温下的裂解气，要直接喷水急冷。如果因停水或水压不足，或因误操作，气体压力大于水压而冷却不下来，会烧坏设备从而引起火灾。为了防止此类事故发生，应配备两路电源和水源。操作时，要保证水压大于气压，发现停水或气压大于水压时要紧急放空。

裂解后的产品多数是以液态储存，有一定的压力，故有不严之处，储槽内的物料就会散发出来，遇明火发生爆炸。高压容器和管线要求不泄漏，并应安装安全装置和事故放空装置。压缩机房应安装固定的蒸汽灭火装置，其开关设在外边易接近的地方。机械设备、管线必须安装完备的静电接地和避雷装置。

分离主要是在气相下进行的，所分离的气体均有火灾爆炸危险。如果设备系统不严密或操作错误导致可燃气体泄漏，遇火源就会燃烧或爆炸。分离都是在压力下进行的，原料经压缩机压缩都有较高的压力，若设备材质不良、误操作造成负压或超压；或者因压缩机冷却不好，设备因腐蚀、裂缝而泄漏物料，就会发生设备爆炸和油料着火。另外，分离又大都在低温下进行，操作温度有的低达－100～－30 ℃。在这样的低温条件下，如果原料气或设备系统含水，就会发生冻结堵塞，以至于引起爆炸起火。分离的物质在装置系统内流动，尤其在压力下输送，易产生静电火花，引起燃烧，因此应该有完善的消除静电的措施。分离塔设备均应安装安全阀和放空管；低压系统和高压系统之间应有止逆阀；配备固定的氮气装置、蒸汽灭火装置。发现设备有堵塞现象时，可用甲醇解冻疏通。操作过程中要严格控制温度和压力。发生事故要停车时，要停压缩机、关闭阀门，切断与其他系统的通路，并迅速开启系统放空阀，再用氮气或水蒸气、高压水等扑救。放空时应当先放液相后放气相，必要时送至火炬。

因此，热裂解过程重点需注意以下几点：

(1) 及时清焦清炭

石油烃在高温下容易生成焦和炭，黏附或沉积在裂解炉管内，使裂解炉吸热热效率下降，受热不均匀，出现局部过热，可造成炉管烧穿，大量原料烃泄漏，在炉内燃烧，最终可能引起爆炸。另外，焦炭沉积可能造成炉管堵塞，严重影响生产，并可能导致原料泄漏，引起火灾爆炸。

(2) 裂解炉防爆

为防止裂解炉在异常情况下发生爆炸，裂解炉体上应设置安装防爆门，并各有蒸气管线和灭火管线，应设置紧急放空装置。

(3) 严密注意泄漏情况

由于裂解处理的原料烃和产物易燃易爆，裂解过程本身是高温过程，一旦发生泄漏，后果会很严重，因此操作中必须严密注意设备和管线的密闭性。

(4) 保证急冷水供应

裂解后的高温产物，出炉后要立即直接喷水冷却，降低温度防止副反应继续进行。如果出现停水或水压不足，不能达到冷却目的，高温产物可能会烧坏急冷却设备而泄漏，引起火灾。万一发生停水，要有紧急放空措施。

2）催化裂解

催化裂解用于重质油的工艺，但由于常减压塔底的塔底油和渣油含有多量胶质、沥青质，在催化裂化时易生成焦炭，同时还含有金属铁、镍等。故催化裂解一般在较高温度(460～520 ℃)和 0.1～0.2 MPa 压力下进行，火灾危险性较大。若操作不当，再生器内的空气和火焰进入反应器中会引起恶性爆炸。U 形管上的小设备和小阀门较多，易漏油着火。在催化裂解过程中还会产生易燃的裂解气，以及在烧焦活化催化剂不正常时，还可能出现可燃的一氧化碳气体。

催化裂化装置主要由 3 个系统组成：

(1) 反应再生系统

反应再生系统由反应器和再生器组成。操作时最主要的是要保持它们之间的压差稳定，不能超过规定的范围，要保证两器之间催化剂有序流动，应避免倒流；否则会造成油气与空气混合发生爆炸。当压差出现较大的变化时，应迅速启动自动保护系统，关闭它们之间的阀门，同时应保持两器内的流化状态，防止“死床”。

反应再生系统是催化裂化装置中主要的组成部分，它是生产中的关键，反应过程中生成的焦炭易沉积在催化剂表面上，从而使催化剂失去活性，沉到反应器底部不断送入再生器。在再生器内通入空气烧掉焦炭，使催化剂恢复活性，再返回反应器。分馏系统的任务是把反应器送来的产物进行冷却并分馏成各种产品，主要设备有分馏塔、轻(重)柴油汽提塔。吸收稳定系统的主要任务是进行富气分离和使汽油、干气、液态烃等品质合乎要求，主要设备包括气体压缩机、吸收解吸塔、二级吸收塔、稳定塔和油气水洗、碱洗等。

(2) 分馏系统

反应正常进行时，分馏系统应保持分馏塔底部洗涤油循环，及时除去油气带入的催化剂颗粒，避免造成塔板堵塞。

(3) 吸收稳定系统

必须保证降温用水供应，一旦停水，系统压力升高到一定程度，应启动放空系统，维持整个系统压力平衡，防止设备爆炸引发火灾爆炸。

在生产过程中，这三个系统是紧密相连的整体。反应系统的变化很快地影响到分馏和吸收稳定系统，后两个系统的变化反过来又影响到反应部分。在反应器和再生器间，催化剂悬浮在气流中，整个床层温度要保持均匀，避免局部过热造成事故。

正常操作时，主风量和进料量不能低于流化所需的最低值，否则应通入一定量的事故蒸汽，以保持系统内正常的流化状态，保证压差的稳定。当主风量由于某种原因停止时，应自动切断反应器进料，同时启动主风与原料及增压风自动保护系统，向再生器与反应器、提升管内通入流化介质，而原料经事故旁通线进入回炼罐或分馏塔，切断进料并保持系统的热量。

在反应正常进行时，分馏系统要保持分馏塔底油浆经常循环，防止催化剂从油气管线进入分馏塔被携带到塔盘上及后面系统，造成塔盘堵塞。要防止因回流过多或过少引起的憋压或冲塔现象。切断进料以后，加热炉应根据情况适当减火，防止炉管结焦和烧坏，再生器也应防止在稀相层发生二次燃烧，因这种燃烧而撤出大量的热量会损坏设备。

降温循环用水应充分，降温用水若因故中断，应立即采取减量降温措施。防止各回流冷却器油温急剧上升，造成油罐突沸；同时还应注意冷却水量突然加大，造成急冷，容易损坏设备。若系统压力上升较高时，必要时可启动气压放空火炬，维持反应系统压力平衡，应备有单独的供水系统。

催化裂化装置关键设备应当备有两路以上的供电，自动切换装置应经常检查，保持灵敏好用，当其中一路停电时，另一路能在几秒钟内自动合闸送电，保持装置的正常运行。

3）加氢裂解

加氢裂解是 20 世纪 60 年代发展起来的工艺，其特点是在有催化剂和氢气存在时，使重质油通过裂解反应转化为质量较好的汽油、煤油和柴油等轻质油。它与催化裂解不同的是在进行催化裂解反应时，同时伴有烃类加氢反应、异构化反应等，所以叫做加氢裂解。

加氢裂解反应需要消耗大量氢气，其用量为原料质量的 2.5～4.09 倍，通常需配有制氢装置。制氢的方法很多，目前国内多采用烃类水蒸气转化法，原料为气体烃，在高温及催化剂的作用下与水蒸气发生反应，即可得到氧气及二氧化碳。

加氢裂解装置有多种类型，按照反应器中催化剂的放置方式不同可分为周定床、沸腾床等。反应器是加氢裂解装置最主要的设备之一，目前新建加氢裂解装置所用反应器，多数都是壁厚大于 179 mm、直径大于 3 000 mm、高度大于 20 000 mm、质量超过 500 t 的大型反应器，可承受 110 kgf/cm^2 以上的压力和 400～510 ℃的高温。由于反应温度和压力均较高，又接触大量氢气，火灾爆炸危险性较大。加热炉平稳操作对整个装置安全运行十分重要，要防止设备局部过热，防止加热炉的炉管烧穿或者高温管线、反应器漏气而引起燃烧。氢气在高温高压(温度：>221 ℃，分压：>1.43 MPa)情况下，会对金属产生氢脆和氢腐蚀，使碳钢硬度增大而降低强度，如设备或管道检查或更换不及时，就会在高压(10～15 MPa)下发生设备爆炸。另外，加氢是强烈的放热反应，反应器必须通低温氢以控制温度。因此，要加强对设备的检查，定期更换管道、设备，防止氢脆造成事故；加热炉要平稳操作，防止设备局部过热，防止加热炉的炉管烧穿。

裂解炉运转中,一些外界因素可能危及裂解炉的安全。其安全技术要点包括:

(1) 引风机故障的预防

引风机是不断排除炉内烟气的装置。在裂解炉正常运行中,如果由于断电或引风机机械故障而使引风机突然停转,则炉膛内很快变成正压,会从窥视孔或烧嘴等处向外喷火,严重时会引起炉膛爆炸。为此,必须设置联锁装置,一旦引风机故障停车,则裂解炉自动停止进料并切断燃料供应,但应继续供应稀释蒸汽,以带走炉膛内的余热。

(2) 燃料气压力降低的控制

裂解炉正常运行中,如燃料系统大幅度波动,燃料气压力过低,则可能造成裂解炉烧嘴回火,使烧嘴烧坏,甚至会引起爆炸。

裂解炉采用燃料油作燃料时,如燃料油的压力降低,也会使油嘴回火。因此,当燃料油压降低时应自动切断燃料油的供应,同时停止进料。

当裂解炉同时用油和气为燃料时,如果油压降低,则在切断燃料油的同时,将燃料气切入烧嘴,裂解炉可继续维持运转。

(3) 其他公用工程故障的防范

裂解炉其他公用工程(如锅炉给水)中断,则废热锅炉汽包液面迅速下降,如不及时停炉,必然会使废热锅炉炉管、裂解炉对流段锅炉给水预热管损坏。此外,水、电、蒸汽出现故障,均能使裂解炉发生事故。在此情况下,裂解炉应能自动停车。

4) 裂解法生产氰化钠的工艺过程安全分析

下面以裂解法生产氰化钠的工艺过程为例,分析裂解过程的安全技术要点。

氰化钠属剧毒危险化学品,主要用于冶金、电镀、医药及一些精细化工生产。由于该生产工艺中采用的原料、中间产品和最终产品多为易燃易爆或剧毒有害物质,生产操作中潜在的危险性较大。

轻油裂解法生产氰化钠工艺流程,如图7.11所示。所用主要原料为轻油(或汽油)、液氨和烧碱。产品为液体氰化钠(简称液氰)、固体氰化钠(简称固氰)。生产过程主要分为3个阶段:氰化氢气体的制备与净化、液氰制备、固氰制备。

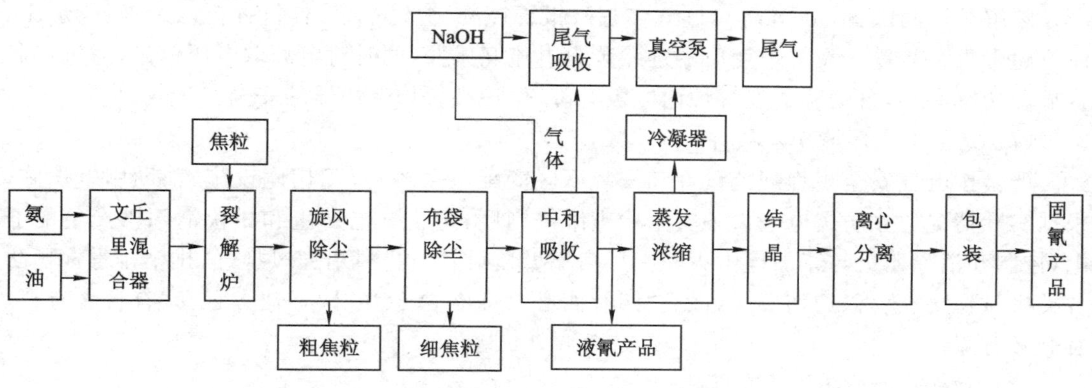

图7.11 轻油裂解法生产氰化钠工艺流程

裂解法生产氰化钠的工艺过程安全技术措施与安全管理措施主要有:

(1) 设置安全区域,实施有效隔离

远离人口密集区、大型公共设施、水源保护区、苗种基地、风景名胜区、自然保护区建厂,避免在重大危险源密集区域建厂。厂内按生产区、生活综合区实行有效分隔。对汽油及氨储存装置、裂解炉、裂解炉变压器等有可能产生重大危险危害的设备、装置、场所，严格按照国家有关规定保持相应的安全距离，控制危害范围，减少相互影响。在生产区内设置安全区和安全疏散通道，保证紧急状况下相关人员可沿着具有明确标志的路线安全撤离。

(2) 确保建筑物安全

汽油库、氨库、裂解炉车间独立设置，并采用敞开或半敞开式结构。对不得已而使用的封闭式厂房，按照《建筑设计防火规范》的要求设置足够的泄压面积，采用轻质屋盖和外开式门窗。此类厂房内不设办公室、休息室。H_2、NH_3 和 HCN 气体密度比空气小，易积聚在厂房顶部，故保证顶棚尽量平整，避免死角，并在屋顶每两个隔梁之间的最高处设置排气孔，装设防爆型排气扇。

(3) 实现密闭化运行，防止或减少泄漏

裂解炉及后续炉气净化、吸收系统采用全密闭设备、管道，在微负压条件下运行；对裂解炉电极与炉体进行有效密封，在石油焦粒加料口及除尘器灰斗处设置锁气隔离阀，防止空气吸入；在裂解炉出口管路上设置短路排放烟囱，供紧急处理需要；设置备用电源为紧急状态下提供动力，防止突然停电时炉气外逸，维持裂解炉冷却水循环不息；液氰罐区设置围堰，备倒装罐和储液池，防止泄漏。

(4) 提高自动化或机械化水平，减少职工与危险有害物质的直接接触

对裂解炉等危险性大的生产装置，其流量、温度、压力、电流等重要参数，采用自动调节和联锁保护控制(目前，有些企业基本靠手工操作，易发生人为失误)；固氰生产单元中氰化钠含量最高，在固氰分离和包装中的加料、卸料、转运等环节若完全依靠人力，不仅劳动强度大，而且直接接触剧毒物料，应采用密闭化和机械化操作，不过分依赖个体防护。

(5) 设置氮气保护

裂解炉设置氮气保护装置，特别是在开、停车及检修过程中，进行氮气置换炉气，防止发生燃烧爆炸或中毒危险。

(6) 配置自动检测、报警控制系统

裂解炉车间配置 HCN 等可燃气体超限报警控制、炉气系统、含量分析以及炉温、炉压、液位超限报警装置。裂解炉变压器进线装设电流互感器，同时对电源取电压信号，通过控制台显示功率大小，自动调节裂解炉内电极升降，保护裂解炉变压器的安全。

(7) 完善生产环境作业条件

严格按电气安全规程规范设计和安装厂区变配电系统、车间用电设施、辅助用电设施，根据实际情况建立防爆电气设备安全检查维修制度，防止静电产生和尽快消除已产生的静电，控制和消除明火与摩擦撞击火花。厂房墙壁装设轴流排风扇通风换气，排尘排毒。预防各类机械伤害、坠落、灼伤事故，做到“四有四必”，即有轮必有罩、有轴必有套、有台必有栏、有洞必有盖。

(8) 配备完善消防灭火系统

设有消防水源，配置手提式、推车式消防灭火器材，配备消防砂、消防锹等。

(9) 加强特种设置的安全管理

建立锅炉压力容器等特种设备台账和司炉工档案，指派专人进行管理。制定特种设备安全管理制度，严格按有关规定进行注册登记和检验，确保特种设备安全运行。

(10) 确保重点工序的安全操作

裂解炉运行中内电极表面常常沉积细灰，清灰时，电极不能及时冷却，易产生爆鸣。因此，清理积灰是重要工序和经常性操作，危险性极大。在清理积灰前，按顺序先后停止供油、供氨、供电等，将炉气置换后，再打开清炭孔进行清灰操作。

(11) 严格控制“三废”排放

裂解炉尾气中含有大量氢气，除回收外，可设置火炬，采用放空燃烧法处理。除尘器排出的碳粉及裂解炉产生的石油焦渣均有毒性，采用焚烧法处理。设置大容量多级式积水池，对生产区地表有毒污水进行汇积处理，防止污染周边环境。

(12) 加强个体防护

尘毒危害岗位职工配备有相应的防毒口罩、防护眼镜等个体防护用品，车间配置事故柜，备置防毒面具、长管呼吸器、硼酸水、口服液、注射液等急救药品以及冲洗水源，严格实行洗浴与更衣制度。

(13) 严格安全管理

根据危险化学品的不同特点，建立健全安全管理机构，采用不同的储存方式，实行双人收发、双人双锁保管制度，出入库严格核查登记。

7.8.3　介质危险性分析

以裂解法生产氰化钠的工艺过程为例来分析介质的危险性。

1) 火灾爆炸危险性

生产中火灾爆炸危险性大且数量多的物料，主要有汽油、氨、氢气、氰化氢。其部分理化参数见表 7.3。

表 7.3　主要火灾爆炸危险物料的燃烧爆炸特性

物料	沸点/℃	自燃点/℃	闪点/℃	爆炸极限/%	火险类别
汽油	40～200	415～530	<28	1.3～6.0	甲类
氨	−33.5	651	—	15.7～27.4	乙类
氢气	−252.8	560	—	4.1～74.2	甲类
氰化氢	25.7	538	−17.8	5.6～40	甲类

汽油库、氨库、高位汽油箱、氨汽化器储存较多的易燃易爆物质，正常情况下就有可燃蒸气散发出来。若设备、设施存在隐患或操作不当，可能发生化学性爆炸。

裂解反应在高温和微负压下进行。裂解炉区属甲类火灾危险区，裂解反应温度均高于表 7.3 所列物料的自燃点，易燃易爆物质和高温火源 2 个爆炸要素已不可排除。若设备、管线和阀门等处密封不良，漏进空气或发生外泄，均有发生化学性爆炸的危险。

裂解炉变压器(占固定资产比例较大)中的变压器油重 3 t 左右，相电流在 2 000～3 000 A。若炉内石油焦渣过量注入，淹没电极，或电极表面沉积的细灰长期得不到清除，易使相间短路，相电流急剧增大，油温升高，有可能使变压器炸裂，随即引发火灾。

在用锅炉压力容器，出现设备故障或操作失误时有可能发生物理性爆炸。

2) 中毒危险性

生产过程中主要有毒有害物料种类、分布及危害性，见表 7.4。由表 7.4 可见，剧毒物质氰化氢和氰化钠在厂区分布广泛。剧毒气体 HCN 作为中间产物，主要存在于 HCN 制备与净化单元和液氰制备单元；在固氰制备单元和固氰库房中，NaCN 易吸收空气中的水气和 CO_2，释放出 HCN 剧毒气体。有毒物质的泄漏、飞溅均会对人造成不同程度的毒害。

表 7.4　主要有毒有害物料种类、危害性

物　料	危害情况		
	主要危害性质	毒物危害级别	容许浓度/($mg \cdot m^{-3}$)
氰化氢	剧毒、弱酸性、可爆	Ⅰ级(极度危害)	0.3
氰化钠	剧毒	Ⅰ级(极度危害)	0.3
氢氧化钠	强碱、强腐蚀性	Ⅳ级(轻度危害)	0.5
氨	毒、刺激性、腐蚀性、可爆	Ⅳ级(轻度危害)	30
汽　油	毒、麻醉性、去脂、易燃易爆	Ⅳ级(轻度危害)	300

3）粉尘危害

裂解炉气夹带的炭粉，由于和 HCN 接触，吸附 HCN，毒性很大。生产中定期或不定期排放炭粉时会飘浮于作业场所空气中，导致中毒。固氰生产车间和固氰库房存在剧毒氰化钠粉尘。

4）灼伤危险性

存在 2 类灼伤：一类是化学灼伤，一类是高温灼伤。生产中大量使用了氢氧化钠、液氨等碱性物质，容易对皮肤、眼睛、呼吸道造成伤害；生产系统中的高温设备装置管道若不采取隔热防护措施，也有被灼伤的危险。

7.9　硝化反应过程安全技术

7.9.1　概述

硝化通常是指在有机化合物分子中引入硝基($-NO_2$)，取代氢原子而生成硝基化合物的反应。如甲苯硝化生产梯恩梯(TNT)、苯硝化制取硝基苯、甘油硝化制取硝酸甘油等。例如：

$$C_6H_6 + HNO_3 \xrightarrow{H_2SO_4} C_6H_5-NO_2$$

硝化反应使用硝酸作硝化剂，浓硫酸为触媒，也有使用氧化氮气体作为硝化剂的。一般硝化反应是先把硝酸和硫酸配成混酸，然后在严格控制温度的条件下将混酸滴入反应器，进行硝化反应。

7.9.2　过程危险性分析及安全技术

1）混酸配制的安全

硝化多采用混酸，混酸中硫酸量与水量的比例应当计算(在进行浓硫酸稀释时，不可将水注入酸中，因为水的相对密度比浓硫酸低，上层的水被溶解放出的热加热沸腾，引起四处飞溅，造成事故)，混酸中硝酸量不应少于理论需要量，实际上可稍稍过量 1%～10%。

在配制混酸时可用压缩空气进行搅拌，也可机械搅拌或用循环泵搅拌。用压缩空气不如机械搅拌好，有时会带入水或油类，并且酸易被夹带出去造成损失。酸类化合物混合时中，放出大量的稀释热，温度可达到 90 ℃或更高。在该温度下，硝酸部分分解为二氧化氯和水，假若有部分硝基物生成，高温下可能引起爆炸，所以必须进行冷却。机械搅拌或循环搅拌可以起到一定的冷却作用。由于制备好的混酸具有强烈的氧化性能，因此应防止和其他易燃物接触，避免因强烈氧化而引起自燃。

2）硝化反应器的安全

搅拌式反应器是常用的硝化设备，这种设备由锅体（或釜体）、搅拌器、传动装置、夹套和蛇管组成，一般是间歇操作。颇具代表性的硝化反应器有 2 种，即德国 Schmid-Meissmer 设计的硝化反应器（图 7.12）和瑞士 M. Biazzi 设计的硝化反应器（图 7.13）。物料由上部加入锅内，在搅拌条件下迅速地与原料混合并进行硝化反应。如果需要加热，可在夹套或蛇管内通入蒸汽；如果需要冷却，可通冷却水或冷冻剂。

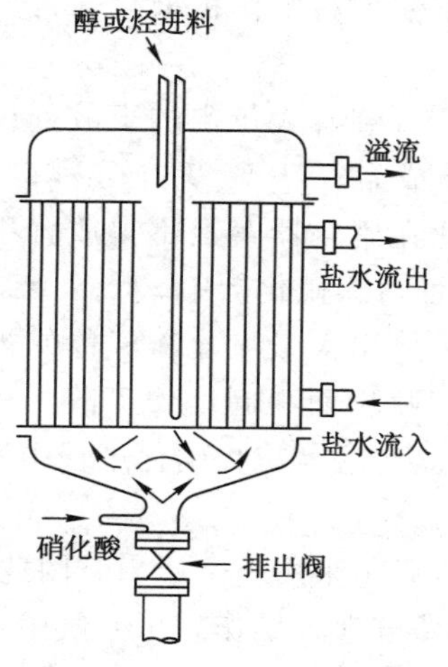

图 7.12　Schmid-Meissmer 硝化反应器示意图

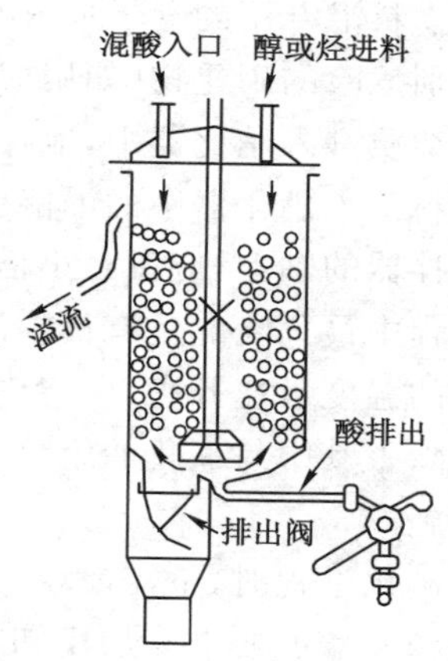

图 7.13　M. Biazzi 硝化反应器示意图

为了扩大冷却面，通常是将侧面的器壁做成波浪形，并在设备的盖上装有附加的冷却装置。这种硝化器里面常有推进式搅拌器，并附有扩散圈，在设备底部某处制成一个凹形并装有压出管，以保证压料时能将物料全部泄出。

采用多段式硝化器可使硝化过程达到连续化。连续硝化不仅可以显著地减少能量的消耗，也可以由于每次投料少，减少爆炸中毒的危险，为硝化过程的自动化和机械化创造了条件。

硝化器夹套中冷却水压力微呈负压，在进水管上必须安装压力计，在进水管及排水管上都需要安装温度计。应严防冷却水因夹套焊缝腐蚀而漏入硝化物中，因硝化物遇到水后温度急剧上升，反应进行很快，可分解产生气体物质而发生爆炸。

为便于检查，在废水排出管中应安装电导自动报警器。当管中进入极少的酸时，水的电导率即会发生变化，此时发出报警信号。另外，对流入及流出水的温度和流量也要特别注意。

3）硝化过程的安全

为了严格控制硝化反应温度，应控制好加料速度，硝化剂加料应采用双重阀门控制。设置必要的冷却水源备用系统，反应中应持续搅拌，保持物料混合良好，并备有保护性气体（惰性气体氮等）搅拌和人工搅拌的辅助设施。搅拌机应当有自动启动的备用电源，以防止机械搅拌在突然断电时停止而引起事故。搅拌轴采用硫酸做润滑剂，温度套管用硫酸做导热剂，不可使用普通机械油或甘油，防止机油或甘油被硝化而形成爆炸性物质。

硝化器应附设相当容积的紧急放料槽，准备在万一发生事故时，立即将料放出。放料阀可采用自动控制的气动阀和手动阀并用。硝化器上的加料口关闭时，为了排出设备中的气体，应安装可移动的排气罩。设备应采用抽气法或利用带有铝制透平的防爆型通风机进行通风。

温度控制是硝化反应安全的基础，应当安装温度自动调节装置，防止超温发生爆炸。

取样时可能发生烧伤事故，为了使取样操作机械化，应安装特制的真空仪器，此外最好还要安装自动酸度记录仪。取样时应当防止未完全硝化的产物突然着火，例如：当搅拌器下面的硝化物被放出时，未起反应的硝酸可能与被硝化产物发生反应等。

向硝化器中加入固体物质，必须采用漏斗或翻斗车使加料工作机械化。自加料器上部的平台上将物料沿专用的管子加入硝化器中。

对于特别危险的硝化物（如硝酸甘油），则需将其放入装有大量水的事故处理槽中。为了防止外界杂质进入硝化器中，应仔细检查硝化器中半成品。

由于填料落入硝化器中的油能引起爆炸事故，因此在硝化器盖上不得放置用油浸过的填料。在搅拌器的轴上，应备有小槽，以防止齿轮上的油落入硝化器中。

硝化过程中最危险的是有机物质的氧化，其特点是放出大量氧化氮气体的褐色蒸气以及使混合物的温度迅速升高，引起硝化混合物从设备中喷出而引起爆炸事故。仔细配制反应混合物并除去其中易氧化的组分、调节温度及连续混合，这是防止硝化过程中发生氧化作用的主要措施。

在进行硝化过程时，不需要压力，但在卸出物料时，必须采用一定压力。因此，硝化器应符合加压操作容器的要求。加压卸料时可能造成有害蒸气泄入操作厂房空气中，造成事故。为了防止此类事件的发生，可用真空卸料。装料口经常打开或者用手进行装料，特别是在压出物料时，都可能散发出大量蒸气，应当采用密闭化措施。由于设备易腐蚀，必须经常检修更换零部件，这也可能引起人身事故。

由于硝基化合物具有爆炸性，因此必须特别注意处理此类物质过程中的危险性。例如，二硝基苯酚甚至在高温下也无多大的危险，但当形成二硝基苯酚盐时，则变为非常危险的物质。三硝基苯酚盐（特别是铅盐）的爆炸力是很大的，在蒸馏硝基化合物（如硝基甲苯）时，必须特别小心。因蒸馏在真空下进行，硝基甲苯蒸馏后余下的热残渣能发生爆炸，这是由于热残渣与空气中氧相互作用的结果。

硝化设备应确保严密不漏，防止硝化物料溅到蒸汽管道等高温表面上而引起爆炸或燃烧。当管道堵塞时，可用蒸汽加温疏通，千万不能用金属棒敲打或明火加热。

车间内禁止带入火种，电气设备要防爆。当设备需动火检修时，应拆卸设备和管道，并移至车间外安全地点，用蒸汽反复冲刷残留物质，经分析合格后，方可施焊。需要报废的管道，应专门处理后堆放起来，不可随便拿用，避免意外事故发生。

7.9.3 介质危险性分析

1）硝酸

硝酸是一种强酸，其分子式为 HNO_3，相对分子质量为 63，纯硝酸（100%）是具有强烈刺激性带有酸味的无色液体，41.2 ℃时凝结成白雪状结晶。工业制得的硝酸因溶有氮的氧化物，故呈现黄色，将硝酸置于空气中，会有烟雾生成。硝酸溶液的密度随硝酸的浓度增加而增加，随温度上升而下降，所以工厂中利用测量硝酸的温度及密度来检查稀硝酸的浓度，100％硝酸的密度最大。

硝酸的化学性质极为活泼，是强氧化剂。在光照射下，即使是常温，无水硝酸亦能部分分解。

$$4HNO_3 \longrightarrow 4NO_2 + 2H_2O + O_2$$

硝酸对有机物（如动物、植物）有很大破坏作用，这是因为有机物能促进硝酸的氧化作用。当植物的纤维与硝酸作用时，有时会发生燃烧。硝酸对人的眼睛、皮肤等具有强烈的伤害作用，从事硝酸生产的人员要注意安全。

硝酸与盐酸按 1∶3 组成的混合酸溶液，俗称“王水”，能溶解金和铂。

硝酸能与许多金属作用，放出氮氧化物；当无氯气存在时，硝酸不能与金、铂、铑、铱、钽、钛等作用。但某些金属（如铝）却能耐浓硝酸的腐蚀，其原因是浓硝酸与铝作用后，生成一层氧化保护膜，这种膜可以将浓硝酸同金属相隔开，防止金属继续遭腐蚀，但随着酸浓度的降低，氧化作用减弱，不能生成具有保护性的氧化膜，故金属铝不能作为储存稀硝酸的材质。

随着温度增加，硝酸的腐蚀性增加。即使对于不锈钢，也是如此。

硝酸生产中要求所用的硝酸浓度是 43％～47％，硝酸浓度过稀，中和热少，且因含水太多，会使蒸发过程的负荷增加，蒸汽消耗量也要增加，并会使蒸发过程的氮损失增加。

硝酸中不允许含有氯离子（Cl^-）和铁离子（Fe^{3+}），因为有氯离子的存在会使不锈钢的腐蚀加快，同时氯离子对硝铵的稳定性也有不利的影响。如果同时含油，Cl^- 是硝铵溶液发生均相分解爆炸的催化剂。

铁离子的存在会使硝酸成品的外观呈现棕红色，不稳定，在空气中很快转变为二氧化氮产生刺激作用。氮氧化物主要损害呼吸道，吸入初期仅有轻微的眼及呼吸道刺激症状，如咽部不适、干咳等。常经数小时至十几小时或更长时间潜伏期后发生迟发性肺水肿、成人呼吸窘迫综合征，出现胸闷、呼吸窘迫、咳嗽、咳泡沫痰、发绀等，可并发气胸及纵隔气肿。肺水肿消退后 2 周左右可出现迟发性阻塞性细支气管炎。氧化亚氮浓度高可致高铁血红蛋白血症。

慢性影响：主要表现为神经衰弱综合征及慢性呼吸道炎症。个别病例出现肺纤维化，可引起牙齿酸蚀症。

2）硫酸

硫酸是重要的基础化工原料之一，是化学工业中最重要的产品，广泛用于化工、轻工、纺织、冶金、石油化工、医药等行业。由于硫酸是《危险化学品名录》中第 8 类酸性腐蚀品，所以硫酸生产所涉及的化学物质及工艺过程具有安全风险，必须进行生产危险性分析和采取安全防范措施。

纯硫酸是一种无色无味油状液体。常用的浓硫酸中 H_2SO_4 的质量分数为 98.3％，其密度为 1.84 g/cm^3，硫酸是高沸点难挥发的强酸，易溶于水，能以任意比与水混溶，浓硫酸溶解时放出大量的热。浓硫酸本身不燃烧，但化学性质活泼，是一种强氧化剂，能与很多可燃性、还原性物质剧烈反应，放出高热并可能引起燃烧。稀硫酸具有还原性，与金属会反应放出氢气，引起爆炸。硫酸属中等毒性物质，最高容许质量浓度为 2 mg/m^3。

硫酸具有很强的腐蚀性，能严重灼伤眼睛并造成失明的危险，对皮肤有刺激性，会引起皮炎或灼伤。因此，硫酸的主要危险特性为化学活泼性和强腐蚀性，有可能引起燃烧、爆炸和人体伤害。

（1）硫酸防火防爆措施

① 在各工段设置压力、温度、液位、流量、组分等报警设施，严格监控各指标在设计范围内，特别要加强沸腾炉配料及沸腾炉工艺指标管理，防止爆炸性气体产生。

② 根据《建筑设计防火规范》（GB 50016—2006），硫酸生产、储存及使用厂房为乙类火灾危险，故装置设计时应符合有关乙类厂房的耐火等级、面积和平面布置防火间距及安全疏散要求。

③ 设置火灾报警系统。在控制室内设置火灾自动报警控制器，电源接自仪表 UPS 电源柜上。在控制室、机柜间、机柜间活动地板下、高低压配电室、变压器室等重要及有火灾危险场所设感温/感烟探测器，在其出入通道口及楼梯间设手动报警按钮，以便在发现火情时能及时报警。

④ 锅炉及压力管道严格按照特种设备安全技术规范安装必要的安全附件，如安全阀等，并执行特种设备质量监督和安全监察规定。

⑤ 在装置区设置消防给水管网和消火栓，并按规定设置一定数量的灭火器。

⑥ 按标准规定确定电气设施及工具的防爆级别。

⑦ 特别防范硫酸储罐及管道可能引发的爆炸危险。维护硫酸储罐、管道时，要特别注意充分置换，分析储罐内的氢含量并采取相应的安全措施，避免维修动火引起的火灾、爆炸事故。

（2）防中毒措施

① 对于 SO_2，SO_3 有毒气体，硫酸装置采用露天布置，并用密闭管道输送。

② 设置有毒气体浓度检测报警仪（SO_2，SO_3）。

③ 加强操作工人防护措施，从事有粉尘、有毒介质作业的工人上岗时应穿戴工作服，佩戴防尘口罩及防尘工作帽、防护眼镜和防护手套，进入高浓度作业区时应佩戴防毒面具，车间常备救护用具及药品。

（3）防腐蚀措施

① 对设备、管道选用相应耐腐蚀材料，如净化工段气体管道采用玻璃钢，稀酸管道应用钢衬 PO 管，浓硫酸管道采用钢衬聚四氟乙烯管或带阳极保护不锈钢管道。对有防腐蚀要求的梯子、栏杆、平台、地坪，采用外涂防腐涂料和铺砌耐酸砖。

② 现场电气设备均按环境要求选择相应级别的防腐型和户外防腐型。

③ 在现场设置冲洗水管，对泄漏的少量硫酸进行及时冲洗，并及时堵漏。硫酸储罐周围设置围堰，围堰内的有效容积不应小于最大储罐的容积，并设置事故池，其上设导液管（沟），使溢漏液体能顺利地流出事故区并自流入存液池内。

（4）防灼伤、烫伤措施

① 在净化工段、干吸工段、装酸区设置冲洗管、洗眼器。当以上硫酸物料泄漏、喷射伤人时，可及时应急冲洗处理。

② 对产生高温的设备、管道，均采取保温隔热措施，在高温操作岗位设置机械通风。

复习思考题

7.1　化工工艺过程的特点及危险性有哪些？

7.2　氧化反应和过氧化反应过程各有什么特点？其相同点表现在什么地方？分别应采取哪些安全技术措施来控制反应工艺过程？

7.3　食盐电解过程中存在哪些危险？应采取的相应的对策措施是什么？

7.4　工业聚合反应釜的安全技术要点有哪些？乙烯聚合、氯乙烯聚合、EO和PO聚合及丁二烯聚合过程中存在的危险分别是什么？需要采取哪些安全技术措施？

7.5　热裂解、催化裂解和加氢裂解过程中各有什么安全技术措施？

7.6　硝化反应存在的危险性有哪些？其影响因素表现在哪几方面？需要采取哪些安全技术措施？

第 8 章 化工设备安全技术

8.1 压力容器安全技术

压力容器是工业生产中不可缺少的一种设备。压力容器不仅数量多，增长速度快，而且类型复杂，发生事故的可能性较大。

压力容器范围规定为最高工作压力大于或等于0.1 MPa(表压力)，容积大于25 L，且压力与容积的乘积大于或等于2.5 MPa·L的气体、液化气体和最高工作温度高于标准沸点的液体的固定式容器和移动式容器；盛装公称工作压力大于或高于0.2 MPa(表压力)，且压力与容积大于或等于1.0 MPa·L的气体、液化气体和标准沸点等于或低于60 ℃液体的气瓶、氧舱等。压力容器的含义包括其附属的安全附件、安全保护装置和与安全保护装置相关的设施。

8.1.1 压力容器及配件

1) 压力容器的分类

压力容器的形式繁多，常见的分类方法有以下几种：

(1) 按压力分类

按所承受压力的高低，压力容器可分为低压、中压、高压、超压4个等级。具体划分如下：

低压容器：0.1 MPa $\leqslant p<$ 1.6 MPa；中压容器：1.6 MPa $\leqslant p<$ 10 MPa；高压容器：10 MPa $\leqslant p<$ 100 MPa；超高压容器：$p\geqslant$ 100 MPa。

(2) 按壳体承压方式分类

按壳体承压方式不同，压力容器可分为内压(壳体内部承受介质压力)容器和外压(壳体外部承受介质压力)容器2类。它们是截然不同的，其差别首先反映在设计原理上，内压容器壁厚是根据强度指标确定的，而外压容器设计则主要考虑稳定性问题。其次，反映在安全性上，外压容器一般较内压容器安全。

(3) 按设计温度分类

按设计温度的高低，压力容器可分为低温容器($t\leqslant -20$ ℃)、常温容器(-20 ℃ $<t<$ 450 ℃)和高温容器($t\geqslant 450$ ℃)。

(4)从安全技术管理角度分类

按安全技术管理分类，压力容器可分为固定式容器和移动式容器2大类。

固定式容器是指设备有固定的安装和使用地点，工艺条件和使用操作人员也比较固定，一般不是单独装设，而是用管道与其他设备相连接的容器，如合成塔、蒸球、管壳式余热锅炉、热交换器、分离器等。

移动式容器是指一种储存容器，如气瓶、汽车槽车等，其主要用途是装运有压力的气体。这类容器无固定使用地点，一般也没有专职的使用操作人员，使用环境经常变迁，管理比较复杂，易发生事故。

(5) 按其作用原理分类

按生产工艺过程中的作用原理分类，压力容器可分为反应容器、换热容器、分离容器和储运容器。

① 反应压力容器：用于完成介质的物理、化学反应的压力容器，如反应器、反应釜、分解锅、氯化罐、分解塔、聚合釜、高压釜等。这类容器的代号为 R。

② 换热压力容器：用于完成介质的热量交换的压力容器，如管壳式余热锅炉、热交换器、冷却器、冷凝器、蒸发器、加热器、消毒锅、染色器、烘缸、蒸炒锅、预热锅、溶剂预热器、蒸锅、蒸脱机等。这类容器的代号为 E。

③ 分离压力容器：用于完成介质的流体压力平衡缓冲和气体净化分离的压力容器，如分离器、过滤器、集油器、缓冲罐、洗涤器、吸收塔、铜洗塔、干燥塔等。这类容器的代号为 S。

④ 储存压力容器：用于储存、盛装气体、液体、液化气体等介质的压力容器，如各种形式的储罐。这类容器的代号 C，其中球罐代号 B。

(6)《容规》对压力容器的分类

为有利于安全技术管理和监督检查，根据容器的压力高低、介质的危害程度以及在生产过程中的重要作用，《压力容器、金属容器安全技术监察规程》将其适用范围的容器划分为 3 类：

第三类压力容器，符合下列情况之一的，为第三类容器：高压容器；中压容器(仅限毒性程度为极高和高度危害介质)；中压储存容器(仅限易燃或毒性程度为中度危害介质，且 pV 乘积大于或等于 10 MPa · m^3)；中压反应容器(仅限易燃或毒性程度为中度危害介质，且 pV 乘积大于或等于 0.5 MPa · m^3)；低压容器(仅限毒性程度为极度和高度危害介质，且 pV 乘积大于或等于 0.2 MPa · m^3)；高压、中压管壳式余热锅炉；中压搪玻璃压力容器；使用强度级别较高(即相应标准中抗拉强度规定值下限大于等于 540 MPa)的材料制造的压力容器；移动式压力容器，包括铁路罐车(介质为液化气体、低温液体)、罐式汽车[液化气体运输(半挂)车、低温液体运输(半挂)车、永久气体运输(半挂)车]和罐式集装箱(介质为液化气体、低温液体)等；球形储罐(容积大于或等于 50 m^3)；低温液体储存容器(容积大于 5 m^3)。

第二类压力容器，符合下列情况之一的，为第二类压力容器：中压容器；低压容器(仅限毒性程度为极度和高度危害介质)；低压反应容器和低压储存容器(仅限易燃或毒性程度为中度危害介质)；低压管壳式余热锅炉；低压搪玻璃压力容器。

第一类压力容器，低压容器为第一类压力容器。

(7) 其他分类方法

按容器的壁厚，有薄壁容器(壁厚不大于容器内径的 1/10)和壁厚容器之分。按壳体的几何形状，有球形容器、圆筒形容器、圆锥形容器之分。按制造方法，有焊接容器、锻造容器、铆接容器、铸造容器及各式组合制造容器之分。按结构材料，可有钢制容器、铸铁容器、有色金属容器和非金属容器之分。按容器的安放形式，则有立式容器、卧式容器等之分。

2）压力容器的结构

压力容器结构简单，一个典型的重压圆筒形卧式储罐，其主要部件是一个能承受压力的壳体及其必要的连接件和密封件。压力容器的主要承压元件是压力容器的筒体、封头（端盖）、人孔盖、人孔法兰、人孔接管、膨胀节、开孔补偿圈、设备法兰；球罐的球壳板；换热管；M36 的设备主螺栓和公称直径大于或等于 250 mm 的接管及管法兰均作为主要受压元件、安全附件等，其是影响压力容器的主要部件。

压力容器的安全附件包括安全阀、爆破片装置、紧急切断装置、压力表、液面计、测温仪表快开门式压力容器的安全联锁装置等，且确保容器正常使用和安全运行，对超压、超温等超负荷以及不测的非正常操作起监控或保护。

3）压力容器的破坏形式

压力容器及其承压部件在使用过程中，尺寸、形状或材料性能会发生改变而完全失去或不能良好的实现原定的功能或继续使用中失去可靠性和安全性，因而需要立即停用进行修理或换掉，称为压力容器或其承压部件的失效。压力容器最常见的失效形式是破裂失效，有韧性破裂、脆性破裂、疲劳破裂、腐蚀破裂和蠕变破裂。

（1）韧性破裂

韧性破坏是指承压特种设备器壁承受过高的应力达到了器壁材料的强度极限，而发生断裂破坏。

① 韧性破裂的特点。器壁有明显的塑性变形，这是由于容器筒体器壁受力时，其环向应力比轴向应力大 1 倍，所以明显的塑性变形主要表现在承压特种设备直径增大、壁厚减薄，而轴向增长较小，从而产生“腰鼓形”变形。当容器发生韧性破坏时，圆周长的最大增长率和容积变形率达 10%～20%；韧性破坏的断口为切断形撕裂，一般呈暗灰色纤维状，断口不平齐，且与主应力方向成 40°夹角，韧性破坏时不产生碎片；韧性破坏时的爆破压力接近理论爆破压力，爆破口的大小随承压特种设备破坏时膨胀能量大小而异，释放的能量越大，爆破口越大；韧性破坏时，承压特种设备器壁的应力值很高；端口的微观形貌为韧窝花样，韧窝的实质就是一些大小不等的圆形、椭圆形凹坑，这是材料微区塑性变形后在异相点处形成空洞、长大聚集、相互连接并最后导致断裂的痕迹。

② 发生韧性破坏的原因。承压特种设备的韧性破坏只有在器壁整个截面上材料都处于屈服状态下才会发生，发生韧性破坏的主要原因：盛装液化气体的压力容器充装过程；使用中的压力容器超温超压运行；压力容器壳体选材不当；压力容器安装不符合安全要求；维护保养不当。

③ 韧性破坏的预防。在设计制造压力容器时，要选用有足够强度和厚度的材料，以保证承压特种设备在规定的工作压力下安全使用。压力容器应按核定的工艺参数运行，安全附件应安装齐全、正确，并保证灵敏可靠。

使用中加强巡回检查，严格按照工艺参数进行操作，严禁压力容器超温、超压、超负荷运行，防止过量充装。加强维护保养工作，采取有效措施防止腐蚀性介质及大气对承压特种设备的腐蚀。若发现承压特种设备器壁被严重腐蚀以致变薄或运行中器壁产生明显塑性变形时，应立即停止使用。

（2）脆性破裂

并不是所有的压力容器在破裂时都经过显著的塑性变形，有些容器在破裂后经检查并没有发现可见的塑性变形现象，而且器壁的平均应力远低于材料的强度极限。这种破裂现象和脆性材料的破裂相似，故称为脆性破裂，有时也称为低应力破裂。

① 脆性破裂特征。压力容器发生脆性破裂时，在破裂形状、断口形式等方面都具有一些与韧性破裂正好相反的特征：容器器壁几乎没有塑性变形；在应力低于材料的屈服强度时破坏；容器常常裂成碎块；断口呈金属光泽的结晶状，平直；在温度较低的情况下发生；破坏前无预兆，危害性大，难以预测。

② 产生脆性破坏的原因。产生脆性破坏的原因主要是材料的韧性差，特别是在低温时下降很快。此外，承压部件存在缺陷时，在此区域应力增强，易产生应力集中。

③ 脆性破裂的预防。防止压力容器产生脆性破裂最基本的措施是减少或消除构件的缺陷，要求材料具有很好的韧性。设计时选用在低温下仍保持较好韧性的材料；并注意设计的结构合理，在制造时采取严格的工艺措施减少应力集中；在使用中加强检验，及早发现并消除缺陷。

(3) 疲劳破裂

疲劳破裂是压力容器常见的一种破裂形式。压力容器的疲劳破裂，绝大多数属于金属的低周疲劳，即承受较高的交变应力，而应力交变的次数并不是太高。一般情况下，压力容器的承压部件在长期反复交变载荷作用下，在应力集中处产生微裂纹，随着交变载荷的继续作用，裂纹逐渐扩大，导致破裂。

① 疲劳破裂的特点。容器没有明显的塑性变形；破坏总是产生在应力集中的地方；只产生开裂，不产生碎片；从裂纹的形成、扩展到破坏有一个较为缓慢的发展过程；破坏总是经过长期的反复载荷作用后发生，应力低于抗拉强度；断面呈 2 个区域，即裂纹的形成和扩展区与脆断区。

② 疲劳破裂的预防。压力容器的疲劳破裂既然是由于反复的交变载荷以及过高的局部应力引起的，那么要防止它发生这类事故，除了在运行中尽量避免不必要的频繁加压和卸压、过分的压力波动和悬殊的温度变化等因素外，主要还在于设计时采用合理的结构。一方面要避免产生应力集中，使容器器壁的个别部位的局部应力不至于超过材料的屈服强度；另一方面，如果容器上确实难以避免地要出现较高的局部应力，则应做疲劳分析和疲劳设计。

(4) 腐蚀破裂

腐蚀破裂是指承压特种设备材料在腐蚀性介质作用下，引起承压特种设备器壁由厚变薄或材料组织结构改变、机械性能降低，使承压特种设备承载能力不够而发生的破坏，这种破坏形式称为腐蚀破裂。

压力容器的腐蚀破裂都是应力腐蚀，因为压力容器一般都承受较大的拉伸应力，而它的结构也常常难以避免地有程度不同的应力集中处，如设备的开孔、焊缝等，且容器的工作介质又常常是带腐蚀性的。压力容器的应力腐蚀破裂是指容器壳体由于受到腐蚀介质的腐蚀而产生的一种破裂形式，是在腐蚀介质和拉伸应力的共同作用下产生的。腐蚀使金属材料的有效截面积减小和表面形成缺口，产生集中应力；而应力则可加速腐蚀的进行，使表面缺口向深处扩展，最后导致断裂。所以，应力腐蚀可使压力容器在应力低于它的强度极限时破坏，应力腐蚀是种相当危险的破裂形式，因为它常常是在未被发现的情况下突然断裂而发生损坏。

① 腐蚀断裂的特点。应力既可以由载荷引起，也可以由焊接、装配或热处理引起的残余应力，引起应力腐蚀的应力必须是拉应力，且应力可大可小，极低的应力水平也可能导致

应力腐蚀破坏。纯金属不发生应力腐蚀，但几乎所有的合金在特定的腐蚀环境中都会产生应力腐蚀裂纹，极少量的合金或杂质都会使材料产生应力腐蚀。各种工程使用材料几乎都有应力腐蚀敏感性。

产生应力腐蚀的材料和腐蚀性介质之间有选择性和匹配关系，即当两者是某种特定组合时才会发生应力腐蚀。

应力腐蚀是一个电化学腐蚀过程，包括应力腐蚀裂纹萌生、稳定扩展、失稳扩展等阶段，失稳扩展即造成应力腐蚀破裂。

② 腐蚀断裂的预防。选择合适的抗腐蚀材料；采取必要的保护措施，使承压部件与腐蚀介质隔离；进行合理设计，避免高应力区；制造时制定合理的工艺，消除残余应力；使用中加强管理，定期检查维修。

(5) 蠕变破裂

蠕变是指金属材料在应力和高温的双重作用下产生的缓慢而连续的塑性变形。当承压部件长期在金属蠕变的高温下工作，壁厚会减薄，材料的强度有所降低，严重时会导致压力容器高温部件发生蠕变破裂。

产生蠕变破裂的原因主要是未选用抗蠕变性能好的合金钢来制造高温部件、结构设计不合理而使局部区域过热，制造时改变了材料的组织而降低了材料的抗蠕变能力以及由于操作或维护不当使承压部件局部过热。材料发生蠕变破裂时，一般都有明显的塑性变形，断口表面形成一层氧化膜。

预防高温承压部件蠕变破裂主要从以下几方面考虑：设计时根据使用温度选用合适的材料；合理设计结构，避免局部高温；制定正确的加工工艺，避免因加工而降低材料的抗蠕变性能；在使用中防止容器局部过热，经常维护保养，清除积垢、结碳，可有效防止蠕变破坏事故的发生。

8.1.2 锅炉安全技术

锅炉是指利用各种燃料、电或其他能源，将所盛装的液体加热到一定的参数，并承载一定压力的密闭设备，其范围规定为：容积 $V \geqslant 30$ L 的承压蒸汽锅炉；出口水压 $p \geqslant 0.1$ MPa（表压力），且额定功率 $N \geqslant 0.1$ MW 的承压热水锅炉；有机热载体锅炉。

1) 锅炉分类及其参数系列

(1) 锅炉型号

完整的锅炉型号由 3 部分组成。第一部分包括锅炉本体型式和燃烧方式的汉语拼音代号及蒸发量(t/h)；第二部分包括工作压力(MPa)和过热蒸汽温度(℃)；第三部分包括燃料品种的汉语拼音代号及设计序号。例如，型号 SHL10-13/350-W-1 表示双锅筒横置式链条炉排，蒸发量为 10 t/h，出口蒸汽压力为 13(1 275 kPa)，出口过热蒸汽温度为 350 ℃，适用于无烟煤，经过第一次修改设计制造的锅炉。锅炉本体形式、燃烧方式和燃料品种的汉语拼音代号，分别见表 8.1～表 8.3。

(2) 锅炉分类

锅炉有多种分类方式。按用途分类，分为电站锅炉、工业锅炉、机车锅炉、船舶锅炉、生活锅炉；按压力分类，分为低压锅炉、中压锅炉、高压锅炉、亚临界压力锅炉、超临界压力锅炉；按装置方式分类，分为固定式锅炉和移动式锅炉；按锅炉结构分类，分为火管锅炉、水管锅炉和水火管组合锅炉。

表 8.1　锅炉本体形式的汉语拼音代号

锅炉种类	本体形式	汉语拼音代号
蜗壳锅炉	立式水管	LS(立、水)
	立式火管	LH(立、火)
	卧式外燃	WW(卧、外)
	卧式内燃	WN(卧、内)
	卧式双火管	WS(卧、双)
水管锅炉	单锅筒立式	DL(单、横)
	单锅筒纵置式	DZ(单、纵)
	单锅筒横置式	DH(单、横)
	双锅筒纵置式	SZ(双、纵)
	双锅筒横置式	SH(双、横)
	纵横锅筒式	ZH(纵、横)
	分联箱横锅筒式	FH(分、横)
	双横锅筒式	HH(横、横)
	强制循环式	QX(强、循)

表 8.2　燃烧方式的汉语拼音代号

燃烧品种	汉语拼音代号	燃烧品种	汉语拼音代号	燃烧品种	汉语拼音代号
无烟煤	W(无)	褐煤	H(褐)	稻糠	D(稻)
贫煤	P(贫)	油	Y(油)	甘蔗渣	G(甘)
烟煤	A(烟)	气	Q(气)	煤矸石	S(矸)
劣质烟煤	L(劣)	木柴	M(木)	特种燃料和余热	

表 8.3　燃烧品种的汉语拼音代号

燃烧方式	汉语拼音代号	燃烧方式	汉语拼音代号	燃烧方式	汉语拼音代号
固定炉排	G(固)	倒转炉排加抛煤机	D(倒)	沸腾炉	F(沸)
活动手摇炉排	H(活)	振动炉排	Z(振)	半沸腾炉	B(半)
链条炉排	L(链)	下饲炉排	A(下)	室燃炉	S(室)
抛煤机	P(抛)	往复推饲炉排	W(往)	旋风炉	X(旋)

(3) 蒸汽锅炉参数系列

工业蒸汽锅炉参数系列列于表 8.4，表中的压力和温度都是出口蒸汽的额定值。

表 8.4　蒸汽锅炉参数系列

压力	MPa	0.39	0.69	0.98	1.28		1.57		2.45	
	kgf/cm²	(4)	(7)	(10)	(13)		(16)		(25)	
温度/℃		饱和	饱和	饱和	饱和	350	饱和	350	饱和	400
额定出力 /(t·h⁻¹)	0.1	△								
	0.2	△								
	0.5	△	△							
	1	△	△	△						
	2	△	△	△	△		△			
	4		△	△	△		△		△	
	6		△	△	△	△	△	△	△	△
	10		△	△	△	△	△	△	△	△
	15			△	△	△	△	△	△	△
	20			△	△		△	△	△	△
	35				△	△	△	△	△	△
	65				△		△			

(4) 锅炉常见事故及处理

① 水位异常

a. 缺水。缺水事故是最常见的锅炉事故。当锅炉水位低于最低许可水位时称为缺水。在缺水后锅筒和钢管被烧红的情况下，若大量上水，水接触到烧红的锅筒和锅管会产生大量蒸汽，压力急剧增加会导致锅炉烧坏，甚至爆炸。

引起缺水的主要原因：违规脱岗、工作疏忽、判断错误或误操作；水位测量或警报系统失灵；自动给水控制设备故障；排污不当或排污设施故障；加热面损坏；负荷骤变；炉水含盐量过大。

预防措施：严密监视水位，定期校对水位计和水位报警器，发现缺陷及时消除；注意缺水现象的观察，缺水时水位即玻璃管(板)呈白色；严重缺水时严禁向锅炉内给水；注意监视和调整给水压力和给水流量，与蒸汽流量相适应；排污应按规程规定，每开一次排污阀，时间不超过 30 s，排污后关紧阀门，并检查排污是否泄漏；监视汽水品质，控制炉水含量。

b. 满水。满水事故时锅炉水位超过了最高许可水位，也是常见事故之一。满水事故会引起蒸汽管道发生水击，易把锅炉本体、蒸汽管道和阀门振坏。此外，满水时蒸汽携带大量炉水，使蒸汽品质恶化。

引起满水的主要原因：操作人员疏忽大意，违章操作或误操作；水位计和水考克缺陷及水连管堵塞；自动给水控制设备故障或自动给水调节器失灵；锅炉负荷降低，为及时减少给水量。注：考克也叫旋塞，是锅炉或窗口上安装在液位计上的阀门。

处理措施：轻微满水时，应关小鼓风机和引风机的调节门，使燃烧减弱；停止给水，开启排污阀门放水；直到水位正常，关闭所有放水阀，恢复正常运行。严重满水时，首先应按紧急停炉程序停炉；停止给水，开启排污阀门放水；开启蒸汽母管及过热器疏水阀门，迅速疏水；水位正常后，关闭排污阀门和疏水阀门，再生火运行。

② 汽水共沸。汽水共沸是锅炉内水位波动幅度超出正常情况，水面翻腾程度异常剧烈

的一种现象。其后果是蒸汽大量带水，使蒸汽品质下降；易发生水冲击，使过热器管壁上积附盐垢，影响传热而使过热器超温，严重时会烧坏过热器而引发爆管事故。

引起汽水共腾的主要原因：锅炉水质没有达到标准；没有及时排污或排污不够，造成锅水中盐碱含量过高；锅水中油污或悬浮物过多；负荷突然增加。

处理措施：降低负荷，减少蒸发量；开启表面连续排污阀，降低锅水含盐量；适当增加下部排污量，增加给水，使锅水不断调换新水。

③ 燃烧异常。燃烧异常主要体现在烟道尾部发生二次燃烧和烟气爆炸，多发生在燃油锅炉和煤粉锅炉内。由于没有燃尽的可燃物附着在受热面上，在一定的条件下，重新着火燃烧。尾部燃烧常将省煤器、空气预热器，甚至引风机烧坏。

引起二次燃烧的原因：炭黑、煤粉、油等可燃物能够沉积在对流受热面上，这是因为燃油雾化不好，或煤粉粒度较大，不易完全燃烧而进入烟道；点火或停炉时，炉膛温度太低，易发生不完全燃烧，大量未燃烧的可燃物被烟气带入烟道；炉膛负压过大，燃料在炉膛内停留时间太短，来不及燃烧就进入尾部烟道。

尾部烟道温度过高是因为尾部受热面沾上可燃物后，传热效率低，烟气得不到冷却；可燃物在高温下氧化放热；在低负荷特别是在停炉的情况下，烟气流速很低，散热条件差，可燃物氧化产生的热量蓄积起来，温度不断升高，引起自燃。同时，烟道各部分的门、孔或风挡门不严，漏入新鲜空气助燃。

处理措施：立即停止供给燃料，实行紧急停炉，严密关闭烟道、风挡板及各门孔，防止漏风，严禁开引风机；尾部投入灭火装置或用蒸汽吹灭器进行灭火；加强锅炉的给水和排水，保证省煤器不被烧坏；待灭火后方可打开门孔进行检查。确认可以继续运行，先开启引风机10～15 min后再重新点火。

④ 承压部件损坏：

a. 锅管爆破。锅炉运行中，冷水壁管和对流管爆破是较常见的事故，性质严重，须停炉检修，甚至造成伤亡。爆破时有显著声响，爆破后有喷汽声；水位迅速下降，蒸汽压力、给水压力、排烟温度均下降；火焰发暗，燃烧不稳定或被熄灭。发生此项事故时，如仍能维持正常水位，可紧急通知有关部门后再停炉，如水位、蒸汽压力均不能保持正常，必须按程序紧急停炉。

引起锅管爆裂的原因：一般是水质不符合要求，管壁结垢或关闭受腐蚀或受飞灰磨损变薄；升火过猛，停炉过快，使锅炉受热不均匀，造成焊口破裂；下集箱积泥垢未排除，阻塞锅炉水循环，锅管得不到冷却而过热爆破。

预防措施：加强水质监督；定期检查锅管；按规定升火、停炉或防止超负荷运行。

b. 过热器管道损坏。过热器附近有蒸汽喷出的响声；蒸汽流量不正常，给水量明显增加；炉膛负压降低或产生正压，严重时从炉膛喷出蒸汽或火焰；排烟温度显著下降。

引起这类事故的原因：一般是水质不良，或水位长期偏高，过热器长期超温使用；也可能是烟气偏流使过热器局部超温；检修不良，使焊口损坏或水压试验后，管内积水。

处理措施：事故发生后，如损坏不严重，且生产需要，待备用炉启用后再停炉，但必须密切关注，不能使损坏恶化；如损坏严重，则必须立即停炉。控制水汽品质；防止热偏差；注意疏水；注意安全检修质量，即可预防这类事故。

c. 省煤器管道损坏。沸腾式省煤器出现裂纹和非沸腾式省煤器弯头法兰处泄漏是最常见的损坏事故，最易造成锅炉缺水。事故发生后，水位不正常下降；省煤器有泄漏声；省煤器下部灰斗有湿灰，严重者有水流出；省煤器出口处烟温下降。

引起事故原因：给水品质差，水中溶有氧和二氧化碳发生内腐蚀；经常积灰，潮湿而发生外腐蚀；给水温度变化大，引起管道裂缝；管道材质不好。控制给水质量，必要时装设除氧器；及时吹铲积灰；定期检查，做好维护保养工作，即可预防这类事故。

处理措施：对于沸腾式省煤器，应加大给水，降低负荷，待备用炉启用后再停炉；若不能维持正常水位，应紧急停炉；并利用旁路给水系统，尽力维持水位，但不允许打开省煤器在循环系统阀门。对于非沸腾式省煤器，应开启旁路阀门，关闭出入口的风门，使省煤器与高温烟气隔绝；打开省煤器旁路给水阀门。

(5) 锅炉安全使用

水是锅炉的主要工质一种，水质优劣直接影响着锅炉设备的安全经济运行。根据锅炉事故分析，水质不良造成的锅炉事故约占锅炉事故总数的40%以上。因此，在锅炉运行管理中，必须做好水处理及水垢的清除工作。

① 杂质危害及处理。天然水中含有大量杂质，未经处理的水应用于锅炉容易形成水垢、腐蚀锅炉、恶化蒸汽质量等。各种杂质的危害主要表现在以下几方面：

a. 氧：水中溶解氧是锅炉腐蚀的主要原因。存在于水中的氧对金属具有腐蚀作用，水温在60～80 ℃，还不足以把氧从水中驱出，而氧腐蚀速率却大大增加。水的pH值对氧腐蚀有很大影响，pH<7，促使溶解氧的腐蚀；pH>10，氧腐蚀基本停止。

b. 二氧化碳：水中的二氧化碳是使氧腐蚀加剧的催化剂。水中二氧化碳含量较高时则呈酸性反应，对金属有强烈的腐蚀作用。

c. 硫化氢：水中的硫化氢会引起锅炉的严重腐蚀。

d. 钙、镁离子：水中的钙、镁离子一般以碳酸氢盐、盐酸盐、硫酸盐的形式存在，是造成锅炉受热面结垢的主要原因。

e. 氯离子：炉水中氯根超过800～1 200 mg/L时，可造成锅炉腐蚀。

f. 二氧化硅：二氧化硅能和钙、镁离子形成非常坚硬、不易清除的水垢。

g. 硫酸根：给水中的硫酸根进入锅炉后与钙、镁离子结合，在受热面上生成石膏质水垢。

h. 其他杂质：碳酸钠、碳酸氢钠进入锅炉后，受热分解，产生氢氧化钠使炉水碱度增加，分解产物中的二氧化碳又是一种腐蚀性气体。炉水碱度过高会引起汽水共沸，并产生腐蚀。

水处理包括锅炉外水处理和锅炉内水处理2个步骤：

锅炉外水处理：天然水中的悬浮物质、胶体物质以及溶解的高分子物质，可通过凝聚、沉淀、过滤处理；水中溶解的气体可通过脱气的方法去除；水中溶解的盐类常用离子交换法和加药法等进行处理。

锅炉内水处理：向锅炉用水中投入软水药剂，把水中杂质变成排污时排掉的泥垢，防治水中杂质引起结垢。此法对低压锅炉防垢效率可达80%以上，但对压力稍高的锅炉效果不大，可作为辅助处理方法。

② 水垢的危害及清除。锅炉水垢按其主要组分可分为碳酸盐水垢、硫酸盐水垢、硅酸盐水垢和混合水垢。碳酸盐水垢主要沉积在温度和蒸发率不高的部位及省煤器、给水加热器、给水管道中；硫酸盐水垢(又称为石膏质水垢)主要积结在温度和蒸发率最高的受热面上；硅酸盐水垢主要沉积在受热强度较大的受热面上。硅酸盐水垢十分坚硬，难以清除，导热系数很小，对锅炉危害最大。由硫酸钙、碳酸钙、硅酸钙和碳酸镁、硅酸镁、铁的氧化物等

组成的水垢称为混合水垢，根据其组分的不同，性质差异很大。

水垢不仅浪费能源，而且严重地威胁着锅炉的安全。水垢的导热系数比钢材小得多，所以水垢能使传热效率明显下降，排烟温度上升，锅炉热效率降低。由于结垢，需要定期物理除垢或化学除垢，而除垢会引起机械损伤或化学腐蚀，缩短锅炉使用寿命。另外，结垢也是锅炉受热面过热变形或爆裂的主要原因。

无论采用哪种方法处理水垢，都不能绝对清除水中的杂质，在锅炉运行中不可避免地会有一个水垢生成过程。因此，除采用合理的水处理方法外，还要及时清除锅炉内产生的水垢。常用的清除水垢方法有3种：

a. 手工除垢：采用特制的刮刀、铲刀及钢丝刷等专用工具清除水垢。这种方法只适用于清除面积小、结构不紧凑的锅炉结垢，对于水管锅炉和结构紧凑的火管锅炉管束上的结垢，则不易清除。

b. 机械除垢：主要采用电动洗管器和风动除垢器。电动洗管器主要用于清除管内水垢，风动除垢器常用的空气罐和压缩空气枪。

c. 化学除垢：化学除垢常称为水垢的"化学清洗"，是目前较经济、有效、迅速的除垢方法。化学清洗是利用化学反应将水垢溶解去除的方法。清洗过程是水垢与化学清洗剂反应，不断溶解，不断用水带走的过程。由于所加的化学清洗剂及其反应性质不同，故有不同的化学清洗方法，主要有盐法、酸法、碱法、螯合剂法、氧化法、还原法、转化法等。目前使用较多的是酸法和碱法。

8.1.3 气瓶安全技术

气瓶是指在正常环境下（−40～60 ℃）可重复充气使用，公称工作压力为1.0～30 MPa（表压力），公称容积为0.4～1 000 L的盛装永久性气体、液化气体或溶解气体的移动式压力容器。

1）气瓶的分类

（1）按工作压力分类

气瓶按工作压力分为高压气瓶和低压气瓶。高压气瓶的工作压力大于8 MPa，多为30，20，15，10，8 MPa；低压气瓶的工作压力小于5 MPa，多为5，3，2，1.6，1 MPa。

（2）按容积分类

气瓶按容积分为大、中、小3种。大容积气瓶的容积为100 L$<V\leqslant$1 000 L；中容积的气瓶的容积为12 L$<V\leqslant$100 L；小容积气瓶的容积为0.4 L$<V\leqslant$12 L。

（3）按盛装介质的物理状态分类

按盛装介质的物理状态，气瓶可分为永久性气体气瓶、液化气体气瓶和溶解乙炔气瓶。

① 永久性气体气瓶。永久性气体是指临界温度低于−10 ℃，常温下呈气态的气体，如氢气、氧气、氮气、空气、一氧化碳及惰性气体。盛装永久性气体的气瓶都是在较高压力下充装气体的钢瓶，常见的压力为15 MPa，也有充装压力为20～30 MPa的。

② 液化气体气瓶。液化气体是指临界温度等于或高于−10 ℃的各种气体，它们在常温、常压下呈气态，而经加压和降温后变为液体。在这些气体中，有的临界温度较高，如硫化氢、氨、丙烷、液化石油等。气体经加压、降温液化后冲入钢瓶中，装瓶后在瓶内保持气相和液相平衡状态。这些气体的充装压力一般不超过10 MPa，常把这些气体的气瓶称为低压液化气体气瓶。有的液化气体的临界温度较低，为−10 ℃$\leqslant V\leqslant$70 ℃，如二氧化碳、氯化氢、乙烯、乙烷等，这些气体的充装压力较高，一般在12.5～15 MPa，充装后可能在环境温度的

影响下全部汽化，这类气瓶常称为高压液化气体气瓶。

③ 溶解乙炔气瓶。这种气瓶是专门用于盛装乙炔的气瓶。由于乙炔气体极不稳定，特别是在高压下，很容易聚合或分解，液化后的乙炔稍有振动即会引起爆炸，所以不能以压缩气体状态充装，必须把乙炔溶解在溶剂(常用丙酮)中，并内充满多孔物质(如硅酸钙多孔物质等)作为吸收剂。为了增加乙炔的充装量，乙炔气是以加压方式充装的。

2）钢质气瓶的结构

钢质气瓶大部分是 40 L 无缝气瓶和容积较大的焊接钢制气瓶。气瓶一般由瓶体、瓶阀、瓶帽、底座、防震圈组成。焊接钢瓶还有护罩。

(1) 瓶体

40 L 无缝气瓶的瓶体大多数用碳素钢坯经冲压、拉伸等方法制成。为了便于平衡直立，其底部用热套方法加装筒状或四角状底座。

焊接式气瓶的公称直径较大，承压较低。它由 2 个封头和 1 个筒体组成，两头含有大小护罩，是为了保护钢瓶直立的需要，护罩上开有吊孔。

(2) 瓶阀

瓶阀是气瓶的主要附件，用以控制气体的进出，因此要求其体积小，强度高、气密性好、耐用可靠。瓶阀由阀体、阀杆、阀瓣、密封件、压紧螺母、手轮以及易熔合金塞、爆破膜等组成。

(3) 瓶帽

为了保护瓶阀免受损伤，瓶阀上必须佩戴合适的瓶帽。瓶帽用钢管、可锻铸铁或球墨铸铁等材料制成。瓶帽上开有对称的排气孔，避免当瓶阀损坏时，气体由瓶帽一侧排出产生反作用力推倒气瓶。

(4) 防震圈

防震圈是由橡胶或塑料制成的厚 25～30 mm 的弹性圆圈。每个气瓶上套 2 个，当气瓶受到撞击时，能吸收能量，减轻震动并有保护瓶体标志和漆色不被磨损的作用。

(5) 气瓶的漆色和标志

为了便于识别气瓶充填气体的种类和气瓶的压力范围，避免在充装、运输、使用和定期检验时混淆而发生事故，国家对气瓶的漆色和字样做了明确的规定，见表 8.5。

表 8.5 几种常见气瓶漆色

气瓶名称	化学式	外表面颜色	字样	字样颜色	色环
氢气	H_2	深绿	氢气	红	$p=14.7$ MPa 不加色环 $p=19.8$ MPa 黄色环 1 道 $p=29.4$ MPa 黄色环 2 道
氨气	NH_3	黄	液氨	黑	
氯气	Cl_2	草绿	液氯	白	
氧气	O_2	天蓝	氧气	黑	$p=14.7$ MPa 不加色环 $p=19.6$ MPa 白色环 1 道 $p=29.4$ MPa 白色环 2 道

续表 8.5

气瓶名称	化学式	外表面颜色	字样	字样颜色	色环
空气		黑	空气	白	p=14.7 MPa 不加色环 p=19.6 MPa 白色环 1 道 p=29.4 MPa 白色环 2 道
氮气	N_2	黑	氮气	黄	
硫化氢	H_2S	白	液化硫化氢	红	
二氧化碳	CO_2	铝白	液化二氧化碳	黑	p=14.7 MPa 不加色环 p=19.6 MPa 黑色环 1 道

打在气瓶肩部的符号和数据钢印,叫做气瓶标志。各种颜色、字样、数据和标志的部位、字形等都有明确的规定。

3) 气瓶的安全管理及使用

(1) 气瓶的安全管理

气瓶是一种移动式压力容器。为了保证气瓶的安全使用,还应遵循《气瓶安全监察规程》等规定,并注意以下安全方面的要求。

气瓶的正确充装是保证气瓶安全使用的关键之一。充装不当,如气体混装、超量充装都是最危险的。

气体混装是指同一气瓶装入 2 种气体和液化气体。若是它们在适宜的条件下发生化学反应,将会造成严重的爆炸事故。最常见的混装现象是氧气等助燃气体与可燃气体混装,如原来充装可燃气(如氢气、甲烷等)的气瓶,未经过置换、清洗等处理,并且瓶内还有余气,又用来充装氧气。因此,绝不允许气体混装。

超装也是气瓶破裂爆炸的常见原因。充装过量的气瓶受到周围环境温度的影响,尤其是在夏天,会使气瓶内液化气体因升温或是体积迅速膨胀,进而瓶内压力急剧增大,造成气瓶破裂爆炸。为防止气瓶超装,应做好以下几个方面工作:充装工作应由专人负责,充装人员应定期进行安全教育和考核,认真操作,不得擅自离岗;抽空余液,核实瓶重;用于液化气体灌装的称量器具至少每 3 个月校验 1 次,所用称量器具的最大称量值为常用量值的1.5～3 倍;按瓶立卡,认真记录;灌装钢瓶应有专人负责重复过磅;装置自动计量设备,超量能自动报警并切断阀门。

(2) 气瓶的安全使用

防止气瓶受热。使用中的气瓶不应放在烈日下暴晒,不要靠近火源及高温区,距明火不应小于 10 m;不得用高压蒸汽直接喷吹气瓶;禁止用热水解冻及明火烘烤,严禁用温度超过 40 ℃的热源对气瓶加热。

气瓶立放时应采取防止倾倒的措施;开阀时要慢慢开启,防止附件升压快,产生高温;对可燃气体的气瓶,不能用钢制工具等敲击钢瓶,防止产生火花;氧气瓶的瓶阀及其附件不得沾油脂,手或手套上沾有油污后,不得操作氧气瓶。

气瓶使用到最后应留有余气,主要用以防止混入其他气体或杂质而造成事故。气瓶用于有可能产生回流(倒灌)的场合,必须有防止倒灌的装置,如单向阀、止回阀、缓冲罐等。液化石油气气瓶内的残余油气,应在有安全措施的设施上回收,不得自行处理。

加强气瓶的维护。气瓶外壁油漆层既能防腐,又是识别的标志,可防止误用和混装,要保持好漆面的完整和标志的清晰。瓶内混进水分会加速气瓶内壁的腐蚀,在充装前一定要对气瓶进行干燥处理。

气瓶使用单位不得自行改变充装气体的品种、擅自更换气瓶的颜色标志。确实需要更换时应提出申请，由气瓶检验单位负责对气瓶进行改装。负责改装的单位根据气瓶制造钢印标志和安全状况，确定气瓶是否适合于所要换装的气体。改装时，应对气瓶的内部进行彻底清理、检验，打钢印和涂检验标志，换装相应的附件，更换改装气体的字样、色环和颜色。

(3) 常用气瓶的安全使用要点

① 氧气瓶。严禁接触和靠近油物及其他易燃品，严禁与乙炔等可燃气体的气瓶混放一起或同车运输，必须保证规定的安全间隔距离，不得靠近热源和在阳光下暴晒。瓶内气体不得用尽，必须留有 0.1～0.2 MPa 的余压。瓶体要安装防震圈，应轻装轻卸，避免受到剧烈振动和撞击，以防止因气体膨胀而发生爆炸。储运时，瓶阀应戴安全帽，防止损坏瓶阀而发生事故。不得手掌满握手柄开启瓶阀，且开启速度要缓慢；开启瓶阀时，人应在瓶体一侧且人体和面部应避开出气口及减压器的表盘。瓶阀冻结时，可用热水或蒸汽加热解冻，严禁敲击和火焰加热。氧气瓶的瓶阀及其附件不得沾油脂，手或手套上沾有油污后，不得操作氧气瓶。

② 乙炔瓶。不得靠近热源和在阳光下暴晒，必须直立存放和使用，禁止卧放使用。瓶内气体不得用尽，必须留有 0.1～0.2 MPa 的余压。瓶阀应戴安全帽储运。瓶体要有防震圈，应轻装轻卸，防止因剧烈振动和撞击引起爆炸。瓶阀冻结，严禁敲击和火焰加热，只可用热水和蒸汽加热气瓶阀解冻，不需用热水或蒸汽解热瓶体。必须配备减压器方可使用。

③ 液化石油气瓶。不得靠近热源、火源和暴晒。冬季气瓶严禁火烤和沸水加热，只可用 40 ℃以下温水加热。禁止自行倾倒残液，防止发生火灾和爆炸。瓶内气体不得用尽，应留有一定余气。禁止剧烈振动和撞击。严格控制充装量，不得充满液体。

8.1.4 压力容器事故处理规定

1) 事故分类

根据《锅炉压力容器事故报告方法》，按设备的损坏程度，压力容器事故分为以下 3 类：

(1) 爆炸事故

主要是指压力容器在使用中或试压时发生破裂，使压力瞬时降至外界大气压力的事故。这种事故是压力容器事故中最严重的，因为爆炸的一瞬间，具有一定压力和温度的介质几乎全部冲出容器外，能够使设备腾空而起，飞出几十米甚至数百米之远。同时，冲击波的巨大能量，能摧毁和损坏建筑物，造成严重的破坏和伤亡。

(2) 重大事故

主要是指锅炉或压力容器受压部件严重损坏（如变形、渗漏等）、附件损坏或炉膛爆炸等，被迫停止运行，必须进行修理的事故。

(3) 一般事故

主要是指损坏程度不严重，不需要停止运行修理的事故。

依据中华人民共和国国家质量监督检验检疫总局第 2 号令《锅炉压力容器压力管道特种设备事故处理规定》，将锅炉压力容器和压力管道及特种设备事故分类方法改成了 5 个不同级别。

特别重大事故：造成死亡 30 人（含 30 人）以上，或者受伤（包括急性中毒，下同）100 人（含 100 人）以上，或者直接经济损失 1 000 万元（含 1 000 万元）以上的设备事故。

特大事故：指造成死亡 10～29 人，或者受伤 50～99 人，或者直接经济损失 500 万元（含

500 万元)以上 1 000 万元以下的设备事故。

重大事故:造成死亡 3～9 人,或者受伤 20～49 人,或者直接经济损失 100 万元(含 100 万元)以上 500 万元以下的设备事故。

严重事故:造成死亡 1～2 人,或者受伤 19 人(含 19 人)以下,或者直接经济损失 50 万元(含 50 元)以上 100 万元以下,以及无人员伤亡的设备爆炸事故。

一般事故:无人员伤亡,设备无法正常运行,且直接经济损失 50 万元以下的设备事故。

2）事故报告

发生特别重大事故、特大事故、重大事故和严重事故后,事故发生单位或者业主必须立即报告主管部门和当地质量技术监督行政部门。当地质量技术监督行政部门在接到事故报告后应当立即逐级上报,直至国家质量监督检验检疫总局。发生特别重大事故或者特大事故后,事故发生单位或者业主还应当直接报告国家质量监督检验检疫总局。发生一般事故后,事故发生单位或者业主应当立即向设备使用注册登记机构报告。

移动式压力容器、特种设备异地发生事故后,业主或者聘用人员应当立即报告当地质量技术监督行政部门,并同时报告设备使用注册登记的质量技术监督行政部门。当地质量技术监督行政部门在接到事故报告后应当立即逐级上报。

事故报告应当包括以下内容:

事故发生单位(或者业主)名称、联系人、联系电话。

事故发生地点。

事故发生时间(年、月、日、时、分)。

事故设备名称。

事故类别。

人员伤亡、经济损失以及事故概况。

省级质量技术监督部门应当与每季度的第 1 个月 15 日之前将所辖区上季度事故汇总表报国家质量监督检验检疫总局,每年 1 月 15 日之前将所辖区上年度事故汇总表报国家质量监督检验检疫总局。

3）事故抢救

事故的抢救工作直接影响着是否可以减少伤亡、控制事故蔓延和降低经济损失。企业负责人接到事故报告后,必须立即采取有效措施组织抢救,防止事故扩大,尽力减少人员伤亡和财产损失。

(1) 现场人员的自救原则

企业发生事故时,在现场人员尽可能了解或判断事故的类型、地点和严重程度,并迅速报告企业负责人;同时,在保证安全的前提下,尽可能利用现有设备和工具材料及时消灭或控制事故,如不可能,应由现场负责人或有经验的工人带领,选择安全路线迅速退避。退避的原则如下:

① 当发生火灾、爆炸或毒物泄漏时,现场人员应尽可能迎着风流撤退至未被污染的空气处,但也要具体情况具体分析地对待,总之以最快方式撤到安全地点为原则。如线路较长,火焰与毒气可能马上袭来时,应向下卧倒或俯伏于水沟中,以减少灼伤。

② 当位于室内的人员逃生通路堵塞或有毒气体量大等无法退避时,应迅速紧关门窗,设法堵死门窗的缝隙,避免火焰或有毒气体进入房间,如果有电话应立即与外面取得联系,然后用湿毛巾捂住鼻子和嘴,等待营救。

③ 发生水灾事故，人员要向高处撤退而不能进入涌水地点附近的死胡同等无法逃生的地点。

(2) 特大安全事故的抢救

特大事故发生后，事故发生地的有关单位及其负责人，应当根据应急救援预案和事故的具体情况迅速采取有效措施，组织抢救；防止事故扩大，减少人员伤亡和财产损失；注意保护事故现场，妥善保存现场重要痕迹、物证，因事故抢救、防止事故扩大需要移动事故现场物件的，应当错处标志，绘制现场简图、照相摄影，并写出书面记录。发生特大安全事故的单位主要负责人不得在事故调查处理期间擅离职守；不在单位的，应立即返回。有关地方人民政府、安全生产监督管理部门、有关部门的负责人应当立即赶赴事故现场，成立抢救指挥部，组织抢救。

特大事故发生后，特大事故发生单位所在地地方人民政府可以根据实际需要，将特大事故的有关情况通报当地驻军，请驻军参加事故的抢救或者给予必要的支援。

4）事故调查

事故调查工作必须坚持实事求是，尊重科学的原则。

(1) 成立事故调查组

① 事故调查分级如下：

特别重大事故：故按照国务院的有关规定由国务院或者国务院授权的部门组织成立特别重大事故调查组，国家质量监督检验检疫总局参加。

特大事故：由国家质量监督检验检疫总局会同事故发生地的省级人民政府及有关部门组织成立特大事故调查组，省级质量技术监督行政部门参加。

重大事故：由省级质量技术监督行政部门会同事故发生地的市(地、州)人民政府及有关部门组织成立重大事故调查组，市(地、州)质量技术监督行政部门参加。

严重事故：由市(地、州)质量技术监督行政部门会同事故发生地的县(市、区)人民政府及有关部门组织成立事故调查组，县(市)质量技术监督行政部门参加。

一般事故：由事故发生单位组织成立事故调查组。上一级质量技术监督行政部门认为有必要时，可以会同有关部门直接组织成立事故调查组。

移动式压力容器、特种设备异地发生的事故：由事故发生地有关部门按照本条规定组织成立事故调查组，并通知办理使用注册登记的质量技术监督行政部门参加。办理使用注册登记的质量技术监督行政部门应当协助调取设备档案等资料，配合做好事故调查工作。

②参加事故调查组的专家应当符合下列条件：具有事故调查所需要的相关专业知识；与事故发生单位及相关人员存在任何利益或者利害关系。

③事故调查组的职责。事故调查组应当履行下列职责：调查事故发生前设备的状况；查明人员伤亡、设备损坏、现场破坏以及经济损失情况(包括直接和间接经济损失)；分析事故原因(必要时应当进行技术鉴定)；查明事故的性质和相关人员的责任；提出对事故有关责任人员的处理建议；提出防止类似事故重复发生的措施；写出事故调查报告书。事故调查组应当将事故调查报告书送报组织该起事故调查的行政部门，并由其进行批复。事故调查报告书的批复应当在事故发生之日起 60 日内完成。特殊情况的，经上一级质量技术监督行政部门批准，批复期限可以延长，但不得超过 180 日。

(2) 事故调查的方法

事故调查方法主要有 5 个方面：现场调查，包括现场勘查、写实、描述、实物取证等；技术鉴定，通过对现场物证、残痕等进行技术研究、分析，必要时还要进行模拟实验以确定事故发生的直接原因；对当事人的问询和谈话笔录，了解当时工作状态和事故发生的经过；尸体检查，了解遇难者的死因，为进一步查找事故直接原因提供依据；救护报告是事故现场的第一手资料，包括死亡人员的位置及状态、设备和设施的状态和破坏情况，为现场勘查和分析打下基础。

(3) 事故调查伤亡主要内容

① 管理方面的调查。管理方面的调查包括，企业及其主管部门对党和国家“安全第一，预防为主”的方针和安全生产法规的执行情况；企业安全管理机构的建立和安全管理人员的配备情况；安全生产规章制度的执行情况；作业规程及技术措施的编制、审批和实施情况；对职工的培训教育情况；安全技术措施经费的提取和使用情况；历年来的安全情况。

对事故发生前设备情况的调查。了解事故发生前的有关档案、设计制造材料和运行情况，如设备结构是否合理，强度是否足够，材质是否符合要求，制造质量尤其是焊接质量和热处理是否合格，产品试验是否符合要求，安装是否正确，修理质量对设备是否有影响，是否超过检验期，定期检验时危及安全的缺陷是否漏检，运行中是否有违章或误操作，运行是否平稳，是否发生过剧烈的参数波动等现象。

② 事故现场的调查。事故现场检查的一般要求：仔细观察记录各种现象，并进行必要的技术测量；记录承压部件及周围设施损坏情况；尽力收集较完整的原始资料，数据要准确、资料要真实。

人员伤亡的调查，具体包括：事故造成的死亡、重伤、轻伤数人，伤亡人员性别、年龄、职务，从事本职工作的年限，持证情况等；事故破坏情况的调查；设备的损坏情况，周围建筑物的破坏情况，主要爆炸物落点及波及范围；如属爆炸事故，应尽量收集齐设备所有爆炸碎片，并拍摄现场照片，绘制现场简图，记录环境温度。

设备本体损坏情况的检查，包括部位、形状、尺寸。具体要求如下：尽量收集齐所有的碎片，准确测量每块碎片飞出的距离，称量每块碎片的质量，绘制每块碎片形状图；注意保护好严重损害部位(特别注意保护断口)，仔细检查碎片内外表面情况，检查有无腐蚀减薄、烧损和材料缺陷，并肉眼判断损伤破裂是塑性还是脆性；对无碎块或碎片的设备，应测量开裂位置、方向、长度及壁厚；绘出本体破裂图。

附件及附属设备损坏情况的调查，包括附属设备、安全附件及保护装置。附属设备包括风道、烟道、构架、管道、阀门等。安全附件包括安全阀、水位表、压力表、减压阀、爆破片等。保护装置包括高低水位报警装置、超温报警和保护装置、低水位联锁保护装置等。

确定是否需要进行材料机械性能试验，化学成分分析，断口微观检查，无损检测等。若需要，则应标出其部位，并对这些部位进行保护处理。

③ 事故发生过程的调查。调查当时运行参数是否正常，有否发生渗漏、变形和异常响声。对易燃易爆的介质，要特别注意是否有化学爆炸的可能性，应重点检查是否有发生化学爆炸的条件。

查清事故过程中操作人员的操作经过，及操作人员的技术水平、培训及考核情况。

5）事故诊断与分析

在事故调查和技术检验的基础上进行事故的综合诊断与分析，即判断事故的爆炸性质、鉴别事故的破坏类型、确定事故发生的原因，提出预防措施和处理意见等。

(1) 容器爆炸性质的判断

压力容器爆炸的性质分成 4 种，即在正常工作压力(包括压力试验压力)下发生破裂；超压破裂，一般都超过压力试验的压力发生爆炸；因器内异常化学反应使压力急剧升高导致超压破裂；容器破裂后因逸出易燃气体与空气混合达到爆炸极限继而发生的爆炸。以上的这些爆炸有物理性爆炸，或者两者兼而有之。

(2) 破坏类型的鉴别

一般可将压力容器的破坏形式分成5类，即韧性破裂、脆性破裂、疲劳破裂、腐蚀破裂和蠕变破裂。

压力容器破坏类型的鉴别是依据压力容器破裂后的宏观和微观形貌或者破裂的机理，以及使用中破坏的可能性，判断出容器的破裂形式。当容器由于超压或者腐蚀引起壁厚减薄，容器破裂后观察其外形，具有显著的整体膨胀变形，没有或偶有少量碎片；断口明显存在纤维、放射形人字纹和剪切唇3个区域；若按照理论计算，计算爆破压力与实际爆破压力十分接近，这种容器的破坏形式显然属于韧性破裂。

若容器是脆性破裂，则与上述相反：容器破裂前变形很小，通常伴有碎片；破裂时压力不高，甚至低于正常工作压力，也可能在液压试验时破裂；破裂原因是材料固有脆性或变脆或者存在超标的原始或制造中出现的缺陷；断口平齐呈结晶状，无纤维区或剪切唇区(通常为材料脆性引起破裂的特征)等。其他破裂形式同样具有各自的特征。显然，鉴别破坏形式有利于对容器破坏原因的追究。

(3) 事故原因的确定

通过事故调查、技术检验、破坏类型的鉴别以及综合分析后，就比较容易判断出事故的原因。事故原因一般存在以下方面，即设计制造、使用管理、安全附件和安装检修等。

6) 事故处理

事故处理中应明确以下几个问题：

(1) 因设计、制造、安装、修理、改造的原因，发生压力容器事故而造成重大损失的(如死亡1人或重伤3人或直接经济损失达1万元以上)，除按《锅炉压力容器事故报告办法》逐级上报外，还应报告当地人民检察院。

(2) 在调查、分析事故中，对确定事故主要责任单位发生争议时，锅炉压力容器安全监察机构应该组织各方共同研究，做出裁决。

(3) 如果事故主要责任单位不是使用单位，经济损失的赔偿应根据情况协商解决，或按国家有关法律程序解决。

(4) 对于造成伤亡大、损失严重或情节恶劣的事故主要责任人员，当地锅炉压力容器安全监察机构应向当地人民检察院提出建议，要求立案，追究责任。

事故发生单位及主管部门和当地人民政府应当按照国家有关规定对事故责任人员做出行政处分或者行政处罚的决定；构成犯罪的，由司法机关依法追究刑事责任。行政处分或者行政处罚的决定应当在接到事故调查报告书之日起30日内完成，并告知组织该起事故调查的行政部门。

8.2 管道安全技术

在化工生产过程中，几乎所有的化工设备之间都是用管道相连接的，用以输送和控制流体介质。在某些情况下，管道本身也同化工设备一样能完成某些化工过程，即所谓“管道化生产”。所以，化学品生产企业的工业管道同化工设备一样是化工生产装置中不可缺少的组成部分，而工业管道大部分属于压力管道范畴。

8.2.1 化工管道分类

1）化工管道分类

按管道输送的介质种类分类，可分为液化石油气管道、原油管道、氢气管道、水管道、蒸汽管道、工艺管道等。

按管道的设计压力分类，可分为真空管道、低压管道、中压管道、高压管道等。

按管道的材质分类，可分为铸铁管、碳钢管、合金钢管、有色金属和非金属（如塑料、陶瓷、水泥、橡胶等）管道。有时为了防腐蚀，把耐腐蚀材料衬在管子内壁上，称为衬里管。

按管道的综合因素分类，按管道所承受的最高工作压力、温度、介质和材料等因素综合考虑，将管道分为Ⅰ，Ⅱ，Ⅲ，Ⅳ，Ⅴ类。这种分类方法比较科学，且有利于加强安全技术管理和监察。

为了统一管子、管件（法兰、弯头、三通）及阀门等的品种规格，以利于设计、安装、维护和检修，国家对管道及其附件已经标准化、系列化。管道标准化的主要内容是统一管子、管件的主要参数与结构尺寸，其中最主要的内容之一是直径和压力的标准化和系列化，即公称直径和公称压力。

2）管道分级

（1）按压力分

石油化工管道有低压、中压、高压、超高压及真空管道之分，压力分级见表 8.6。

表 8.6 管道压力等级划分

级别名称	压力 p/MPa	级别名称	压力 p/MPa
真空管道	<0	高压管道	$10\leqslant p<100$
低压管道	$0\leqslant p\leqslant 1.6$	超高压管道	>100
中压管道	$1.6\leqslant p\leqslant 10$		

工作压力≥9.0 MPa，且工作温度≥500 ℃的蒸汽管道可升级为高压管道。

（2）按压力和介质危害程度分

按中国石化总公司《石油化工剧毒、易燃、可燃介质管道施工及验收规范》（SHJ 501—85）的规定，管道可分为 A，B，C 三个级别，见表 8.7。

表 8.7 管道按介质性质分级

管道级别	适用范围
A	剧毒介质管道；设计压力大于或等于 10 MPa 的易燃、可燃介质管道
B	介质闪点低于 28 ℃的易燃介质管道；介质爆炸下限低于 5.5%的管道；操作温度高于或等于介质自燃点 C 级管道
C	介质闪点 28～60 ℃的易燃、可燃介质管道；介质爆炸下限高于或等于 5.5%的管道

(3) 按最高工作压力、最高工作温度、介质、材质综合分(表 8.8)

表 8.8　管道综合分类

管道材质	工作温度/℃	最高工作压力 p_w/ MPa				
		Ⅰ类	Ⅱ类	Ⅲ类	Ⅳ类	Ⅴ类
碳素钢	≤370	$p_w \geq 32$	$10 \leq p_w < 32$	$4 \leq p_w < 10$	$1.6 \leq p_w < 4$	$p_w < 1.6$
	>370	$p_w \geq 10$	$4 \leq p_w < 10$	$1.6 \leq p_w < 4$	$p_w < 1.6$	—
合金钢及不锈钢	−196～450	$p_w \geq 10$	$4 \leq p_w < 10$	$1.6 \leq p_w < 4$	$p_w < 1.6$	—
	≥450	p_w 任意	—	—	—	—

① 介质毒性程度为Ⅰ,Ⅱ级的管道按Ⅰ类管道。

② 穿越铁路干线、公路干线、重要桥梁、住宅区及工厂重要设施的甲、乙类火灾危险物质和介质毒性为Ⅲ级以上的管道,其穿越部分按Ⅰ类管道。

③ 石油气(包括液态烃)、氢气管道和低温系统管道至少按Ⅲ类管道。

④ 甲乙类火灾危险物质、Ⅲ级毒性物质和具有腐蚀性介质的管道,均应升高一个类别。

⑤ 介质毒性程度参照 GB 5044《职业性接触毒物危害程度分级》的规定分为 4 级,其最高容许浓度分别为:

Ⅰ级(极度危害):<0.1 mg/m^3;Ⅱ级(高度危害):0.1～1.0 mg/m^3;Ⅲ级(中度危害):1.0～10 mg/m^3;Ⅳ级(轻度危害):10 mg/m^3。

Ⅰ,Ⅱ级——氟、氢氰酸、光气、氟化氢、碳酰氟、氯等。

Ⅲ级——二氧化硫、氨、一氧化碳、氯乙烯、甲醇、氧化乙烯、硫化乙烯、二硫化碳、乙炔、硫化氢等。

Ⅳ级——氢氧化钠、四氟乙烯、丙酮等。

(4) 按危害程度和安全等级划分

根据 GB/T 20801—2006,工业金属压力管道按其安全等级可划分为 GC1,GC2,GC3 级。其中,GC1 级安全等级最高,GC3 级安全等级最低。

① 符合下列条件之一的工业压力管道为 GC1 级:

a. 输送 GB 5044 及 HG 20660 中,毒性程度如下所列介质的管道:

极度危害介质(苯除外);

高度危害气体介质(包括苯);

工作温度高于标准沸点的高度危害液体介质。

b. 输送 GB 50160 及 GBJ 16 中规定的火灾危险性如下所列,且设计压力大于或等于 4.0 MPa 的管道:

甲、乙类可燃气体;

甲类可燃液体(包括液化烃)。

c. 输送流体介质且设计压力大于或等于 10.0 MPa 的管道,以及设计压力大于或等于 4.0 MPa 且设计温度高于或等于 400 ℃的管道。

② 符合下列条件的工业压力管道为 GC2 级:除③条规定的 GC3 级管道外,介质毒性程度、火灾危险性(可燃性)、设计压力和设计温度低于①条规定(GC1 级)的压力管道。

③ 符合下列条件的工业压力管道为 GC3 级:输送无毒、非可燃流体介质,设计压力小

于或等于 1.0 MPa 且设计温度高于−20 ℃但不高于 186 ℃的管道

④ 涉及毒性或可燃性不同的混合介质时，应按其中毒性或可燃性危害程度最大的介质考虑。

当某一危害性介质含量极小时，应按其危害程度及其含量综合考虑，由业主或设计方决定混合介质的毒性或可燃性类别。

8.2.2　管道的连接方式及主要连接件

压力管道的构成并非是千篇一律的，由于它所处的位置不同，功能有差异，所需要的元器件就不同，最简单的就是一段管子。管子是管道的基本组成部分，根据实际情况选用各种规格、材料、压力等级的管子。关键是将管子连接起来的元件。在管道转向的地方用弯头，根据方向要求可以使用 45°或者 90°标准的成型弯头。但标准的成型弯头角度品种少，焊制弯头可由施工人员根据情况制作，角度可以根据情况定。高压管道不使用预制弯头，常用煨制弯管。在管路中常常有分支、相交的情况，这时可以使用三通、四通。三通有等径三通和异径三通，等径三通的 3 个接口直径相等，异径三通的主管方向接口直径相等而支管方向接口的直径小于主管方向接口直径。直管轴线与主管轴线垂直的三通为正三通，支管轴线与主管轴线成一角度的为斜接三通。处于管线交叉处的四通。在不同管径管子连接处用异径管。

阀门在管道中是个重要的组成部分，阀门的作用不尽相同，所以阀门有很多品种，见表 8.9。

表 8.9　阀门的分类

按材料分类	按结构分类	按特征分类
1. 青铜阀 2. 铸铁阀 3. 铸钢阀 4. 锻钢阀 5. 不锈钢阀 6. 特种钢阀 7. 非金属阀 8. 其他	1. 闸阀：楔形（单闸板、双闸板、弹性闸板）；平行滑动阀；塞阀 2. 截止阀：基本形阀、角形阀、针形阀、棒状旋塞、节流阀 3. 止回阀：升降式、旋启式、压紧式、底阀 4. 旋塞阀：填料式、润滑式、塞阀 5. 球阀 6. 蝶阀 7. 隔膜阀	1. 电动阀 2. 电磁阀 3. 液压阀 4. 气缸阀 5. 遥控阀 6. 紧急切断阀 7. 温度调节阀 8. 压力调节阀 9. 液面调节阀 10. 减压阀 11. 安全阀 12. 夹套阀 13. 波纹管阀 14. 呼吸阀

连接件用于管道组成件可拆连接点处相邻元器件间的连接，一般包括法兰、密封垫片和螺栓螺母。在一些特殊的场合也有使用螺纹连接，如疏水器两端用活接头，以便维修更换时拆卸。

附件是管道用的一些小型设备，如视镜、自行普通板、节流孔板，过滤器和阻火器等。

支架式管道的支承件，除短小的管道直接连接到两个设备无需设支架处，一般都要设支架支撑管道，限制管道位移。管道支架主要有固定支架、导向支架、滑动支架、刚性吊架、可调刚性吊架、弹簧支吊架、恒力支吊架等。支架的设备和选用的形式对管道应力和抗振动能力起着关键性的作用。

8.2.3 压力管道安全技术

1）压力管道的基本安全要求

（1）压力管道设计

压力管道的设计应由取得与压力管道工作压力等级相应的、有三类压力容器设计资格的单位承担。压力管道的设计必须严格遵守有关的国家标准和规范。设计单位应向施工单位提供完整的设计文件、施工图和计算书，并有设计单位总工程师签发方为有效。

（2）压力管道制造

压力管道、阀门管件和紧固件的制造必须经过省级以上主管部门鉴定和批准的有资格的单位承担。制造单位应具备下列条件：有与制造高压工艺管道和阀门管件相适应的技术力量、安装设备和检验手段；有健全的制造质量保证体系和质量管理制度，并能严格执行有关规范标准，确保制造质量。制造厂对出厂的阀门、管件和紧固件应出具产品质量合格证，并对产品质量负责。

（3）压力管道安装

压力管道的安装单位必须由取得与压力管道操作压力相应的三类压力容器现场安装资格的单位承担。拥有压力管道的工厂只能承担自用压力管道的修理改造安装工作。压力管道的安装修理与改造必须严格执行有关规定和技术标准，以及设计单位提供的设计文件和技术要求。施工单位对提供安装的管道、阀门、管件、紧固件要认真管理和复检，严防错用或混入假冒产品。施工中要严格控制焊接质量和安装质量并按工程验收标准向用户交工。高压管道交付使用时，安装单位必须提交下列技术文件：高压管道安装竣工图；高压钢管检查验收记录；高压阀门试验记录；安全阀调整试验记录；高压管件检查验收记录；高压管道焊缝焊接工作记录；高压管道焊缝热处理及着色检验记录；管道系统试验记录。试车期间，如发现压力管道振动超过标准，由设计单位与安装单位共同研究，采取消振措施，消振合格后方可交工。

（4）压力管道的操作和检查

压力管道是连接机械和设备的工艺管道，应列入相应的机械和设备的操作岗位，由机械和设备操作人员统一操作和维护。操作人员必须熟悉高压工艺管道的工艺流程、工艺参数和结构。操作人员培训教育考核必须有压力管道内容，考核合格者方可操作。

压力管道的检查和检测是掌握管道技术现状、消除缺陷、防范事故的主要手段。检查和检测工作有企业锅炉压力容器检验部门或委托有检验资格的单位进行，并对其检验结论负责。压力管道检查和检测分外部检查、探查检验和全面检查。

① 外部检查。车间每季至少检查1次；企业每年至少检查1次。检查项目包括：管道、管件、紧固件及阀门的防腐层、保温层是否完好，可见管表面有无缺陷；管道振动情况，管与

管、管与相邻物件有无摩擦；吊卡、管卡、支撑的紧固和防腐情况；管道的连接法兰、接头、阀门填料、焊缝有无泄漏；检查管道内有无异物撞击或摩擦声。

② 探查检查。探查检验是针对压力管道不同管系可能存在的薄弱环节；实施对症性的定点测厚及连接部位或管短的接替检查。

a. 定点测厚。测点应有足够的代表性，找出管内壁的易腐蚀部位，流体转向的易冲刷部位，制造时易拉薄的部位，使用时受力大的部位，以及根据实际经验选点。充分考虑流体流动方式，如三通，有侧向汇流、对向汇流、侧向分流和背向分流等流动方式，流体对三通的冲刷腐蚀部位是有区别的，应对症选点。将确定的测定位置标记在绘制的主体管段简图上，按图进行定点测厚并记录。定期分析对比测定数据并根据分析结果决定扩大或缩小测定范围和调整测定周期。根据已获得的实测数据，研究分析高压管段在特定条件下的腐蚀、磨蚀规律，判断管道的结构强度，制定防范和改进措施。管道定点测厚周期应根据腐蚀、磨蚀年速率确定。

b. 解体抽查。解体抽查主要是根据管道输送的工作介质的腐蚀性能、热学环境、流体流动方式，以及管道的结构特性和振动状况等，选择可拆除部位进行解体检查，并把选定部位标记在主题管道简图上。一般应重点查明：法兰、三通、弯头、螺栓以及管口、管口壁、密封面、垫圈的腐蚀和损伤情况。同时还要抽查部件附近的支撑有无松动、变形或断裂。对于全焊接高压工艺管道只能靠无损探伤抽查或修理阀门时用内窥镜扩大检查。解体抽查可以结合机械和设备单体检修时或企业年度大修时进行，每年选检一部分。

③ 全面检验。全面检验是结合设备、设施单体大修或年度停车大修时对高压工艺管道进行鉴定性的停机检验，以决定管道系统继续使用、限制使用、局部更换或判废。全面检验的周期为 10～12 a，至少 1 次，但不得超过设计寿命之末。遇有下列情况者全面检查周期应适当缩短：工作温度大于 180 ℃的碳钢和工作温度大于 250 ℃的合金钢的临氢管道或探查检验发现氢腐蚀倾向的管段；通过探查检验发现腐蚀、磨蚀速率大于 0.25 mm/a，剩余腐蚀余量低于预计全面检验时间的管道和管件，或发现有疲劳裂纹的管道和管件；使用年限超过设计寿命的管道；运行时出现高温、超压或鼓胀变形，有可能引起金属性能劣化的管段。

全面检验主要包括以下一些项目：

a. 表面检查。表面检查是指宏观检查和表面无损探伤。宏观检查是用肉眼检查管道、管件、焊缝的表面腐蚀以及各类损伤深度和分布，并详细记录。表面探伤主要采用磁粉探伤或着色探伤等手段检查管道、管件焊缝和管头螺纹表面有无裂纹、折叠、结疤、腐蚀等缺陷。对于全焊接高压工艺管道可利用阀门拆开时用内窥镜检查；无法进行内壁表面检查时，可用超声波或射线探伤法检查代替。

b. 解体检查和壁厚测定。管道、管件、阀门、丝扣和螺栓、螺纹的检查，应按解体要求进行。按定点测厚选点的原则对管道、管件进行壁厚测定。对于工作温度大于 180 ℃的碳钢和工作温度大于 250 ℃合金钢的临氢管道、管件和阀门，可用超声波能量法和测厚法根据能量的衰减或壁厚“增厚”来判断氢腐蚀程度。

c. 焊缝埋藏缺陷探伤。对制造和安装时探伤等级低的、宏观检查成型不良的、有不同表面缺陷的或在运行中承受较高压力的焊缝，应用超声波探伤或射线探伤检查埋藏缺陷，抽查比例不小于待检管道焊缝总数的 10%。但与机械和设备连接的第一道，口径不小于 50 mm的或主直管口径比不小于 0.6 的焊接三通的焊缝，抽查比例应不小于待检件焊缝总数的 50%。

d. 破坏性取样检验。对于使用过程中出现超温、超压有可能影响金属材料性能的或以蠕变率控制使用寿命、蠕变率接近或超过 1% 的，或有可能引起高温氢腐蚀或氮化的管道、管件、阀门，应进行破坏性取样检验。检验项目包括化学成分、力学性能、冲击韧性和金相组成等，根据材质劣化程度判断邻接管道是否继续使用、监控使用或判废。

此外，全面检查还包括耐压试验和气密性试验等。

2）压力管道的安全防护

(1) 一般规定

采取安全防护措施时，应考虑以下因素：

① 由流体性质以及操作压力和操作温度确定的流体危险性。

② 由管道材料、结构、连接形式及其安全运行经验确定的管道安全性。

③ 管道一旦发生损坏或泄漏，导致流体的泄漏量及其对周围环境、设备造成的危害程度。

④ 管道事故对操作人员、维修人员和一切可能接触人员的危害程度。

(2) 工厂布置中的安全防护

① 露天化的设备布置应符合以下规定：

a. 生产区和居民区之间、装置之间、建(构)筑物之间以及设备之间应保持一定的安全距离。

b. 装置内的主要行车道、消防通道以及安全疏散通道的设置应符合 GB 50187, GB 50160, GB 50016 的规定。

c. 应对接近生产装置的人员予以控制。

d. 应设置必要的坡度、排放沟、防火堤和隔堤。

② 可燃、有毒流体应排入封闭系统内，不得直接排入下水道及大气。

③ 密度比环境空气大的可燃气体应排入火炬系统，密度比环境空气小的可燃气体，在不允许设置火炬及符合卫生标准的情况下，可排入大气。

④ 可燃气体管道的放空管管口及安全泄放装置的排放位置应符合 GB 50160 及 GB/T 3840 的规定。

⑤ 架空管道穿过道路、铁路及人行道等的净空高度以及外管廊的管架边缘至建筑物或其他设施的水平距离应符合 GB 50160, GB 50016, GB 50187 的规定，管道与高压电力线路间交叉净距应符合架空线路相关标准的规定。

⑥ 位于通道、道路和铁路上方的管道不应安装阀门、法兰、螺纹接头以及带有填料的补偿器等可能发生泄漏的管道组成件。

⑦ 在可通行管沟内不得布置 GCl 级管道。

(3) 生产管理中的安全防护

① 应建立各项安全生产管理制度，包括生产责任制，安全生产和维修人员教育和培训制度，有危险性工作的操作许可制度(如动火规程等)，安全生产检查制度，事故调查、报告和责任制度以及安全监察制度等。

② 应制定安全可靠的开、停车和正常操作的规程，以及停水、停电等情况下事故停车的程序，以减少对管道的损害和减少操作人员、维修人员及其他人员接触危险性管道的可能性。

③ 建立管道管理系统数据库，包括管道目录库、管道故障记录库、管道检测报告库以及管道检修报告库等。

(4) 安全防护设施和措施

① 灭火消防系统和喷淋设施应包括:建(构)筑物的防火结构(防火墙、防爆墙等),去除有毒、腐蚀性或可燃性蒸气的通风装置、遥测和遥控装置以及紧急处理有害物质的设施(储存或回收装置、火炬或焚烧炉等)。

② 在脆性材料管道系统或法兰、接头、阀盖、仪表或视镜处应设置保护罩,以限制和减少泄漏的危害程度。

③ 应采用自动或遥控的紧急切断、过流量阀、附加的切断阀、限流孔板或自动关闭压力源等方法限制流体泄漏的数量和速度。

④ 处理事故用的阀门(如紧急放空、事故隔离、消防蒸汽、消火栓等),应布置在安全、明显、方便操作的地方。

⑤ 对于进出装置的可燃、有毒物料管道,应在界区边界处设置切断阀,并在装置侧设置"8"字盲板,以防止发生火灾时相互影响。

⑥ 应设置必要的防护面罩、防毒面具、应急呼吸系统、专用药剂、便携式可燃和有毒气体检测报警系统等卫生安全设备,在可能造成人体意外伤害的排放点或泄漏点附近应设置紧急淋浴和洗眼器。

⑦ 对于有辐射性的流体管道,应设置屏蔽保护和自动报警系统,并应配备专用的面具、手套和防护服等。

⑧ 对爆炸、火灾危险场所内可能产生静电危险的管道系统,均应采取静电接地措施,如可通过设备、管道及土建结构的接地网接地,其他防静电要求应符合 GB 12158 的规定。

⑨ 盲板设置应符合以下规定:

a. 当装置停运维修时,对装置外可能或要求继续运行的管道,在装置边界处除设置切断阀外,还应在阀门靠装置一侧的法兰处设置盲板。

b. 当运行中的设备需切断检修时,应在阀门与设备之间法兰接头处设置盲板。当有毒、可燃流体管道、阀门与盲板之间装有放空阀时,对于放空阀后的管道,应保证其出口位于安全范围之内。

⑩ 公用工程(如蒸汽、空气、氮气等)管道与 GC1 级、GC2 级管道连接时,应符合以下规定:

a. 在连续使用的公用工程管道上应设止回阀,并在其根部设置切断阀。

b. 在间歇使用的公用工程管道上应设两道切断阀,并在两阀体间设置检查阀。

8.3　设备腐蚀及防护

腐蚀是指材料在周围介质的作用下所产生的破坏。引起破坏的原因可能是物理的、机械的因素,也可能是化学的、生物的因素等。

8.3.1　腐蚀定义及机理

腐蚀普遍存在于化工部门。在化工生产中,所用原材料及生产过程中的中间产品、产品等很多物料都具有腐蚀性,这些腐蚀性物料对建筑物、机械设备、仪器仪表等设施,均会造成腐蚀性破坏,从而影响生产安全。

在化工生产中,由于大量酸、碱等腐蚀性物料造成的事故,如设备基础下陷、厂房倒塌、管道变形开裂、泄漏、破坏绝缘、仪表失灵等，严重影响正常的生产，危害人身安全。因此，在化工生产过程中，必须高度重视腐蚀与防护问题。

腐蚀机理分为化学腐蚀和电化学腐蚀。

1）化学腐蚀

化学腐蚀指金属与周围介质发生化学反应而引起的破坏。

(1) 金属氧化

金属氧化指金属在干燥或高温气体中与氧反应所产生的腐蚀过程。

(2) 高温硫化

高温硫化指金属在高温下与含硫(硫蒸气、二氧化硫、硫化氢等)介质反应形成硫化物的腐蚀过程。

(3) 渗碳

渗碳指某些碳化物(如一氧化碳、烃类等)与钢接触，并在高温下分解生成游离碳，渗入钢内部形成碳化物的腐蚀过程。

(4) 脱碳

脱碳指在高温下钢中渗碳体遇气体介质(水蒸气、氢气、氧气等)发生化学反应，引起渗碳体脱碳的过程。

(5) 氢腐蚀

氢腐蚀指在高温高压下，氢引起钢组织的化学变化，使其力学性能劣化的腐蚀过程。

2）电化学腐蚀

电化学腐蚀指金属与电解质溶液接触时，由于金属材料的不同组织及组成之间形成原电池，其阴、阳极之间所产生的氧化还原反应使金属材料的某一组织或组分发生溶解，最终导致材料失效的过程。

8.3.2 腐蚀类型

1）全面腐蚀与局部腐蚀

在金属设备整个表面或大面积发生程度相同或相近的腐蚀，称为全面腐蚀。腐蚀介质以一定的速度溶解被腐蚀的设备。全面腐蚀的速度以设备单位面积上在单位时间内损失的质量表示[$g/(m^2 \cdot h)$]；也可以用每年金属被腐蚀的深度，即构建变薄的程度表示(mm/a)。

局限于金属结构某些特定区域或部位上的腐蚀称为局部腐蚀。根据金属的腐蚀速度大小，可以将金属材料的耐腐蚀性分为 4 级，见表 8.10。

表 8.10 金属材料耐腐蚀等级

等级	腐蚀速度/($mm \cdot a^{-1}$)	耐腐蚀性	等级	腐蚀速度/($mm \cdot a^{-1}$)	耐腐蚀性
1	<0.05	优良	3	0.5～1.5	可用，但腐蚀较严重
2	0.05～0.5	良好	4	>1.5	不适用，腐蚀严重

2）点腐蚀

点腐蚀又称为孔腐蚀，是指集中于金属表面个别小点上深度较大的腐蚀现象。金属表面由于露头、错位、介质不均匀等缺陷，使其表面膜的完整性遭到破坏，成为点蚀源。该点蚀源在某段时间内是活性状态，电极电位较负，与表面其他部位构成局部腐蚀微电池，在大阴极小阳极的条件下，点蚀源的金属迅速被溶解并形成孔洞。孔洞不断加深，直至穿透，造成不良后果。

防止点腐蚀的措施有：减少介质溶液中氯离子浓度，或加入有抑制点腐蚀作用的阴离子，如对不锈钢可加入 OH^-，对铝合金可加入 NO_3^-；减少介质溶液中氧化性离子，如 Fe^{3+}，Cu^{2+}，Hg^{2+} 等；降低介质溶液温度，加大溶液流速；采用阴极保护；采用耐点腐蚀合金。

3）缝隙腐蚀

缝隙腐蚀是指在电解液中，金属与金属，金属与非金属之间构成的窄缝内发生的腐蚀。在化工生产中，管道连接处，衬板、垫片处，设备污泥沉积处，腐蚀物附着处等，均易发生缝隙腐蚀；当金属保护层破损时，金属与保护层之间的破损缝隙也会发生腐蚀。

缝隙腐蚀是由于缝隙内积液流动不畅，时间长了会使缝内外由于电解质浓度不同构成浓差原电池，发生氧化还原反应：

$$\text{阳极}\quad Me \longrightarrow Me^+ + e \qquad\qquad \text{阴极}\quad O_2 + 2H_2O + 4e \longrightarrow 4OH^-$$

防止缝隙腐蚀的措施有：采用抗缝隙腐蚀的金属或合金材料，如 $Cr_{18}Ni_{12}Mo_3Ti$ 不锈钢；采用合理的设计方案，避免接触处出现缝隙、死角等，解决降低缝隙腐蚀的程度；采用电化学保护；采用缓蚀剂保护。

4）晶间腐蚀

晶间腐蚀是指沿着金属材料晶粒间界发生的腐蚀。这种腐蚀可以在材料外观无变化的情况下，使其完全丧失强度。金属材料在腐蚀环境中，晶界和本身物质的物理化学和电化学性能有差异时，会在它们之间构成原电池，使腐蚀沿晶粒边界发展，致使材料的晶粒间失去结合力。

防止晶间腐蚀的措施有：降低金属材料中的碳含量和低碳不锈钢；采用合金材料。

5）应力腐蚀破裂

应力腐蚀破裂是指金属及合金在拉应力和特定介质环境的共同作用下，发生的腐蚀破坏。应力腐蚀外观一般没有任何变化，裂纹发展迅速且预测困难，极具危险性。材料在拉应力作用下，由于在应力集中处出现变形或金属裂纹，形成新表面，新表面与原表面因电位差构成原电池，发生氧化还原反应，金属溶解，导致裂纹迅速发展。发生应力腐蚀的金属材料主要是合金，纯金属较少。

防止应力腐蚀的措施有：合理设计结构，消除应力；合理选用材料；避免高温操作；采用缓蚀剂保护。

6）氢损伤

氢损伤是指由氢作用引起材料性能下降的一种现象，包括氢腐蚀与氢脆。高温高压下，H_2 于金属表面物理吸附并分解为 H，经化学吸附透过金属表面进入内部，破坏晶间结合力，在高压应力作用下，导致微裂纹生成。氢脆是指氢溶于金属后残留于位错等处，当氢达到饱和后，对错位起钉扎作用，使金属晶粒滑移难以进行，造成金属出现脆性。

防止氢损伤的措施有：采用合金材料，使金属表面合金化形成致密的膜阻止氢向金属内部扩散；避免高温高压同时操作；在气态氢环境中，加入适量氧气抑制氢脆发生。

7）腐蚀疲劳

腐蚀疲劳指材料在腐蚀环境中，受交变应力作用产生的破坏。交变速率低容易产生腐蚀疲劳。

防止腐蚀疲劳的措施有：尽量避免低交变速率引力作用；尽量降低循环应力值及幅度；避免强腐蚀环境操作。

8.3.3 腐蚀保护

1）正确选材

防止或减缓腐蚀的根本途径是正确地选择工程材料。在选择材料时，除考虑一般技术经济指标外，还应考虑工艺条件及其在生产过程中的变化。要根据介质的性质、浓度，杂质、腐蚀产物，化学反应、温度、压力、流速等工艺条件以及材料的耐腐蚀性能等，综合选择材料。

2）合理设计

（1）避免缝隙

缝隙是引起腐蚀的重要因素之一，在结构设计、连接形式上，应注意避免出现缝隙，采取合理的结构。例如，为避免铆接中出现缝隙添加不吸潮的填料及垫片等；采取焊接时，应用双面焊，避免搭接焊或点焊。

（2）消除积液

设备死角的积液处是发生严重腐蚀的部位，在设计时应尽量减少设备死角，消除积液对设备的腐蚀。

3）电化学保护

（1）阳极保护

在化学介质中，将被腐蚀的金属通以阳极电流，在其表面形成耐腐蚀性很强的钝化膜，保护金属不被腐蚀。

（2）阴极保护

有外加电源和牺牲阳极 2 种方法：外加电源是将被保护金属与直流电源负极连接，正极与外加辅助电极连接，电源通入被保护金属阴极电流，使腐蚀过程受到抑制；牺牲阳极又称为护屏保护，是将电极电位较负的金属同被保护金属连接构成原电池，电位较负的金属（阳极）反应过程中路出的电流可以抑制对被保护金属的腐蚀。

4）缓蚀剂

加入腐蚀介质中，能够阻止金属腐蚀或降低金属腐蚀速度的物质，称为缓蚀剂。缓蚀剂在金属表面吸附，形成一层连续的保护性吸附膜，或在金属表面生成一层难溶化合物金属膜，隔离屏蔽了金属，阻滞了腐蚀反应过程，降低了腐蚀速度，达到了缓蚀的目的，保护了金属材料。

5）金属保护层

金属保护层是指用耐腐蚀性较强的金属或合金，覆盖于耐腐蚀性较差的金属表面达到保护作用的金属。

（1）金属衬里

将耐腐蚀性高的金属，如铅、钛、铝、不锈钢等衬覆与设备内部，防止腐蚀。

（2）喷镀

将熔融金属、合金或金属陶瓷喷射于被保护金属表面上，以防腐蚀。

（3）热浸镀

将钢铁构建基本表面热浸上铝、锌、铅、锡及其合金，以防腐蚀。

（4）表面合金化

采用渗透、扩散等工艺，使金属表面得到某种合金表面层，以防腐蚀、摩擦。

（5）电镀

采用电化学原理，以工作表面为阴极，获得电沉积表面层，借以保护。

(6) 化学镀

采用化学反应，在金属表面上镀镍、锡、铜、银等，以防腐蚀。

(7) 离子镀

减压下使金属或合金蒸气部分离子化，在高能作用下对被保护金属表面进行溅射、沉积以获得镀层，保护金属。

6) 非金属保护层

采用非金属材料覆盖于金属或非金属设备或设施表面，是防止腐蚀的保护层。非金属衬里在化工设备中应用广泛。

涂层是涂刷于物体表面后，形成一种坚韧、耐磨、耐腐蚀的保护层。

7) 非金属设备

由于非金属材料具有良好的耐腐蚀性及相当好的物理机械性能，因此可以代替金属材料，加工制成各种防腐蚀设备和机器。常用的有聚氯乙烯、聚丙烯、不透性石墨、陶瓷、玻璃、玻璃钢、天然岩石等，可以制造设备、管道、管件、机器及部件、基本设施等。

8.4　设备维护与检修

8.4.1　设备预防维护

按照计划的时间表检验、维修和更换设备，可以防止许多事故，这在上述程序以及其他安全维护方面的花费是巨大的。但是，制造操作中的破损、工作人员的低效配置、超期运转增加的维修费用和其他意外损失，这些方面的消耗远远超过有计划的预防维护程序的投资。因此，减少出现意外情况，规划和提供安全程序及设施，对安全和生产的好处是显而易见的。

预防维护实质上是为了确定装置或设施发生故障的可能频率，在其失效前应进行检验、维修或更换。设备故障对时间的概率分布符合正态分布。设备运行初期出现故障的概率很小，随着中位时间的接近，故障概率迅速上升，之后呈下降趋势。中位值以后很长时间，设备故障延缓，故障概率很小。故障概率分布曲线呈驼峰形，波峰在中位时间。因此，需要排定维护时间表，在故障的可能性达 2% 或其他某个选定的数值之前就采取行动。这样就能够保证在绝大多数情况下，事故发生之前就已采取了维护措施。

显然，这就需要在设备损害之前预先获悉中位时间方面的信息。确定中位时间的量值比较困难，但可以应用类似操作已有的经验、损害速率的研究成果以及其他分析方法。了解设备和系统如何损坏以及损坏的最可能的途径等方面的知识，有助于故障频率的确定。

毫无疑问，最佳维护日程和时间应该与设备的利用率、材料的利用率、应用的维护设施和人力匹配。为实现这个目的，预先计划、应用日程表和让每个人都知晓是关键。从预防维护的观点管理所有的设备，对于每一个设备，即使是故障频率长达十年一次的设备，都要制定维护日程表。

预防事故的适当维护并不仅仅是为了避免设备故障，对于保护人身安全也有重要的作用。这可以从以下 3 个方面考虑：

(1) 预防操作人员遭受由维护工作引起的意外的环境危险。例如，吊索意外松脱，应该预先清理好过顶工件下面的区域，预防物件落下；预防丢弃在地面上的零部件或工具引起绞倒危险，应用电焊弧的预防罩等。

(2) 预防维护人员遭受由操作条件引起的危险。在进行任何机加工之前都要有操作监控的许可,机加工和操作活动应该协调一致,如有必要可以采用许可制度。例如,机修人员结束修理工作,走在装置设备集装箱的升降叉车前的返回通道上,极有可能遭遇较大危险。除非操作人员熟悉机修人员的工作任务和在工作中的运动特点,都应事先贴出工作场所防护的警告标志。

(3) 预防维护人员遭受自己工作引起的危险。维护工作的方法应该尽可能标准化,制定工作程序的步骤和要点,使维护工作有章可循,这样就可以避免忽视过去的失误或损伤得到的教训。

8.4.2 非常规运行和有关作业的维护

1) 停车和开车

停车和开车的计划和执行的关键是每一步骤都要明确责任。运行设备的停车应该由操作组而非维护或其他辅助组负责。辅助组必须处理自己的业务,如动力组,需要处理加工系统以外的蒸汽、电、空气、气体和其他公用工程款项。密切协调一致是需要的。停车应尽可能提前向有关组通告。

在把设备交付维护组之前,操作监察必须负责把设备排空、冲洗、蒸汽吹除、惰性气体吹除或采用其他措施,保证设备维修的安全。在接受设备之前,维护监察应该从维修可行性的角度,就是否完成了上述安全处理进行检验。重要的是关闭与设备连接的管线、适当的通风和易燃蒸汽的检验。对于用氮气或其他窒息性气体吹洗过的容器要进行检验并贴上标志。

在停车时或开车时,不寻常的热应力会附加到普通的机械应力上,有可能造成设备的泄露和破裂,应该高度警惕人员对设备故障的暴露。在停车或开车时,对于电力器件、运转机械和阀门,应该特别注意查看与之相连的关闭程序。无论是意外停车还是正常停车,都要制定书面规程,供操作人员练习、遵守和应用。对于所有设备、通风系统和排放设施的状况,都应该有必要的说明条款。

如果管道没有充分的加载防护,不管是排放还是任何其他作业,人员都不允许穿越管线。经常遇到的是,管道在其中节流危险物料而被堵塞或部分堵塞,造成事故。所谓人体的充分防护指的是,对酸或其他腐蚀性物料的防护服装,以及防止不卫生的烟雾和气体的高质量呼吸空气的供应。

2) 容器内作业

容器内破损的维修常需要人员进入容器。由于人员无外界帮助无法脱离容器以及难以与外界联系,这对人员进入容器提出了一个特殊的问题。上述原因及意外化学品的可能暴露,人员进入容器需要采取严格的防护措施:容器必须由操作人员彻底清洗;所有连接管线必须断开并进行必要的封堵;所有电力驱动设施(如搅拌器等)必须在断路开关处切断电源;采集空气试样检验证明其中无易燃蒸气,在某些情况下还需要证明其中不含有毒性或不卫生物质。上述两者都需要证明其中含有正常量的氧;操作和维护监察蒸发容器需要进入许可证,证明上述步骤已经圆满完成,并在容器边贴上标志;进入容器的工人和观察者必须系上安全带和绳索;在绝大多数情况下,进入容器的工人和观察者都需要空气面罩和新鲜空气的供应,还需要身体隔离的化学品防护服装。配有空气供应软管,提供新鲜呼吸空气和安全舒适的工作环境;在容器出口要有一个观察者,一直保持与容器内工人的联系。在容器内至少还要有另外一个工人,在紧急情况下负责向观察者呼救。一个工人不得单独进入容器;当直梯不能应用时,可以应用木质或金属横档连起来的绳梯或链梯。但是,应该避免无撤退设施时进入容器;为防止一旦出现紧急情况无法迅速撤退,不允许工人通过挤缩进入容器。标准开口的直径为 0.56 m。

工人置于任何有限空间都存在类似的问题,从其中紧急撤退可能会遇到阻碍,也要采取类似的防护措施。任何深度大于 1.5 m 的料槽、坑洞,在顶盖和塔上进行的任何工作,都存在工人吸收释放出来的有毒烟雾的危险,需要采用特殊的控制程序。

3) 紧急维护

由于维护意味着防止紧急维修,此处的紧急维护应该更恰当地成为紧急维修。完善的维护程序固然可以应对出现的一般情况,但某些特殊问题还是难以避免地发生,需要附加的应对计划。比如,与氯气储罐连接的管接头断开将如何应对,应该事先而不是事后才去维护,应该事先加工好专用的紧管套管并处于备用状态,事故一旦发生立即投入使用。设想硫酸管道破裂,应该事先设计好关闭、清洗和维修活动,从容应对这类意外事故,减少其对人员和财产的暴露。意外事故维护的关键是,事先决定好谁应该做什么,用什么去做,将其排成序列,一旦事故发生就按部就班地执行和完成。

遇有地下管道破裂的情形,诸如:如何关闭管道系统,如何挖掘土方,如何清洗破裂的管道,如何堵塞管道的开口或裂口以保证管道的清洁,塞孔套是否合适可用,管道的支撑如何,这些都应该是事先设计好了的。

电线断路也应该有事前准备。比如,供电转换线路和配电设施都要事先准备好;操作的突然中断造成的生产损失也要有所估计。这些都是紧急维护的典型问题,问题的解决需要而且应该事先计划好。

紧急维护遵循的一个原则是,如果通常维护的某个方法是不安全的,在紧急条件应用这个方法会加倍的不安全。只要我们真正努力,总会找到合适的安全方法。

4) 切割、焊接和其他动火作业

由于化学工业加工如此多的易燃或挥发性物料,为了防火防爆,火源控制成为头等重要的问题。因此,有必要建立减少由于热加工和动火作业引起的火险的特殊程序。这个程序的要点如下:

(1) 无操作监察负责签发的气割许可证或加热工许可证获得准许,不得在标明焊接车间和规定焊接区以外进行焊接或气割作业。这表明了人员工作的性质和地点、安全作业所需要的特殊限制以及允许作业的时间。许可证的颁布要求在作业期间,控制操作以防任何危险条件的产生。重要的是,许可证的颁布要求在作业期间,控制操作以防任何危险条件的产生。重要的是许可证定出的是整个操作线的责任,而不仅仅是如安全或防火组等辅助或职能组的责任。在作业期间,安全或防火组应该派出一些辅助人员做动火观察员。任何知道那个地点作业的授权责任是和指定地点操作条件的监察责任联系在一起的。

(2) 进行动火作业,仅有机械技能是不够的,只有具有职业资格的气割和焊接人员才被赋予进行这类作业的权利。这些人员必须训练有素,能够对周围易燃物料进行分析和防护、能够灭火和处理意外事故。标明焊工职业资格的许可制度在许多工厂证明是有益的。

(3) 所有气割和焊接人员应该能在自身工作中防火急救,通常还需要水龙带。热裂或易燃物料应该用不可燃覆盖或屏障进行防护。过热工件必须进行分析,提供充分的保护,防止火星落下。除非在最不寻常和精心控制的条件下,不允许在操作间、实验室和存储库房中放置易燃气体或氧气钢瓶。

8.4.3 设备的维护

1）设备的试压

有多种仪表可以用来精确测定容器选定区域的壁厚，但这并不能保证没有测定的区域没有薄弱环节。所以，仪表测定无法完全取代定期的液压试验。液压试验是在超过正常操作压力下测定容器的耐压能力。容器使用期间定期测试的压力，普通认可的是正常工作压力的1.5倍。对容器壁变薄速率的分析，由钻孔或插入物的冶金学研究测定容器壁厚或应用经验，都可以确定定期液压试验的频率。液压试验的日程表已经制定，就应该严格执行。应该预先制订试压作业计划，以便安排生产进度与之适应。

液压试验一般是用水进行。如果水与容器的应用互相排斥，可以应用其他无危险惰性液体，但应该尽量避免应用空气或其他气体。只有压力试验不适于应用液体，并且容器设有隔墙，使人员和财产可以预防容器破裂的发射物和冲击力，才谨慎地选择应用某些气体。容器中的气体压力像一只能量弹簧，可以高速推进容器破裂的发射物，而液体压力在容器破裂时会立即卸掉。

除非容易破损使人员遭受伤害，从安全的观点出发，管道和非极需要维护的设备无需进行液压试验。液压试验程序与液压试验控制两者之间没有区别。每个设备都应该有充分的档案资料，所有与之有关的零部件都应该有清楚的编目和信息，一旦需要就可以立即投入使用。

2）化学污染设备的处理

离开操作区的所有设备都应该是清洁的，从而再移至没有受过物料危险性严格训练的维修人员处，可以安全作业。所有设备一旦停止运行就应该立即贴上有关化学品污染状况的标志，污染状况标志要随着污染条件的变化及时修正。不清洁的设备要如实标志，否则某个人员可能会认为它是清洁的，将其移动或在其中作业，这样存在着较大的危险。在许多情况下，设备拆卸之前就清楚设备是否被污染是不现实的。这种情况下，应当尽可能在设备搬动之前完成设备的清洗和净化。如果不能在操作区清除设备的污染，就得把设备移至能够进行清理工作的有充分消防条件的区域，有计划地个别处理。设备维护的每一项工作都应该从清除污染的观点逐项研究和规划。

应该特别注意预防管道和阀门排出夹在其中的物料，这可能会成为危险的爆炸源。所有阀门都应该是清洁的，阀帽应该是松开的，排放前务必要打开阀门。动火区的管道有可能被加热。易燃废液不得进入排水槽或下水道。玻璃制品和其他废料必须分别处理。如果详细考虑还会发现其他一些具体问题，重要的是不能让这类维护工作顺其自然。

3）设备作业维护

工厂与工厂在细节各方面不相同，但安全维修却有共同要求，不事先关闭或切断动力源，人员不得在电力或机械驱动的设备上工作。为实现上述要求，可以锁定电开关于“关”的位置；切断电力或电动机；拆卸皮带传动装置；锁定主推进器的料阀于“关”的位置；停止活塞、曲柄或飞轮的运动。任何例外，如调节压盖和密封垫等，都要获得监察的批准。

应该制定书面程序，并对程序的应用进行严格培训。这些程序的要点如下：

（1）首先，操作监察必须检查设备和设备控制系统。

（2）操作监察和进行设备作业的所有的人都到控制系统，分别锁上与之有关且置于“关”的位置的控制元件，各自保存自己锁的钥匙。

（3）重新检查设备，确定设备无法启动后才开始作业。

（4）作业完成后，执行并完成与上述反向程序，然后把设备交付操作监察。需要注意的是，当电动机切断时，上锁的开关盒中开关可能置于“开”的位置。

在大型作业中，往往是许多人员作业在同一设备上。绝大多数工厂都赞同集体锁定的方法，即只有机修监察的锁置于开关盒上，所有机修人员都把自己的标签粘贴在锁上。只有机修人员本人可以移除自己的标签，直到所有标签都移除后，机修负责人方能开锁。

在电路或电力设备上的电工作业，除非需要供能电路的作业，都遵循相同的程序。设备和电路须经过操作监察的适当检查，才能交付机修电工，机修电工把自己的“断路”标签贴在控制点上。只有这个电工移除自己的标签后才能启动这个控制元件。作为附加的维护，机修电工在作业期间，开关盒需要加锁。

管道和管道系统的作业遵循类似的原则，阀门贴标签并尽可能加锁。所有管道都应该断开，如果可行，尽量塞堵。

8.4.4　公用工程设施安全

公用工程设施是指水、电、气的供应设施以及其他辅助设施，它的充分设计和配置直接关系化工厂运行和操作的安全。公用工程设施的各个款项不仅对于化工厂人员的健康和安全极为重要，而且这些款项的失误常常是化工厂事故或伤害的渊源。

1）电气设施

由于化工生产本身具有的易燃、易爆、易腐蚀等危险性，一般在高温或深冷、高压或真空等苛刻的操作条件进行，化工厂对电气设施有很高的要求。在所有电气设施的装配中，都应该考虑至少是最低安全限度的防护措施。工厂或实验室的所有电工作业都必须满足安全防护的要求，遵循限定的规则和程序。

在化学加工业中，电气线路、设备和照明设施的配置，必须满足易燃液体或气体泄漏形成爆炸性混合物的防护要求。需要采取的防护措施包括：防蒸汽的照明设施、全封闭的电动机、油浸式或部分封闭的开关、火花放电设施的完全隔离等。

2）水和蒸汽设施

许多化工厂的冷却或其他过程目的使用的是非饮用水。在有些情况下，非饮用水也用来冲洗地板和设备。为了在所有供应非饮用水的水出口都能识别出水的类型，应该张贴警戒条件，向工作人员警示水是不安全的，不得用于餐饮或人员洗浴，不得用于炊具、餐具、食品制备或加工器具、服装等的洗涤。非饮用水可以洗涤其他用具，只是要求不含有化学品以及构成不卫生条件或对人员有害的其他物质。

尽管有不少过程或动力供应需要高压蒸汽，但只有 0.1 MPa 或更低压力的低压蒸汽适合于室内加热装置。对于压力高于 0.1 MPa 蒸汽设施，从安全的观点出发，应该由压力来鉴别蒸汽管线。蒸汽疏水器和泄放阀应该安装在人员可以避开的区域。室外干井可以用于小型蒸汽疏水器冷凝液的排放。如果蒸汽冷凝液排放至污水管线，应该配置专门设施，防止疏水器故障蒸汽泄放造成压力的累积。

人员与没有保温的蒸汽管线、散热器接触接触会引起严重的烫伤。高出地面 2.1 m 以下或人员易于接触的所有蒸汽管辖线、设备和散热器，都应该保温并保持足够的警惕。

3）废料处理设施

释放到空气中的气体和排放到工厂以外的液体，都必须控制在有害浓度范围内。粉尘、特殊物质、烟雾和蒸气都不能排放到空气中。

从排风系统或烟囱排放出的有害气体和悬浮微粒，必须在环境法规规定的允许浓度限度之下。液体或固体废料的处理也完全类似。排放到公共下水系统的化学废液在排放前必须经过充分处理，完全清除有害化学物质，确保其在下水道通往河流的出口点处于无害的浓度。

只有两种类型的危险废料适于放置在化学地窖中。一种是通过普通的生物降解就可以消除其现存的和潜在的危险；而另一种是不会发生降解，在地窖中永不消失。重金属的氧化物或硫化物极难溶于水，不存在严重的液体渗透问题。这些化合物可以放置在井型设计的化学地窖中，也可以置于一经关闭可能会永不开启的专用地窖中。专用地窖是一个大的拱形混凝土地下室，装有废料并用混凝土覆盖的鼓或其他容器放置在其中。有些类型的无机废料，既不能循环使用，也不能通过生物的或焚化的方法将其销毁，于是专用的地窖成为它们的永久存放地。

8.5 化工安全检修

8.5.1 检修前的安全处理

1）计划停车检修

凡运行中的设备带有压力或盛有物料时不能检修，必须经过安全处理，接触危险因素后，才能检修。通常的处理措施和步骤如下：

（1）停车

执行停车时，必须有上级指令，并与上下工序取得联系，按停车方案规定的停车程序执行。

（2）泄压

泄压操作应缓慢进行，在压力未泄尽排空前，不得拆动设备。

（3）排放

在排放残留物料时，不能使易燃、易爆、有毒、有腐蚀性的物料任意排入下水道或排放到地面上，以免发生事故或造成污染。

（4）降温

降温的速度应按工艺要求的速率进行，要缓慢、以防设备变形、损坏等事故发生，不能用冷水等直接降温，以强制通风、自然降温为宜。

（5）抽堵盲板

凡需要检修的设备，必须和运行系统进行可靠隔离，这是化工检修必须遵循的安全规定。检修设备和运行系统隔离的最好方法就是装设盲板。抽堵盲板属危险作业，应办理作业许可证和审批手续，并指定专人制定作业方案和检查落实相应的安全措施。作业前安全负责人应带领操作、监护人员察看现场，交代作业程序和安全事项。

（6）置换和中和

为保证检修动火和罐内作业的安全，设备检修前内部的易燃、易爆、有毒气体应进行置换，酸、碱等腐蚀性液体应进行中和处理。

（7）吹扫

对可能积附易燃易爆、有毒介质残留、油垢或沉淀物的设备，用置换方法一般清除不尽，故还应进一步进行吹扫作业。一般主要采用蒸汽来吹扫。吹扫作业和置换一样，事先要制定吹扫方案、绘制流程图、办理审批手续。进行吹扫作业还应注意：吹扫时要集中用汽，吹完时应先关阀后停汽，防止介质倒回；对设备进行吹扫时，应选择最低部位排放，防止出现死角；吹扫后必须分析合格，才能进行下一步作业；吹扫结束应对下水道、阴井、地沟进行清洗，切忌水物不能用红蒸汽吹扫；吹扫过程中要防止静电的危害。

(8) 清洗和铲除

经置换和吹扫无法清除的沉积物，要采用清洗的方法，如用蒸煮、酸洗、碱洗、中和等方法将沉积的易燃易爆、有毒物质清除干净。若清洗方法无效时，则可采取人工铲除的方法予以清除。

(9) 检验分析

清洗置换后的设备和工艺系统，必须进行检验分析，以保证安全要求。分析时取样要有代表性，要正确选择取样点，要定时采样分析。分析结果是检修作业的依据，所以分析结果要有记录，经分析人员签字后才能生效，分析样品要保留一段时间必备复查。只有在分析合格达到安全要求后，才能进行检修作业。

(10) 切断电源

对一切需要检修的设备，检修前要经岗位操作工同意。要切断电源，并在启动开关上挂上"禁止合闸"的标志牌或派专人看管。

(11) 整理现场和通道

凡与检修无关的、妨碍通行的物体都要挪开；无用的坑沟要填平；地面上、楼梯上的积雪冰层、油污等要清除；不牢构筑物要设置标志；孔、井、无栏平台要加安全围栏及标志。

2）临时停工检修

停车检修作业的一般要求原则上也适用于小修和计划外检修等停工检修，特别是临时停工抢修，更应树立"安全第一"的思想。临时停工抢修和计划检修有不同：一是动工的日期时间几乎无法事先确定；二是为了迅速修复，一旦动工就要连续作业直至完工。所以在抢修过程中更要冷静考虑，充分估计可能发生的危险，采取一切必要的安全措施，以保证检修的安全顺利。

8.5.2　化工装置的检修作业安全

化工检修中常见的作业有动火、动土、罐内、高处、起重等几项。

1）动火作业

在化工企业中，凡是动用明火或可能产生明火的作业都属于动火作业。例如：电焊、气焊、切割、喷灯、电炉、烘炒等明火作业；铁器工具敲击，铲、刮、凿、敲设备及墙壁或水泥构件，使用砂轮、电钻、风镐等工具，安装胶带传动装置、高压气体喷射等一切能产生火花的作业；采用高温能产生强烈热辐射的作业。

在化工企业中，动火作业必须严格贯彻执行安全动火和用火的制度，落实安全动火的措施。其安全要点如下：

(1) 审证

禁火区内动火必须办理"动火证"的申请、审核和批准手续，要明确动火的地点、时间、范围、动火方案、安全措施、现场监护人等。无证或手续不全、动火证过期、安全措施没落实、动火地点或内容更改等情况下，一律不准动火作业。

(2) 联系

动火前要和生产车间、工段联系，明确动火的设备、位置。事先由专人负责做好动火设备的置换、清洗、吹扫、隔离等解除危险因素的工作，并落实其他安全措施。

(3) 隔离

动火设备应与其他生产系统可靠隔离，防止运行中设备、管道内的物料泄露到动火设备中;将动火地区与其他区域采取临时隔火墙等措施加以隔开,防止火星飞溅而引起事故。

(4) 移去可燃物

将动火周围10 m范围以内的一切可燃物,如溶剂、润滑油、未清洗的盛放过易燃液体的空桶、木框等移到安全场所。

(5) 灭火措施

动火期间动火地点附近的水源要保证充分,不能中断;动火场所准备好足够数量的灭火器具;在危险性大的重要地段动火,消防车和消防人员要到现场,做好充分准备。

(6) 检查与监护

上述工作准备就绪后,根据动火制度,厂、车间或安全、保卫部门的负责人应到现场检查,对照动火方案中提出的安全措施检查是否落实,并再次明确和落实现场监护人和动火现场指挥,交代安全注意事项。

(7) 动火分析

动火分析不宜过早,一般不要早于动火前的半小时。如果动火中断半小时以上,应重新做动火分析。分析试样要保留到动火之后,分析数据应做记录,分析人员应在分析报告上签字。

(8) 动火

动火应由经安全考核合格的人员担任,压力容器的焊补工作应由锅炉压力容器考试合格的工人担任。无合格证者不得独自从事焊接工作。动火作业出现异常时,监护人员或动火指挥应果断命令停止动火,待恢复正常、重新分析合格并经批准部门同意后,方可重新动火。高处动火作业应戴安全帽、系安全带,遵守高处作业的安全规定。氧气瓶和移动式乙炔瓶发生器不得有泄露,应距明火10 m以上,氧气瓶和乙炔发生器的间距不得小于5 m,有五级以上大风时不宜高处动火。电焊机应放在指定的地方,火线和接地线应完整无损、牢靠,禁止用铁棒等物代替接地线和固定接地点。电焊机的接地线应接在被焊设备上,接地点应靠近焊接处,不准采用远距离接地回路。

(9) 善后处理

动火结束后应清理现场,熄火,做到不遗漏任何火种,切断动火作业所用电源。

2) 动土作业

凡是影响到地下电缆、管道等设施的安全的地上作业都包括在动土作业的范围内。例如:挖土、大庄埋设接地极等入地超过一定深度的作业;用推土机、压路机等施工机械的作业。所以开挖厂区土方,有可能损坏电缆或管线,造成装置停工,甚至人员伤亡。因此,必须加强动土作业的安全管理。

根据企业地下设施的具体情况,规定各区域动土作业级别,按分级审批的规定办理审批手续。申请动土作业时,需写明作业的时间、地点、内容、范围、施工方法、挖土堆放场所和参加作业人员、安全责任人及安全措施。一般由基建、设备动力、仪表和工厂资料室的有关人员根据地下设施布置总图对照申请书中的作业情况仔细核对,逐一提出意见,然后按动土作业规定交有关部门或厂领导批准,根据基建等部门的意见,提出补充安全要求。办妥上述手续的动土作业许可证方才有效。

3) 高处作业

凡在坠落高度基准面2 m以上(含2 m)有可能坠落的高处进行作业,均称为高处作业。在化工企业,作业虽在2 m以下,但属下列作业的,仍视为高处作业:虽有护栏的框架结构装置，但进行的是非经常性工作，有可能发生意外的工作；在无平台、无护栏的塔、釜、炉、罐等化工设备和架空管道上的作业；高大独自化工设备容器内进行的登高作业；作业地段的斜坡（坡度大于45°）下面或附近有坑、井和风雪袭击、机械传动或堆放物易伤人的地方作业等。

高处作业的一般安全要求有：作业人员必须持有作业证；高处作业必须戴安全帽、系安全带；高处作业现场应设有围栏或其他明显的安全界标，除有关人员外，不准其他人在作业点的下面通行或逗留；高处作业应一律使用工具袋，较粗、重工具用绳拴牢在兼顾的构件上，不准随便乱放；在格栅式平台上工作，为防止物件坠落，应铺设木板；递送工具、材料不准上下投掷，应用绳系牢后上下吊送；上下层同时进行作业时，中间必须搭设严密牢固的防护隔板、罩棚或其他隔离设施；工作过程中除指定的、已采取防护围栏处或落料管槽可以倾倒废料外，任何作业人员严禁向下抛掷物料；脚手架搭设时应避开高压电线，无法避开时，作业人员在脚手架上活动范围及其所携带的工具、材料等带电导线的最短距离要大于安全距离（电压等级小于或等于110 kV，安全距离2 m；220 kV，3 m；330 kV，4 m）；高处作业地点靠近放空管时，事先与生产车间联系，保证高处作业期间生产装置不向外排放有毒有害物质，并事先向高处作业的全体人员交代明白，万一有毒有害物质排放时，应迅速采取撤离现场等安全措施；六级以上大风、暴雨、大类、大雾等恶劣天气，应停止露天高处作业；在槽顶、罐顶、屋顶等设备或建筑物、构筑物上作业时，除了临空一面应安装安全网或栏杆等防护措施外，事先应检查其牢固可靠程度，防止失稳或破裂等可能出现的危险；严禁直接站在油毛毡、石棉瓦等易碎裂材料的结构上作业；为防止误登，应在这类结构的醒目处挂上警告牌；登高作业人员不准穿塑料底等易滑的或硬性厚底的鞋子；冬季严寒作业应采取防冻防滑措施或轮流进行作业。

4）限定空间作业或管内作业

进入塔、釜、槽、罐、炉、器、机、筒仓、地坑或其他限定空间内进行检修、清理，称为限定空间作业。

凡是用过惰性气体（氮气）置换的设备，进入限定空间前必须用空气置换，并对空气中的氧含量进行分析。如系限定空间内动火作用，除了空气中的可燃物含量符合规定外，氧含量应在19%～21%。若限定空间内具有毒性，还应分析空气中有毒物质含量，保证在容许浓度以下。

值得注意的是，动火分析合格不等于不会发生中毒事故。例如，限定空间内丙烯腈含量为0.2%，符合动火规定，当氧含量为21%时，虽为合格，但却不符合卫生规定。车间空气中丙烯腈最高容许浓度为2 mg/m³，经过换算，0.2%（体积分数）为最高容许浓度的2 167.5倍。进入丙烯腈含量为0.2%的限定空间作业，虽不会发生火灾、爆炸、但会发生中毒事故。

进入限定空间内作业，与电气设施接触频繁，照明灯具、电动工具如漏电，都有可能导致人员触电伤亡，所以照明电源应为36 V，潮湿部位应是12 V。检修带有搅拌机械的设备，作业前应把传动带卸下，切除电源，如取下保险丝、落下闸刀等，并上锁，使机械装置不能启动，再在电源处挂上“有人检修，禁止合闸”的警告牌。上述措施采取后，还应有人检查确认。

限定空间内作业时，一般应指派2人以上做罐外监护。监护人应了解介质的各种性质，应位于能经常看见罐内全部操作人员的位置，眼光不能离开操作人员，更不准擅离岗位。发现罐内有异常时，应立即召集急救人员，设法将罐内受害人救出，监护人员应从事罐外的急救工作。如果没有急救人员，即使在非常时候，监护人也不得自己进入罐内。凡是进入罐内抢救的人员,必须根据现场情况穿戴防毒面具或氧气呼吸器、安全防带等防护用具,决不允许不采取任何个人防护而冒险入罐救人。

为确保进入限定空间作业安全,必须事前做好检修方案,专人监护,逐条落实。

5) 起重作业

重大起重吊装作业,必须进行施工设计,施工单位技术负责人审批后送生产单位批准。

吊装作业前起重工应对所有起重机具进行检查,对设备性能、新旧程度、最大负荷要了解清楚。使用旧工具、设备,应按新旧程度折扣计算最大荷重。

起重设备应严格根据核定负荷使用,严禁超载,调运重物时应先进行试吊,经确认安全可靠后再继续起吊。

起重作业必须做到"五好"和"十不吊"。"五好":思想集中好;上下联系好;机器检查好;扎紧提放好;统一指挥好。"十不吊":无人指挥或者信号不明不吊;斜掉和斜拉不吊;物件有尖锐棱角与铜绳未垫好不吊;重量不明或超负荷不吊;起重机械有缺陷或安全装置失灵不吊;吊杆下方及其转动范围内站人不吊;光线阴暗,视物不清不吊;吊杆与高压电线没有保持应有的安全距离不吊;吊挂不当不吊;人站在起吊物上或起吊物下方有人不吊。

各种起重机都离不开钢丝绳、链条、吊钩、吊环和滚筒等附件,这些机件必须安全可靠,若发生问题,都会给起重作业带来严重事故。

复习思考题

8.1　何谓压力容器?

8.2　压力容器是如何分类的?

8.3　气瓶是如何分类的?

8.4　计划停车检修的通常处理措施和步骤有哪些?

8.5　化工管道如何分类和分级?

8.6　如何防止化工设备腐蚀?

第9章 化工厂安全设计

化工厂设计包括厂址选择、工厂区域总平面布置、建(构)筑物的安全设计及建筑物的防火设计,以及设计的安全理念等内容。

化工厂的安全要从厂址选择开始,在随后的总图布置、建(构)筑物设计与施工时均应考虑安全因素。

9.1 厂址选择

厂址的选择需依据我国现行的卫生、环境保护、城乡规划及土地利用等法规和标准。考虑可能出现的有害因素及危险状况,结合建设地点的规则与现状、水文、地质、气象等因素以及为保障和促进人群健康需要进行综合分析决定。

厂址选择是工业基本建设的一个重要环节,是一项政策性、技术性很强的工作。厂址选择工作的好坏对工厂的建设进度、投资数量、经济效益、环境保护及社会效益等方面都会带来重大的影响。从宏观上说,厂址选择是实现国家长远规划、决定生产力布局的一个基本环节;从微观上看,厂址选择又是进行项目可行性研究和工程设计的前提。因为在项目的建设地点选择和确定之后,才能比较准确地估算出项目在建设时的基建投资和投入生产后的产品成本,也才能对项目的各种经济效益进行分析和计算以及对项目的环境影响、社会效益等进行分析。

正确选择厂址也是保障化工生产安全的重要前提。因此,厂址选择应综合分析与权衡厂址的地形条件以及有关的自然和经济资料,进行多方案的技术经济、安全可行性的比较,合理选择,做到安全可靠。厂址的安全可靠主要涉及工程地质条件的优劣,厂区范围能否适应总平面布置和安全距离的要求;自然灾害的威胁程度及抗御的可能性;能否避免由于邻近企业发生事故时而引起次生灾害;能否便于治理“三废”以及同外部的联系与协作等因素。

在现有的工厂中进行改建或扩建时,也要密切结合已有的装置条件,或者根据扩建的具体情况,按照建厂选址的标准进行详尽的考虑。在选择厂址时,应该遵循以下基本原则:

1) 厂址选择的基本原则

(1) 厂址选择应当避免自然瘟疫源地。

(2) 向大气排放有害物质的工厂应布置在当地夏季最小频率风向的被保护对象的上风侧。

(3) 严重产生有毒有害气体、恶臭、粉尘、噪声且尚无有效控制技术的工厂,不得在居住区、医院、学校和其他人口密集的地方建设。

(4) 在同一工业区内布置不同卫生特征的工业企业时,应避免不同职业危害因素(如物理、化学、生物等)交叉感染。

(5) 厂址位置必须符合国家工业布局、城市或地区的规划要求,尽可能靠近城市或城镇原有企业,以便于生产上的协作和生活上的方便。

(6) 厂址宜选在原料、燃料供应和产品销售便利的地区,并在储运、机修、公用工程和生活设施等方面有良好基础和协作条件的地区。

(7) 厂址应靠近水量充足、水质良好的水源地。当有城市供水、地下水和地面水 3 种供水条件时,应该进行经济技术比较后选用。

(8) 厂址应尽可能靠近原有交通线(水运、铁路、公路),即应有便利的交通运输条件,以避免为了新建企业需要修建过长的专用交通线,增加新企业的建厂费用和运营成本。在有条件的地方要优先采用水运。对于有超重、超大或超长设备的工厂,还应注意沿途是否具备运输条件。

(9) 属于第一、二类开放型同位素放射性企业严禁设置在市内。

(10) 厂址应尽可能靠近热电供应地。一般地讲,厂址应该考虑电源的可靠性,并应尽可能利用热电站的蒸汽供应,以减少新建工厂的热力和供电方面的投资。

(11) 选厂应注意节约用地,不占或少占良田、好地、菜园、果园等。厂区的大小、形状和其他条件应满足工艺流程合理布置的需要,并应有发展的可能性。

(12) 选厂应注意当地自然环境条件,并对工厂投产后对于环境可能造成的影响做出预评价。工厂的生产区、排渣场和居民区的建设地点应同时选定。

(13) 厂址应避开低于洪水位或在采取措施后仍不能确保不受水淹的地段。厂址的自然地形应有利于厂房和管线的布置、内外交通联系和场地的排水。

(14) 厂址附近应有生产污水、生活污水排放的可靠排除地,并应保证不因新厂建设致使当地受到新的污染和危害。

(15) 厂址应不妨碍或破坏农业水利工程,应尽量避免拆除民房或建(构)筑物、砍伐果园和拆迁大批墓穴等。

(16) 食品工业和电子工业的工厂的地址应选择在环境洁净、绿化条件好、水源清洁的区域。

(17) 新建或扩建工程与相邻工厂或设施的防火间距应符合《石油化工企业设计防火规范》(GB 50160—2008)规定,见表 9.1。

(18) 凡是产生有毒气体、烟尘等有害因素的企业,应将厂址选在工业区的下风侧并与居民区保持一定的防护距离,特别注意避开窝风的地带。

(19) 厂址选在沿江、河、海岸的位置时,要使其位于江河、城镇和重要桥梁、港区、船厂、水源等重要建筑物的下游,借以避免废水和废气对居民区造成污染。

(20) 厂址应选择在紧急情况下地区消防、医院等防火急救机构可以支援的区域。

(21) 厂址应避免布置在下列地区:地震断层带和基本烈度为 9 度以上的地震区;土层厚度较大的Ⅲ级自重湿陷性黄土地区;易受洪水、泥石流、滑坡、土崩等危害的山区;有喀斯特、流沙、淤泥、古河道、地下墓穴、古井等地质不良地区;有开采价值的矿藏地区;对机场、电台等使用有影响的地区;有严重放射性物质影响的地区及爆破危险地区;国家规定的历史文物,如古墓、古寺、古建筑等地区;园林风景区和森林自然保护区、风景游览地区;水土保护禁垦区和生活饮用水源第一卫生防护区。

表 9.1　石油化工企业与相邻工厂或设施的防火间距　单位:m

相邻工厂或设施	化工企业生产区		
	液化烃罐组	可能携带可燃液体的高架火炬	甲乙类工艺装置或设施
居住区、公共福利设施、村庄	120	120	100
相邻工厂(围墙)	120	120	50
国家铁路线(中心线)	55	80	45
厂外企业铁路线(中心线)	45	80	35
国家或工业铁路编组站(铁路中心线或建筑物)	55	80	45
厂外公路(路边)	25	60	20
变配电站(围墙)	80	120	50
架空电力线路(中心线)	1.5 倍的塔杆高度	80	1.5 倍的塔杆高度
Ⅰ,Ⅱ级国家架空通信线路(中心线)	50	80	40
通航江、河、海岸边	25	80	20

2) 厂址选择的安全原则

在厂址的定位、选址和布局中可能会出现各式各样的危险,一般划分为潜在的和直接的 2 种危险。前者称为一级危险,后者称为二级危险。

对于一级危险,一般情况下不会直接造成人身或财产的损坏,只有触发事故时才会引起人身或财产的损害以及火灾或者爆炸。典型的一级危险包括:易燃物质的存在、热源的存在、火源的存在、富氧条件的存在、压缩物质的存在、毒性物质的存在、人员失误的可能性、机械故障的可能性、人员、物料与车辆在厂区的流动、由于蒸汽云降低能见度等。一级危险失去控制就会发展为二级危险,造成对人身或财产的直接伤害。

二级危险表现为火灾、爆炸、游离毒性物质的释放、跌伤、倒塌、碰撞等。

对于上述 2 级危险,可以设置 3 道防护线。对于第一道防护线是为了解决一级危险,并防止二级危险的发生。第一道防护线的成功与否主要取决于所使用设备的精细制造工艺,如无破损、无泄漏等。在工厂的布局和规划中有助于构筑第一道防护线的项目有:

(1) 根据主导风的风向,把火源置于易燃物质可能释放点的上风侧。

(2) 为人员、物料和车辆的流动提供充分的通道。

对于二级危险,为了把事故的损失降到最小,需要实施第二道防护线。在工厂选址和规划方面采取以下措施:

(1) 把危险区域与人员最常在的区域隔开。

(2) 在关键部位安防消防器材。

不管预防措施如何完善,人身伤害事故仍时有发生。第三道防线是提供有效的急救和医疗设施,使受到伤害的人员得到迅速的救治。

实际工作中有许多切实可行的措施可以利用,如地形是规划安全时可以利用的一个因素。可以适当利用地理特征作为企业的安全工具,进行有效的排除危险物质。水量充分的水源对灭火极为重要,水供应的充足与否往往决定着灭火的成败。主导风向是另一个重要的自然因素。从地方气象资料可以确定各个方向风的时间的百分率,通过布局和选址使得主导风有助于易燃物的安全排放。分隔距离是另外一个因素,以实现不同危险之间以及危险和人之间的隔离,如燃烧炉和向大气排放的释放阀之间以及高压容器和操作容器之间,都要间隔一定的距离。类似的方法是用物理屏障隔离。用围堰限制液体的溢流就是一个典型的例子。

考虑压力储存容器的定位,最好是把这类装置隔离在工厂的一个特定的区域内,使得危险集中易于确定危险区的界限。这样做有 2 个明显的好处,首先是使值班人以外的人员远离危险区;其次是必须工作在或者必须通过工作人员完全熟悉存在的危险情况,可以相对安全。同时,还应当注意危险集中的不利之处,一个容器起火或者爆炸有可能波及相邻的容器,造成更大的损失。经验告诉人们,集中的危险会受到更密切的关注,有可能会减少事故。把危险危险分散至全厂而不为人所注意,会引发更大的危险。

作为安全防护,可以设计和配置一些物理设施,如消防水系统、安全喷射器、急救站等。

工厂高构筑物可能的坍塌是对社区的另外一种潜在的危险。高建筑物或构筑物都要留有一定的间距,防止落体砸伤人员或砸坏邻近的设施。

工厂产生废液,应该确保预期的排污方法不会污染社区的用水,特别是对于渔业,对海洋生物的毒性作用会成为严重问题。对可能含有爆炸混合物的日常排污管道务必注意。对工厂的进出口要特别小心,上下班时进出厂的交通车辆剧增,如果不适当安排或疏散,会引起严重的交通事故。

地形也是一个要重要考虑的因素,厂区应该是一片平地,厂区内部应该有洼地,否则可能会形成毒性或者易燃蒸气或者液体的积聚。相对于周围的地区,厂区最好地势较高而不应该是低洼地。

此外,厂址选择时还应注意与可能直接受到一定程度影响的当地居民沟通,听取他们的意见,同时也帮助其树立安全意识,将安全隐患减少到最低。

安全生产与企业利益是一致的,因此一定要做到安全第一,充分考虑厂址选择中的安全问题,进行多方案、多因素的比较和论证,最终选出经济效益和社会效益俱佳的厂址。

工厂选址是一项复杂的工作,要全面审核各方面的资料,综合评定其对工厂存在的(或潜在的)危险,择优确定较佳的选址方案。

9.2 厂区总平面布置

总图布置主要包括建筑物、构筑物及其他工程设施的平面布置、交通运输线路的布置、管线综合布置以及绿化布置和环境保护措施的布置。从安全的角度考虑,总图布置第一要重视安全距离,第二要进行区块化。这不仅有助于安全生产,也便于生产管理和生产操作。

厂区的总平面布置在满足主体工程需要的前提下,应将污染危害严重的设施远离非污染设施,产生高噪声的车间与低噪声的车间分开,热加工车间与冷加工车间分开,产生粉尘的车间与产生毒物的车间分开,并在产生职业危害的车间与其他车间及生活区域有一定的绿化带隔开。

工厂总平面布置的防火间距和设备建筑物平面的防火间距应符合《石油化工企业设计防火规范》(GB 50160—2008)的规定。

化工厂总平面布置应根据工厂各组成部分的性质、功能、交通运输联系、防火和卫生要求等因素,将性质相同、功能相近、联系密切、对环境要求一致的建筑物、构筑物及设施,分成若干组并结合用地的具体条件，进行功能分区。

生产区宜选择在大气污染浓度低和扩散条件好的地段，布置在当地夏季最小频率风向的上风侧；厂区和生活区布置在当地最小频率风向的下风侧，将辅助生产区布置在两者之间。

化工厂的功能分区，通常可分为以下几类：

① 工艺装置区：各种工艺装置、设备及其相关的建（构）筑物、输送管线、中间储槽、泵房等。

② 储运设施区：储槽、储罐、液体装卸设备、原料和成品气柜及库房等。

③ 公用设施区：水、电、蒸汽、压缩空气、冷冻盐水等系统。

④ 辅助设施区：机修、锻压及热处理车间、化验室等。

⑤ 工厂管理区：办公楼、汽车库、食堂、浴室等。

⑥ 生活区：宿舍、托儿所、医院等。

化工厂的工艺装置区及储运设施区是主要的潜在危险区，必须慎重考虑合理布置，以保证安全。现将总图布置安全性考虑的基本要点进行分述。

9.2.1 总体布置

1）工艺装置区

考虑工艺装置区的设备布置时，要以设备的功能为出发点，结合本工艺过程的具体情况，从原料进厂，经过生产到产品储存，以不交错为原则，确定装置设备的布置方式。具体要点如下：

(1) 高温车间的纵轴应与当地夏季主导风向垂直。受当地条件限制时，其角度不得小于45°。

(2) 根据工艺流程和设备运转的要求，按照工艺过程、运转顺序和安全生产的需要，规划设备的安装位置。应避免生产流程的交叉和迂回往复，使各种物料的输送距离为最小，但同时也应使各装置之间有合适的防火间距。

(3) 厂房建筑方位应保证室内有良好的自然通风和自然采光。相邻两建筑物的间距一般不得小于相邻的两个建筑物中较高建筑物的高度。高温、热加工、有特殊要求和人员较多的建筑物应避免日晒。

(4) 石油化工联合企业、大型化工厂的产品较多，一般按产品种类划分成几个工厂进行总图布置。

(5) 能布置在车间外的高温热源，尽可能地布置在车间外当地夏季最小频率风向的上风侧，不能布置在车间外的高温热源和工业窑炉应布置在天窗下方或靠近车间下风侧的外墙侧窗附近。

(6) 凡是装有可燃性流体且有泄漏危险的装置，要布置在火源的下风位置。

(7) 以自然通风为主的厂房，车间天窗设计应满足卫生要求；阻力系数小，通风量大，便于开启，适应季度调节；天窗排气口的面积应略大于进风窗口及进风门的面积之和。

(8) 有明火设备的装置应布置在有可能散发可燃性气体的装置、液化烃和易燃液体储罐区的全年最小频率风向的上风侧。

(9) 超高压、有爆炸危险或火灾危险性较大以及散发大量烟尘或有害气体的装置或设备宜布置在装置区内边缘，且应在装置外留有一定距离的安全空地。

(10) 火灾、爆炸危险性较大和散发有害气体的装置和设备，应尽可能露天或半敞开布置，以相对降低其危险性、毒害性和事故的破坏性，但需注意生产特点对露天布置的适应性。

(11) 含有挥发性气体、蒸气的排放管道禁止通过仪表控制室和休息室等生活用室的下面。若需通过时，必须严格密闭，防止有害气体或蒸气逸散到室内。

(12) 工艺装置区内如有配套的公用工程及辅助设施，应单独集中布置成一个小区，且位于爆炸危险区范围之外，与工艺装置之间留有防火间距。

(13) 装置的集中控制仪表室、变配电室、化验室、办公室等辅助建筑物，应布置在爆炸危险区范围之外，且靠近装置区内边缘。这样可以避免灾害的扩大，把灾害控制在最小范围。

(14) 固定的消防设施及设备的布置应符合灭火要求，且便于灭火活动。

(15) 放散大量热量的厂房适宜采用单层建筑。

(16) 噪声和振动较大的设备应安装在单层厂房内。

(17) 对工厂生产有重大影响的主要装置要采取保护措施。

(18) 产生强烈噪声的车间应修筑隔振沟。

(19) 应考虑将来有扩建的余地。

2) 储运设施区

(1) 原料和产品的运输应利用工厂所在地区现有的港口、码头、铁路、公路货站设施，必要时设专用线或专用码头。在布置上尽量避免运输流向的交叉，力求距离较短且安全。

(2) 液化烃、液化石油气、易燃液体的储罐区应布置在火炬和其他明火设施的全年最小频率风向的下风侧。不散发可燃气体的可燃材料库或堆放场地则应位于火源上风侧，且应在各罐区和各个储罐之间按规定留出空地，并设置拦液(油)围堰。

(3) 储罐组地坪应低于相邻装置和其他设施地坪，以防止储罐发生泄漏事故时可燃液体流入装置和设施，扩大灾害范围，妨碍救灾活动。如地形和经济因素限制时，必须设有防护导流设施。

(4) 储存有分解、爆炸危险的液体、固体物资仓库，应远离工艺装置、可燃液体和液化烃储罐区、全厂性重要设施及人员集中的场所。

(5) 经常使用汽车运输的液化石油气罐站、可燃液体汽车装卸站和全厂性仓库等，为防止汽车穿行生产区，上述设施应靠近厂区边缘，且设围墙与之隔开，或远离厂区布置。上述区域应设置独立出入口。

(6) 拦油(液)围堰的布置应符合以下规定：

① 拦油围堰规模。拦油围堰的面积应在 40 000 m^2 以下，而且一道拦油围堰所设储罐的数目应在 10 个以下。

② 拦油围堰位置。直径不到 15 m 的储罐拦油围堰与储罐之间的距离应保证大于储罐高度 1/3；对于直径大于 15 m 的储罐，应保证有大于储罐高度 1/2 的距离。

③ 拦油围堰内储罐的布置方式。属于①拦油围堰范围内的储罐，不论是纵、横排列，皆不应超过 2 列。但容量不到 200 m^3 的储罐，且储存或处理闪点在 70 ℃以上的危险物品时，不受此限。

④ 与厂内道路位置的相互关系。拦油围堰周围应与厂内道路邻接(路面宽度应为拦油围堰内直径最大的储罐直径的 1/5 以上，不满 4 m 的应按 4 m)。但储罐的容量若不到 200 m^3，拦油围堰设在不妨碍救火活动的道路或邻接空地的位置即可。

3) 公用设施区

(1) 水、电、气等全厂性公用工程设施的布置，在装置发生火灾、爆炸事故时，应使它们不会受到影响;在紧急情况下,能够保证正常运行。

(2) 空分装置要求吸入的空气洁净。空气中若含有乙炔、烃类气体,一旦被吸入空分装置,则有可能引起设备爆炸,应将空分装置布置在不受上述气体污染的地段。

(3) 冷却水的凉水塔会散发大量的水雾,不应设在生产装置或高大建筑物的上风位置,不要靠近铁路、公路及其他公用设施。

(4) 由厂外引入的架空高压电力线路,若架空进入厂区,不仅需留有高压走廊,占地很大,而且在发生火灾时,高压线易受影响;若采用埋地敷设,技术复杂且不经济。因此,总变电所应布置在厂区边缘,但尽量靠近负荷中心。

(5) 自备电站、全厂性锅炉房和总变、配电所,应位于散发可燃性气体和可燃蒸汽的装置、易燃和可燃液体及液化石油气的储罐区及装卸区的侧风向或上风向。35 kV 以上的总变、配电所,应布置在厂区边缘。

4) 生活区

(1) 生活区的布置应符合国家及地方安全卫生监察部门的现行法规及标准的规定。

(2) 生活设施应远离有燃烧、爆炸及有毒介质逸散的生产装置,且位于装置的上风向或侧风向。

(3) 生活区应有安静和良好的卫生环境,应尽量减少生产区对生活区的危害及污染。区内的布置应按防火要求设计。

(4) 生活区内不应有铁路专用线通过,当必须通过时,应布置在生活区的边缘,并应设立道口房。

(5) 浴室、盥洗室、厕所的设计计算人数,一般按最大班工人总数的 93%计算。存衣室的设计计算人数,应该按车间在册工人总数计算。

(6) 食堂的位置要适中,一般距离车间不宜太远,但不能与有危害因素的工作场所相邻设置,不能受有害因素的影响。食堂内设有洗手、洗碗、热饭设备。厨房的设置应防止生熟食品的感染,并应有良好的通风、排气装置。

5) 其他设施区

(1) 工厂管理部门的办公建筑要布置在工厂的管理区。管理区与生产区要设隔离墙。

(2) 辅助生产区尽可能集中设置。机修厂和研究室要远离罐区和工艺装置区。机修厂要布置在公用道路附近的地点。要采取降低噪声的措施,尽量避免和减少噪声对居民的干扰。

(3) 全厂性高架火炬,在事故状态下可能因大量可燃性液体被夹带,且燃烧不完全而发生"火雨",产生大量的热、烟雾、噪声和有害气体,应将其布置在生产区全年最小频率风向地段的上风侧。

(4) 污水处理场的污水池、曝气池有可能散发出可燃气体和异味污染空气,应布置在厂区外,位于居民区、人员集中设施的全年最小频率风向的上风侧。

9.2.2 厂区道路

(1) 原则上应利用厂区道路将整个厂区分隔成几个矩形区块,在厂区周围和中间位置上应布置主要干道,厂区周围道路要修成环路,至少要有 2 个不同方位的出口,并与厂外公路相通。

(2) 2 条或 2 条以上的工厂主要出入口的道路,应避免与同一条铁路平交;若必须平交时,其中至少有 2 条道路的间距不应小于所通过的最长列车的长度;若小于所通过的最长列车的长度,应另设消防车道。

(3) 主干道及其厂外延长部分,应避免与调车频繁的厂内铁路或邻近厂区的厂外铁路平交。

(4) 生产区的道路宜采用双车道,若为单车道应满足错车要求。

(5) 工艺装置区、罐区、可燃物料装卸区及其仓库区,应设环形消防车道。当受地形限制不能环行,可设有回车场的尽头式的消防车道。消防道路的路面宽度不小于6 m,路面内缘转弯半径不宜小于12 m,路面上净空高度不应低于5 m。

(6) 液化烃、可燃液体罐区内的储罐与不同方向的两条消防车道距离不应大于120 m;而当只有一条消防车道时,则不应大于80 m。

(7) 在液化烃、可燃液体的铁路装卸区,消防道路应与铁路线并行。若单侧设置时,消防道与最远铁路股道的距离不应大于80 m;若双侧布置时两条消防道之间的距离不应大于200 m。

(8) 当道路路面高出附近地面2.5 m以上,且在距离道路边缘15 m范围内有工艺装置或可燃气体、液化烃、可燃液体的储罐及管道时,应在该路段边缘设护墩、短墙等防护设施。

(9) 厂内道路的布置同时应考虑施工安装的使用要求。兼顾施工要求的道路,其技术条件、路面结构和桥涵荷载标准等应满足施工安装的运输要求。

(10) 道路宽度原则上应能使两辆对开的机动车辆安全会车。表9.2所示为日本石油联合企业防灾法令规定的各装置区、设施区占地面积与道路宽度,供参考。

表9.2 装置区、设施区占地面积与道路宽度

地 区	占地面积/(10^4 m^2)	道路宽度/m
工艺装置	<2	6
	2~4	8
	4~6	10
	>6	12
储运设施区	<1	6
	1~2	8
	2~4	10
	>4	12
输入、输出区,公用工程设施区,辅助设施区等其他设施区		6

9.2.3 厂内管线

(1) 厂内管线可沿地面或桁架敷设,但不应环绕工艺装置或罐组四周布置,以免妨碍消防工作。

(2) 管道及其桁架跨越厂内铁路的净空高度不应小于5.5 m;跨越厂内道路的净空高度不应小于5 m。

(3) 可燃气体、液化烃、可燃液体的管道横穿铁路或道路时,应敷设在管涵或套管内。此类管道不得穿越或跨越与其无关的工艺装置或设施。

(4) 距离散发比空气重的可燃气体设备30 m之内的管沟、电缆沟(隧道)应采取防止可燃气体窜入和积聚的措施,一般采用填砂的办法。在电缆沟进入配电室前设置沉砂井,效果更好。

(5) 各种工艺管道或含可燃液体的污水管道，不应沿道路敷设在路面或路肩上下。因为这类管道检修更换次数较多，为此开挖路面会影响交通，特别是消防车的通行。

(6) 布置在公路型道路路肩上的管架支柱、照明电杆、行道树或标志杆等至双车道路面边缘不应小于 0.5 m；至单车道中心线不应小于 3 m。

(7) 管道应按《安全色》(GB 2893—2001)中规定进行着色。

9.3　建(构)筑物安全工程

化工建筑的形式有厂房、露天式框架和开敞式建筑等。目前许多化工生产厂房都朝着露天化和开敞式发展，尤其是在多层厂房设计中，一般均采用露天框架式建筑，这对安全生产和工业卫生是有利的。

化工生产过程中，易燃、易爆、有毒和具有腐蚀性的物质较多，这对化工建筑提出了一些特殊要求。在建筑设计方面，应采用相应的防火、防爆、防毒、防腐蚀措施，以保证建筑适应生产和安全的需要。

化工生产的厂房面积和高度要根据机器设备的布置和操作、通风排气、取暖采光的要求来确定。化学物质对建筑的腐蚀，会使建筑物各个部分遭受严重的损坏。因此，在设计中需要正确地选择防腐蚀的建筑材料，采取有效的防腐蚀措施。

9.3.1　生产及储存的火灾危险性分类

为了确定生产的火灾危险性类别，以便采取相应的防火、防爆措施，必须对生产过程的火灾危险性加以分析，主要是了解生产中所使用的原料、中间体和成品的物理、化学性质及其火灾、爆炸的危险程度，反应中所用物质的数量，采取的反应温度、压力以及使用密闭的还是敞开的设备等条件，综合全面情况来确定生产及储存的火灾危险性类别。生产及储存物品的火灾危险性分类原则，分别见表 9.3 和表 9.4。

表 9.3　生产的火灾危险性分类

生产类别	火灾危险性分类
甲类	使用或产生下列物质的生产： 1. 闪点<28 ℃的液体； 2. 爆炸下限<10%的气体； 3. 常温下能自行分解或在空气中氧化即能导致迅速自燃或爆炸的物质； 4. 常温下受到水或空气中水蒸气的作用，能产生可燃气体并引起燃烧或爆炸的物质； 5. 遇酸、受热、撞击、摩擦、催化以及遇有机物或硫黄等易燃的无机物，极易引起燃烧或爆炸的强氧化剂； 6. 撞击、摩擦或受氧化剂、有机物接触时能引起燃烧或爆炸的物质； 7. 在密闭设备内操作温度等于或超过物质本身自燃点的生产
乙类	使用或产生下列物质的生产： 1. 闪点为 28(含 28 ℃)～60 ℃的液体； 2. 爆炸下限≥10%的气体； 3. 不属于甲类的氧化剂； 4. 不属于甲类的化学易燃危险固体； 5. 助燃气体； 6. 能与空气形成爆炸性混合物的浮游状态的粉尘、纤维、闪点大于或等于 60 ℃的液体雾滴

续表 9.3

生产类别	火灾危险性分类
丙类	使用或生产下列的生产： 1. 闪点≥60 ℃的液体； 2. 可燃固体
丁类	具有下列情况的生产： 1. 对非燃烧物质进行加工，并在高热或融化状态下经常产生强烈辐射热、火花或火焰； 2. 利用气体、液体、固体作为燃料或气体、液体进行燃烧作其他用的各种生产； 3. 常温下使用或加工难燃烧物质的生产
戊类	常温下使用或加工非燃烧物质的生产

注：① 在生产过程中，如使用或产生易燃，可燃物质的量较少，不足以构成爆炸或火灾危险时，可以按实际情况确定其火灾危险性的类别。

② 一座厂房内或防火分区内有不同性质的生产时，其分类应按火灾危险性较大的部分确定。但火灾危险性大的部分占本层或防火分区的面积的比例小于 5%，且发生事故时不足以蔓延到其他部位，或采取防火措施能防止火灾蔓延时，可按火灾危险性小的部分确定。丁、戊类生产厂房的油漆工段，当采用封闭喷漆工艺时，封闭喷漆空间内保持负压，且油漆工段设置可燃气体浓度报警系统或自动抑爆系统时，油漆工段占其所在防火分区面积的比例不应超过 20%。

表 9.4 储存物品的火灾危险性分类

生产类别	火灾危险性特征
甲类	1. 闪点<28 ℃的液体； 2. 爆炸下限<10%的气体，以及受到水或空气中水蒸气的作用，能产生爆炸下限<10%的气体的固体物质； 3. 常温下自行分解或在空气中氧化即能导致迅速自燃或爆炸的物质； 4. 常温下受到水或空气中水蒸气的作用能引起燃烧或爆炸的物质； 5. 遇酸、受热、撞击、摩擦、催化以及遇有机物或硫黄等易燃的无机物，极易引起燃烧或爆炸的强氧化剂； 6. 撞击、摩擦或受氧化剂、有机物接触时能引起燃烧或爆炸的物质
乙类	1. 闪点 28(含 28 ℃)～60 ℃的液体； 2. 爆炸下限≥10%的气体； 3. 不属于甲类的氧化剂； 4. 不属于甲类的化学易燃危险固体； 5. 助燃气体； 6. 常温下与空气接触能缓慢氧化，积热不散引起自燃的物品
丙类	1. 闪点>60 ℃的液体； 2. 可燃固体
丁类	难燃烧物品
戊类	非燃烧物品

注：当燃烧物品，非燃烧物品的可燃包装质量超过物品本身质量的 1/4 时，其火灾危险性为丙类。

9.3.2 建筑物的防火结构

1）防火门

防火门是装在建筑物的外墙、防火墙或者防火壁的出入口上、用来防止火灾蔓延的门。

防火门具有耐火性能，当它与防火墙形成一个整体后，就可以达到阻断火源，防止火灾蔓延的目的。防火门的结构多种多样，常用的结构有卷帘式铁门、单面包铁皮防火门、双面包铁皮防火门、金属网嵌镶玻璃防火门、自动闭锁式防火门等。

2）防火墙

防火墙是专门为防止火灾蔓延而建造的墙体。其结构有钢筋混凝土墙，砖墙，石棉板和钢板墙，也可以采用耐火灰浆等一类的不燃性材料在一般墙体上抹耐火层。为了防止火灾在一幢建筑物内蔓延燃烧，通常采用耐火墙将建筑物分割成若干小区。但是，由于建筑物内增设防火墙，从而使其成为复杂结构的建筑物，如果防火墙的位置设置不当，就不能发挥防火的效果。在一般的L，T，E，H形建筑物内，要尽可能避免将防火墙设在结构复杂的拐角处。如果设在转角附近，内转角两侧上的门窗洞口之间最近的水平距离不应小于4 m。为了防止火灾在相邻的建筑物之间的蔓延，原则上要将两幢建筑物相对的两面墙做成防火墙。

防火墙应直接设置在基础上或钢筋混凝土的框架上，且应高出非燃烧体屋面不小于0.4 m，高出燃烧体或难燃烧屋面不小于0.5 m。防火带的宽度从防火墙的中心线起，每侧不应小于2 m。防火墙内不应设置排气道，不应开门窗洞口。如必须开设时，应采用甲级防火门窗，并应能自行关闭。可燃气体和甲、乙、丙类液体管道不应穿过防火墙。其他管道如必须穿过时，应用非燃烧材料将缝隙紧密填塞。此外，设计防火墙时，应考虑防火墙一侧的屋架、梁、楼板等受到火灾的影响而破坏时，不致使防火墙倒塌。

3）防火壁

防火壁与防火墙一样是为了防止火灾蔓延的目的建造的。只不过防火墙是建在建筑物内，防火壁是建在两座建筑物之间，或者建在有可燃物存在的场所，像屏风一样单独屹立。其主要目的是用于防止火焰直接接触，同时还能够阻隔燃烧的辐射热。防火壁不承重，所以不必具有防火墙那样强度，只要具有适当的耐火性能即可。

4）其他防火结构

危险品制造厂的建筑物地坪不得有台阶、墙、柱、地面、横梁和楼梯一律采用不燃性材料制造，如果着火时有向外蔓延的危险，外墙应采用耐火结构；用于设置露天危险品储罐所用的泵以及泵的附属电机的建筑物或构筑物(统称为泵房)，其墙壁、立柱、地面应一律采用不燃性材料建造；危险品储存仓库的墙、立柱及地面应采用耐火结构，横梁应该采用不燃材料制造；危险品室内储存库的储罐专用室的墙、立柱、地面及横梁一律采用耐火结构；设置化工设备用的建筑物的墙、立柱、地面、横梁、屋顶、楼梯必须采用不燃性材料建造。

9.3.3 厂房的防爆

在有爆炸危险的厂房内，一旦发生爆炸，往往会使厂房炸毁倒塌，人员遭受伤亡，机器设备损坏，生产停顿。如果处理不当，还会引起相邻的厂房发生连锁爆炸或第二次爆炸。因此，做好厂房防爆设计是十分重要的。

1）合理布置有爆炸危险的厂房

有爆炸危险的厂房平面布置最好是采用矩形，与主导风向垂直或不小于45°角布置，以便有效地利用穿堂风将爆炸性的气体吹散。有爆炸危险的厂房宜为单层建筑，不应布置在地下室或半地下室，以避免由于通风不良致使可燃气体的积聚。当工艺要求必须布置为多层厂房时，应尽可能将有爆炸危险的厂房布置在最上一层。根据生产工艺过程的要求，将有爆炸危险的生产设备靠近外墙门窗的地方布置。有火源的配电间、化验室、办公室、生活室等应集中布置在厂房的一端，并设防爆墙与生产车间分隔布置。

2）采用耐爆炸结构

有爆炸危险的厂房，尽可能采用敞开式或半敞开式建筑，以防可燃气体的积累。有爆炸危险的厂房结构选型是十分重要的，选用耐火性较好、耐爆性较强的结构形式，一旦发生爆炸时，可以避免厂房遭受破坏。现浇钢筋混凝土框架结构的厂房耐火性能好，耐爆压力较强。装配式钢筋混凝土框架结构的厂房，有柱、梁、楼板互相连接，整体刚性较差，耐爆强度不如钢筋混凝土的框架结构。因此，梁与柱可预留钢筋焊接部分，用高标号的混凝土现浇出刚性接头。楼板也应采取现浇钢筋混凝土整体层，这样可以提高耐爆强度。钢结构的耐爆强度虽然很高，但是耐火极限很差，当发生火灾爆炸受到一定的高温时，就会变形而倒塌。钢结构承受荷载的容许极限温度应控制在 400 ℃以下，当超出此极限时，钢结构构件应采取外包非燃烧体材料的隔热层（又称为耐火被覆）。钢柱的耐火被覆，一般可用黏土砖再外包钢丝网抹水泥砂浆面层，可以防开裂和避免火焰穿入，或者配置钢筋混凝土被覆。钢梁可用外包混凝土、钢丝网抹水泥、砂浆耐火被覆。

3）设置泄压、隔爆、阻火等设施

在有爆炸危险的厂房，设置泄压的轻质屋盖、轻质外墙和易于泄压的门窗等建筑构件。当发生爆炸时，这些耐压最薄弱的建筑构件，将最先爆破而向外释放大量气体和热量，使室内爆炸产生的压力迅速下降，因而可以减轻爆炸压力的作用，承重结构不致倒塌破坏。泄压部位应靠近可能爆炸的部位。泄压方向宜朝向上空，尽量避免朝向人员集中的地方和交通要道，以及能引起爆炸的其他车间和仓库。作为泄压面积的轻质屋盖和轻质墙体的每平方米质量不宜超过 120 kg。

散发较空气轻的可燃气体、可燃蒸气的甲类厂房，宜采用全部或局部较轻屋盖作为泄压设施。顶棚应尽量平整避免死角，厂房上部空间要通风良好。散发较空气重的可燃气体、可燃蒸气的甲类厂房及有粉尘、纤维爆炸危险的乙类厂房，应采用不发生火花的地面。厂房内表面应平整光滑，宜于清扫。如采用绝缘材料做整体面层时，应采取防静电措施。地面下不宜设地沟，如必须设置时，其盖板要严密，并应采用非燃烧材料紧密填实。与相邻厂房连通处，应采用非燃烧材料密封。有爆炸危险的甲、乙类厂房总控制室应独立设置，其分控制室可毗邻外墙设置，并应用耐火极限不低于 3 h 的非燃烧体墙与其他部分隔开。使用和生产甲、乙、丙类液体的厂房管沟不应和相邻厂房的管、沟相通，该厂房的下水道应设有隔油设施。

泄压面积与厂房体积的比值宜采用 $0.05 \sim 0.22\ m^2/m^3$。爆炸介质威力较强或爆炸压力上升速度较快的厂房，应尽量加大此值，对体积超过 $1\,000\ m^3$ 的建筑，如果采取上述比值有困难时，可以适当降低，但不应小于 $0.03\ m^2/m^3$。在设计有爆炸危险厂房时，采用适当的泄压面积，对防爆的关系很大。从一些爆炸事故实例的分析资料可以看出，凡是泄压面积大的厂房发生爆炸时的破坏损失就越小。在美国设计规范中，对于特级爆炸危险的厂房，即产生丙酮、甲醇、乙炔、氢等的厂房，其泄压面积与厂房容积的比规定为尽可能大的比值。

常用的泄压、隔爆、阻火等设施如下：

（1）泄压轻质屋盖

分为无保温层、有保温层通风式和泄压轻质屋盖 3 种类型。选用的材料应有一定的脆性，质量轻、耐火和不燃烧的特性。石棉水泥波形瓦是最适用的材料。未加阻火剂配制的聚氯乙烯塑料波形瓦和木制纤维波形瓦遇火能燃烧。钢丝网水泥大波形瓦、玻璃钢波形瓦不易破碎，若受爆炸后成整块或较大碎块射出掉落，伤害人身的可能性较大，故不宜采用。

(2) 泄压轻质外墙

根据使用的需要，泄压轻质外墙分为无保温层和有保温层2种。目前，常用石棉水泥波形瓦作为墙体材料。有保温层的泄压轻质材料制成的外墙，用于需要采暖保温或隔热降温要求的厂房，是在石棉水泥波形瓦外墙的内壁采用难燃烧体木丝板做保温层。

(3) 泄压窗

泄压窗应能在爆炸能力递增稍大于室外风压时会自动开启，以便释放出大量的气体和热量，使室内爆炸压力降低，以保护承重结构。泄压窗的构造有多种，如轴心偏上中悬泄压窗、抛物线形塑料板泄压窗和弹簧外开泄压窗等。

(4) 防爆墙

防爆墙是用来保护附近的设施，免遭爆炸冲击波的压力、爆炸飞散物以及爆炸火灾的侵袭破坏。其结构必须能够充分承受爆炸冲击波的冲击，同时还要根据爆炸冲击波的性质，设置在能够发挥保护作用的位置上。根据惯例，一般是设在靠近爆炸源的位置上，借以增大保护效果。

防爆墙采用钢板、钢筋混凝土、增强钢筋混凝土预制块作为结构材料，有的还可以采用堆土的办法构筑。根据实验结果表明，以大厚度钢筋混凝土结构防爆墙阻断爆炸冲击波的效果最为显著。防爆墙的本来目的就是用来防止爆炸冲击波的破坏作用，所以也没有必要要求防爆墙经过爆炸之后仍然保持完好无损的状态，纵然出现一些裂纹也无碍于事。但是，用来构筑防爆墙的材料(如混凝土或铜板)却不允一年出现部分剥离或破碎飞散的现象。

(5) 防爆门

具有很高的防爆强度。门的骨架采用角钢和槽钢拼装焊接，门板选用抗爆强度高的锅炉钢板或装甲钢板，故防爆门又称为装甲门。门的铰链装配时，衬有青铜套轴和垫圈，门扇四周边衬贴橡皮带软垫，可以防止防爆门在开启或关闭时由于摩擦撞击而产生火花。

(6) 防爆窗

在爆炸时要使防爆窗不破碎，则窗框及玻璃就要选用抗爆强度高的材料。窗框可用角钢钢板制作。一般的窗用平板玻璃抗爆强度差，当爆炸击破射出时，有形似锋利尖刀的玻璃碎片，往往对人造成伤害。有一种玻璃是夹层的，有两片或多片窗用平板玻璃以聚乙烯醇缩丁醛塑料衬片，在高温中加压黏合制成，抗爆强度很高，一旦被击破后能借助中间塑料衬片黏合的作用，不至于玻璃碎片脱离射出引起伤害，较为安全，故称为安全玻璃。

(7) 水封井

水封井是安全液封的一种。在化工生产和储存过程中，如果发生泄漏或一旦爆炸，生产设备和储罐破裂，使其中的可燃气体、液体或粉尘泄漏出来，沿着地面排水管沟扩散到下水管沟中去，在管沟内积聚漂流。如流窜到其他建筑物内，当其浓度达到爆炸极限时，遇火源将引起再次爆炸。如在可燃气体、易燃液体蒸气或油污的污水管网上设置水封井阻火，可以防止燃烧、爆炸沿着污水管网蔓延扩展。水封井内的水封压力不小于2.45 kPa。在生产装置的总下水道上，每隔300 m可设置一个水封井。

(8) 油水分离池

对含有不溶解于水的可燃液体和油类物质的下水道，还应设置油水分离池，以分离油水，防止排下水道引起燃烧。

(9) 阻火分隔沟坑

生产设备和储存容器发生爆炸，其中比空气重的可燃气体、蒸气或粉尘会泄漏出来，沿着地面管沟或电缆等扩散流窜到相邻生产工段，达到爆炸极限时，遇火源也会发生再次爆炸。如果在这类厂房和仓库地面的管沟段中，设置阻火分隔沟坑，内填满干砂或碎石，可以阻止大火蔓延及可燃气体粉尘扩散流窜。分隔沟坑长度只有大于 2 m 才能阻火。

(10) 不发火地面按照其构造材料分类

① 不发火金属地面。一般常用铜板、铝板、铅板等有色金属材料铺设在水泥砂浆地面上。

② 不发火非金属地面。按照材料性质可分为不发火有机材料和无机材料地面 2 种。不发火有机材料地面一般常用沥青、木材、塑料、橡胶等有机材料铺设在钢筋混凝土楼板或混凝土垫层上，但此类材料多具有绝缘性能。当工作人员在地面行走或生产设备在地面拖运时，由于接触摩擦、撞击能够产生静电火花，故必须采取消除静电措施。

不发火无机材料地面一般采用不发火水泥、石砂、细石混凝土、水磨石等无机材料铺筑在钢筋混凝土楼板或混凝土垫层上。

建造不发火地面的材料，应先经过试验证明为不发火后才能使用。可利用金刚砂轮在暗室或夜晚进行试验。石灰石、白云石、大理石等是不发火的无机材料。

4) 露天生产场所内建筑物内的防爆

实现露天化生产，将工艺设备布置在露天或框架中，就不需要建造建筑物。但根据工艺要求，中心控制室、电子计算机室等通常设置在有爆炸危险场所内或临近。这些建筑物的面积虽然不大，但其中多有火源，用途也十分重要，一旦遭受爆炸破坏，会使仪器控制失灵，使整个生产运转中断，且会引起大火，可能危及整个生产区域，因此这类建筑物的设计更需要有严格的防爆措施，才能以防万一。

9.3.4 化工建(构)筑物的腐蚀和防护

1) 化工建(构)筑物腐蚀的原因

(1) 气温

一些建筑物中混凝土密度不够，使得混凝土表面水分经常处于饱和状态，在四季气温交替变化中，特别是在冬季，产生冰融破坏，使混凝土表皮脱落松动到开裂；四季气温变化大的地区，建筑物一旦由于其他原因受损，混凝土在冬季也会产生冰融破坏。

(2) 湿度

混凝土侵蚀程度与空气湿度大小有关，空气潮湿，侵蚀严重。即使是在干燥季节，凉水塔附近也是一个高湿度的小环境。湿度大，特别是在操作环境有酸雾、碱雾等存在时，侵蚀加速。

(3) 地下水及工业污水

地下水含有 Na^+，K^+，NH_4^+ 等，工业污水还含有大量酸、碱、盐等腐蚀介质。这些介质或者直接与混凝土反应生成可溶性盐，使基础腐蚀；或者在混凝土内部发生反应生成含结晶的盐类，体积膨胀，使混凝土松动破坏。

(4) 酸

酸是侵蚀混凝土的主要物质。它们或者与水泥中的 $Ca(OH)_2$ 反应生成溶性盐(如 $CaCl_2$)，混凝土产生空洞，继而腐蚀钢筋，致使建筑物受到破坏；或者与水泥中的水化铝酸钙生成三水型水化硫铝酸钙，三水型水化硫铝酸钙因含有结晶水，体积增大，因而使混凝土受到胀裂，继续腐蚀钢筋使建筑物最后遭到破坏。

(5) 碱

碱对混凝土破坏有两种情况：当碱渗入多孔的混凝土时，与空隙空气中的 CO_2 反应生成 $CaCO_3$，体积扩大，混凝土受到破坏；另一种情况是，碱与混凝土里砂石中的碱活性部分反应而发生膨胀，使混凝土龟裂破坏。

(6) 盐

NaCl 等具有很强的渗透力和溶解性。它对混凝土的破坏一定程度上超过酸的危害，它能渗入多孔的混凝土内部，在干湿交替变化条件下，产生盐结晶，体积增大，破坏混凝土。

(7) 油

油对化工建筑物破坏不明显。在长期受到油污染的部位，油可能逐渐渗入混凝土内部，使钢筋与混凝土黏结强度减小，局部发生破坏。

2）防护对策

(1) 设计

① 原材料的选择。准确选用水泥品种，对保证工程的耐久性与节约投资有重要意义。水泥是水泥砂浆和混凝土的胶结材料。水泥类材料的强度和工程性能是通过水泥砂浆的凝结、硬化而形成。水泥石一旦遭受腐蚀，水泥砂浆和混凝土的性能将不复存在；混凝土中所采用粗细集料，应保证致密，同时控制材料的吸水率以及其他杂质的含量，确保材质状况；混凝土外加剂是在拌制混凝土过程中掺入，用以改善混凝土性质的物质。在建筑防腐工程中，外加剂的使用主要是为了提高混凝土密实性或对钢筋的阻锈能力，从而提高混凝土结构的耐久性。实践证明，采用加入外加剂的方法，可以在一定范围内达到提高混凝土结构的耐腐蚀能力，是一种经济而有效的技术措施。

② 混凝土的配合比设计。混凝土配合比的设计，应按以下 2 种情况进行：一是按设计要求的强度（按正常要求的强度）进行配合比设计；二是按密实度的要求（即按最大水灰比最小水泥用量的要求）进行配合比设计，但强度等级往往大于前者。腐蚀环境中的混凝土配合比设计，必须取用上述 2 种情况中强度等级的较高者。

③ 设计中尽量减少混凝土建筑，工艺布置尽量合理、集中，以减少侵蚀范围和对象，从而缩小防护范围。

④ 厂房与工艺支撑分立，构筑物几何尺寸不可太复杂，减少死角，减少腐蚀介质残留的可能性。屋面、楼面要有合理排水坡度，排水集中排放。

⑤ 注意通风干燥。

⑥ 针对不同的腐蚀环境应设计不同的保护层厚度。

(2) 施工

① 向施工单位交底，说明化工建筑物施工特点及要求，在组织管理上落实质量保证。

② 技改中要清除原腐蚀物，回填土要用新土。新施工要设法查明地质情况，降低地下水位。

③ 混凝土浇灌要保证一次成型，做到浇捣密实无空洞，无死角。

④ 施工中要保持钢筋不移位，保证混凝土达到预定的设计厚度，推荐化工混凝土水泥保护板厚在 25～30 mm，梁为 35～55 mm。

⑤ 对特殊部位施工要加倍小心，如屋面、墙裙、基础、屋檐等，这些部位都是可能最先发生腐蚀的地方。

⑥ 采用水泥添加剂以增强混凝土性能，如防锈剂、防冻剂、防水剂等。

⑦ 原有化工企业新建混凝土，混凝土配料拌和水不得随意取用循环水，更不得使用工业水。

⑧ 钢筋的垫块，应采用细石混凝土或水泥砂浆制作，有条件时最好采用定型的塑料垫块。

⑩ 混凝土的养护方法对混凝土的密实度和抗渗性都有一定影响，因此在腐蚀环境下的混凝土施工时应进行养护方案设计，科学进行养护，加强混凝土的施工质量管理。混凝土必须充分捣固，对混凝土振捣后的表面工序也应认真对待，压实表面对混凝土的抗腐蚀将起到相当重要的作用。

（3）外防护

外防护对化工混凝土构筑物显得相当重要，化工企业中腐蚀性介质有时虽然没有直接泄漏到建筑物上，但是各种烟尘、盐雾、酸雾、碱雾等都会与空气形成气溶胶，附着于构筑物表面，产生破坏作用，使混凝土疏松脱落，逐渐减少混凝土的工程安全性，非浇捣性的水泥砂浆抹面因其疏松多孔，保护性能不足，选用各种防腐涂料，就显得更为重要。涂料种类很多，化工企业可根据自己的实际情况选择使用过氯乙烯漆、有机硅树脂漆、氯磺化聚乙烯漆等。

对于最易腐蚀部位，还可用玻璃丝布加树脂包裹。外加涂料施工时，混凝土要保持清洁干燥；否则，会因保护层与混凝土结合不牢而失去保护意义。

（4）工艺操作

生产车间进行工艺变动时，尽可能不破坏混凝土。实在因为需要而在楼面开孔，应将露筋和创面及时进行防腐和修补处理。企业保持良好的操作状态，日常生产中减少跑、冒、滴、漏，使生产岗位清洁干燥，这是延长混凝土建筑物寿命的重要措施。

9.4 生产技术路线的安全设计

9.4.1 确定生产技术路线的原则

确定安全、可靠的化工生产技术路线是化工安全设计的关键，将直接影响和限定化工工艺装置的选择和单元区域的规划。化工生产技术路线的确定一般应依据以下原则：

（1）生产工艺安全卫生设计必须符合人—机工程的原则，以便最大限度地降低操作者的劳动强度以及精神紧张状态。

（2）应尽量采用没有危害或危害较小的新工艺、新技术、新设备；淘汰毒尘严重而又难以治理的落后的工艺设备，使生产过程本身为本质安全型。

（3）对具有危险和有害因素的生产过程应合理地采用机械化、自动化和计算机技术，实现遥控或隔离操作。

（4）具有危险和有害因素的生产过程，应设计可靠的监测仪器、仪表，并设计必要的自动报警和自动联锁系统。

（5）对事故后果严重的化工生产装置，应按冗余原则设计备用装置和备用系统，并保证在出现故障时能自动转换到备用装置或备用系统。

（6）生产过程排放的有毒、有害废气、废水（液）和废渣应符合国家标准和有关规定。

（7）应防止工作人员直接接触具有危险和有害因素的设备、设施、生产原材料、产品和中间产品。

(8) 化工专用设备设计应进行安全性评价，根据工艺要求、物料性质。按照《生产设备安全卫生设计总则》(GB 5083)进行。设备制造任务书应有安全卫生方面的内容；选用的通用机械与电气设备应符合国家或行业技术标准。

9.4.2　工艺装置的安全要求

在化工生产中各工艺过程和生产装置，由于受内部和外界各种因素的影响，可能产生一系列的不稳定和不安全因素，从而导致生产停顿和装置失效，甚至发生毁灭性的事故。为保证安全生产，在工艺装置设计中必须把生产和安全结合起来，加以全面妥善的处理，并能符合以下的基本要求：

(1) 从保障整个生产系统的安全出发，全面分析原料、成品、加工过程、设备装置等的各种危险因素，以确定安全的工艺路线，选用可靠的设备装置，并设置有效的安全装置和设施。

(2) 能有效地控制和防止火灾爆炸的发生；在防火设计方面应分析研究生产中存在的可燃物、助燃物和点火源的情况和可能形成的火灾危险，采取相应的防火和灭火措施；在防爆设计方面，应分析研究可能形成爆炸性混合物的条件、起爆因素及爆炸传播的条件，并采取相应的措施，以控制和消除形成爆炸的条件以及阻止爆炸波的冲击。

(3) 有效地控制化学反应中的超温、超压和爆炸等不正常情况，在设计中应预先分析反应过程中的各种动态与特性，并采取相应的控制设施。

(4) 对使用物料的毒害性进行全面的分析，并采取有效的密闭、隔离、遥控及通风排毒等措施，以预防工业中毒和职业病的发生。

(5) 对于有潜在危险，可能使大量设备和装置遭受毁坏或有可能泄放出大量的有毒物料，而造成多人中毒死亡的工艺过程和生产装置，必须采取可靠的安全防护系统，以消除与防止这些特殊危险因素。

为保证生产过程中的安全，在工艺装置设计时，必须慎重考虑安全装置的选择和使用。由于化工工艺过程和装置、设备的多样性和复杂性，危险性也相应增大，所以在工艺路线和设备确定之后，必须根据预防事故的需要，从防爆控制异常危险状况的发生，以及使灾害局限化的要求出发，采用不同类型的和不同功能的安全装置。对安全装置设计的基本要求是：

① 能及时、准确和全面地对过程的各种参数进行检测、调节和控制，在出现异常状况时，能迅速显示报警或调节，使恢复正常安全运行。

② 安全装置必须能保证预定的工艺指标和安全控制界限的要求，对火灾、爆炸危险性大的工艺过程和装置，应采用综合性的安全装置和控制系统，以保证其可靠性。

③ 要能有效地对装置、设备进行保护，防止过负荷或超限而引起破坏和失效。

④ 正确选择安全装置与控制系统所使用的动力，以保证安全可靠。

⑤ 要考虑安全装置本身的故障或误动作，而造成的危险，必要时应设置2套或3套备用装置。

9.4.3　过程物料的安全分析

过程物料的选择，应该就物料的物性和危险性进行详细评估，对一切可能的过程物料作总体考虑。过程物料可以划分为过程内物料和过程辅助物料2大类。过程内物料是指从物料到产品的整个工艺流程线上的物料，如原料、催化剂、中间体、产物、副产物、溶剂、添加剂等；而过程辅助物料是指实现过程条件所用的物料，如传热流体、重复循环物、冷涛剂、灭火剂等。

在过程设计中，需要编出过程物料的目录，记录过程物料在全部过程条件范围内的有关性质资料，作为过程危险评价和安全设计的重要依据。

过程物料所需的主要资料可参照《化学品安全技术说明书数据模式》(ISO 11014—1)。

9.4.4 过程路线的确定

过程路线的选择是在工艺设计的最初阶段完成。过程路线的安全评价，应该考虑过程本身是否具有潜在危险，以及为了特定目的把物料加入过程，是否会增加危险。

1）有潜在危险的主要过程

有些化学过程具有潜在的危险。这些过程一旦失去控制，就有可能造成灾难性的后果，如发生火灾、爆炸或毒性物质的释放等。有潜在危险的过程有：

(1) 爆炸、爆燃或强放热过程。

(2) 在物料的爆炸范围或附近操作的过程。

(3) 含有易燃物料的过程。

(4) 含有不稳定化合物的过程。

(5) 在高温、高压或冷冻条件下操作的过程。

(6) 有粉尘或烟雾生成的过程。

(7) 含有高毒性物料的过程。

(8) 有大量储存压力负荷能的过程。

2）反应过程的安全分析

实现物质转化是化工生产的基本任务。物质的转化反应常因反应条件的微小变化而偏离预期的反应途径，化学反应过程有较多的危险性。充分评估反应过程的危险性，有助于改善过程的安全。

(1) 对潜在的不稳定的反应和副反应，如自燃或聚合等进行考察，考虑改变反应物的相对浓度或其他操作条件是否会使反应的危险程度减小。

(2) 考虑交叉混合、反应物和热源的低效配置、操作故障、设计失误、发生不需要的副反应、热点、反应器失控、结垢等引起的危险。

(3) 评价副反应是否生成毒性或爆炸性物质，是否会有危险垢层形成。

(4) 考察物料是否吸收空气中的水分变潮，表面黏附形成毒性或腐蚀性液体或气体。

(5) 确定所有物质对化学反应和过程混合物性质的影响。

(6) 确保结构材料彼此相容并与过程物料相容。

(7) 考虑过程中危险物质，如可燃物、不凝物、毒性中间体或副产物的积累。

(8) 考虑催化剂行为的各个方面，如老化、中毒、粉碎、活化、再生等。

3）有潜在危险的主要操作

完成每一过程都要实施一些具体的操作，有些操作本身具有潜在的危险。分析和确定这些操作的危险性，是过程安全评价的重要内容。下面是一些常见的有潜在危险的操作：

(1) 易燃或毒性液体或气体的蒸发和扩散。

(2) 可燃或毒性固体的粉碎和分散。

(3) 易燃物质或强氧化剂的雾化。

(4) 易燃物质和强氧化剂的混合。

(5) 危险化学品与惰性组分或稀释剂的分离。

(6) 不稳定液体的温度或压力的升高。

4）间歇过程和连续过程的安全比较

在工艺设计中，需要在间歇过程和连续过程之间做出选择。对于大批量的操作，从经济上考虑，连续过程更具有优势。然而，单一或复合物流的抉择重要影响着过程安全、个别装置的载荷以及生产中断的潜能。对于间歇反应，往往需要在两个连续批次之间清洗反应器，这可能会由于清洗准备不充分、清洗程序不完善或没有完全移除清洗液，从而引入新的危险。下面就间歇和连续两种过程方式进行具体比较：

（1）间歇过程各操作单元之间易于隔绝，单元设备过程物料持有量较大；连续过程各操作单元连通，过程物料持有量较少。

（2）间歇过程劳动强度较大，紧急状态下操作者有较多的机会介入；连续过程更多地依靠自动控制。

（3）间歇过程产物纯度容易控制，过程物料易于识别；连续过程不稳状态或周期性波动（如开车或停车）较少。

（4）间歇过程有相近的指令和操作规程，可以减少操作失误或设备的损坏；连续过程的容器或设备很少需要清洗。

（5）间歇过程有较长的暴露时间；在连续过程中，在潜在危险的中间体无需储存而直接加工。

9.4.5　工艺设计的安全校核

工艺设计必须满足安全要求。机械设计、过程和布局的微小变化都有可能出现预想不到的问题。工厂和其中的各项设备是为了维持操作参数允许范围内的正常操作设计的，在开车、试车或停车操作中会有不同的条件，因而会产生与正常操作的偏离。为了确保过程安全，有必要对设计和操作的每一细节逐一校核。

1）物料和反应的安全校核

（1）鉴别所有危险的过程物料、产物和副产物，收集各种过程物料的物质信息资料。

（2）查询过程物料的毒性，鉴别进入机体的不同入口模式的短期和长期影响，以及不同的允许暴露限度。

（3）考察过程物料气味和毒性之间的关系，确定物料气味是否令人厌倦。

（4）鉴定工业卫生识别、鉴定和控制所采用的方法。

（5）确定过程物料在所有过程条件下的有关物性，查询物性资料的来源和可靠性。

（6）确定生产、加工和储存各个阶段的物料量和物理状态，将其与危险性关联。

（7）确定产品从工厂到用户的运输中，对仓储人员、承运员、铁路工人、公众等呈现的危险。

（8）向过程物料的供应商咨询有关过程物料的性质和特征，储存、加工和应用安全方面的知识或信息。

（9）鉴别一切可能的化学反应，对预期的和意外的化学反应都要考虑。

（10）考察反应速率和有关变量的相互依赖关系，确定阻止不需要的反应、过度热量产生的限度。

（11）鉴别不稳定的过程物料，确定其对热、压力、振动和摩擦暴露的危险。

（12）考察改变反应物的相对浓度或其他反应操作条件，可否降低反应器的危险。

2）过程安全的总体规范

（1）过程的规模、类型和整体性是否恰当。

(2) 鉴定过程的主要危险，在流程图和平面图上标出危险区。考虑选择特殊过程路线或其他设计方案是否更符合安全。

(3) 考虑改变过程顺序是否会改善过程安全。所有过程物料是否都是必需的，可否选择较小危险的过程物料。

(4) 考虑物料是否有必要排放，如果确有必要，排放是否安全以及是否符合规范操作和环保法规。

(5) 考虑能否取消某个单元或装置并改善安全。

(6) 校核过程设计是否恰当，正常条件的说明是否充分，所有有关的参数是否都被控制。

(7) 操作和传热设施的设计、安装和控制是否恰当，是否减少了危险的发生。

(8) 过程的放大是否正确。

(9) 过程能否自动防止关于热、压力、火灾和爆炸的过程故障。

(10) 考虑是否录用了二次概率设计。

3）非正常操作的安全问题

(1) 考虑偏高正常操作会发生什么情况，对于这些情况是否采取了适当的预防措施。

(2) 当工厂处于开车、停车或热备用状态时，能否迅速畅通而又确保安全。

(3) 在重要紧急状态下，工厂的压力或过程物料的负载能否有效而安全地降低。

(4) 对于一经超出必须校正的操作参数的极限值是否已知或测得，如温度、压力、流速、浓度等的极限值。

(5) 工厂停车时超出操作极限的偏差到何种程度，是否需要安装报警或自动断开装置。

(6) 工厂开车和停车时物料正常操作的相态是否会发生变化，相变是否包含膨胀、收缩或固化等，这些变化可否被接受。

(7) 排放系统能否解决开车、停车、热备用状态、投产和灭火时大量的非正常的排放问题。

(8) 用于整个工厂领域的公用设施和各项化学品的供应是否充分。

(9) 惰性气体一旦急需能否在整个区域立即投入使用，是否有备用气供应。

(10) 在开车和停车时，是否需要加入与过程物料接触会产生危险的物料。

(11) 各种场合的火炬和闪光信号灯的点燃或(开启)方法是否安全。

9.5 化工单元区域的安全规划

化工单元区域规划是定出各单元边界内不同设备的相对物理位置。化工单元区域规划的目标是既降低建设和操作费用又要充分安全保证。

一般来说，单元排列越紧密，配管、泵送和土地不动产的费用越低。但是，出于安全考虑，需要把危险隔开，单元排列应该比较分散，同时也为救火或其他紧急操作留有充分的空间。综合考虑表明，留有自由活动空间的开放的区域规划更合理一些。过分拥挤严重影响施工和维修效率，会增加初始的和后续的投资费用。

9.5.1 单元区域的设备配置

1）设备配置的直线排列

单元中大多数塔器、筒体、换热器、泵和主要管线成直线排列的区域规划方法是传统的常用方法。这种设备排列方法的主要特点如下：

(1) 设备配置直线的两边都与厂区道路连接。这样，在救火或其他紧急情况时，设备配置直线主要部分的两边都有方便的道路。连接道路可以作为阻火堤，把设备配置直线与厂区其余部分隔离。

(2) 钢制框架与道路邻接。热交换器设置在框架上部，冷却水箱设置在框架下部。吊车可以方便地驶入，安全装运热交换器的管束、管件和较重的组件。冷却水箱设置在框架上使得整个冷却水系统的维修极为方便，而不必挖掘装置周围和装置之下的地基。

(3) 设备配置直线上的精馏塔、热交换器、馏出液接收器、回流筒等装置，一般采用框架结构平坡式布局方式。框架结构在精馏塔旁边提供了开放区域，塔板和其他塔内件易于拆卸装车运至维修区。在线的塔器、回流筒、热交换器之下的平坡低洼部分，对于易燃或毒性溢流物可以起截流的作用，防止污水管将其排净前扩散至单元的其他区域。

(4) 管架也设置在设备配置直线上。管架的合理排布可以消除顶间距太小或是仅敷设在平坡上的管束，而且可以避免管沟，而管沟常常是危险液体或蒸气的良好载体。

(5) 泵排设置在设备配置直线的旁边，与道路邻接。泵排上面没有任何障碍物，使得泵和传动装置维修时便于移动。

设备以安装在地平面上为宜。但是由于过程原因，如蒸馏或吸收塔，喷雾干燥塔或立式反应器，需要提供重力自流或泵的负压压头的设备等，设备提升是不可避免的。重的设备应尽量避免高位安装，最好和其他设备在同一水平线上，或者有坚实的基座。

把直线排列的原理用于集成化过程单元的规划，可以把前述的区域规划发展成为一系列平行的、并排的设备配置直线。各过程单元的其余组件分布在这些直线簇拥邻的区域，沿着设备配置直线的端点向外延伸。管线配置也分成了 2 部分，整个过程区的主管线以及由主管线引出的各条设备配置线的支管线。

2）非直线排列设施的配置

直线排列的设备构成了单元区域的骨架，单元的其他组件，如控制室、压编机、反应器、溢流槽、加热炉等，可以设置在直线排列的两边。应用这种方法一般可以达到近乎方形的最大面积规划。

控制室是单元的神经中枢，是单元中最重要的部位，从操作本身考虑，似乎应该把控制室置于单元区域的中心，做到控制室与各操作观测点的距离最短。但是，这样设置控制室会有较大的潜在危险，单元中一旦发生重大事故，极易波及控制室。所以，最好是把控制室设置在单元的周边区域。对于处理毒性物质的单元，控制室应该设置在单元的上风区域。控制室还应该和高温或高压容器、装有相当量的易燃或毒性液体的容器隔离。

加热炉作为明显的火源，应该设置在单元其余部分的上风区域，但是这会引起烟道气飘过塔器的高架平台或其他建筑物的问题。最好的解决办法是采取折中方案，把加热炉设置在侧面风区域，应尽量保持加热炉与其他危险设备的适度分离。

压缩机是振动较大的设备，应注意与其他危险设备适当隔离。压缩机容易泄漏气体，应置于单元的下风区域。在实践中，由于泄漏的原因，很少把压缩机或泵安装在室内，即使在必须预防风雨的极少数情况下，这些设备也只是安装在只有屋顶而无侧墙的亭阁式建筑物中。

对于反应器，主要考虑的是提供充分的空间、反应器附件安全操作的设施以及有关的催化剂。有些高热运转的反应器，可以作为火源来处理。

非直线排列设备的配置还包括诸多的公用工程设施。电力线路必须从地下进入加工单元,适当安排入口点,避免在整个单元的电力系统设置入孔。

如果单元装配有紧急释放阀或烟气管线,这些设施应靠近控制室,远离有火灾危险或其他危险区域。消防火栓或监控器必须与危险点足够近,从而能有效发挥作用,但也不能离得太近,危机时无法靠近。注意可能会阻止水流到达危险点的障碍物,检查有无必要时迅速撤退的通路。水龙带拖车或安全喷射器也做类似的配置。

除非绝对必要,铁路支线才引入单元区。当铁路支线引入单元区时,应提供可能脱轨的充分的空间。不宜把装卸设备设置在铁路支线终点的延伸方向,以避免货车的过冲、扯脱货车挡与装卸设备碰撞。

在完成区域规划时,应充分考虑将来发展扩建添加设备的可能性。避免以后由于需要增加设备没有充足的空间,不能满足相关的安全要求。对于换热器、塔器、加热炉、反应器等,需要在工厂设计时为这些装置的添加留有一定的裕度。

3）室内装置的配置

由于需受精确的温度控制或需要操作者经常观察的情形,必须把加工单元的部分或全部置于室内。对于室内装置,主导风和隔开距离这两方面对安全的作用性大大降低。在室内无主导风,隔开距离会增加建筑物的建筑面积而使经济成本增加。即使隔开距离不会增加建筑费用,在室内距离的作用也会降低。室内释放出的毒性或易燃蒸气会留存在建筑物内,而不会像室外那样迅速扩散。但仍然可以用其他一些方法,如物理屏障等,实现室内装置的隔离。如果火源和易燃物源两者都必须设在室内,最好把它们分置在建筑物的分隔室内。火源和易燃物源隔离墙的门或开口,易燃蒸气或液体能够从中通过接近火源,应保持在最小数量。特别易于起火、爆炸或释放毒物的设施,如高温、高压或大容量的容器,应与像控制中心这样的经常有人员的区域隔离开。实现隔离目的的墙壁也应有最小数量的开口,同时这些墙壁还应进行强度和耐火设计。容易经受爆炸的隔离间可以有一面或多面有意设计的强度较弱的墙壁,以便在避开人员或其他设施的方向卸掉爆炸力。

多层或阶梯式建筑有本身特有的位置问题。易燃或毒性液体不应该设置在火源或人员之上。如果也考虑蒸气,火源或人员的位置则取决于蒸气的密度比空气大还是比空气小。

危险设施的集中布置有助于确定特别危险区的界限。此外,危险设施的集中布置会增进提供具体安全设施的可行性。提供的常用安全设施有:

(1) 高效能的通风系统,有助于保持空气-蒸气或空气-粉尘混合体系在其爆炸极限之下。

(2) 高效能的排水系统,很快排除泄漏的液体。

(3) 遥控操作加工装置。

(4) 自动灭火装置,如水喷雾、蒸气覆盖、泡沫或稀有气体系统等。

对于几个危险装置集中于室内某个区域或分隔间的情形,只有上述安全设施是不够的。这些装置,由于其与人或其他装置的靠近,还必须考虑它们复合的危险作用。

9.5.2 单元区域的管线配置

1）管线配置的防泄漏设计

工厂化学品的主要泄漏与管线的长度、排放口的数量、管线的复杂性等密切相关,设备间隙的增加和危险组件的隔离都会强化安全,但这却需要增加管件的总量或增加管线的长度,从而也增加了泄漏的可能性和工程建设费用。这几方面之间需要建立恰当的平衡关系。

管线的复杂性一般反映在连接的泵的数量以及再循环物流的数量2个方面。减少管件泄漏的简单设计规则如下：

(1) 减少分支和死角的数量。

(2) 减少排放口的数量,管道配置应该做到,在少数几处容易接近、容易观察的位置排放。

(3) 按照相同的规范设计小口径的支管,进行严格的检验;确保小的支管在交叉点得到加强,并有充分的支撑。

(4) 考虑到管件或容器的热膨胀,管线需要有一定的伸缩性;在短管管架上,需要恰当地配置波纹管。

(5) 直接卸料的排放口,应该设在操作者能够观察到的地方;工作系统对这些排放口进行定期核查和报告。

(6) 保证密封垫与管内流体在最大可能的操作温度下完全互容,在最大内压下也能够紧缩密封。

(7) 减少真空管线(如真空蒸馏塔上的冷凝器)上的法兰盘数量。

(8) 要有充分的管道支撑。

(9) 设置管道应避免通过可能使其受到机械损伤的地方。

(10) 应该有充分的通道、扶梯等,以免攀越管件。

(11) 紧固承受高温的大法兰盘,采用高强度的螺栓。

2) 软管系统的配置

对于油船、罐车等的液体物料的装卸,软管的选择和应用须格外谨慎。应考虑的是：

(1) 软管的适用性,并结合有关软管的标准。

(2) 设置紧急状态下迅速隔离的设施,如对于油船卸货,在软管的一端要设紧急隔离阀,在另一端要设止回阀,用过流阀替代远程隔离阀等。

(3) 应使用螺栓固定的软管夹,不宜使用侧卸式的软管夹。

(4) 软管系统应用时要有充分的保护和支撑设施,不用时要防止软管的压破或损坏。

(5) 所有高于大气压操作的可移动软管,都应设置排空阀,以便降压时防止软管的折断。

3) 管线配置的安全要求

通常用于管道工程的橡胶支撑物不能用于设备,设备重心之下的水平连接法兰需要用钢性板支撑。柱塞阀的附近也需要有支撑物。聚四氟乙烯波纹管不能来用连接不同心的管道。支撑板、垫片和管接头的材料性能,要严格按照制造说明书的说明。

管件和阀门配置的简单和易于识别,是安全操作的重要因素。对于不稳定液体的传递,管件、阀门和控制仪表的配置应该防止液体静止在运转的泵中。

对于气体和液体,其设计应该考虑沿着与设定相反方向流动的可能性。在化工案例中,有大量回流的情形,如从储罐或下游管线回流进入已关闭的设备、从设备回流进入有压力降的辅助设备的管线、泵的故障引起回流、反应物沿副反应物的物料管线回流等。

在设备管线配置中,对于只是间歇使用的设备,推荐应用不用时断开的软管与过程设备连接。

对于常设的设备管线,如果设备压力降低至正常压力之下,管线应有低压报警;如果设备压力升高至过程正常压力之上,则应有高压报警。在设备管线上应该安装止逆阀,以防止管线中流体的回流。过程管线上的止逆阀发生故障会造成严重的后果，建议安装不同类型的止回阀，尽可能把相同形式的损坏减至最低程度。如果回流的结果导致剧烈的反应或设备的过压，止回阀不足以提供可靠的保证，这时需要高度可靠的断开或关闭系统。

对于泵体或设备极有可能泄漏以及大量物料从设备无限制流出的情形，应考虑安装远程操作的紧急隔离阀。液化石油气容器的所有过程排放管线，也推荐采用自动闭合阀或遥控隔离阀。对于操作的情形，遥控隔离阀应用于充气管线、加料管线，比普通隔离阀有明显的优势。

复习思考题

9.1 化工厂的功能分区，通常可分为哪几类？

9.2 生产的火灾危险性是如何分类的？

9.3 简述确定生产技术路线的原则。

9.4 说一说减少管件泄漏的简单的设计规则。

9.5 单元区域的设备配置需要考虑哪几方面的因素？

第 10 章

化工事故应急救援与处置

10.1 事故时危险区域的判定

10.1.1 危险区域的概念

发生重大事故时，泄漏的有毒、有害物质在大气中扩散，污染工厂周围广大区域。准确地确定危险区域既可避免和减少人员伤亡，又可以防止盲目地采取应急措施而劳民伤财。

重大事故的后果分析中，以泄漏源为中心，利用后果分析公式，计算化学工业区平面图上按一定密度的坐标网格确定的空间点处一定物质浓度，连接有毒物质浓度相同的点得到等浓度线。浓度值为毒负荷临界值的等浓度线围成的区域即为危险区域。对应于各分区边界毒负荷浓度值的等浓度线围成各分区。应用开发的重大事故后果分析仿真计算机软件，可以模拟各种泄漏源在不同气象条件下有毒、有害物质泄漏后的扩散情况，并在地图上绘出不同毒负荷的等浓度线。有毒、有害物质泄漏情况不同，确定危险区域的方法也不同。例如，有毒、有害物质连续泄漏和瞬时泄漏的危险区域不同。

通常根据危险化学品事故的危害范围、危害程度与危险化学品事故源的位置划分事故中心区域，事故波及区域及事故可能影响区域。

1）事故中心区域

即距事故现场 0～500 m 的区域。此区域危险化学品浓度指标高，有危险化学品扩散，并伴有爆炸、火灾发生，建筑物设施及设备损坏，人员急性中毒。事故中心区的救援人员需要全身防护，并佩戴隔绝式面具。救援工作包括：切断事故源，抢救伤员，保护和转移其他危险化学品，清除渗漏液态毒物，进行局部的空间清洗及封闭现场等。非抢险人员撤离到中心区域以外后应清点人数，并进行登记。事故中心区域边界应有明显的警戒标志。

2）事故波及区域

即距事故现场 500～1 000 m 的区域。该区域空气中危险化学品浓度较高，作用时间较长，有可能发生人员或物品的伤害或损坏。该区域的救援工作主要是指导防护、监测污染情况，控制交通，组织排出滞留危险化学品气体。视事故实际情况组织人员疏散转移。事故波及区域人员撤离到该区域以外后应清点人数，并进行登记。事故波及区域边界应有明显的警戒标志。

3）受影响区域

即事故波及区外可能受影响的区域，该区可能有从中心区和波及区扩散的小剂量危险化学品危害。

10.1.2 有毒气体的影响区域的判定

1）毒物泄漏和扩散模型

毒物泄漏扩散对人的影响最难预测。完整的后果分析要求知道泄漏区地面气浓度随时间变化的整个过程，同样浓度值的毒物对生命和健康影响的毒理等知识，这样才可以确定出危险区。

泄漏扩散问题较为复杂，影响因素有很多。首先，确定源泄漏模型就非常难，因为泄漏时存在不同类型。泄放过程也可分为连续的和瞬时的。此外，泄漏物质的动量也随泄放率或泄放速度变化，这使模型变得更为复杂。

如果泄漏物质为液体，在泄放点会形成液池。液池会以一定速率蒸发，这与液体热力学性质、热源和周围大气的流体力学性质（如风速、风向、湍流度）有关。

其次是毒气在大气中的扩散，可用各种模型进行模拟。最简单的情况是主导风向下高架烟囱的中性浮力污染物的扩散。这种情况可采用高斯扩散模型，它的扩散参数需经过试验确定或通过与大气湍流度有关的参数的关系式确定。

可是这种模型对于比空气重的泄漏气体并不适用。现在已经有很多描述重气扩散现象的模型，有些还考虑地形条件和气象条件，使模型变得更复杂。

目前这些模型可以描述泄漏-扩散现象的以下几方面：源泄放率；多组分蒸发；气体射流；中性气体烟羽扩散；液体射流；重气扩散；气液两相泄漏；大气稳定度效应；闪蒸；地面加热效应；液池蒸发（固定区域）；地形影响；延展式液池蒸发；风场影响。

将这些单个模型结合起来编成的软件从理论上可描述整个泄漏-扩散现象。这些模型能确定以时间、空间、泄漏类型、气象条件和其他相关因素为变量的毒气浓度函数分布图。现在有许多计算机商业软件可以预测毒气浓度分布图。这些软件可确定不同泄漏场景下的浓度分布，这在化学工业园区风险分析和应急准备中非常重要。

显然，由于泄漏现象本身的复杂性，最好的软件也不能完全可靠地预测实际浓度分布。相同条件下，每次试验所得出的结果也不尽相同，有时甚至有数量级的差异。这表明，扩散过程的内在随机可变性是准确预测泄漏扩散浓度的最大障碍。尽管这样，泄漏的计算机模拟仍然是整体应急准备，特别是后果分析中的重要内容。

这些模型以及应用它们确定出的伤害区范围，在风险评价甚至风险管理中占有越来越重要的地位。目前，在美国某些州（如新泽西州）的立法中，已经要求对某些使用极危险物质的工厂的风险评价中，必须包括扩散分析。

2）毒性数据和有关级别

使用扩散模型确定泄漏毒气影响区域时，需要知道多大的浓度对生命和健康是有危险的。目前，对这个问题还没有一致的研究结果。许多因素使该问题变得复杂，例如：

不同人群所产生的效应会有很大差别（如年轻男子和怀孕妇女或老年人）；

毒性效应和最大允许暴露浓度随暴露时间而变化；

现有最大允许暴露浓度极限有不同的“安全系数”；

有不同的允许浓度值、阈值和致死浓度；

许多人的急性毒性数据是通过动物试验推算出的；

许多化合物没有毒性数据。

在几种确定“临界”浓度的方法中，对立即危及生命和健康的浓度（IDLH）最为有效。这个概念是由 NIOSH（美国国家职业安全健康协会，National Institute of Occupational

Safety&Health)用于确定空气中使人无损伤(如眼刺激或肺)逃逸时的毒物浓度时而定义的。这种定义主要考虑急性暴露数据,基本不考虑慢性暴露数据。对任何一种物质,IDLH 可通过哺乳动物短期暴露死亡的最低浓度来确定。当没有数据时,IDLH 也可以按其他毒性数据的百分数来确定。

最常使用的可能导致严重健康损害或死亡的大气中物质浓度定义为"阈限值"。

目前,人们对以 IDLH 作为参考点,用 IDLH 计算最大允许或"安全"浓度的安全系数的决定仍没有达成一致意见。美国环保局定义自己的"警戒浓度级"为 IDLH 的 1/10。

无论什么定义,使用对大多数人是安全的某浓度值作为计算有毒气体泄漏的基础是非常重要的。

3) 毒物泄漏影响区域计算

根据泄漏扩散模型和有毒物质不同浓度的毒理学效应,可以确定泄漏影响的区域范围。

有许多简单模型可以利用。例如,美国环保局推荐用于初步调查的简单模型,该模型的依据是高斯分布扩散。计算泄放率和某种泄放类型的后果效应还需要一些其他假设条件。一旦最大允许浓度确定,这种简单模型就能确定泄漏影响的区域。这种情况下,泄漏影响区域是一个以泄漏源为中心的圆。

其他确定方法通常是按照最大可信后果来假设的。它假定瞬时条件下物质发生最大量泄漏,已知主导风向,且风速较低(如 2 km/h)、大气稳定度较高(按 Pasquill-Gifford 方法的 F 级表示)。

更复杂的方法是使用统一泄漏扩散过程模型,这些模型使用概率分析子模型,考虑风速、风向、大气稳定度、泄漏形式等变量。结果按一定量泄漏物质达到某一浓度区域的概率表示。

4) 毒物泄漏影响人群计算

一旦知道毒物泄漏影响区域和该区域的人口密度,就可以确定出受影响的人数。最简便的方法是按最坏情况考虑,假定该区域生活和工作人员总出现在这里,会受到事故的影响。当然要计算事故影响的相应数值,也需要考虑每天的人口出入情况。使用概率方法也能确定一个人在事故时出现在该区域的概率。

防护措施,如使用个人防护设备、避难或疏散不在考虑之内。从原理上讲,如果使用更为复杂的概率模型,计算中可以包括这种防护措施的影响。

5) 有毒气体的影响区域划分

一般地,按毒负荷的大小把危险区域划分为 4 个区域,即致死区、重伤区、轻伤区和吸入反应区。

(1) 致死区

致死区按引起 50%动物死亡的毒负荷 TL_{50} 划分。位于该区内的受灾人员如无防护并未及时撤离,中毒死亡的概率在 50%以上,应该优先采取避难措施。

(2) 重伤区

重伤区的外部边界按引起 5%试验动物死亡的毒负荷 TL_5 划分,位于该区内的受灾人员如无防护并未及时撤离,将会中度或重度中毒,需住院治疗,个别人可能中毒死亡。

(3) 轻伤区

轻伤区的外部边界按引起 1%试验动物死亡的毒负荷划分 TL_1。位于该区内的受灾人员如无防护并及时逃离,其中半数左右人员可能发生轻度或中度中毒,经过门诊治疗可以康复。

(4) 吸入反应区

吸入反应区的外部边界以试验动物的急性中毒阈值的毒负荷来划分。位于该区内的受灾人员如无防护并未及时逃离，部分人员将有吸入反应症状，一般在脱离接触后 24 h 恢复正常。

有毒、有害物质泄漏情况不同，确定危险区域的方法也不同。

① 当盛装有毒、有害物质的容器裂口较小时，有毒、有害物质泄漏持续相对长的时间，可以看做连续泄漏。连续泄漏时，泄漏的有毒、有害物质呈射流状从裂口射出，并不断与周围空气掺混，有毒物质浓度不断降低。

当风速较大(>0.5 m/s)时，在泄漏源的下风侧形成长轴一端在泄漏源处的近似橄榄形危险区域和各分区，并且越靠近泄漏源，有毒物质浓度越高，如图 10.1 所示。

当风速较小(<0.5 m/s)时，以泄漏源为中心形成围绕泄漏源的圆形危险区域和各分区，泄漏源处有毒物质浓度最高，如图 10.2 所示。

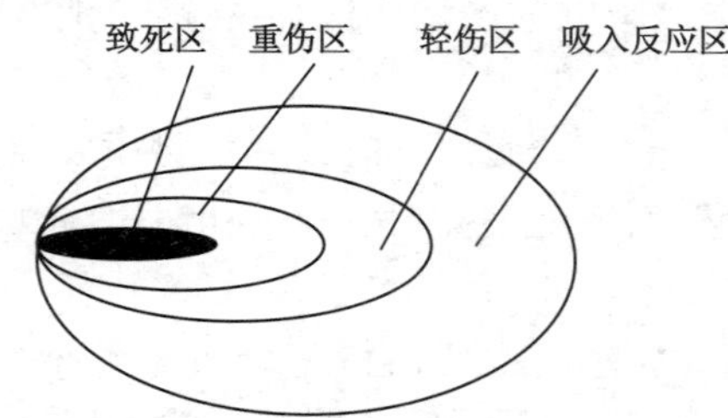

图 10.1 风速大于 0.5 m/s 时连续泄漏危险区域示意图

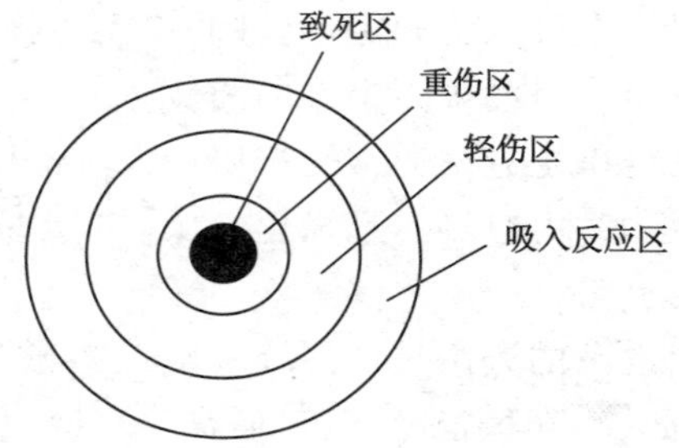

图 10.2 风速小于 0.5 m/s 时连续泄漏危险区域示意图

连续泄漏的有毒物质较少时，泄漏的有毒物质很快被空气稀释，危险区域很小，有时可以被忽略。当泄漏一段时间后，裂口被堵住，连续泄漏就变成了瞬时泄漏，如果泄漏的有毒物质较少，危险区域很小，也可以被忽略。

② 瞬时泄漏有毒、有害物质瞬时泄漏的场合，泄漏的有毒、有害物质围绕泄漏源形成气团，随着时间的推移，气团一边向四周扩散，一边随风飘移。首先求出每一时刻气团的等浓度线，然后求出各时刻等浓度线的包络线，对应于毒负荷临界值等浓度线的包络线围成的区域即为危险区域，如图 10.3 所示。图中泄漏原点的圆代表瞬时泄漏发生后，即刻形成的有毒物质的气团，气团随风向前飘移。在飘移的初期，由于高浓度物质的扩散，云团危险区域逐渐增大，当达到某最大值后，由于大量空气的掺混，浓度降低，云团危险区域逐渐变小，直至消失。瞬时泄漏的危险区域也近似橄榄形。

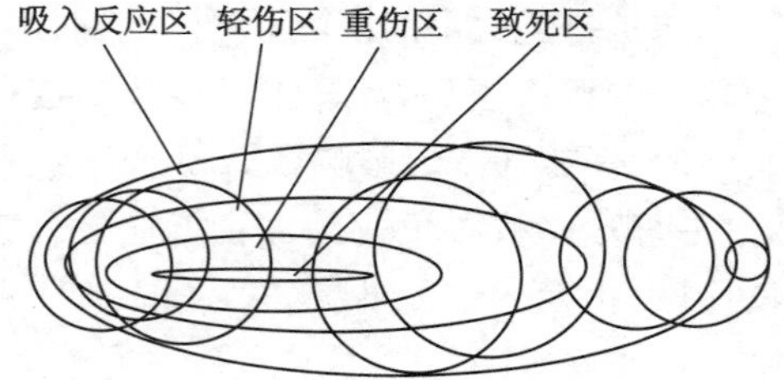

图 10.3 瞬时泄漏气团漂移轨迹示意图

10.1.3 其他物质的影响区域的判定

在易燃性物质的泄漏中，对爆炸事故中的超压或火灾中热通量的可能影响区域要做出评价。这种情况下，影响区域更像以燃烧源为中心的圆，这个区域受天气条件的影响要小于毒气云所受的影响。对于易燃、易爆性材料，燃烧下限可用来确定脆弱区域。为了防止火灾，脆弱区域通过热辐射水平来确定(在这个水平上，有一段时间可以让人员免受烧伤的危害)。评价爆炸的适宜原则是可能引起较小的结构破坏及在开放空间可能的人身伤害的超压水平。

美国环保局推荐了下列判断原则：

① 爆炸：峰值超压为 7 000 Pa——房间开始受到部分破坏的阈值；峰值超压为 15 000 Pa——耳膜破裂或是能引起严重的结构性破坏的阈值。

② 池火灾 4 kW/m^2 的辐射热通量——90 s 暴露时，是二度烧伤的阈值。

③ 火球 5 kW/m^2 的辐射热通量——60 s 暴露时，是二度烧伤的阈值。

④ 闪火——易燃性物质燃烧下限的 1/2，作为可以引起闪火的燃烧和热辐射阈值，此时会影响公众安全和健康。

10.2　事故的分级管理

10.2.1　事故的分级及其依据

应急救援准备阶段的第一步是确认可信事故，即在紧急情况中最可能发生的严重事故。辨认可信事故是风险分析的一部分，风险分析可以优先评估风险特点。对现场工艺的危险分析，可以找到大量的潜在事故。充分研究可信事故情节，找出关键环节，采取风险减小措施。由于人们的注意力集中在保证应急反应上，针对不同的事故情节，应急计划要有所区别和选择。

除了辨识可信事故之外，应急反应计划的制订者必须确定事故后果的类型和程度，确定在应急反应计划中最有用的环节。

化工生产中，人们通常定义 3 个级别的事故：

局部事故：局部影响地区，限制在单独的装置区域(如泵的火灾、小的毒性泄漏)。

重大事故：中等影响地区，限制在现场周边地区(如大型火灾、小型爆炸)。

灾难性事故：大面积的影响地区，影响事故现场之外的周围地区(如大型爆炸、大型毒物泄漏)。

灾难性事故为特大事故或有重大影响的事故，它们被进一步分为最严重可灾难性事故为特大事故或有重大影响的事故，或被进一步分为最严重可信事故和最严重可能事故。最严重可能事故(Worst Possible Incident)是指有可能的最大后果的事故；最严重可信事故(Worst Credible Incident)是指有理由相信的最大后果的事故。

最严重可能事故是应急计划中最容易被涉及并且容易引发争论的问题，通常假定为容器的瞬时泄漏和化学品的释放。可用扩散、火灾和爆炸模型计算生命、财产等种种损失的数量和结果。但是，把预防和准备的重点只放在这类事故上是不够的。

尽管最严重可能事故被认为是最容易决策和评估的，但通常也是最不可能发生的。对于这种最严重可能事故，要求每个操作和控制阶段的设计中都要有很好的工艺安全管理系统。在严重危害情况下，通常有多重的保护层来对付总的失控，如设计安全因素、材料选择、腐蚀防护、建筑质量保证、阶段性检查和测试、超压释放、使用仪器和警报等。这些管理和其他的管理控制能使总失误的可能性变小或事故不发生。如果这些事故不再可信，那么要通过转移可能性大的事故的资源来增加其预防作用。

制订应急计划时，大多数风险管理的专业人员和政府权威认为最严重可信事故在应急计划中更有价值，把重点放在最严重可信事故上能减少更大的风险，并认为最严重可事故可从高风险的情况下分散人员注意力和应急资源。有效的应急反应可以提供更多的保护来防止小事故变成灾害。

在我国，事故的分类主要是指企业职工伤亡事故的分类。伤亡事故的分类分别从不同方面描述了事故的不同特点。根据我国有关安全生产法规和标准，目前应用比较广泛的事故分类主要有以下几种：

1）按伤害程度分类

（1）轻伤

损失工作日为 1 个工作日以上（含 1 个工作日）、105 个工作日以下的失能伤害。

（2）重伤

损失工作日为 105 个工作日以上（含 105 个工作）的失能伤害，重伤的损失工作日最多不超过 6 000 日。

（3）死亡

其损失工作日定为 6 000 个工作日，这是根据我国职工的平均退休年龄和平均死亡年龄计算出来的。

此种分类是按伤亡事故造成损失工作日的多少来衡量的，而损失工作日是指受伤害者丧失劳动能力（简称失能）的工作日。各种伤害情况的损失工作日数，可按《企业职工伤亡事故分类标准》（GB 6441—86）中的有关规定计算或选取。

2）按事故类别分类

《企业职工伤亡事故分类标准》（GB 6441—86）中，将事故类别划分为 20 类。这一分类方法同 20 世纪 50 年代制定的分类标准相比有所改进。具体分类如下：物体打击；车辆伤害；机械伤害；起重伤害；触电；淹溺；灼烫；火灾；高处坠落；坍塌；冒顶片帮；透水；爆破；火药爆炸；瓦斯爆炸；锅炉爆炸；容器爆炸；其他爆炸；中毒和窒息；其他伤害。

3）按事故造成的人员伤亡或者直接经济损失分类

《生产安全事故报告和调查处理条例》中，将事故类别划分为 4 类：

（1）特别重大事故，是指造成 30 人以上死亡，或者 100 人以上重伤（包括急性工业中毒，下同），或者 1 亿元以上直接经济损失的事故；

（2）重大事故，是指造成 10 人以上 30 人以下死亡，或者 50 人以上 100 人以下重伤，或者 5 000 万元以上 1 亿元以下直接经济损失的事故；

（3）较大事故，是指造成 3 人以上 10 人以下死亡，或者 10 人以上 50 人以下重伤，或者 1 000万元以上 5 000 万元以下直接经济损失的事故；

（4）一般事故，是指造成 3 人以下死亡，或者 10 人以下重伤，或者 1 000 万元以下直接经济损失的事故。

4）按受伤性质分类

受伤性质是指人体受伤的类型实质上这是从医学的角度给予创伤的具体名称。常见的有以下一些名称：电伤；挫伤；割伤；擦伤；刺伤；撕脱伤；扭伤；倒塌压埋伤；冲击伤。

以上对事故的分类方法主要基于事故的直接后果，但对一个化学工业区来说，最关键的是要区分事故的影响范围(如毒气泄漏)和需要调用的应急资源。根据上海化学工业区的经验,将园区可能发生的事故按照其影响范围划分成以下 4 级:

(1) A 级

企业内装置单元级:事故出现在企业的某个生产单元,影响到局部地区,但限制在单独的装置区域。

(2) B 级

企业生产区级:事故限制在企业内的现场周边地区,影响到相邻的生产单元。

(3) C 级

化学工业区级:事故超出了一个企业的范围,临近的企业受到影响,或者产生连锁反应,影响事故现场之外的周围地区。

(4) D 级

化学工业区外级:事故超出了化学工业区的范围,出现大面积的影响地区,涉及化学工业区外的生活或生产区域。

10.2.2　事故级别可能出现的转化

发生紧急情况时,很少只发生一个事故,通常会有各种情况和中间事故发生,出现次生事故或衍生事故,甚至带来一系列的连锁反应。要全面辨识所有可能的原因事件、中间事件和潜在事故是不可能的。如果把由于有毒和易燃物质的泄漏、火灾和爆炸所导致的各种潜在事故情况等因素都考虑到就会很复杂,会干扰事故预防和制订计划。风险分析中正确的方法是确定那些看来最可能发生的事故。把典型的情形用失效的程度和潜在中间事件的序列及应急事件来表示后果图。如泵的密封泄漏,泄漏范围可能从很小的泄漏到每分钟泄漏几升,泄漏液体会加速对该区域的污染。这就要求分析应集中在严重的潜在事故后果上,这样就会出现事故级别的变化。

因此,无论从发生事故的可能出现的潜在后果,或者由于应急救援活动采取了不当的措施,都会出现事故级别扩大的情况出现,这是应急救援决策层所要重点考虑的。

10.2.3　现场分级的管理

根据化学工业区事故发生的级别不同,确定不同级别的现场负责人,进行指挥应急救援和人员疏散安置等工作。

1) A 级——企业内装置单元级/一般灾害事故

一般灾害事故是指对化学工业区某企业内某一套装置或产品车间范围的生产安全和人员安全造成较小危害或威胁,由企业自主进行处置的灾害事故。一般灾害事故发生后,相应发布 A 级警报,由企业自主决定。

(1) 指挥调度程序

当发生一般灾害事故时,企业必须立即按预案进行处置,并向化学工业区应急响应中心报告。化学工业区应急响应中心接报后,通知消防或公安、医疗方面的应急人员做好应急准备。

(2) 信息上报程序

当企业进行应急处置时,必须将现场情况报告应急响应中心,并在处置结束后,将情况汇总于 1 h 内上报化学工业区应急响应中心,由应急响应中心综合上报管委会领导。

(3) 处置流程

当发生一般灾害事故时,应急处置原则上由企业自行处置,由应急响应中心视情况通知有关应急力量待命。

2）B级——企业生产区级/较大灾害事故

较大灾害事故是指对化学工业区某个企业内生产安全和人员安全造成较大危害或威胁，造成或者可能造成人员伤亡、财产损失，需要调度化学工业区内相关力量协助企业进行应急处置的灾害事故。较大灾害事故发生后，相应发布B级警报，由企业自主决定，并报应急响应中心备案。

（1）指挥调度程序

当发生较大灾害事故时，企业必须立即按预案进行处置，在第一时间内向化学工业区应急响应中心报警。应急响应中心接警后，视情况派出消防或公安、医疗等方面的人员赶赴现场，并向管委会和市应急联动中心报告。

（2）信息上报程序

当企业进行应急处置和区内应急力量到达现场后，都要迅速将现场情况报告化学工业区应急响应中心，并视情况做出续报。处置结束时，将情况汇总并于4 h之内上报化学工业区应急响应中心，由应急响应中心综合各类信息上报管委会领导和市应急联动中心。

（3）处置流程

当发生较大灾害事故时，由企业应急力量予以先期处置，化学工业区应急响应中心派出应急力量到达现场后，协助企业处置事故。

3）C级——化学工业区级/重大灾害事故

重大灾害事故是指对化学工业区内企业的生产安全和人员安全造成重大危害或威胁，严重影响邻近企业的生产安全和人员安全，造成或者可能造成人员伤亡、财产损失，需要调度区内和周边地区的力量和资源进行应急处置的灾害事故。重大灾害事故发生后，相应发布C级警报，由应急响应中心报请管委会领导决定。

（1）指挥调度程序

当发生重大灾害事故时，企业必须立即按预案进行处置，在第一时间内向应急响应中心报警，并积极组织相关人员紧急处置。应急响应中心接警后，迅速派出区内消防、公安、医疗等方面的人员赶赴现场，并立即通知化学工业区内的所有企业紧急做好安全防护工作；紧急召集化学工业区应急处置专家指导委员会成员到应急响应中心开会，研讨对策；同时向市应急联动中心报告，由市应急联动中心调度区外周边地区的力量和资源进行应援。

（2）信息上报程序

当化学工业区内各专业应急处置力量到达现场后，要将各自了解的情况迅速报告本部门领导和应急响应中心，并将处置情况做出续报。在设立现场指挥部后，各专业应急力量的处置情况一律报告现场指挥部及指挥长，由现场指挥部综合信息报应急响应中心，由应急响应中心及时不断地将信息报告市应急联动中心。处置结束时，各专业应急处置力量将情况汇总于3 h之内上报应急响应中心，由应急响应中心综合各类信息上报管委会领导和市应急联动中心。

（3）处置流程

当发生重大灾害事故时，由企业应急力量予以先期处置。化学工业区应急响应中心派出应急力量到达现场后，与企业共同处置事故。同时，及时开设现场指挥部，各应急力量一律服从现场指挥部的统一指挥。现场指挥部接受化学工业区应急处置指挥部的领导，应急处置指挥部设在应急响应中心内，重大决策由总指挥或常务副总指挥决定。

4）D级——化学工业区外级/特大灾害事故

特大灾害事故是指对化学工业区内企业的生产安全和人员安全造成重大危害或威胁，影响区域波及化学工业区区域内外，造成或者可能造成人员伤亡、财产损失，需要统一组织、调度全市相关公共资源和力量进行应急联动处置的灾害事故。特大灾害事故发生后，相应发布D级警报，由化学工业区应急响应中心报请管委会领导决定，并报市应急联动中心备案。

（1）指挥调度程序

当发生特大灾害事故时，企业必须立即按预案进行处理，在第一时间内向化学工业区应急响应中心报警，并积极组织相关人员紧急处置。应急响应中心接警后，迅速调动区内所有应急力量赶赴现场，并通知化学工业区内所有企业以及周边地区政府部门，紧急做好安全防护工作；紧急召集化学工业区应急处置专家指导委员会成员到应急响应中心开会，研讨对策；同时向市应急联动中心报告，由市应急联动中心调度全市相关公共资源和力量进行处置。

（2）信息上报程序

当化学工业区内各专业应急处置力量到达现场后，要将各自了解的情况迅速报告化学工业区应急响应中心，并将处置情况做出续报。在设立现场指挥部后，各专业应急力量的处置情况一律报告现场指挥部及指挥长，由现场指挥部统一上报化学工业区应急响应中心。在全市相关应急处置力量陆续到达现场后，开设总指挥部，应急响应中心负责将各类信息及时报告管委会领导和市应急联动中心，为领导决策提供技术支持。处置结束时，区内各专业应急力量将情况汇总并于2 h之内上报应急响应中心，由应急响应中心分别上报管委会领导和市应急联动中心。

（3）处置流程

当发生特大灾害事故时，由企业应急力量予以先期处置。化学工业区应急响应中心派出应急力量到达现场后，与企业共同处置事故。同时，及时开设现场指挥部，各应急力量一律服从现场指挥部的统一指挥。当全市各应急力量相继到场后，在应急响应中心设立总指挥部，由市有关方面领导、管委会领导组成，重大决策由总指挥部决定，由市有关专家和化学工业区应急处置专家指导委员会成员提供技术支持。

10.3　化工事故应急救援

10.3.1　化学事故应急救援知识

化学事故应急救援是指化学危险物品由于各种原因造成或可能造成众多人员伤亡及其他较大社会危害时，为及时控制危害源，抢救受害人员，指导群众防护和组织撤离，清除危害后果而组织的救援活动。随着化学工业的发展，生产规模日益扩大，一旦发生事故，其危害波及范围将越来越大，危害程度将越来越深，事故初期，如不及时控制，小事故将会演变成大灾难，会给生命和财产造成巨大损失。

1）化学事故应急救援的基本任务

化学事故应急救援是近几年国内开展的一项社会性减灾救灾工作。其基本任务如下：

（1）控制危险源

及时控制造成事故的危险源是应急救援工作的首要任务，只有及时控制住危险源，防止事故的继续扩大,才能及时、有效地进行救援。

(2) 抢救受害人员

抢救受害人员是应急救援的重要任务。在应急救援行动中,及时、有序、有效地实施现场急救与安全转送伤员是降低伤亡率、减少事故损失的关键。

(3) 指导群众防护,组织群众撤离

由于化学事故发生突然,扩散迅速,涉及面广,危害大,应及时指导和组织群众采取各种措施进行自身防护,并向上风向迅速撤离出危险区或可能受到危害的区域。在撤离过程中,应积极组织群众开展自救和互救工作。

(4) 做好现场清除,消除危害后果

对事故外逸的有毒有害物质和可能对人和环境继续造成危害的物质,应及时组织人员予以清除,消除危害后果,防止对人的继续危害和对环境的污染。对发生的火灾,要及时组织力量进行洗消。

2) 化学事故应急救援的基本形式

化学事故应急救援按事故波及范围及其危害程度,可采取事故单位自救和社会救援 2 种形式。

(1) 事故单位自救

事故单位自救是化学事故应急救援最基本、最重要的救援形式,这是因为事故单位最了解事故的现场情况,即使事故危害已经扩大到事故单位以外区域,事故单位仍需全力组织自救,特别是尽快控制危险源。

危险化学品生产、使用、储存、运输等单位必须成立应急救援专业队伍,负责事故时的应急救援。同时,生产单位对本企业产品必须提供应急服务,一旦产品在国内外任何地方发生事故,通过提供的应急电话能及时与生产厂取得联系,获取紧急处理信息或得到其应急救援人员的帮助。

(2) 社会救援

化学事故应急救援按救援内容不同分为 4 级,具体如下:

0 级:8 h 内提供化学事故应急救援信息咨询;

Ⅰ级:24 h 内提供化学事故应急救援信息咨询;

Ⅱ级:提供 24 h 化学事故应急信息救援咨询的同时,派专家赴现场指导救援;

Ⅲ级:在Ⅱ级基础上,出动应急救援队伍和装备参与现场救援。

目前,我国已建立 8 大应急救援抢救中心,主要分布于我国化工发达地区,随着危险化学品登记注册的开展,各地区相继成立危险化学品地方登记办公室,将担负起各地区的应急救援工作,使应急网络更加完善,响应时间更短,事故危害将会得到更有效的控制。

3) 化学事故应急救援的组织与实施

危险化学品事故应急救援一般包括报警与接警、应急救援队伍的出动、实施应急处理,即紧急疏散、现场急救、溢出或泄漏处理和火灾控制几个方面。

(1) 事故报警与接警

事故报警的及时与准确是能否及时控制事故的关键环节。当发生危险化学品事故时,现场人员必须根据各自企业制定的事故预案采取抑制措施,尽量减少事故的蔓延,同时向有关部门报告。事故主管领导人应根据事故地点、事态的发展决定应急救援形式:是单位自救还是采取社会救援。对于那些重大的或灾难性的化学事故,以及依靠本单位力量不能控制或不能及时消除事故后果的化学事故，应尽早争取社会支援，以便尽快控制事故的发展。

为了做好事故的报警工作，各企业应做好以下几个方面的工作：建立合适的报警反应系统；各种通讯工具应加强日常维护，使其处于良好状态；制定标准的报警方法和程序；联络图和联络号码要置于明显位置，以便值班人员熟练掌握；对工人进行紧急事态时的报警培训，包括报警程序与报警内容。

(2) 出动应急救援队伍

各主管单位在接到事故报警后，应迅速组织应急救援专业队，赶赴现场，在做好自身防护的基础上，快速实施救援，控制事故发展，并将伤员救出危险区域和组织群众撤离、疏散，做好危险化学品的清除工作。

等待急救队或外界的援助会使微小事故变成大灾难，每个职工都有化学事故应急救援的责任，应按应急计划接受基本培训，使其在发生危险化学品事故时采取正确的行动。

(3) 紧急疏散

① 建立警戒区域。事故发生后，应根据危险化学品泄漏的扩散情况或火焰辐射热所涉及的范围建立警戒区，并在通往事故现场的主要干道上实行交通管制。建立警戒区域时应注意以下几项：警戒区域的边界应设警示标志，并有专人警戒；除消防、应急处理人员以及必须坚守岗位人员外，其他人员禁止进入警戒区；泄漏溢出的危险化学品为易燃品时，区域内应严禁火种。

② 紧急疏散迅速将警戒区及污染区内与事故应急处理无关的人员撤离，以减少不必要的人员伤亡。紧急疏散时应注意：如事故物质有毒时，需要佩戴个体防护用品或采用简易有效的防护措施，并有相应的监护措施，应向上风方向转移；明确专人引导和护送疏散人员到安全区，并在疏散或撤离的路线上设立哨位，指明方向，不要在低洼处滞留；要查清是否有人留在污染区与着火区；为使疏散工作顺利进行，每个车间应至少有两个畅通无阻的紧急出口，并有明显标志。

(4) 现场急救

在事故现场，危险化学品对人体可能造成的伤害，如中毒、窒息、冻伤、化学灼伤、烧伤等，进行急救时，不论患者还是救援人员都需要进行适当的防护。

现场急救注意事项：选择有利地形设置急救点；做好自身及伤病员的个体防护；防止发生继发性损害；应至少2～3人为一组集体行动，以便相互照应；所用的救援器材需具备防爆功能。

当现场有人受到危险化学品伤害时，应立即进行以下处理：迅速将患者脱离现场至空气新鲜处；呼吸困难时供氧；呼吸停止时立即进行人工呼吸；心脏骤停，立即进行心脏按压；皮肤污染时，脱去污染的衣服，用流动清水冲洗，冲洗要及时、彻底、反复多次；头面部灼伤时，要注意眼、耳、鼻、口腔的清洗。

若有人员发生冻伤时，应迅速复温。复温的方法是采用40～42 ℃恒温热水浸泡，使其温度提高至接近正常；在对冻伤的部位进行轻柔按摩时，应注意不要将冻伤处的皮肤擦破，以防感染。

若有人员发生烧伤时，应迅速将患者衣服脱去，用流动清水冲洗降温，用清洁布覆盖创伤面，避免伤口污染；不要任意把水疱弄破。患者口渴时，可适量饮水或含盐饮料。口服者，可根据物料性质对症处理；有必要进行洗胃的，经现场处理后，应迅速护送至医院救治。

急救之前，救援人员应确信受伤者所在环境是安全的。另外，口对口的人工呼吸及冲洗污染的皮肤或眼睛时，要避免进一步受伤。

(5) 泄漏处理

危险化学品泄漏后，不仅污染环境，对人体造成伤害，对可燃物质还有引发火灾爆炸的可能。因此，对泄漏事故应及时、正确处理，防止事故扩大。

泄漏处理注意事项如下：进入现场人员必须配备必要的个人防护器具；如果泄漏物是易燃易爆的，应严禁火种；应急处理时严禁单独行动，要有监护人，必要时用水枪、水炮来掩护。

如果有可能的话，可通过控制泄漏源来消除危险化学品的溢出或泄漏。可通过以下方法：在厂调度室的指令下进行，通过关闭有关阀门、停止作业或通过采取改变工艺流程、物料走副线、局部停车、打循环、减负荷运行等方法；容器发生泄漏后，应采取措施修补和堵塞裂口，制止危险化学品的进一步泄漏，对整个应急处理是非常关键的。能否成功地进行堵漏取决于以下几个因素：接近泄漏点的危险程度、泄漏孔的尺寸、泄漏点处实际的或潜在的压力、泄漏物质的特性。

现场泄漏物要及时进行覆盖、收容、稀释、处理，使泄漏物得到安全可靠的处置，防止二次事故的发生。

(6) 火灾扑救

扑救危险化学品火灾决不可盲目行动，应针对每一类危险化学品，选择正确的灭火剂和灭火方法。必要时采取堵漏或隔离措施，预防次生灾害扩大。当火扑灭以后，仍然要派人监护，清理现场，消灭余火。

几种特殊危险化学品的火灾扑救注意事项如下：

(1) 扑救液化气体类火灾，切忌盲目扑灭火势，在没有采取堵漏措施的情况下，必须保持稳定燃烧；否则，大量可燃气体泄漏出来与空气混合，遇着火源就会发生爆炸，后果将不堪设想。

(2) 对于爆炸物品火灾，切忌用沙土盖压，以免增强爆炸物品爆炸时的威力；另外，扑救爆炸物品堆垛火灾时，水流应采用吊射，避免强力水流直接冲击堆垛，以免堆垛倒塌引起再次爆炸。

(3) 对于遇湿易燃物品火灾，绝对禁止用水、泡沫、酸碱等湿性灭火剂扑救。

(4) 氧化剂和有机过氧化物的灭火比较复杂，应针对具体物质具体分析。

(5) 扑救毒害品和腐蚀品的火灾时，应尽量使用低压水流或雾状水，避免腐蚀品、毒害品溅出；遇酸类或碱类腐蚀品最好调制相应的中和剂稀释中和。

(6) 易燃固体、自燃物品一般都可用水和泡沫扑救，只要控制住燃烧范围，逐步扑灭即可。但有少数易燃固体、自燃物品的扑救方法比较特殊。在扑救过程中，应不时向燃烧区域上空及周围喷射雾状水，并消除周围一切火源。

注意：危险化学品火灾的扑救应由专业消防队来进行。其他人员不可盲目行动，待消防队到达后，介绍物料性质，配合扑救。

应急处理过程并非是按部就班地按以上顺序进行，而是根据实际情况尽可能同时进行，如危险化学品泄漏，应在报警的同时尽可能切断泄漏源等。

危险化学品事故的特点是发生突然，扩散迅速，持续时间长，涉及面广。一旦发生危险化学品事故，往往会引起人们的慌乱，若处理不当，会引起二次灾害。因此，各企业应制订和完善危险化学品事故应急计划。让每一个职工都知道应急方案，定期进行培训教育，提高广大职工对付突发性灾害的应变能力，做到遇灾不慌，临阵不乱，正确判断，正确处理，增强人员自我保护意识，减少伤亡。

10.3.2　化工事故应急预案编制

化学事故应急救援预案是针对化工生产危险源而制订的一项反应计划。由于化学事故应急救援工作不仅受到危险化学品的性质、事故危害程度和危害范围等因素的影响，还与现场的气象、环境等多种因素密切相关。因此，救援工作必须要预先准备，特别是在平时要认真研究对策，化工企业都应预先制定各种状态下的应急救援预案，一旦发生事故就能快速、有序、有效地实施救援，能以最快的速度发挥最大的效能，减少事故造成的伤亡，降低事故损失。

事故应急预案是依据可能产生的事故类型、性质、影响范围大小以及后果的严重程度等的预测结果，结合本单位的实际情况而制定的应急措施。根据本单位产生重大化学事故危险源的数量和可能性来确定应急预案，才能制定出切合实际的、具有一定的现实性和实用性的预案。

1）制定应急救援预案的基本步骤

（1）调查研究

这是制定应急救援预案的第一步。在制定预案之前，需对预案所涉及的区域进行全面调查。调查内容主要包括：危险化学品的种类、数量、分布状况；当地的气象、地理、环境和人口分布特点；社会公用设施及救援能力与资源现状等。

（2）危险源评估

在制定预案之前，应组织有关领导和专业人员对化学危险源进行科学评估，以确定危险源目标，探讨救援对策，为制定预案提供科学依据。

（3）分析总结

对调查得来的各种资料，组织专人进行分类汇总，做好调查分析和总结，为制定预案做好准备。

（4）编制预案

依据救援目标的种类和危险度，结合本企业的救援能力，编制相应的应急救援预案。

（5）科学评估

预案编制单位或管理部门应依据我国有关应急的方针、政策、法律、法规、规章、标准和其他有关应急预案编制的指南性文件与评审检查表，组织开展预案评审工作，取得政府有关部门和应急机构的认可。

（6）审核实施

应急预案经批准发布后，应组织实施应急预案，包括开展预案的宣传，进行预案的培训，落实和检查各个有关部门的职责、程序和资源准备，组织预案的训练、演习并定期评审和更新预案。

2）应急救援预案的基本内容

化工事故应急预案是针对可能发生的重大化工事故所需的应急准备和应急响应行动而制定的指导性文件，基本内容包括：基本情况；术语与定义；方针与原则；对潜在紧急情况或事故灾害的辨识及其后果的预测、评价；应急各方的职责分配；应急行动的指挥与协调；应急救援中可用的人员、设备、设施、物资、经费保障和其他资源（包括社会和外部援助资源）等；报警信号、化学事故应急处置方案；现场恢复；其他（如应急培训和训练、演习、预案的管理、法律法规的要求等）。应急救援预案的书写应简明扼要，附有预案的各项平面图和救援程序图。

10.3.3 化工事故应急预案演练

应急演习是指来自多个机构、组织或群体的人员针对假设事件，执行实际紧急事件发生时各自职责和任务的排练活动。化工企业应重视应急培训和演习，建立应急意识，培训和教育人员，测试应急程序，动员各级管理人员、各部门和社区参与应急策划，将应急管理工作变成日常工作的一部分。

1）演习的目的

演习的目的在于验证预案的可行性及符合实际情况的程度，可以在重大事故预防过程中发挥如下作用：

（1）评估化学工业区应急准备状态，发现并及时修改应急预案、执行程序、行动核查表中的缺陷和不足。

（2）评估化学工业区重大事故应急能力，识别资源需求，澄清相关机构、组织和人员的职责，改善不同机构、组织和人员之间的协调问题。

（3）检验应急响应人员对应急预案、执行程序的了解程度和实际操作技能，评估应急培训效果，分析培训需求，同时作为一种培训手段，通过调整演习难度，进一步提高应急响应人员的业务素质和能力。

（4）促进公众、媒体对应急预案的理解，争取他们对重大事故应急工作的支持。

2）演习的种类

城市和化学工业区开展应急演习可采用包括桌面演习、功能演习和全面演习在内的多种演习类型。桌面演习是指由应急组织的代表或关键岗位人员参加的，按照应急预案及其标准运作程序讨论紧急情况时应采取行动的演习活动。功能演习是指针对某项应急响应功能或其中某些应急响应活动举行的演习活动。全面演习指针对应急预案中全部或大部分应急响应功能，检验、评价应急组织应急运行能力的演习活动。

3）现场演习

现场演习应从以下 5 个方面来组织实施：

（1）成立演习策划小组

应急演习是一项非常复杂的综合性工作，为确保演习成功，城市应建立应急演习策划小组。策划小组应由多种专业人员组成，包括来自消防、公安、医疗急救、应急管理、市政、学校、气象部门的人员，以及新闻媒体、企业、交通运输单位的代表等，必要时军队、核事故应急组织或机构也可派出人员参与策划小组。

（2）选择演习目标与演示范围

演习策划小组应事先确定本次应急演习的一组目标，并确定相应的演示范围或演示水平。

（3）编写演习方案

演习方案应以演习情景设计为基础。演习情景是指对假想事故按其发生过程进行叙述性的说明，情景设计就是针对假想事故的发展过程，设计出一系列的情景事件，包括重大事件和次级事件，目的是通过引入这些需要应急组织做出相应响应行动的事件，刺激演习不断进行，从而全面检验演习目标。演习情景中必须说明何时、何地、发生何种事故、被影响区域、气象条件等事项，即必须说明事故情景。演习人员在演习中的一切对策活动及应急行动，主要针对假想事故及其变化而产生的，事故情景的作用在于为演习人员的演习活动提供初始条件并说明初始事件的有关情况。事故情景可通过情景说明书加以描述，并以控制消息形式通过电话、无线通信、传真、手工传递或口头传达等传递方式通知演习人员。

(4) 制定演习现场规则

演习现场规则是指为确保演习安全而制定的对有关演习和演习控制、参与人员职责、实际紧急事件、法规符合性、演习结束程序等事项的规定或要求。演习安全既包括演习参与人员的安全，也包括公众和环境的安全。确保演习安全是演习策划过程中的一项极其重要的工作，策划小组应制定演习现场规则。

(5) 培训评价人员

策划小组应确定演习所需评价人员数量和应具备的专业技能，指定评价人员，分配各自所负责评价的应急组织和演习目标。评价人员应来自城市重大事故应急管理部门或相关组织及单位，对应急演习和演习评价工作有一定的了解，并具备较好的语言和文字表达能力，必要的组织和分析能力，以及处理敏感事务的行政管理能力。

4）培训和演习的结合

基本应急培训是指对参与应急行动所有相关人员进行的最低程度的培训，要求应急人员了解和掌握如何辨识危险、如何采取必要的应急措施、如何启动紧急情况警报系统、如何安全疏散人群等基本操作。培训强调针对化学工业区易发的生产事故的应急培训以及针对危险物质事故的应急培训。例如，火灾是极易发生又难以控制的常见事故之一，培训中应加强与灭火操作有关的训练。

(1) 报警

报警培训的目的有：使应急人员充分有效地利用身边的工具，如使用电话、手机或其他方式在第一时间报警；使应急人员掌握如何使用警笛、电话或广播等发布紧急情况通告；使应急队员了解和学会在现场贴出警示标志以便及时通知现场的所有人员。

(2) 疏散

对人员疏散的培训主要在应急演习中进行。应急队员在紧急情况现场应安全、有序地疏散被困人员或周围人员，以避免过多的人员伤亡。

(3) 火灾应急培训

火灾的易发性和多发性使火灾应急培训显得尤为重要。应急队员应该掌握基本的灭火方法，在着火初期抑制火势的蔓延，降低导致重大事故的危险，并能够识别、使用、保养、维修灭火装置。

① 基本培训要求：基本培训要求根据队员的不同级别和掌握技能的差异制定对初级消防队员和高级消防队员有不同的要求。

初级消防队员每年至少进行一次培训。队员应学习掌握基本的消防知识和技能，包括了解火灾的类型、燃烧方式、引发原因，了解燃料的不同特性、在不同的火灾类型中燃料的燃烧状态及相应的应对措施等。初级消防队员还应该能够操作简单的灭火器、水管以及其他消防设施，理解火灾的4个等级(A,B,C,D级)的分类依据及其灭火中的特性。

A级火灾是涉及木头、纸张、橡胶和塑料制品的火灾。B级火灾是涉及可燃性液体、油脂和气体的火灾。C级火灾是涉及具有输电能力的电力设备的火灾。D级火灾是涉及可燃性金属的火灾。

高级消防队员每季度至少进行一次培训。队员除了接受初级消防队员的所有培训以外，还必须学习如何正确操作更复杂的灭火设备并接受更先进的灭火装备的使用培训，如了解各种喷水装置的特性和使用范围，了解各种能减弱火势的系统的使用方法。另外，每一位队员都必须学习个人呼吸保护装置和防护服的使用方法以保护自身的安全。

② 危险化学品火灾应急培训要求：在危险化学品火灾中，着火物的特殊性决定了灭火工作有特殊要求；对于化学品火灾应急的培训要求也相应超过了通常消防操作的训练要求。

(4) 危险信号的识别

在危险品生产、运输、存储过程中，为了标明危险性，通常应悬挂危险品信号标志，以提醒工作人员和周围群众，避免因不了解危险品的危险性而导致误伤事故的发生。

危险信号有多种类型，根据国家有关法规制定，危险信号从易燃性、化学反应活性、对人的毒性等各种角度表明危险物质的危险程度。在进行应急队员培训时，必须使其熟知所有危险信号标志的含义并能根据标志准确判断应该采取的应急措施。

(5) 特殊应急培训

基本应急培训提供了一般事故伤害的应急培训，但一旦事故发生，应急队员就很有可能暴露于化学、物理伤害、放射性和病菌感染等各种特殊事故危险中，仅掌握一般应急技能是远远不足以保护应急队员的生命安全的。因此，必须对他们进行此类特殊事故危害的应急培训。

特殊应急培训主要包括针对化学品暴露、受限空间营救、病原体感染、沸腾液体扩展蒸气爆炸(BLEVE)等事故危害的应急培训。

这种事故具有高发性和巨大的破坏性等特点，经常造成相关人员甚至是应急队员的伤亡，因此必须进行此类事故的应急培训。具体的培训内容包括以下几个方面：

① 应急队员了解该类事故的类型、产生的原因及应采取的对策。

② 应急队员了解容器的结构和工作压力以及容器遭受物理破坏后可能出现的情况。

③ 应急队员了解容器内物质的理化性质，如沸点、蒸气密度和闪点等基本情况。

④ 应急队员能够识别与事故有关的征兆。当以下征兆出现时，应急者需立刻疏散：容器周围可燃蒸气的燃烧火势不断增加，这意味着火灾引起的沸腾液体在容器内部产生了更大的压力，有可能导致容器的爆炸；从容器的减压阀向外喷射火焰，通常意味着压力正在不断升高；降压系统的噪声升高，意味着压力的升高。

⑤ 应急队员了解控制 BLEVE 发生的 2 种方法：快速冷却容器和减少或转移容器附近的热源。

⑥ 应急队员了解 BLEVE 的特性，如容器失效能导致破裂和爆裂，泄漏的可燃性液体可能会导致地面闪蒸，也可能产生向外和向上的火球。

⑦ 应急队员掌握一旦遇到可能的 BIEVE 时，最好的应急选择是撤离到安全的、不会受到伤害的区域。

⑧ 危险品事故是多种多样的，在此仅对最常见事故类型的应急培训做了简要论述，可作为其他类型事故应急培训的参考。

10.4 化工事故现场处置

危险化学品在生产、储存、运输和使用过程中常常会发生泄漏、火灾或爆炸事故。危险化学品事故具有突发性、事故危险源扩散迅速、对现场人员危害严重、作用范围广等特点。因此，对危险化学品事故的现场处置必须做到迅速、准确和有效。正确的处置程序和方法对于控制事故现场、减少人员伤亡和财产损失是十分必要的。

危险化学品事故现场处置任务一般包括:及时控制危险源,防止事故进一步扩大;有效地实施现场救人脱险、紧急医疗救治和监护转送;指导现场群众采取各种措施进行自我防护,并向上风方向迅速离开危险区域或可能受到危害的区域;清除事故现场留下的有毒有害物质,防止对人或环境继续危害或污染。

1)现场侦检和危险区域的确定

危险化学品事故现场侦检的目的是掌握危险化学物质的种类、浓度及其分布。危险化学品的侦检一般在情况不明又十分紧迫时,以定性查明危险物的品种为主,只有准确知道危险物是什么物质,才能有效地对危险化学品事故进行处置。在确定如何救援时,则要重视定量分析的结果,即确定危险化学物质的浓度及其分布,准确定量才能使采取的处置措施更可靠与完善。现场侦检的方法可以采用感官检测、动植物检测、便携式检测仪侦检、化学侦检等方法,多采用便携式检测仪侦检、化学侦检法,比较容易得到直观、准确的侦检结果。

现场侦检实施过程中,为了准确判断污染物的浓度分布、污染范围与程度,应选择合适的采样和检测点;各侦检小组至少应由 3 人组成,其中 2 人负责检测浓度,1 人随后记录和标记;对不同危险区边界标志物的颜色应有明确区分。例如:重度区边界的标志物为红色;中度区边界的标志物为黄色;轻度区边界的标志物为白色;随时监视危险区边界变化,随时根据变化情况重新标记,增大或减小现场的危险区域范围,并及时向上级报告。

根据事故现场侦检情况,考虑危险化学品对人体的伤害程度,一般将危险化学品事故现场危险区域分为重度区、中度区、轻度区和吸入反应区 4 个区域,各危险区域边界浓度应根据危险化学品对人体的急性毒性数据,适当考虑爆炸极限和防护器材等其他因素综合确定。

常见危险化学品的危险区域及边界浓度,见表 10.1。

表 10.1 常见危险化学品的危险区域及边界浓度

化学品名称	车间最高允许浓度 /($mg \cdot m^{-3}$)	轻度区边界浓度 /($mg \cdot m^{-3}$)	中度区边界浓度 /($mg \cdot m^{-3}$)	重度区边界浓度 /($mg \cdot m^{-3}$)
一氧化碳	30	60	120	500
氯气	1	3~9	90	300
氨	30	80	300	1 000
硫化氢	10	70	300	700
氰化氢	0.3	10	50	150
光气	0.5	4	30	100
二氧化硫	15	30	100	600
氯化氢	15	30~40	150	800
氯乙烯	30	1 000	10 000	50 000
苯	40	200	3 000	20 000
二硫化碳	10	1 000	3 000	12 000
甲醛	3	4~5	20	100
汽油	350	1 000	4 000	10 000

(1) 重度区及边界浓度

重度区为半致死区：由某种危险化学品对人体的 LCT_{50}（半致死剂量）确定，一般指化学品事故危险源到 LC_{50}（半致死浓度）等浓度曲线边界的区域范围，小则下风向几十米，大则上百米的范围。该区域危险化学品蒸气的体积分数高于 1%，地面可能有液体流淌，氧气含量较低。人员如无防护并未及时逃离，半数左右人员有严重的中毒症状，不经紧急救治，30 min 内有生命危险，只有少数佩戴氧气面具或隔绝式面具，并穿着防毒衣的人员才能进入该区。

(2) 中度区及边界浓度

中度区为半失能区：由某种危险化学品对人体的 ICT_{50}（半失能剂量）确定，一般指 LC_{50} 等浓度曲线到 IC_{50}（半失能浓度）等浓度曲线的区域范围。该区域中毒人员比较集中，多数都有不同程度的中毒，是应急救援队伍重点救人的主要区域。该区域人员有较严重的中毒症状，但经及时治疗，一般无生命危险；救援人员戴过滤式防毒面具，不穿防毒衣能活动 2～3 h。

(3) 轻度区及边界浓度

轻度区为中毒区：由某种危险化学品对人体的 PCT_{50}（半中毒剂量）确定，一般指 IC_{50} 等浓度曲线到 PC_{50}（半中毒浓度）等浓度曲线的区域范围。该区域人员有轻度中毒或吸入反应症状，脱离污染环境后经门诊治疗基本能自行康复。人员可利用简易防护器材进行防护，关键是根据毒物的种类选择防毒口罩浸渍的药物。

(4) 吸入反应区及边界浓度

吸入反应区是指 PC_{50} 等浓度曲线到稍高于车间最高允许浓度的区域范围。该区域内一部分人员有吸入反应症状或轻度刺激，在其中活动能耐受较长时间，一般在脱离染毒环境后 24 h 内恢复正常，救援人员可对群众只做原则指导。

2）现场人员的安全防护

在危险化学品事故现场，救援人员常要直接面对高温、有毒、易燃易爆及腐蚀性的化学物质，或进入严重缺氧的环境，为防止这些危险因素对救援人员造成中毒、烧伤、低温伤等伤害，必须加强个人的安全防护，掌握相应的安全防护技术。

(1) 现场安全防护标准

不同类型的化学事故其危险程度不同。对于危险化学品的泄漏事故现场，要根据不同种类和浓度的化学毒物对人体无防护条件下的毒害性和确定的危险区域范围，并充分考虑到救援人员所处毒害环境的实际安全需要，来确定相应的安全防护等级和防护标准，分别见表 10.2 和表 10.3；对于危险化学品的火灾爆炸事故现场，则要根据危险化学品着火后产生的热辐射强度和爆炸后形成的冲击波对人体的伤害程度来采取相应的安全防护措施。

表 10.2　现场安全防护等级

毒类＼危险区	重度危险区	中度危险区	轻度危险区
剧毒	一级	一级	二级
高毒	一级	一级	二级
中毒	一级	二级	二级
低毒	二级	三级	三级
微毒	二级	三级	三级

表 10.3　现场安全防护标准

级别	形式	皮肤防护		呼吸防护
		防化服	防护服	
一级	全身	内置式重型防化服	全棉防静电内外衣	正压式空气呼吸器或全防型滤毒罐
二级	全身	封闭式防化服	全棉防静电内外衣	正压式空气呼吸器或全防型滤毒罐
三级	呼吸	简易防化服	战斗服	简易滤毒罐、面罩或口罩、毛巾等防护器材

(2) 个人防护器材

通常用于化学事故应急救援的个人防护器材按用途可分成 2 类:一类是呼吸器官和面部防护器材,统称为呼吸防护器材;另一类是身体皮肤和四肢的防护器材,统称为皮肤防护器材。呼吸防护器材用于保护救援人员呼吸器官、眼睛和面部免受有毒有害化学品的直接伤害,按其使用环境(气源不同)、结构和防毒原理主要分为过滤式和隔绝式 2 种。过滤式呼吸器只能在不缺氧的劳动环境和低浓度毒污染下使用,一般不能用于罐、槽等密闭狭小容器中作业人员的防护。隔离式呼吸器能使戴用者的呼吸器官与污染环境隔离,由呼吸器自身供气或从清洁环境中引入空气维持人体的正常呼吸,可在缺氧、有毒、严重污染或情况不明的危险化学品事故处置现场使用,一般不受环境条件限制。皮肤防护器材用于保护人体的体表皮肤免受毒气、强酸、强碱、高温等的侵害。皮肤防护器材主要包括防化服、防火服、防火防化服,以及与之配套使用的其他头部和脚部防护器材等。

根据化学事故危害的程度、救援任务的要求、现场环境及救援人员生理等因素确定的个人防护器材合理使用和组合的等级就称为安全防护等级。安全防护等级确定后,并不是一直不变的,在救援初期可能使用高等级的防护措施,但当泄漏的有毒化学品浓度降低时,可以降为低一级的防护。

3) 危险化学品泄漏事故的现场处置

危险化学品具有易燃易爆性、强氧化性、毒害性和腐蚀性。一旦危险化学品在生产、经营、储存和使用过程中发生泄漏事故,会给国家和人民群众生命财产以及生态环境都造成极大的危害。

危险化学品泄漏事故是指盛装危险化学品的容器、管道或装置,在各种内外因素的作用下,其密闭性受到不同程度的破坏,导致危险化学品非正常地向外泄放、渗漏的现象。危险化学品泄漏事故区别于正常的冒泡滴漏现象,直接原因是在密闭体中形成了泄漏通道和泄漏体内外存在压力差。

(1) 控制危险化学品泄漏的控制技术

控制危险化学品泄漏的技术是指通过控制危险化学品的泄放和渗漏,从根本上消除危险化学品的进一步扩散和流淌的措施和方法。

① 关阀断料。管道发生泄漏,泄漏点处在阀门以后且阀门尚未损坏,可采取关闭输送物料管道阀门、断绝物料源的措施,制止泄漏。关闭管道阀门时,必须设水炮或喷雾水枪掩护。如果反应容器、换热容器发生泄漏,应考虑关闭进料阀。通过关闭有关阀门、停止作业或通过采取改变工艺流程、物料走副线、局部停车、打循环、减负荷运行等方法控制泄漏源。

② 堵漏封口。管道、阀门或容器壁发生泄漏,且泄漏点处在阀门以前或阀门损坏,不能关阀止漏时,可使用各种针对性的堵漏器具和方法实施封堵泄漏口,控制危险化学品的泄漏。进行堵漏操作时,要以泄漏点为中心,在储罐或容器的四周设置水幕、喷雾水枪,或利用

现场蒸汽管的蒸汽等雾状水对泄漏扩散的气体进行围堵、稀释降毒或驱散。常用的堵漏封口的方法有调整间隙消漏法、机械堵漏法、气垫堵漏法、胶堵密封法和磁压堵漏法等。

③ 倒灌。当采用上述方法不能制止储罐、容器或装置泄漏时，可采取疏导的方法通过输送设备和管道将泄漏装置内部的液体倒入其他容器、储罐中，以控制泄漏量和配合其他处置措施的实施。常用的倒罐方法有压缩机倒罐、烃泵倒罐、压缩气体倒罐和压差倒罐 4 种。

a. 压缩机倒罐。压缩机倒罐就是首先将事故装置和安全装置的液相管连通，然后将事故装置的气相管接到压缩机出口管路上，安全装置的气相管接到压缩机入口管路上，用压缩机来抽吸安全装置的气相压力，经压缩后注入事故装置，这样在装置压力差的作用下将泄漏的液体由事故装置倒入安全装置(图 10.4)。

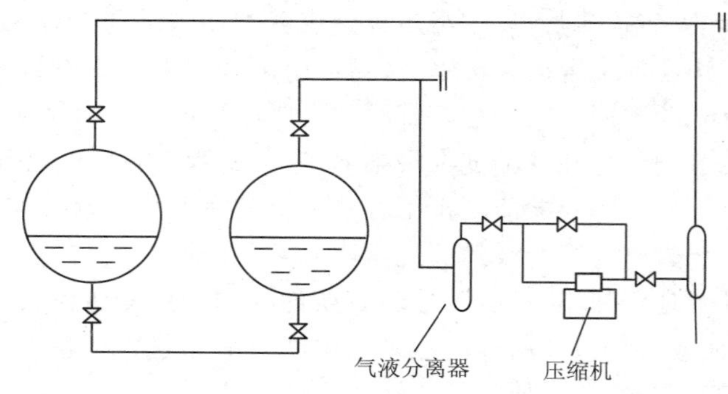

图 10.4　压缩机倒灌工艺流程

采用压缩机进行倒灌作业，事故装置和安全装置之间的压差应保持在 0.2～0.3 MPa，为加快倒灌速度，可同时开启 2 台压缩机；应密切注意控制事故装置的压力和液位的变化情况，不宜使事故装置的压力过低，一般应保持在 147～196 kPa，以免空气进入，在装置内形成爆炸性混合气体；在开机前，应用惰性气体对压缩机汽缸及管路中的空气进行置换。

b. 烃泵倒灌。烃泵倒灌是将事故装置和安全装置的气相的出液管接在烃泵的入口，安全装置的进液管接入烃泵的出口，然后开启烃泵，将液体由事故装置倒入安全装置(图 10.5)。

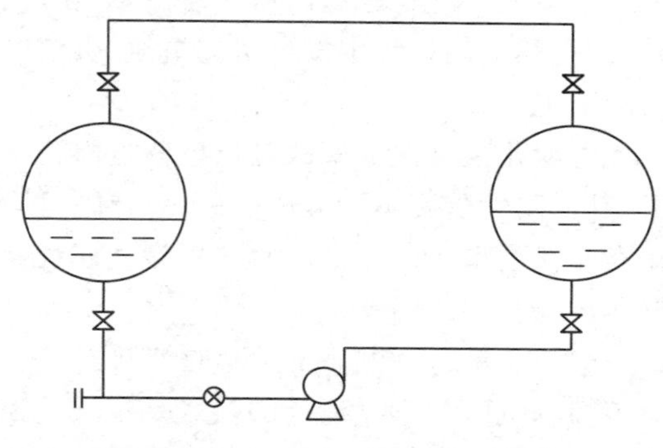

图 10.5　烃泵倒灌的工艺流程

该法操作流程简单，操作方便，能耗小，但是当事故装置内的压力过低时，应和压缩机连用，以提高事故装置内的气相压力，保证烃泵入口管路上有足够的静压头，避免发生气阻和抽空。

c. 压缩气体倒罐。压缩气体倒罐是将甲烷、氮气、二氧化碳等压缩气体或其他与储罐内液体混合后不会引起爆炸的不凝、不溶的高压惰性气体送入准备倒罐的事故装置中，使其与安全装置间产生一定的压差，从而将事故装置内的液体导入安全装置中。该法工艺流程简单，操作方便，但是值得注意的是，压缩气瓶的压力在导入事故装置前应减压，且进入装置的压缩气体压力应低于装置的设计压力。

d. 压差倒罐。压差倒罐就是将事故装置和安全装置的气、液相管相连通，利用两装置的位置高低之差产生的静压差将事故装置中液体倒入安全装置中。该法工艺流程简单，操作方便，但倒罐速度慢，很容易达到两罐压力平衡，倒罐不完全。

④ 转移。当储罐、容器、管道内的液体大量外泄，堵漏方法不奏效又来不及倒罐时，可将事故装置转移到安全地点处置。首先应在事故点周围的安全区域修建围堤或处置池，然后将事故装置及内部的液体导入围堤或处置池内，再根据泄漏液体的性质采用相应的处置方法。如泄漏的物质呈酸性，可先将中和药剂(碱性物质)溶解于处置池中，再将事故装置移入，进而中和泄漏的酸性物质。

⑤ 点燃。当无法有效地实施堵漏或倒灌处置时，可采取点燃措施使泄漏出的可燃性气体或挥发性的可燃液体在外来引火物的作用下形成稳定燃烧，控制其泄漏，降低或消除泄漏毒气的毒害程度和范围，避免易燃和有毒气体扩散后达到爆炸极限而引发燃烧爆炸事故。

(2) 危险化学品泄漏的处置技术

危险化学品泄漏的处置技术是指对事故现场泄漏的危险化学品及时采取覆盖、固化、收容、输转等措施，使泄漏的化学品得到安全可靠的处置，从根本上消除危险化学品对环境的危害。

① 筑堤。筑堤是将液体泄漏物控制到一定范围内，再进行泄漏物处置的前提。筑堤拦截处置泄漏物除与泄漏物本身的特性有关外，还要确定修筑围堤的地点，既要离泄漏点足够远，保证有足够的时间在泄漏物到达前修好围堤，又要避免离泄漏点太远，使污染区域扩大，带来更大的损失。

对于无法移动装置的泄漏，则在事故装置周围筑堤或修建处置池，并根据泄漏液体的性质采用相应的处置方法。如泄漏的物质呈酸性，一般采用中和法处置，即先在处置池中放入大量的水，然后加入中和药剂(碱性物质)，边加入边搅拌，使其迅速溶解，并混合均匀，防止药剂溶解放出大量的热使处置池内温度上升，造成危险品更大量地外泄。

② 收集。对于大量液体的泄漏，可选择隔膜泵将泄漏出的物料抽入容器内或槽车内再进行其他处置；对于少量液体的泄漏，可选择合适的吸附剂采用吸附法处理，常用的吸附剂有活性炭、沙子、黏土和木屑等。

③ 覆盖。为降低挥发性的液体化学品在大气中的蒸发速度，可将泡沫覆盖在泄漏物表面形成覆盖层，或将冷冻剂散布于整个泄漏物表面固定泄漏物，从而减少泄漏物的挥发，降低其对大气的危害和防止可燃性泄漏物发生燃烧。

通常泡沫覆盖只适用于陆地泄漏物，并要根据泄漏物的特性选择合适的泡沫，一般要每隔 30～60 min 覆盖一次泡沫，以便有效地抑制泄漏物的挥发。另外，泡沫覆盖必须和其他的收容措施如筑堤、挖沟槽等配合使用。

常用的冷冻剂有二氧化碳、液氮和冰，要根据冷冻剂对泄漏物的冷却效果、事故现场的环境因素和冷冻对后续采取的其他处理措施的影响等因素综合选用冷冻剂。

④ 固化。通过加入能与泄漏物发生化学反应的固化剂或稳定剂使泄漏物转化成稳定形式，以便处理、运输和处置。有的泄漏物变成稳定形式后，由原来的有害变成了无害，可原地堆放不需进一步处理；有的泄漏物变成稳定形式后仍然有害，必须运至废物处理场所进一步处理或在专用废弃场所掩埋。常用的固化剂有水泥、凝胶、石灰，要根据泄漏物的性质和事故现场的实际情况综合选择。

4) 危险化学品事故现场的洗消技术

危险化学品事故发生后，燃烧和泄漏的有毒、有害化学品不仅造成空气、地面、水源的污染，还可能导致周围的构建物、群众、动植物以及救援人员和器材装备的污染。因此，在化学品火灾、爆炸或泄漏事故基本得到有效处置后，对事故现场残余有毒有害化学品，依据“及时快速和高效，因地制宜、专业性和群众性洗消相结合”的原则开展洗消工作，使毒物的污染程度降低或消除到可以接受的安全水平，从而最大限度地降低事故现场的人员伤亡、财产损失和毒物对环境的污染。

(1) 洗消方法

① 物理洗消法。物理洗消法是利用通风、稀释、溶洗、吸附、机械转移、掩埋、隔离等物理手段将毒物的浓度稀释至其最高允许浓度以下，或防止人体接触来减弱或控制毒物的危害。洗消剂采用热空气、高压水或有机溶剂等介质，不与毒剂发生化学反应。其突出特点是通用性好，不受温度限制，但它只适合于临时性解决现场毒物的危害，清除下来的毒剂可能对地面和环境造成二次危害，需要进行二次消毒。

② 化学洗消法。化学洗消法是利用洗消剂与毒剂发生化学反应，改变毒物的分子结构和组成，使毒物转变成无毒或低毒物质，达到降低或消除毒物危害。常用的化学反应有亲核反应(如水解)、亲电子反应(如氧化、氯化)、催化反应(如酶催化、金属离子催化)、光化学或辐射化学降解反应、热分解(如高温分解)或以上反应机制的综合反应等。化学洗消法一般都比较有效、可靠、彻底，但也具有很大的局限性，一种洗消剂往往只对某种或几种毒剂起的作用很大，不能适合大多数毒剂的洗消，而且还应考虑洗消剂的最佳洗消效果和不良作用(如腐蚀)之间的协调；另外，反应受温度影响较大，温度越低，反应速度越慢。

物理洗消法和化学洗消法各有其特点和适用条件的限制，可以是顺次进行，也可以是同时进行的。要根据化学事故现场毒物的种类、性质、泄漏量以及被污染的对象及范围等因素全面考虑，合理选择洗消方法，使这些方法的综合运用产生更加显著的效果。

(2) 洗消剂

洗消剂是开展洗消工作的根本要素，目前主要有以氧化氯化为机制的次氯酸盐(三合二、次氯酸钙)和有机氯胺，以碱性消除或水解为机制的有机超碱体系和苛性碱(氢氧化钠、碳酸钠)、以吸附为机制的吸附粉(如漂白土)和乳状液洗消剂 4 类。

① 氧化氯化型洗消剂。氧化氯化型洗消剂是指含有“活泼氯”的无机次氯酸盐和有机氯胺，主要有三合二[主要成分为 $3Ca(OCl)_2 \cdot 2Ca(OH)_2$]、一氯胺、二氯胺等，适用于低价有毒而高价无毒的化合物的洗消。

② 碱性消除型或水解型洗消剂。碱性消除或水解型洗消剂是指洗消剂本身呈碱性或水解后呈碱性的物质，主要有碱醇胺洗消剂、氢氧化钠、碳酸钠(或碳酸氢钠)，适用于酸性化合物的洗消。

③ 吸附型洗消剂。吸附型洗消剂是利用其较强吸附能力来吸附化学毒物，从而达到洗消的目的，常用的有活性炭、活性白土等。这些吸附型洗消剂虽然使用简单、操作方便、吸附剂本身无刺激性和腐蚀性，但是消毒效率较低，还存在吸附的毒剂在解吸时二次染毒的问题。

④ 乳状液洗消剂。上述洗消剂在洗消效果上基本能满足应急洗消的要求，但在性能上仍存在对洗消装备腐蚀性强、污染大等问题。乳状液洗消剂就是将洗消活性成分制成乳液、微乳液或微乳胶，不仅降低了次氯酸盐类洗消剂的腐蚀性，而且乳状液洗消剂的黏度较单纯的水溶液大，可在洗消表面上滞留较长时间，从而减少了消毒剂用量，大大提高了洗消效率。这类洗消剂主要是德国以次氯酸钙为活性成分的 C8 乳液消毒剂以及意大利以有机氯胺为

活性成分的BX24消毒剂。

(3) 洗消技术及洗消器材

在化学事故现场对染毒对象实施洗消时，一般采用大量的、清洁的水或加温后的热水。如果化学毒物的毒性大，应根据毒物的性质选择相应的洗消剂，通过洗消装备并采用相应的洗消技术实施洗消。

① 洗消技术。洗消技术的发展经历了3个阶段：常温常压喷洒洗消阶段，高温高压射流洗消阶段和非水洗消阶段。随着洗消技术的发展，也推动了洗消器材和装备的开发和研究。

a. 常温常压喷洒洗消阶段。自20世纪40年代以来，传统的洗消技术是以水基、常温常压喷洒技术为主。常温是指洗消装备中除人员、洗消车外无加热元件，洗消液接近自然界水温度；常压是工作压力较低，一般为0.2～0.3 MPa；喷洒是指洗消装备的冲洗力量小，洗消液流量大。这种技术的缺点是效率较低，洗消液用量大，而且低温会导致洗消液严重冻结，影响装备效能的发挥。

b. 高温、高压、射流洗消阶段。20世纪80年代，高温、高压、射流技术在洗消领域得到广泛应用。高温指水温80 ℃、蒸汽温度140～200 ℃、燃气温度500 ℃以上；高压指工作压力为6～7 MPa、燃气流速可高达400 m/s；射流包括液体、气体射流和光射流。德国、意大利率先将高温高压射流技术应用于水基洗消装备，由于高温高压射流技术利用高温和高压形成的射流洗消，产生物理和化学双重洗消效能，因此具有洗消效率高、省时、省力、省洗消剂，甚至不用洗消剂等特点，是洗消技术的发展趋势。

c. 非水洗消阶段。随着科学技术的发展，各类洗消装备中应用的电子、光学精密仪器、敏感材料将逐渐增多，它们一般受温湿度影响较大，不耐腐蚀，在受污染的情况下，不能用水基和具有腐蚀性的洗消剂，只能采用热空气、有机溶剂和吸附剂洗消法进行洗消。因此，开发新型免水洗消方法、研制免水洗消装备是新时期的研究课题。

② 洗消装备。洗消装备是实施机动洗消的主要装备，常用的主要有防化洗消车、喷洒车、消防车、燃气射流车等。实施洗消时，可直接将粉状洗消剂或洗消剂溶液加入干粉消防车或洒水车中，对污染的人员、污染区域、染毒的地面等洗消。

(4) 常见危险化学品的洗消

① 氯气的洗消。氯气泄漏是化工厂中常易发生的事故，在大量氯气泄漏后，除用通风法驱散现场染毒空气使其浓度降低外，对于较高浓度的泄漏氯气云团，可采取喷雾水直接喷射，因为氯气能部分溶于水，并与水作用能发生自身氧化还原反应而减弱其毒害性。这些反应式如下：

$$Cl_2 + H_2O \longrightarrow HCl + HOCl$$

$$HCl \longrightarrow H^+ + Cl^-$$

$$HOCl \longrightarrow H^+ + OCl^-$$

因此，喷雾的水中存在氯气、次氯酸、次氯酸根、氢离子和氯离子。次氯酸和稀盐酸盐酸会阻止氯气的进一步反应，甚至当溶液的酸性增高到一定程度，还会导致从溶液中产生氯气。由此可见，用喷雾水洗消泄漏的氯气必须大量用水。

为了提高用水洗消的效果，可以采取一定的方法把喷雾水中的酸度降低，以促使氯气的进一步溶解。常用的方法是在喷雾水中加入少量的氨(溶液 pH>9.5)，即用稀氨水洗消氯气，效果比较好，消毒时洗消人员应戴防毒面具和着防护服。

稀氨水既能与盐酸、次氯酸反应，又能直接与氯气反应。这些反应式如下：

$$2NH_3 \cdot H_2O + 2Cl_2 \longrightarrow 2NH_4Cl + 2HOCl$$

$$2HOCl + 2NH_3 \cdot H_2O \longrightarrow 2NH_4Cl + 2H_2O + O_2 \uparrow$$

总反应式：

$$4NH_3 \cdot H_2O + 2Cl_2 = 4NH_4Cl + 2H_2O + O_2 \uparrow$$

因此用含少量氨的水对氯气消毒要比单用水为好。通过上述反应氯气可完全溶于氨水中，并转化为氯化铵、水和氧气。

② 气态氰化氢的洗消。气态氰化氢毒性很大，人员通过呼吸道吸入少量就易迅速死亡，溶于水后形成氢氰酸，可利用酸碱中和原理和络合反应进行消毒。

酸碱中和法是利用氰化氢的弱酸性，用中等以上强度的碱进行中和生成的盐类及其水溶液，经收集再进一步处理。洗消剂可用石灰水、烧碱水溶液、氨水等。反应式如下：

$$2HCN + Ca(OH)_2 \longrightarrow Ca(CN)_2 + 2H_2O$$

络合吸收法是利用氰根离子易与银和铜金属络合，生成银氰络合物和铜氰络合物，这些络合物是无毒的产物。例如：防氰化氢染毒空气的防毒面具就利用这种原理，在过滤罐装填有氰化银、氰化铜的活性炭，其中活性炭是载体，对氰化氢不能吸收，但其表面附着的氰化银或氰化铜很容易与氰化氢迅速进行络合反应，生成无毒的银氰络离子、铜氰络离子而使染毒空气起到滤毒作用。这些反应式如下：

$$Cu^+ + CN^- \longrightarrow CuCN$$

$$CuCN + CN^- \longrightarrow [Cu(CN)_2]^-$$

③ 光气的洗消。光气微溶于水，并逐步发生水解，但水解缓慢。根据光气的这种性质，可选用水、碱水作为洗消剂。其中，氨气或氨水能与光气发生迅速的反应，生成物主要为无毒的脲和氯化铵。反应式如下：

$$4NH_3 + COCl_2 \longrightarrow CO(NH_2)_2 + 2NH_4Cl$$

因此，可用浓氨水喷成雾状对光气等酰卤化合物消毒，但是在消毒时，洗消人员要着防护服，为了防护氨的刺激，可佩戴防毒面具或空气呼吸器，若现场条件不允许，也可佩戴碱水口罩甚至清水口罩、毛巾等。

复习思考题

10.1　危险区域如何定义？

10.2　有毒气体的影响区域如何判定？

10.3　控制危险化学品泄漏的控制技术有哪些？

10.4　编制化工事故应急救援预案的步骤有哪些？

10.5　何谓物理洗消法和化学洗消法？

参考文献

[1] 蔡凤英,等.化工安全工程[M].北京:科学出版社,2001.

[2] 刘铁民.注册安全工程师教程[M].徐州:中国矿业大学出版社,2008.

[3] 蒋军成.化工安全[M].北京:机械工业出版社,2008.

[4] Rijnmond Public Authority,A Risk Analysis of Six Potentially Hazardous Industrial Objects in the Rijnmond Area-A Pilot Study,COVO,D. Reidel Publishing Co. ,Dordrecht,1982.

[5] 公安部消防局.危险化学品应急处置速查手册[M].北京:中国人事出版社,2002.

[6] 董文庚,苏照桂.氯气瞬间泄漏事故危害区域预测[M].北京:北京理工大学出版社,2005.

[7] 王凯全.化工安全工程学[M].北京:中国石化出版社,2007.

[8] 崔克清,张敬礼,陶刚.化工安全设计[M].北京:化学工业出版社,2004.

[9] DNV consulting,New Generic Leak Frequencies for Process Equipment,Published online 13 October 2005 in Wiley InterScience.

[10] 安尧.液体管道泄漏检测方案的选择[J].油气储运,2005,(2):2.

[11] 常贵宁.刘吉东.工业泄漏与治理[M].北京:中国石化出版社,2002.6.

[12] 赵庆远.不停车带压堵漏技术[M].北京:中国石化出版社,2002.4.

[13] 中国安全生产协会注册安全工程师工作委员会.安全生产事故案例分析[M].北京:中国大百科全书出版社,2008.

[14] 中国安全生产协会注册安全工程师工作委员会.安全生产管理知识[M].北京:中国大百科全书出版社,2008.

[15] 中国安全生产协会注册安全工程师工作委员会.安全生产技术[M].北京:中国大百科全书出版社,2008.

[16] 中国疾病预防控制中心.危险化学品应急救援指南[M].北京:中国协和医科大学出版社,2003.

[17] 姜立准.粘接技术在带压堵漏中的应用[J].粘接.2004,(3):03.

[18] 丹尼尔 A.克劳尔,约瑟夫 F.卢瓦尔,著.化工过程安全理论及应用[M].蒋军成,潘旭海,译.北京:化学工业出版社,2006.

[19] 蒋军成.化工安全[M].北京:中国劳动社会保障出版社,2008.

[20] 王凯全,邵辉,袁雄军.危险化学品安全评价方法[M].北京:中国石化出版社,2005.

[21] 周志俊.化学毒物危害与控制[M].北京:化学工业出版社,2007.

[22] 宋建池,范秀山,王训遒.化工厂系统安全工程[M].北京:化学工业出版社,2004.

[23] 周长江,王同义.危险化学品安全技术管理[M].北京:中国石化出版社,2004.

[24] 田震.化工过程安全[M].北京:国防工业出版社,2007.

[25] 何成江.影响空分装置安全的因素及有害杂质的清除[J].化学工业与工程技术,2008,29(1):37-38.

[26] 王静媛,等.基于动态主元分析的空分过程异常工况在线诊断[J].计算机与应用化学,2010,27(1):1-5.

[27] 毛绍融,朱朔元,周智勇.现代空分设备技术与操作原理[M].杭州:杭州出版社,2005.

[28] 严寿鹏.粗氢塔"氮塞"的分析及处理[J].深冷技术,2003,3:44-46.

[29] 葛晓军,等.化工生产安全技术[M],北京:化学工业出版社,2008.

[30] 施友立.过氧化氢浓缩装置工艺过程的优化[J].化工设计,2006,16(3):13-15.

[31] 蒋玉林,郭劲松,衰履冰.工业氧化过程中过氧化物的生成及其防治[J].天津化工,1991,(1):1-3.

[32] 焦宇,熊艳.化工企业生产安全事故应急工作手册[M].北京:中国劳动社会保障出版社,2008.

[33] 林平,黄文宏,王慧君.过氧化氢生产装置爆炸——化学分解后的物理过程研究[J].中国安全生产科学技术,2008,4(3):71-74.

[34] 梁志宏,耿惠民.过氧化氢爆炸事故浅析[J],消防科学与技术,2004,(6):602-604.

[35] 樊晓华,韩雪萍.企业危险化学品事故应急工作手册[M].北京:中国劳动社会保障出版社,2008.

[36] 黄仲九,房鼎业.化学工艺学[M].北京:高等教育出版社,2008.

[37] (瑞士)弗朗西斯·施特塞尔,著.化工工艺的热安全——风险评估与工艺设计[M].陈网桦,彭金华,陈利平,译.北京:科学出版社,2009.

[38] 周忠元,陈桂琴.化工安全技术与管理[M].北京:化学工业出版社,2001.

[39] 司恭,王建新.轻油裂解法生产氰化钠的安全问题[J].安全 SAFETY,2003,24(2):9-12.

[40] 董文庚,苏昭桂.化工安全工程[M].北京:煤炭工业出版社,2007.

[41] 崔政斌,吴进成.锅炉安全技术[M].北京:化学工业出版社,2009.

[42] 王德堂,孙玉叶.化工安全生产技术[M].天津:天津大学出版社,2009.

[43] 刘景良.化工安全技术[M].北京:化学工业出版社,2004.

[44] 朱宝轩,刘向东.化工安全技术基础[M].北京:化学工业出版社,2004.

[45] 许文.化学安全工程概论[M].北京:化学工业出版社,2008.

[46] 沈松泉,黄振仁,顾竟成.压力管道安全技术[M].南京:东南大学出版社,2000.

[47] (日)邓波桂芳,著.化工厂安全工程[M].李崇理,陈振兴,孙世杰,译.北京:化学工业出版社,1996.

[48] 冯肇瑞,杨有启.化工安全技术手册[M].北京:化学工业出版社,1998.